典型砂岩石窟岩体损伤劣化机制
与失稳机理

兰恒星　李　黎　包　含等　著

科学出版社
北　京

内 容 简 介

石窟寺作为我国古代建造技艺传承的重要载体，记录着中华民族不同时期的历史文化特点，是不可再生的珍贵文物资源。受长期自然作用以及人类活动的影响，石窟寺的损伤劣化及失稳风险不容忽视，文化遗产的传承与延续正面临着严峻的威胁。本书以典型砂岩石窟为对象，系统分析了石窟岩体的赋存环境、多尺度结构、损伤时效规律与失稳机理，取得了以下四个方面的重要成果：①编制了中国石窟寺工程地质环境系列图件，提出了石窟寺赋存环境的"四大区、九小区"分类方案；②研发了石窟病害智能探测机器人，厘清了多尺度结构的空间异质分布规律；③明晰了多环境因子对石窟寺岩体劣化的阶段性控制作用，构建了基于能量耗散原理的时效劣化模型；④阐明了石窟寺岩体的破坏模式和控制要素，揭示了岩体累积性与瞬时性失稳的耦合机制。

本书综合了多学科理论与技术方法，体现了强烈学科交叉性，是石窟寺保护研究工作的一项重要成果。本书不仅可以为岩土质文化遗产保护工作提供参考借鉴，同时可供地质工程、岩土工程、机械设计等相关领域的科研人员和院校师生阅读与使用。

审图号：GS 京（2025）1026 号

图书在版编目（CIP）数据

典型砂岩石窟岩体损伤劣化机制与失稳机理 / 兰恒星等著. -- 北京：科学出版社，2025.6. -- ISBN 978-7-03-080961-2

Ⅰ. P58

中国国家版本馆 CIP 数据核字第 20247TW738 号

责任编辑：韦　沁　柴良木 / 责任校对：何艳萍
责任印制：赵　博 / 封面设计：无极书装

科学出版社 出版
北京东黄城根北街 16 号
邮政编码：100717
http://www.sciencep.com

三河市春园印刷有限公司印刷
科学出版社发行　各地新华书店经销

*

2025 年 6 月第　一　版　　开本：787×1092　1/16
2025 年 9 月第二次印刷　　印张：17 1/2　插页：6
字数：430 000

定价：228.00 元
（如有印装质量问题，我社负责调换）

作者名单

兰恒星　李　黎　包　含　郭进京

董忠红　尹培杰　刘世杰　吕洪涛

前　言

　　中国是四大文明古国之一，悠久灿烂的文明孕育了丰富多样的文化遗产。石窟寺作为我国文化遗产的重要组成部分，集建筑、壁画、雕塑于一体，承载着深厚的历史、文化和艺术价值。自公元 3 世纪，石窟寺艺术开始在中国扎根，并在北魏、隋唐时期达到鼎盛，这一时期的石窟寺不仅规模宏大，其分布也从早期的西北地区逐渐扩展至中原、江南乃至西南各地。据国家文物局 2021 年 12 月公布的调查数据，全国现存石窟寺 2155 处，摩崖造像 3831 处，覆盖了全国 20 余个省区市。石窟寺作为中华民族文化遗产的瑰宝，对其保护与传承责任重大。2019 年 8 月 19 日，习近平总书记在莫高窟视察时强调："要十分珍惜祖先留给我们的这份珍贵文化遗产，坚持保护优先的理念，加强石窟建筑、彩绘、壁画的保护，运用先进科学技术提高保护水平，将这一世界文化遗产代代相传。"

　　自新中国成立以来，我国石窟寺保护事业得到了蓬勃发展。早期的保护工作主要聚焦于环境整治与应急抢险，在积累经验的同时，也为石窟寺保护工作的全面推进奠定了基础。随着保护理念的深化和技术手段的进步，逐渐形成了多学科交叉融合的保护模式，地质学、材料科学、信息技术等领域的专业知识和技术方法被广泛应用于石窟寺保护，显著提升了保护工作的科学性和有效性。近年来，预防性保护与大规模本体修复成为了工作重点，旨在提前预防可能出现的病害，并对已经受损的部分进行精细修复，尽可能还原石窟寺的原有风貌。值得关注的是，《中华人民共和国文物保护法》《国务院办公厅关于加强石窟寺保护利用工作的指导意见》等政策和法规的相继出台，不仅从制度层面强化了文物保护的法律地位，更通过专项资金投入与科技支撑，为石窟寺保护事业的可持续发展提供了坚实保障。

　　根据所开凿岩石的差异性，石窟寺可分为砂岩型、砾岩型、灰岩型、花岗岩型等多种类型，其中砂岩型石窟寺占全国石窟寺总量的 80%以上，因此关注度最高。受沉积环境影响，砂岩一般具有孔隙度大、胶结性差、吸水性强等特征，在自然营力和人类活动的作用下，极易发生材料劣化与结构失稳问题。材料劣化主要表现为砂岩在干湿循环、冻融循环、生物活动等长期作用下发生的渐进性破坏，常伴随表面剥落、酥碱化、粉砂化等现象。结构失稳是砂岩受原生层理、构造节理、次生裂隙等控制，在重力、地震、人类扰动、渗流压力等作用下发生的块体滑移、垮落等局部失稳，以及窟顶坍塌、侧壁倾覆等整体性失稳。岩体的损伤劣化与失稳不仅破坏了石窟寺的艺术呈现效果和文化价值，对文物的长期保存与传承更是构成了严峻威胁。

　　面向广泛分布的砂岩石窟，深入研究石窟岩体的损伤劣化机制与失稳机理，是落实党中央、国务院关于文化遗产保护重要政策文件和论述精神的具体行动，也是保障这些瑰宝得以传承延续的科学基础。只有深刻理解石窟岩体的劣化与失稳机理，才能制定出合理有效的保护与加固方案。同时，石窟岩体的损伤劣化与失稳研究具有显著的跨学科特性，涉及工程地质、测绘、材料、信息技术等多学科领域，其成果不仅能直接服务于石窟寺的病害防治和稳定性分析，为保护实践提供坚实的理论支撑与技术指导，还将有力推动相关学科的发展，显著提升我国在文化遗产保护领域的科技水平和国际竞争力，对文化传承、行业进步与科技创新均具有重要意义。

本书是国家重点研发计划项目"石窟寺岩体稳定性预测及加固技术研究"的重要研究成果。本书付梓，得到了多方的支持和帮助。在此，本书著者感谢中华人民共和国科学技术部、国家文物局在科技项目上的大力支持；感谢中国文化遗产研究院、中国科学院地理资源与环境研究所、长安大学、天津城建大学、敦煌研究院、兰州大学、中国科学院地质与地球物理研究所、甘肃北石窟寺文物保护研究所、安岳石窟研究院等单位的支持与指导；感谢邵明申、刘建辉、陈卫昌、赵建军、周怡杉、李元涛、梁行州、晏长根、李郎平等同事与朋友在研究工作上的帮助；感谢刘长青、都奎建、袁逸齐、何志、黄晓磊、陈浩扬等在项目执行和成果整理中的辛苦付出。

由于著者的研究水平和编写时间有限，本书在研究的深度和广度方面难免存在疏漏与不足。我们诚挚希望本书能为石窟寺保护工作者及相关领域专业人士提供有价值的参考，期待与各界同仁携手共进，为推动我国文化遗产保护事业的创新发展贡献力量。

著　者

2024 年 12 月于北京

目　　录

第1章 绪 论

石窟寺是我国文化遗产中的一颗璀璨明珠，作为佛教传播的路标，沿丝绸之路东渐，经巴基斯坦、阿富汗分南北两线传入我国（程云霞，2010），集中展现了建筑、雕塑和壁画艺术的辉煌成就。我国的石窟寺空间分布和迁移规律主要与佛教文化传播历史有关，一座座历史悠久的石窟不仅构成了佛教的东传史，而且记录着中华民族不同时期的历史文化特点，是不可再生的珍贵文物资源。

我国石窟寺分布广、数量大、类型多。2021年12月24日国家文物局公布的石窟寺调查结果显示，全国共有石窟寺2155处，摩崖造像3831处，共计5986处。其中，全国重点文物保护单位共288处，省级文物保护单位417处，市县级文物保护单位1285处，尚未核定公布为文物保护单位的不可移动文物3361处，另有新发现635处。依据国务院公布的国家重点文物保护单位信息（共八批），筛分出石窟寺、摩崖造像、石刻和岩画等石质文物共313处，其中石窟寺和摩崖造像180处，包括石窟寺97处，摩崖造像83处。

在漫长的历史岁月中，石窟寺经历了自然侵蚀与人类活动的长期影响，导致其病害和破坏现象日益加剧，如裂隙发育、坍塌失稳、渗水溶蚀和风化。这些现象破坏了石窟寺的真实性、完整性和延续性，对其长期保存和安全利用构成了威胁。同时，由于我国石窟寺形制多样且赋存地质环境复杂，其劣化与破坏方式存在显著差异。为了解决上述问题，更好地保护和传承石窟寺文化遗产，如何科学地阐明石窟岩体劣化机制与失稳机理，已成为新时代石窟寺保护与利用的巨大挑战。

1.1 石窟岩体劣化与稳定性

考虑石窟岩体的劣化特征、破坏形式、规模及特点，结合以往研究（李宏松，2011），可以将石窟寺的劣化失稳分为两类：一类为岩石劣化，表现为岩石表层风化破坏了石窟文物表面结构的完整性或影响了文物价值；另一类为结构性破坏，指石窟岩体或所依附山体发生的崩落、坍塌、块体滑移等不稳定现象。

岩石劣化是石窟寺保护面临的普遍问题，常见的劣化形式包括剥落、开裂、变色与堆积、生物侵蚀等，其中剥落是较为典型的劣化类型。岩石劣化剥落的形式较为复杂形式较为复杂，以砂岩石窟为例，可分板状剥落、片状剥落、鳞片状剥落、粉末状剥落、粒状剥落和层状剥落六个独立类型（李宏松，2011）。石窟赋存的地质环境不同，岩石的风化剥落特征也存在显著差异。例如，汪东云等（1994）在宝顶山石窟风化破坏分析中发现，石窟岩体风化严重的区域形成了粒状脱落、片状-卷曲状剥离和空腔状剥落等破坏，部分地段形成层状、板状脱落，造成佛龛及碑文模糊；张景科等（2021）对庆阳北石窟寺砂岩表层风化调查时指出，北石窟寺砂岩表层发育的主要风化病害有颗粒状剥落、层状剥落、片状剥落、鳞片状剥落等，这些岩石劣化问题不仅受温湿条件等赋存环境的影响，与岩石本身的性质也有着密切关联。

石窟寺的结构性破坏易发生于洞窟顶板、岩柱及石窟崖壁，主要受控于岩体结构与复杂应力条件。洞窟顶板岩体失稳是石窟寺最为常见的破坏模式，具体表现为梁板式折断、冒落、局部掉块等（王金华等，2013）。在应力集中作用下，顶板岩体的拉应力若超过其抗拉强度，便会产生裂缝并易形成不稳定块体，以致发生掉块。当顶板岩体较薄时，若其截面上的剪应力超过岩体的抗剪强度，或截面弯矩超过岩体的抗弯能力，则可能发生顶板坍塌（满君等，2009；王逢睿和肖碧，2011）。而石窟岩柱的失稳破坏主要由裂隙切割与风化蠕变所致（三金华等，2013）。结构面的切割改变了岩柱的形态结构，进而导致其受力状态发生不利调整。石窟崖壁的失稳破坏主要发生在被结构面切割形成的危岩体上（何德伟等，2008），破坏形式包括滑塌式破坏、倾倒式破坏和坠落式破坏（陈洪凯等，2003）。当石窟所处的应力环境发生变化时，崖壁危岩体的位移、应力状态及动力响应等也发生相应调整，易引发失稳，威胁石窟文物和广大游客的安全。

综合来看，以往学者在石窟寺岩体劣化现象及失稳模式等方面已开展了大量研究工作。为深入揭示石窟岩体劣化与失稳机理，我们仍需关注不同尺度岩体结构以及复杂环境所产生的力学效应，尤其对易发生损伤劣化与失稳的石窟顶板，阐明其损伤劣化机制与失稳机理更具有科学意义和应用价值。

1.2 石窟岩体劣化失稳机理研究挑战

影响石窟岩体稳定性的因素众多，揭示石窟岩体劣化失稳机理是保障石窟稳定的前提。近年来，学者们从不同的角度探究了影响石窟岩体失稳的内外因素。

石窟寺的岩性、岩体结构、洞窟形制以及赋存区地形地貌等是影响石窟寺稳定的主要内部因素（汪东云等，1994；方云等，2011）。岩性不仅决定着石质文物自身的耐久性，而且是造成差异风化的主要原因（李智毅，1995）。结构面的存在则显著弱化岩体的力学特性，并导致其表现出强烈的各向异性（包含等，2015，2016）。洞窟形制也直接影响石窟岩体稳定性，受开凿条件及所处文化背景差异影响，石窟形制多样，其结构力学性能差异较大，导致稳定性表现不尽相同（王茜，2020）。此外，石窟寺多依山开凿，特殊的地形地貌条件易形成诸多不良地质条件，如危岩体、边坡卸荷等，对石窟的长久稳定构成了重要威胁（黄克忠，1998；丁梧秀等，2004；刘佑荣，2009）。

石窟岩体稳定性与所处的自然环境、人类活动等外部因素也密不可分（牟会宠等，2000）。从以往的研究成果来看，学者们对外因的关注多集中于以下两类：一类是自然营力（潘别桐和黄克忠，1992），如水环境（严绍军等，2005；Liu et al.，2020a；张梦婷等，2021）、气候（温湿度、风沙、降雨）（王亨通，1990；Wang et al.，2006；Li et al.，2015；王逢睿等，2017）、生物作用（张永等，2019；王金华和霍晓彤，2021）、可溶盐（Jiang et al.，2015）及构造活动（Peng et al.，2013；Guo et al.，2021）等；另一类是人类相关活动（潘别桐和黄克忠，1992），如焚香、居住、战乱、游客活动及工程振动等（赵以辛等，2002；张明泉等，2009；陈卫昌等，2017；Chen et al.，2018）。这些外界因素增大了石窟寺保护的难度，使石窟寺的劣化与失稳问题呈现出加速趋势。

石窟岩体的劣化失稳是内部与外部因素综合作用的结果。一方面，岩性、岩体结构、洞窟形制、地形地貌等内部因素，为石窟岩体劣化过程的发育和发展创造了先决条件（张金风，2008；兰恒星等，2023）。另一方面，石窟岩体损伤劣化、失稳破坏与所处的环境条件、人类活动等外部因素也密不可分。在上述内、外因素的综合作用下，石窟岩体呈现出复杂的劣化与失稳特征（刘世杰等，2022），为石窟寺的长期保护带来了极大的挑战。

1.3 本书的学术思路、研究内容与成果进展

我国 80%以上的石窟寺建造于砂岩之中。然而，由于砂岩本身疏松多孔，又长期暴露于复杂多变的外界环境中，导致诸多砂岩型石窟寺发生失稳破坏等多种病害。近年来，工业的快速发展更显著改变了石窟寺的赋存环境，加剧了病害问题的严峻性。

虽然针对砂岩石窟岩体的损伤劣化与失稳已开展了大量的研究工作，但各石窟赋存环境存在差异，影响石窟稳定性的主控因素不尽相同，相关研究工作的侧重点也不尽相同。为深入贯彻文物工作系列重要论述精神，落实《"十四五"文物保护和科技创新规划》及《关于加强石窟寺保护利用工作的指导意见》，更好地指导石窟寺文物保护的科学研究与实践，需要进一步梳理相关成果和研究需求。因此，本书在分析岩体损伤破坏机制的基础上，以石窟寺赋存工程地质环境为背景，运用智能搭载平台、其他现场勘测技术以及室内测试等手段，厘清多尺度岩体结构空间分布特征，阐明内外动力耦合作用下石窟岩体的劣化机制，进而揭示石窟岩体失稳机理。本书围绕"工程地质环境特征、岩体结构调查与探测、多尺度岩体结构特征、石窟岩体渗透特性、微环境作用下石窟砂岩损伤劣化特征与机制、砂岩石窟破坏模式与分类体系、砂岩石窟失稳破坏机理及防护对策"等多个方面详细介绍了石窟岩体劣化失稳的相关研究成果，以期为砂岩石窟岩体病害的科学诊断与有效防治提供理论支撑和实践参考。

1.3.1 关键科学与技术问题

1）石窟岩体稳定性影响因素的识别与量化评价

石窟岩体的劣化失稳反映了在内外因素的长期作用下，岩体内部多尺度结构的产生—拓展—贯通—成网—演化过程。因此，在考虑地质环境特征的基础上，如何精准识别与量化评价影响石窟岩体稳定性的主控因子，是揭示石窟岩体多尺度、长时序损伤演化机制的关键所在。

2）石窟岩体结构精细探测与三维表征

石窟岩体结构尺度多变、成因机制复杂，岩体结构的分布特征与组合关系是造成岩体劣化失稳的基础。对石窟岩体结构进行精细探测与评估，关键需要厘清多尺度裂隙的天然分布状态，探明埋藏裂隙的发育与分布模式，进而实现岩体结构多尺度三维网络构建。

3）石窟岩体损伤劣化的时效演化规律

石窟岩体的失稳破坏表现出显著的时间依赖性。因此，结合洞室与窟体应力场特征及环境影响，追踪岩体损伤演化随时间的阶段性特征，阐明时效性演化规律，是定量揭示多因素耦合作用下石窟岩体损伤劣化的关键环节。

4）石窟岩体渐进性与瞬时性破坏机制

石窟岩体的破坏过程存在显著的差异性，在研究石窟岩体工程地质破坏模式分类的基础上，如何探明内、外因素耦合作用下岩体的应力调整及变形规律，揭示石窟岩体渐进性和瞬时性破坏机制，是石窟寺保护工作的重要理论支撑。

1.3.2　主要研究内容

1）石窟寺赋存环境特征与稳定主要控制因素

围绕石窟寺岩体劣化失稳的影响因素，厘清石窟寺赋存的工程地质环境特征，提出石窟寺赋存工程地质环境分区方法；揭示地质环境要素对石窟岩体稳定的影响，并明晰主要控制因素。

2）石窟岩体结构精细化探测与三维重构

开发石窟病害自适应智能探测搭载平台，结合现场调查获取不同尺度结构面分布信息，厘清岩体结构及多尺度裂隙空间分布特征；融合石窟形制、崖体结构特征，构建反映石窟岩体宏观、微观、细观结构信息的三维模型。

3）石窟岩体损伤劣化时效规律

定量化描述不同环境因子作用下石窟岩体参数的变化，捕捉岩体形变对微环境的响应特征，确定石窟寺稳定性主控因子和关键参数的时序特征；厘定多环境因子对石窟岩体劣化的长期作用，构建石窟岩体损伤时效演化模型。

4）石窟岩体的结构特征与累积性和瞬时性破坏机制

根据岩体结构多尺度三维空间模型，建立安岳石窟和北石窟岩体结构特征与失稳类型的相关性；探明环境因素耦合作用下岩体应力调整及变形规律，从多维角度揭示石窟岩体累积性和瞬时性破坏失稳机理。

1.3.3　本书主要成果介绍

本书共分为 12 章。第 1 章绪论主要介绍石窟寺保护背景和面临的工程地质问题；第 2 章突出石窟寺工程地质环境特征的介绍；第 3~5 章重点介绍了石窟岩体结构调查与多种探测方法，以及石窟寺多尺度岩体结构特征；第 6~10 章涉及石窟岩体渗透特性，以及水-岩作用、酸蚀作用、盐析作用、温度循环等微环境作用下石窟砂岩损伤劣化特征与机制；第 11、12 章分别介绍别介绍了石窟砂岩典型破坏模式与分类体系，以及石窟岩体失稳破坏机理及防护对策。主要研究具体如下：

（1）围绕石窟岩体赋存工程地质环境特征，本书第 2 章重点阐释了地质环境系统、地形地貌环境系统和气候环境系统三大自然系统的耦合作用共同构成了石窟寺赋存的自然环境系统，并指出该耦合作用是石窟寺病害产生的根本原因；首次基于地球系统科学观点，从赋存环境要素耦合角度系统研究了中国石窟寺区域工程地质环境的总体特征与空间变化规律；梳理了不同区域石窟岩体的环境主控因素，提出了石窟寺赋存环境的分区方案，明确了不同区域在赋存环境特征、岩体稳定性及损伤破坏主控因素方面的差异性，为石窟寺保护规划和具体保护实践提供了科学依据。

（2）围绕石窟岩体结构精细化探测与三维重构，本书第 3~5 章采用了内、外融合，宏观、微观结合的探测方法，实现了石窟岩体多尺度结构损伤与空间特征的无损精细化勘测；通过模块化研发，结合地面移动平台和多自由度空间探测机构构型，开发了具备路径（轨迹）自适应规划、自主定位导航等智能控制技术的岩体病害探测搭载平台；厘清了岩体结构及多尺度裂隙损伤的空间分布规律，揭示了石窟寺多尺度岩体结构的空间分布特征；最终提出并应用一套集成多源岩体结构数据的联合建模方法，构建了反映石窟多尺度结构特征的三维数值模型，获取了关键结构面的数字化分布信息。相关研究为石窟寺关键块体识别、整体稳定性分析及针对性加固方案制定提供了坚实的数据基础和分析工具。

（3）围绕石窟岩体损伤变形的时效规律，本书第 6~10 章揭示了裂隙网络分布特征对岩体渗透率的关键影响，建立了裂隙参数与其渗流特性的相关模型；厘清了石窟岩体宏观物理力学参数对微环境变化的响应特征，确定了区域差异性的稳定性主控因子：北石窟寺以温度控制型及盐析控制型破坏为主，而安岳石窟则主要受水循环控制型及酸雨控制型破坏主导；查明了多环境因子在岩体劣化不同阶段（初始阶段受孔隙变化主导、中期受颗粒接触主导、后期受物质成分主导）的作用机制及其关键参数的时序演化特征；最终明确了岩体时效劣化机理与主控因素，构建了基于能量耗散原理的时效损伤劣化演化模型，为石窟岩体整体稳定性评估与长期预测提供了理论模型与技术方法支撑。

（4）围绕石窟岩体结构特征及其累积性与瞬时性破坏机制，本书第 11、12 章首先基于研究区石窟砂岩破坏现象的具体归属，建立了涵盖两大类、六亚类、24 种具体破坏现象的综合分类体系，明确了以岩体结构为主控因素、岩石劣化为诱导因素的破坏模式；突破传统建模方法，融合无人机倾斜摄影、三维激光扫描及现场测量等多源数据，构建了精细化的三维裂隙网络数值模型；在此基础上，深入研究了内、外营力耦合作用下微裂纹扩展诱发的累积性破坏机制，阐明了岩体应力调整与变形过程，揭示了渐进性与瞬时性失稳的内在机理；最终，综合岩体结构特征与岩石劣化参数，构建了石窟稳定性评价体系，为石窟岩体稳定性预测与针对性加固方案的设计提供了理论支撑与实践指导。

1.3.4 社会效益

本书在石窟岩体损伤劣化机制与失稳机理研究方面可发挥基础性支撑作用，并为石窟寺等岩土质文物保护提供了关键的研究思路。其研究成果可直接服务于石窟寺的科技保护实践，社会效益显著，主要体现在以下方面：

（1）强调石窟寺本体与其赋存工程地质环境构成有机耦合统一体，主张采用系统性、耦合性、动态性的观点理解区域工程地质环境特征及其空间变化规律。通过深入探讨石窟岩体稳定性与区域环境要素间的关联机制，为未来石窟寺的保护、加固与修复工程奠定了重要理论基础。促进工程实践时可以更全面地综合考虑石窟本体岩石（岩体）的工程特性及其所处区域的内、外作用，从而产生长期且显著的社会效益。

（2）通过编制我国石窟寺赋存环境（涵盖地形地貌、气候、大地构造、区域地质、地震与活动构造、水文地质等）的单要素及多要素组合系列图件，可为石窟寺保护规划及环境要素影响评价提供关键数据支撑。这些基础信息可应用于石窟寺保护全过程（包括损伤机制研究、稳定性检测评价、加固材料与修复技术选择、环境监测等），有助于系统、全面地把握不同区域及工程地质环境下石窟寺保护面临的核心问题，为实现石窟寺科学性、前瞻性与可持续保护提供依据。

（3）智能搭载平台能够适应石窟寺洞窟结构复杂性、尺度差异性、病害多样性、安全严格性等特殊要求，利用搭载平台自主作业技术、三维虚拟重构技术和图像智能识别，实现了洞窟表面病害探测的三维数字化，可以在减少扰动的情况下获取石窟岩体结构多尺度、空间异质分布状态，为精准制定修复措施提供关键依据。该成果不仅显著提升了石窟岩体勘探的效率和精细度，在类似岩土工程勘察领域也具有广阔的应用前景。

（4）建立一套融合三维密集点云数据的处理、三维仿真实景模型的构建、三维离散裂隙网络分区模拟、三维多尺度结构面信息的建模方法，最终创建形成了石窟寺多尺度岩体结构三维实景模型。模型反映了石窟区不同尺度岩体结构的空间异质分布特征，对于石窟岩体的预防、抢救性保护具有积极意义，可为石窟寺关键块体、整体稳定性分析，以及加固方案的制定提供关键的基础数据。

（5）依据石窟寺砂岩阶段性损伤劣化规律机制，将石窟岩体的防治分为"可防-可控-可治"三部分，基于能量耗散原理提出的石窟岩体损伤劣化模型充分考虑了微环境劣化和外营力作用的共同影响。该研究成果可量化石窟砂岩的损伤劣化程度，评估其力学强度和整体稳定性，为石窟砂岩病害的精准防控和科学治理提供理论支撑。同时，对探明岩体损伤过程、揭示岩体力学性质演化规律，以及石质文物的保护研究具有重要的科学意义，对岩土工程耐久性研究也具有一定启示。

（6）提出的红外无损探测方法尤其适用于高危、高陡及有特殊保护需求的石窟岩体工程，其优势在于能同时评估岩体结构完整性与劣化程度，确保评价结果的准确性。而基于岩体结构形貌特征，可以定量化表征结构面粗糙特征对岩体结构剪切及渗流特性的影响，为稳定性评价提供重要理论支撑。此外，通过结合岩体结构分布特征与岩石劣化参数进行失稳过程反演分析，能够快速、精准地识别潜在失稳区域及其主控因素，从而显著提升石窟寺稳定性评价与加固方案制定的科学性和效率，应用前景广阔。

第 2 章　石窟寺工程地质环境特征

石窟寺是一种开凿于山崖上的洞窟式寺院遗迹，具有重要的历史、科学、艺术、文化与社会价值。石窟寺开凿时代久远，长期受到内、外营力地质作用和人类活动影响，遭受了不同程度的损伤破坏，其中，风化病害、水害和失稳是众多石窟寺所面临的共同问题，而这些问题又都与其所处区域的气候、地貌、地质、构造、水文等自然环境有关。因此，石窟寺的保护应关注石窟岩体赋存的工程地质环境。本章以地球系统科学理论为指导，融合我国气候环境及变化、地形地貌、区域地质、活动构造与地震、工程地质与水文地质等多学科研究新进展，分析石窟岩体赋存区域工程地质环境空间变化规律，为石窟寺中-长期预防性保护规划、针对性技术方案制定、长期稳定性监测、失稳风险评价和加固技术研发等提供基础资料支持。

2.1　我国石窟寺岩性特征与空间分布

2.1.1　我国石窟寺岩石类型划分

石窟寺，包括洞窟造像、摩崖龛像和摩崖题刻等（黄克忠，1994；孙华，2017），具有不可移动的特点，是自然岩体不可分割的一部分，属于特殊地质工程。因此，工程地质学的理论、方法和技术可以应用于石窟寺保护工程（韩文峰等，2007）。

石窟寺按照赋存的岩石属性可以分为砂岩型、砾岩型、碳酸盐岩型、火山岩型和结晶岩型（黄克忠，1994）五种类型。我国石窟的岩石类型具有显著的区域特点，表现为不同区域的石窟寺开凿于不同地质年代和不同成因的岩层。例如，西北地区的敦煌莫高窟和榆林窟开凿于第四系洪积扇砾岩层，而敦煌地区东千佛洞和西千佛洞开凿于河床相砾岩；天梯山石窟、炳灵寺石窟、北石窟、阿尔寨石窟等开凿于白垩系河床相砂岩，而麦积山石窟、木梯寺石窟、大像山石窟、水帘洞石窟等开凿于上新统洪积砾岩。华北地区的大同云冈石窟开凿于中侏罗统灰色砂岩；洛阳龙门石窟和邯郸响堂山石窟开凿于寒武系—奥陶系碳酸盐岩。川渝地区大足石窟群、安岳石窟群等普遍开凿于侏罗系厚层砂岩层中。如果按照时代和成因还可以细分石窟的岩石类型，砾岩型可以按照地层时代、岩石成因、固结程度等细分为第四纪半固结砾岩型、新近纪砾岩型和白垩纪砾岩型，按照成因又可分为冲洪积扇砾岩型和河流相砾岩型；砂岩型同样可以根据时代和成因分为若干类型。因此，可将石窟的岩石地层时代和岩石类型成因相结合，细化石窟寺的岩性特征分类（表 2.1）。

综合来看，石窟寺开凿地层时代多为晚中生代和新生代，尤其是新生代。岩石主要为湖相、河流相、冲洪积相、沙漠相的砂岩和砾岩，其固结成岩程度较低，结构相对疏松，强度相对较低，易于风化。同时，不同区域、不同时代地层、不同岩石类型石窟寺的岩体结构、岩石强度、抗风化能力等差异性较大，再叠加上气候环境、地貌环境和活动构造环境及水文地质环境等影响，会更加放大这种区域差异性。

表 2.1 中国石窟寺的岩性特征表

石窟寺岩石类型	岩石成因类型	岩石地层	代表性石窟寺
砾岩型（L）	洪积相（a）	第四系（Q）、新近系（N）	莫高窟、榆林窟、东千佛洞、西千佛洞、木梯寺石窟、大像山石窟、水帘洞石窟、麦积山石窟等
	河床相（f）		
	冲洪积相（fa）		
砂岩型（S）	河流相砂岩（f）	古近系—新近系（E—N）、白垩系（K）、侏罗系（J）	北石窟、阿尔寨石窟、云冈石窟、大足石窟群、安岳石窟群等
	风成砂岩（e）		
	湖相砂岩（l）		
碳酸盐岩型（T）	海相（m）	前侏罗系（pre-J）	龙门石窟群、响堂山石窟等
结晶岩型（J）	侵入岩型		
	变质岩型		
火山岩型（H）	凝灰岩型		

注：石窟寺岩石类型列英文大写字母代表岩石类型名称拼音的首个字母；岩石成因类型列小写字母分别对应英文首个字母。

2.1.2 我国石窟寺空间分布特征

我国石窟寺空间分布特征明显，如图 2.1 所示，石窟寺虽然分布广泛，但主要在始于东汉、盛于隋唐的古丝绸之路沿线集中分布，秦岭-大巴山以南的唐宋时期石窟寺是另一个

图 2.1 中国石窟寺（全国重点文物保护单位）地理分布图（见彩图）

集中分布区，其他地区石窟寺零星分布。宿白（1996）曾将我国石窟寺分为新疆地区、甘宁地区、中原北方地区、南方地区和西藏地区五个区域。

石窟寺岩体劣化失稳的发生既受岩石类型和地层时代影响，也与所处区域的自然环境密切相关。不同区域的气候、地貌、水文等环境要素是石窟岩体差异性劣化产生的主要原因。鉴于不同区域石窟寺赋存地层时代、岩石类型、地震、活动构造、水文地质、地貌类型、气候环境等要素的显著空间差异，石窟岩体的稳定性制约因素和岩石结构损伤的控制因素也有显著差异。

2.2　石窟寺赋存的工程地质环境

石窟寺保护的时间尺度不同于一般工程，不只十年或百年，需要永续保护。在自然环境和人类活动作用下，石窟寺已经历了几百年到上千年的风化，石窟岩体变得十分脆弱，因自然风化和人类活动等产生的失稳威胁长期存在，有的甚至十分严重。同时，石窟寺保护还面临着山体稳定问题和岩体结构稳定问题，以及在特定气候、构造、水文等环境下引起的岩体结构损伤和破坏。

2.2.1　区域气候环境

气候环境对石窟寺长久保存至关重要。气候类型、气温、温差、降水量、蒸发量、湿度、干燥度等都是影响石窟岩体劣化失稳的影响因素。我国石窟寺空间分布广泛，所处的气候环境差异显著，不同气候环境区的石窟寺岩体稳定状态、损伤破坏机制、控制因素以及劣化速率等差异巨大。因此，研究气候环境要素对石窟岩体稳定和结构损伤的影响有重要意义。

1. 气候区划的基本原则

1）气候区划的原则

气候区划原则是制定区划方法、确定区划指标和建立区划分类单位系统的主要依据。区划主要考虑以下五项基本原则，即地带性与非地带性相结合原则，发生同一性与区域气候特征相对一致性相结合原则，综合性和主导因素相结合原则，自下而上和自上而下相结合原则，以及空间分布连续性与取大去小原则。

（1）地带性与非地带性相结合原则。

在进行气候区划时，需要先考虑气候的水平地带性。首先根据气候的纬向分异将其切分成若干个气候（即温度）带，然后再根据气候的经向分异将气候带划分成若干个气候（即干湿）类型区，最后再结合气候的非水平地带性特征划分气候区。由于青藏高原与三大地势阶梯格局的存在，我国气候与自然景观的水平地带性规律常被非水平地带性特征所打破。因此，在进行全国气候区划时，需先将青藏高原作为一个独立的单元来对待，然后结合两大区域（即青藏高原和其他区域）的气候特征，分别确定两大区域的划分标准，再进行气候区划。

（2）发生同一性与区域气候特征相对一致性相结合原则。

考虑发生同一性原则并不意味着区划工作必须去追溯漫长的气候演化历史，其重点是对现代气候成因与变化过程的考察。在进行气候区划时，主要考虑与现代过程密切相关的时空尺度，包括年内变化、年际变率和年代波动趋势的一致性等。气候区划工作还需要与区域气候特征相对一致性相结合。区域气候特征相对一致性是指在不同气候区内，其气候特征有共性，也有差异，表现为相对一致。

（3）综合性和主导因素相结合原则。

在进行分区时，应综合考虑气候因子与气候区域组合的分异特征，据此确定气候区划界线，这就是综合性原则。但在气候区划的具体工作中，既不可能采用所有的气候因子作为指标来进行区域划分，也无法采用全部的指标来界定不同气候区之间的一致性与差异性，因而必须选择具有主导作用的因子作为指标进行区域划分，这就是主导因素原则。

（4）自下而上和自上而下相结合原则。

首先，自上而下划分温度带和干湿区；然后，根据各站点间气候指标值的相似程度，结合自然地理单元的相对完整性，将各站点合并成气候区；最后，将气候区与干湿区及温度带结合起来，形成一个统一的区划。

（5）空间分布连续性与取大去小原则。

空间分布连续性原则要求气候区划结果中的各个气候区必须保持完整而不出现"飞地"。同时根据区划的空间范围大小进行适当的取舍，因而在考虑非地带性因素时，主要考虑大范围的非地带性因素影响，以舍去一些河谷、突兀高山等站点对区划结果的影响。

2）气候区划的指标体系

根据上述气候区划的基本原则，本节按三级体系进行气候区划分，其中一级为温度带，二级为干湿区，三级为气候区。各级区划指标和划分标准如下。

温度带划分指标：采用日平均气温稳定≥10℃的日数（下文简称"积温日数"）作为主要指标划分温度带。由于热带地区全年的日平均气温基本都达10℃（除边缘热带可能有数日低于10℃外），针对热带地区，我们采用积温（日平均气温稳定≥10℃期间的积温）作为指标进行温度带的划分。

干湿区划分指标：区域干湿状况主要取决于降水与潜在蒸散。降水是某地区最主要的水分补给来源，而潜在蒸散则反映了在土壤水分充足的理想条件下可能的最大水分损失。因此，通常采用年干燥度划分气候干湿区，即将潜在蒸散多年平均与年降水量多年平均的比值作为区划指标。因此，以年干燥度（主要指标）和年降水量（辅助指标）进行干湿区的划分，各指标的具体划分标准见表2.2。

表 2.2　干湿区划分指标和划分标准

干湿状况	主要指标	辅助指标
	年干燥度	年降水量/mm
湿润	≤1.00	>800~900， >600~650（东北、川西山地）
半湿润	1.00~1.50	400~500 至 800~900， 400~600（东北）
半干旱	1.50~4.00， 1.50~5.00（青藏高原）	200~250 至 400~500
干旱	≥4.00， ≥5.00（青藏高原）	200~250

此外，在青藏高原以外的地区，还采用最冷月（1 月）平均温度作为辅助指标；而在青藏高原地区则采用最冷、最暖月（7 月）平均气温作为辅助指标。同时采用积温及年极端最低气温平均值作为参考指标，各指标的具体划分标准见表 2.3。

表 2.3　温度带划分指标和划分标准

温度带	主要指标	辅助指标		参考指标	
	日平均气温稳定≥10℃的日数/天（积温/℃）	1 月平均气温/℃	7 月平均气温/℃	日平均气温稳定≥10℃期间的积温/℃	年极端最低气温平均值/℃
寒温带	<100	<-30		<1600	<-44
中温带	100～170	-30 至-12～-6		1600 至 3200～3400	-44～-25
暖温带	170～220	-12～-6 至 0		3200～3400 至 4500～4800	-25～-10
北亚热带	220～240	0～4		4500～4800 至 5100～5300	-14～-10 至 -6～-4
中亚热带	240～285，225～285（云贵高原）	4～10		5100～5300 至 6400～6500，4000～5000（云贵高原）	-6～-4 至-4～0（云贵高原）
南亚热带	285～365	10～15，9～10 至 13～15（云南高原）		6400～6500 至 8000，5000～7500（云南高原）	0～5，0～2（云南高原）
边缘热带	365（8000～9000，7500～8000，云贵高原）	15～18，13～15（云南高原）			5～8，>2（云南高原）
中热带	365（9000～10000）	18～24			8～20
赤道热带	365（>10000）	>24			>20
高原亚寒带	<50	-18 至-12～-10	<11		
高原温带	50～180	-12～-10 至 0	11～18		
高原亚热带	180～350	>0	18～24		

注：①在热带地区，全年的日平均气温≥10℃，故采用日平均气温稳定≥10℃期间的积温作为主要指标进行温度带划分；②高原范围据张镱锂等，2002。

2. 气候区划方案

根据上述的区划依据、原则、指标体系和分区等级系统，可将我国划分为 12 个温度带、24 个干湿区，其中除青藏高原外的全国其他区域包括 9 个温度带、15 个干湿区；青藏高原包括 3 个温度带、9 个干湿区（图 2.2，表 2.4）。

3. 气候环境对石窟岩体劣化与稳定的影响

新生代以来，在太平洋板块与菲律宾板块向欧亚大陆板块俯冲，以及印度板块与欧亚板块碰撞汇聚的两大地球动力学系统作用下，我国形成了独特的地貌格局。特别是中新世以来，被称为世界第三极的青藏高原的崛起强烈改变了大气循环系统，形成气候环境类型多样，气候要素（气温、降水量、蒸发量、干燥度等）空间变化巨大的特征（丁一汇，2010，2013）。

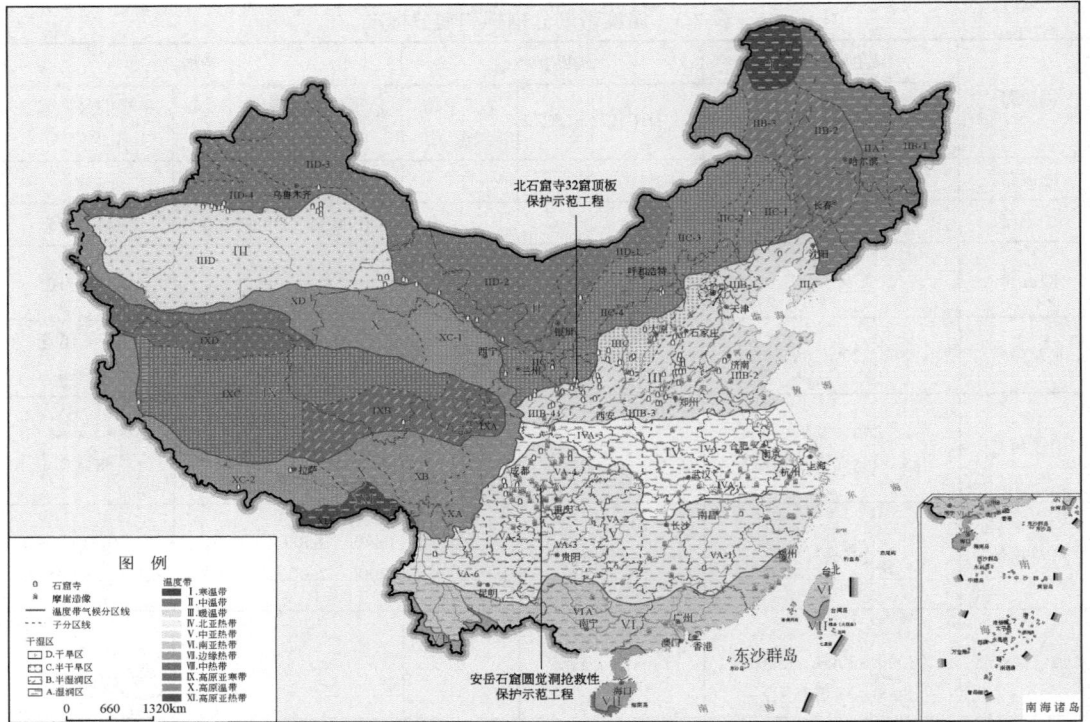

图 2.2　中国石窟寺赋存气候区划（据丁一汇，2013；见彩图）

表 2.4　中国气候区划简表（据丁一汇等，2013）

温度带	干湿区	气候区编号	气候区名称	主要气候指标值			
				干燥度	1月平均气温/℃	7月平均气温/℃	年降水量/mm
I.寒温带	A.湿润区	IA	大兴安岭北部区	0.9	-28.7	16.6	465
II.中温带	A.湿润区	IIA	小兴安岭长白山区	0.8	-22.5	21.0	627
	B.半湿润区	IIB-1	三江平原及其以南山地区	1.3	-17.5	22.3	511
		IIB-2	大兴安岭中部区	1.3	-17.1	21.4	506
		IIB-3	松辽平原区	1.3	-15.1	23.1	570
	C.半干旱区	IIC-1	西辽河平原区	2.2	-10.7	23.6	371
		IIC-2	大兴安岭南部区	1.9	-13.6	21.3	385
		IIC-3	呼伦贝尔平原区	1.6	-25.1	20.0	367
		IIC-4	内蒙古高原东部区	2.7	-18.8	21.2	287
		IIC-5	黄土高原西部区	2.4	-6.5	19.8	368

续表

温度带	干湿区	气候区编号	气候区名称	主要气候指标值			
				干燥度	1 月平均气温/℃	7 月平均气温/℃	年降水量/mm
Ⅱ. 中温带	C. 半干旱区	ⅡC-6	鄂尔多斯与东河套区	1.8	-11.6	22.6	398
		ⅡC-7	阿尔泰山地区	3.5	-22.4	18.9	171
		ⅡC-8	塔城盆地区	2.7	-10.4	22.9	282
		ⅡC-9	伊犁谷地区	1.2	-11.3	15.1	492
	D. 干旱区	ⅡD-1	西河套与内蒙古高原西部区	5.7	-9.9	24.1	146
		ⅡD-2	阿拉善与河西走廊区	6.1	-9.2	21.5	130
		ⅡD-3	额尔齐斯谷地区	6.2	-18.9	23.1	122
		ⅡD-4	准噶尔盆地区	5.5	-18.6	25.5	141
		ⅡD-5	天山山地区	16.5	-9.9	21.2	70
Ⅲ. 暖温带	A. 湿润区	ⅢA	辽东低山丘陵区	0.7	-9.9	23.2	818
	B. 半湿润区	ⅢB-1	燕山山地区	1.5	-7.9	24.3	568
		ⅢB-2	华北平原与鲁中东山地区	1.5	-0.4	27.5	671
		ⅢB-3	汾渭平原山地区	1.3	-0.1	26.6	553
		ⅢB-4	黄土高原南部区	1.2	-4.4	21.9	591
	C. 半干旱区	ⅢC	黄土高原东部太行山地区	1.8	-5.5	23.4	431
	D. 干旱区	ⅢD	塔里木与东疆盆地区	21.6	-8.3	24.6	42
Ⅳ. 北亚热带	A. 湿润区	ⅣA-1	大别山与苏北平原区	0.7	2.2	27.4	1106
		ⅣA-2	长江中下游平原与浙北区	0.6	3.7	28.7	1270
		ⅣA-3	秦巴山地区	0.8	3.5	26.9	814
Ⅴ. 中亚热带	A. 湿润区	ⅤA-1	江南山地区	0.5	5.3	29.2	1624
		ⅤA-2	湘鄂西山地区	0.5	5.0	27.6	1404
		ⅤA-3	贵州高原山地区	0.6	5.0	23.9	1129
		ⅤA-4	四川盆地区	0.7	5.6	25.2	871
		ⅤA-5	川西南滇北山地区	0.6	4.0	21.1	1130
		ⅤA-6	滇西山地滇中高原区	0.7	7.1	20.8	1149
Ⅵ. 南亚热带	A 湿润区	ⅥA-1	台湾北部山地平原区		15.8	29.3	2325
		ⅥA-2	闽粤桂低山平原区	0.5	13.6	28.6	1736
		ⅥA-3	滇中南山地区	0.7	11.3	23.4	1133
		ⅥA-4	滇西南山地区	0.7	11.2	21.4	1163
Ⅶ. 边缘热带	A. 湿润区	ⅦA-1	台湾南部山地平原区		20.6	28.3	2018
		ⅦA-2	琼雷低山丘陵区	0.6	17.7	28.6	1653
		ⅦA-3	滇南山地区	0.6	16.0	24.8	1523
Ⅷ. 中热带	A. 湿润区	ⅧA	琼南低地与东沙、中沙、西沙诸岛区	0.9	21.6	28.5	1392

续表

温度带	干湿区	气候区编号	气候区名称	主要气候指标值			
				干燥度	1月平均气温/℃	7月平均气温/℃	年降水量/mm
IX.高原亚寒带	A.湿润区	IXA	若尔盖高原亚寒带湿润区	0.9	-10.2	10.8	649
	B.半湿润区	IXB	果洛那曲高山谷地高原亚寒带半湿润区	1.1	-12.6	9.2	545
	C.半干旱区	IXC-1	青南高原高原亚寒带半干旱区	2.2	-16.7	5.5	275
		IXC-2	羌塘高原湖盆亚寒带半干旱区	2.8	-10.1	9.6	299
	D.干旱区	IXD	昆仑高山高原亚寒带干旱区				
X.高原温带	A.湿润区	XA	横断山脉东、南部高原温带湿润区	0.7	-2.2	15.5	832
	B.半湿润区	XB	横断山脉中北部高原温带半湿润区	1.5	-2.3	16.0	475
	C.半干旱区	XC-1	祁连青东高山盆地高原温带半干旱区	1.8	-7.4	17.2	374
		XC-2	藏南高山谷地高原温带半干旱区	2.1	-1.6	15.7	426
	D.干旱区	XD-1	柴达木盆地与昆仑山北翼高原温带干旱区	9.4	-13.4	15.5	83
		XD-2	阿里山地高原温带干旱区	11.9	-12.4	13.8	75
XI.高原亚热带	A.湿润区	XIA	东喜马拉雅南翼高原亚热带山地湿润区	0.9	4.3	18.8	80

影响石窟岩体劣化的因素中除了岩石类型、矿物成分和岩石结构（颗粒结构和胶结结构）之外，温度变化、水状态变化、水汽运移、水化学成分等都是影响岩体风化方式、风化过程、风化速率的主要控制因素（卜海军等，2018；张景科等，2021；孙满利等，2021），而这些影响因素无不与石窟寺所处的气候环境类型、气温变化、降水量、降水不均匀性、蒸发量和空气湿度等气候要素密切相关。气候环境及气候要素除了直接控制石窟寺风化劣化病害类型和强度外，还直接或间接控制石窟寺水害的产生和发展。石窟寺水害包括水循环过程产生的孔隙压力变化，水汽运移中的渗透侵蚀、化学侵蚀，孔隙水周期变化导致岩石结构损伤、结构面强度弱化等。石窟寺的水害问题涉及石窟岩石特征、岩体结构面网络、水文地质过程，都会加剧石窟寺水害威胁和岩体失稳的危险。

我国石窟寺集中分布在西北天山南麓、阿尔金-河西走廊地区，华北中西部地区和秦岭-大巴山以南的川渝地区，西北、华北西部、川渝地区以砂岩型、砾岩型石窟为主，碳酸盐岩石窟主要分布在华北南部和华南地区。从气候环境特点看，西北地区处于大陆干旱-半干旱的中温带，温差大、降水量小且高度集中、蒸发量大、湿度小（30%~40%）；华北地区处于暖温带，降水量大于400mm，湿度多在50%~60%；川渝地区和整个华南地区处于亚热带地区，温度高、温差小、降水量多大于800mm、湿度多大于70%。从气候变化趋势看，西北地区暖湿，华北地区和川渝地区暖干趋势明显。处于不同气候环境分区的石窟寺主要病害类型、劣化机理及控制因素存在很大差异，因此石窟寺保护规划和病害治理都必须与其所处的气候环境相适应。特别应该指出的是，在全球变暖的大背景下，极端气候事件（如极端降雨、极端高温、极端低温等）发生的频率越来越高，这对石窟岩体稳定性评价、预测和加固等提出了严峻挑战，应该给予高度重视。

综上所述，气温、降水量、蒸发量、湿度等气候要素是控制石窟岩体劣化失稳的主要环境因素。

2.2.2　区域地貌环境

地貌环境是地球表层系统中最重要的组成要素之一，它直接影响甚至决定着其他要素的特征，并在一定程度上控制着其他生态与环境因子的分布与变化，是地理学研究的核心与基础内容之一（周成虎等，2009）。地形地貌既是地理环境中最重要的因素之一，也是工程地质环境六要素之一（张咸恭等，2000）。石窟寺处于不同地貌单元和特定微地貌环境中，不同地貌单元、不同地貌类型中的石窟寺面临着不同类型和强度的外动力地质作用。同时，地貌单元或类型与气候要素、水循环过程等相互交织，使得石窟寺地貌环境研究的重要性更加凸显。

1. 地貌类型

地貌类型和地貌区划是地貌学研究的两大核心内容（程维明等，2019）。因研究视角和研究目的不同，地貌分类的依据和分类方案也各不相同。其中地貌成因分类、地貌形态分类和成因-形态综合分类是常见的三种分类方案（李炳元等，2013）。地貌成因分类强调地貌形成的内、外动力学类型和形成过程，河流地貌、冰川地貌、沙漠地貌、湖盆地貌、海岸地貌、海盆地貌、构造地貌、岩石地貌、气候地貌等都是常见的地貌成因类型。如果从地貌形成过程看，这些地貌成因类型都可归纳为侵蚀地貌和堆积地貌两大类。在一般地貌学研究中，对地貌类型的划分更多地依据绝对海拔、相对高程、起伏度和空间尺度及形态。本书采用中国陆地地貌单元划分，以李炳元等（2013）和程维明等（2019）中国地貌区划方案为主。

2. 中国陆地地貌分区

地貌分区或地貌区划是地貌学研究的核心内容之一。我国地域辽阔，地貌类型多样、组合复杂，不同区域的基本地貌类型及其组合的规模差异很大，因而在进行全国地貌区划时通常采用多级分区。我国地貌区划研究历史已 80 余年，不同时期、不同部门、不同目的的地貌区划原则、标志和方案各有千秋，李炳元等（2013）对此做了总结。目前，我国地貌区划一般采用 3~4 级分区，即大区、区、地区和小区，分别表示第一级地貌区至第四级地貌区，即将全国分若干地貌大区，一个大区内分若干个地貌区，依此分级。从高级地貌区域到低级地貌区域，地貌类型组合通常由复杂到简单，所包括的类型组合数目逐渐减少，地貌类型组合的规模由大而小。高级地貌区域通常以内营力作用形成的地貌为主，而低级地貌区域中以外营力塑造的地貌为主。目前，数字高程模型（digital elevation model，DEM）

广泛应用于地貌区划研究，地理空间数据精度的提高和数据处理技术的进步，使我国地貌区划越来越详细（程维明等，2019）。为满足我国石窟寺保护需要，在宏观区域上把握我国石窟寺赋存的地貌环境特征和微地貌特征，本书采用了李炳元等（2013）中国陆地地貌基本类型划分（表2.5）和中国地貌分区（表2.6）。按照该地貌分区方案，中国陆地地貌可以分为六个地貌大区（一级地貌区）、37个地貌区（二级地貌区）（图2.3）。

表 2.5　中国陆地地貌基本类型划分表

形态类型	海拔/m	（1）低海拔	（2）中海拔	（3）高中海拔	（4）高海拔	（5）极高海拔
		<1000m	1000～2000m	2000～4000m	4000～6000m	>6000m
平原		低海拔平原	中海拔平原	高中海拔平原	高海拔平原	—
台地		低海拔台地	中海拔台地	高中海拔台地	高海拔台地	—
山地	丘陵，<200	低海拔丘陵	中海拔丘陵	高中海拔丘陵	高海拔丘陵	
	小起伏山地，200～500	小起伏山	小起伏中山	小起伏高中山	小起伏高山	
	中起伏山地，500～1000	中起伏低山	中起伏中山	中起伏高中山	中起伏高山	中起伏极高山
	大起伏山，1000～2500	—	大起伏中山	大起伏高中山	大起伏高山	大起伏极高山
	极大起伏山地，>2500	—	—	极大起伏高中山	极大起伏高山	极大起伏极高山

表 2.6　中国地貌分区表

地貌大区	地貌区	代码	地貌大区	地貌区	代码
Ⅰ.东部低山平原	A.完达山三江平原	ⅠA	Ⅳ.西北高中山盆地	A.新甘蒙丘陵平原	ⅣA
	B.长白山中低山地	ⅠB		B.阿尔泰亚高山	ⅣB
	C.鲁东低山丘陵	ⅠC		C.准噶尔盆地	ⅣC
	D.小兴安岭中低山	ⅠD		D.天山高山盆地	ⅣD
	E.松辽平原	ⅠE		E.塔里木盆地	ⅣE
	F.燕山-辽西中低山地	ⅠF	Ⅴ.西南亚高山-中山	A.秦岭大巴亚高山	ⅤA
	G.华北-华东平原	ⅠG		B.颚黔滇中山	ⅤB
	H.宁镇平原丘陵	ⅠH		C.四川盆地	ⅤC
Ⅱ.东南低中山	A.浙闽低中山	ⅡA		D.川西南-滇中亚高山盆地	ⅤD
	B.淮阳低山	ⅡB		E.滇西南亚高山	ⅤE
	C.长江中游低山平原	ⅡC	Ⅵ.青藏高原	A.阿尔金山-祁连山高山	ⅥA
	D.华南低山平原	ⅡD		B.柴达木-黄湟亚高盆地	ⅥB
	E.台湾平原山地	ⅡE		C.昆仑山极高山-高山	ⅥC
Ⅲ.中北中山高原	A.大兴安岭低山中山	ⅢA		D.横断山高山峡谷	ⅥD
	B.山西中山盆地	ⅢB		E.江河上游高山-谷地	ⅥE
	C.内蒙古高原	ⅢC		F.江河源丘状山原	ⅥF
	D.鄂尔多斯高原与河套平原	ⅢD		G.羌塘高原湖盆	ⅥG
	E.黄土高原	ⅢE		H.喜马拉雅山高山-极高山	ⅥH
				I.喀喇昆仑山极高山	ⅥI

地貌大区（一级地貌区）：主要由大山脉、大高原、大山原、大盆地、大平原等规模的基本地貌类型组合构成，主要是受内营力控制的巨型构造地貌单元，反映了内营力造成的我国第一级巨地形轮廓的地貌差异。它们从宏观上控制了外营力作用的分异，其空间规模上一般是 $10^6 km^2$ 级。中国地势上的三大地貌阶梯及其近南北向山地控制着地貌组合的宏观差异。在考虑大地构造、新构造运动和外营力差异性基础上，可将中国划分为面积在 115 万~260 万 km^2 的六个地貌大区，即东部低山平原大区、东南低中山大区、中北中山高原大区、西北高中山盆地大区、西南亚高山-中山大区和青藏高原大区（表 2.6，图 2.3）。

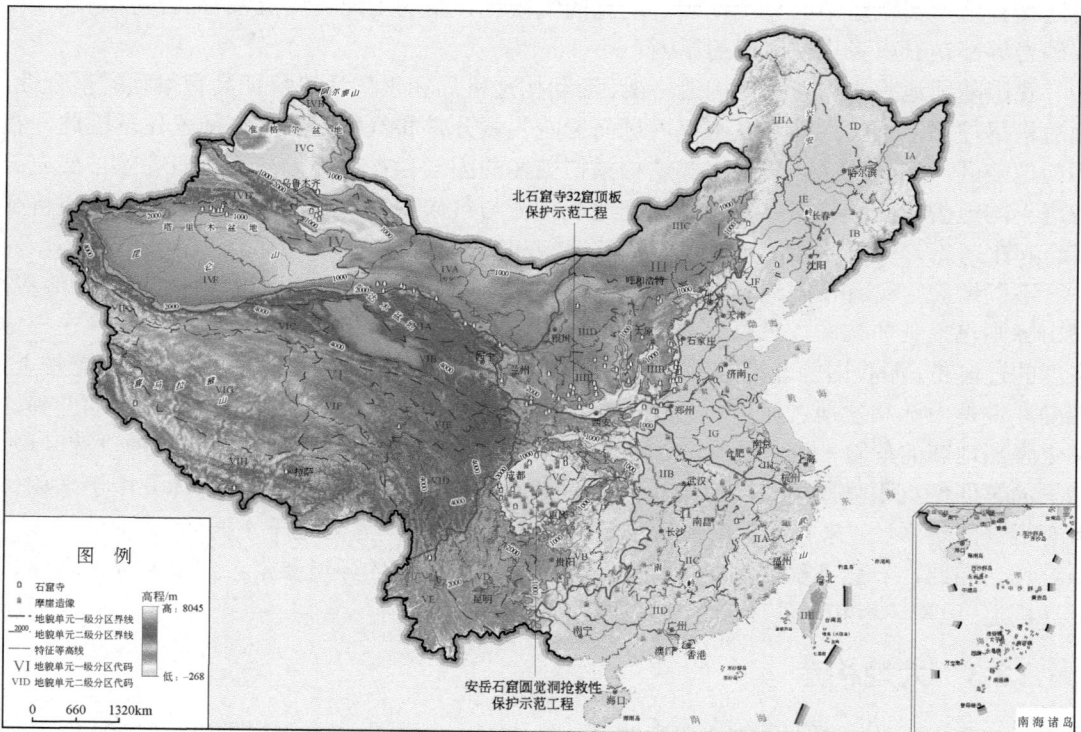

图 2.3　中国石窟寺赋存区域地貌环境图（地貌分区据李炳元等，2013；见彩图）

地貌区（二级地貌区）：以内营力作用造成的较大规模山地、高原、山原、盆地、平原等次级基本地貌类型组合为主。在地貌大区内，根据次级基本地貌类型组合、地貌形态（包括海拔起伏高度）、大面积的物质组成和外营力过程（如黄土、沙漠、喀斯特和干旱荒漠气候地貌）等区域差异，将地貌类型划分为空间规模一般在 $10^5 km^2$ 左右的 37 个地貌区（表 2.6）。

3. 石窟寺赋存的地貌环境

我国三大台阶状地貌总体特征清晰，南北向、东西向山系围限的规模各异的盆地和高原构成了中国大陆地貌的显著特征。从我国石窟寺分布的地貌分区看，主要分布在中北中山高原大区（Ⅲ）、西北高中盆地大区（Ⅳ）和西南亚高山-中山大区（Ⅴ）。更具体地说，中北中山高原大区（Ⅲ）的石窟寺集中分布在山西中山盆地地貌区（ⅢB）、鄂尔多斯高原与河套平原地貌区（ⅢD）、黄土高原地貌区（ⅢE）；西北高中盆地大区（Ⅳ）石窟寺集中分布在新甘蒙丘陵平原地貌区（ⅣA）南缘的阿尔金山-祁连山北缘河西走廊和塔里木盆地地貌区（ⅣE）北缘，属天山南麓区；西南亚高山-中山大区（Ⅴ）石窟寺主要分布在四川盆地地貌区（ⅤC）；其他地貌区石窟寺零星分布。我国西北-华北地区石窟寺的分布在地貌环境上具有显著特征，主要表现为多沿地貌大区或地貌区的过渡区线状分布，这与古丝绸之路的线路相吻合。川渝地区石窟寺集中分布于四川盆地地貌区，唐朝中晚期人口的向南迁徙、地形起伏适中的丘陵地貌、适宜的气候、富饶的土地、广泛发育的侏罗系水平厚层砂岩等都是石窟寺集中出现的原因。

我国陆地地貌格局与大地构造格架、活动构造格局和气候环境特征具有很强的耦合性。地貌格局控制了中国大陆水系网络，进而影响气候分带和气候要素的空间变化。因此，在不同地貌区，影响石窟岩体稳定和结构损伤破坏的因素存在显著差异。石窟寺保护要充分考虑不同地貌单元的特点，特别是要把地貌特征与气候特征以及构造特征和水文地质特征综合起来考虑，同时还要尽可能考虑局部地貌和微地貌特征。

不同地貌区具有不同地貌要素指标，如平原与盆地地貌主要是面积、形状和平均海拔，而山脉则包括延伸方向、最高海拔、最低海拔、起伏度等。不同地貌区之间往往存在一定宽度的过渡带，而我国西北地区的石窟寺就主要分布在地貌大区或地貌区的转换过渡带上，准确地说是山脉和盆地过渡带。山脉和盆地过渡带常常是发育区域断裂，构造活动性强，发生强烈地震的危险性高。另外，山脉和盆地边界又是地壳表层物质迁移堆积的过渡区域，这里的第四纪沉积物厚度大、粒度粗，经常形成不连续或叠置的扇形堆积体。由于堆积体具有很强的透水性，来自山脉的地表水易渗入地下水系统，参与地下水循环-排泄的水文地质过程。因此，石窟寺赋存的区域地貌环境并非一个孤立的环境要素，与水文地质环境、活动构造-地震环境和气候环境具有很强的耦合作用。

2.2.3　大地构造

近年来出版的中国大地构造研究的系统性成果有《中国大地构造图（1∶2500000）》及说明书和《中国大地构造》（潘桂棠和肖庆辉，2015；潘桂棠等，2017）。这些成果认为中国大地构造可划分为陆块区、造山系和叠加造山（裂谷）系三个一级构造单元，其中陆块区具有长期和复杂的演化过程，是基底和巨厚盖层连续稳定的单元，与前新太古代形成的原始硅铝大陆壳统称为陆核。新太古代—古元古代开始出现洋陆分异和陆块漂移，并形成俯冲和碰撞带；中元古代是华北陆块（克拉通）形成期；新元古代是扬子、塔里木等陆块形成期。造山系是造山带的集成，是在大陆边缘受控于大洋岩石圈俯冲制约的前锋弧及其之后的一系列岛弧、火山弧、裂离地块，以及相应的弧后洋盆、弧间盆地或边缘盆地，又经洋盆萎缩消减、弧-弧、弧-陆碰撞、多岛弧盆系转化形成的复杂构造域，整体表现为大陆岩石圈之间的时空域中具有特定组成、结构、空间展布和时间演化特征的构造系统。中国大地构造单元可以分为六个一级区，56 个二级区以及 189 个三级区（潘桂棠和肖庆辉，2015；潘桂棠等，2017）。为了简要反映我国石窟寺分布的大地构造环境，本书在石窟寺赋存大地构造环境图中仅保留陆块区、造山系和部分块体之间的对接带等主要构造单元，以基本反映我国石窟寺空间分布的大地构造环境（图 2.4）。

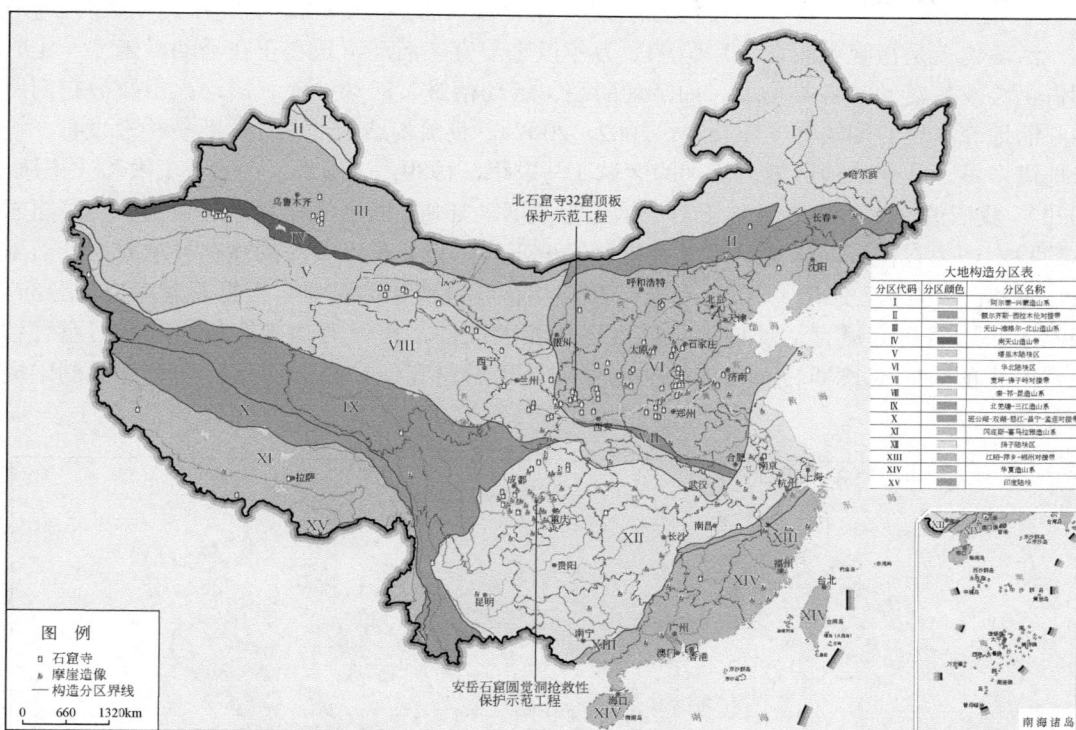

图 2.4　中国石窟寺赋存区域大地构造分区图（据潘桂棠和肖庆辉，2015；见彩图）

从大地构造格局的角度来看，中国大陆可以概括为三大陆块区和六大造山系。这些大地构造单元既有地质构造属性，又有岩石组合属性，如陆块区具有特征性的基底和盖层双层结构。基底主要由各种强烈变质的沉积岩、火山岩和岩浆岩组成，而盖层则由陆表海-浅海-滨海-湖泊-河流相沉积地层组成，多呈近水平角度不整合在下伏基底变质岩系之上。相对而言，造山系的组成更为复杂，通常由不同时代和成因的沉积岩系、火山岩系和各种侵入岩组成。在强烈造山作用过程中，这些岩石发生强烈、不均匀构造变形和不同程度的变质作用改造，在空间上呈现出复杂叠置组合形式。这种不同时代、不同成因类型、不同岩石组合体和不同变形变质改造特征等决定了区域岩体结构特征及其工程地质特性。为明确我国石窟寺赋存的基础地质环境（主要是岩石和构造），以《中华人民共和国地质图（1：250000）》（中国地质调查局，2004）为基础，根据我国大陆表层岩石地层和岩浆岩空间分布特征、地层时代、岩石组成和大地构造分区特征（程裕淇，1994），考虑到工程地质环境要素之间的关联耦合和我国石窟寺的空间分布，将地质图中的地质信息进行了筛选、删减、归并和补充，编制了中国石窟寺赋存区域地质图（图 2.5），该图主要表达了重要构造边界、主要区域断层、地层单元等内容与石窟寺分布的空间关系。

2.2.4　地震与活动构造

活动构造是指晚更新世 10 万～12 万年以来一直在活动，现在正在活动，未来一定时期内仍会发生活动的各类构造，如活动断裂、活动褶皱、活动盆地、活动火山及被它们所围限的地壳和岩石圈块体（邓起东，2002，2007）。我国构造活动强烈，断裂构造发育，构造地震多发，是全球构造最为活动的区域（马杏垣，1989；丁国瑜，1991；王敏和沈正康，2020）。我国的许多石窟寺都位于活动构造带或活动陆块，断层活动和地震作用会对石窟岩体的稳定产生直接或间接威胁，是石窟寺保护研究中需要重点关注的赋存环境要素（石玉成，1998；王旭东，2007）。以活动构造和地震学研究成果为基础，根据石窟寺空间分布，编制了我国石窟寺赋存活动构造和地震环境相关图件，探讨活动构造和地震对石窟岩体稳定产生的瞬时或长期、直接或间接的影响，为石窟寺保护规划和保护技术方案制定提供参考。

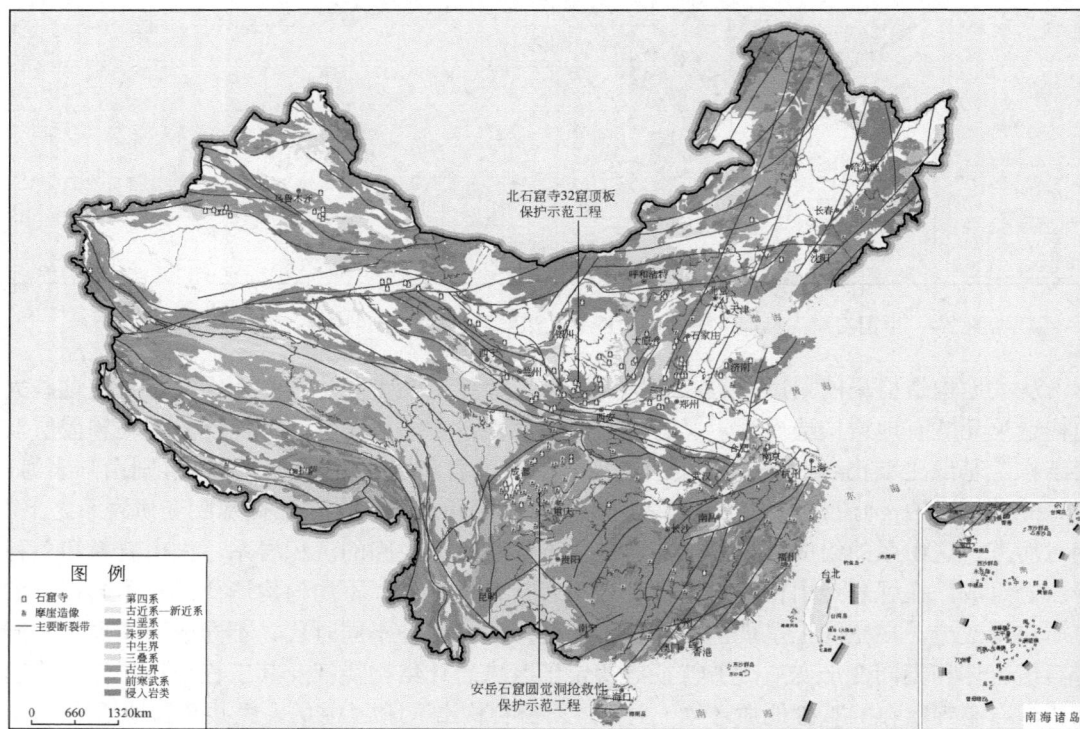

图 2.5　中国石窟寺赋存区域地质图（据中国地质调查局，2004 简化；见彩图）

1. 中国活动构造分区

中国位于欧亚板块的东南隅，处于印度板块、太平洋板块和菲律宾海板块的夹持之中，是一个构造活动强烈的地区。板块边界构造带是最重要的活动构造带，易形成造山带、地震带和火山带。板块内部并不真是刚性的，存在板内块体的相对运动，且其活动程度有所区别，从而表现出活动程度不同的活动块体和活动构造带。活动块体是被晚第四纪活动构造带，包括活动断裂、活动盆地、活动褶皱等，所分割和围限的地块。同一块体的构造活动常具有相对统一的特征。块体内部相对稳定，而块体边缘则活动强烈，主要构造变形和强震都发生在边界带上。

活动块体具有不同的级别，Ⅰ级活动块体称为断块区，Ⅱ级活动块体称为断块，Ⅲ级活动块体称为块体。它们的边界由于可能是复杂的活动构造带，可能具有一定的宽度。例如，青藏断块区北缘边界构造带（ANB）的阿尔金断裂带-河西走廊盆地带的宽度可达 50～100km；青藏断块区东缘边界构造带（AEB）北起兰州，经岷山-龙门山，南至昆明一带，其宽度最大达 10～200km；鄂尔多斯断块周缘边界为四条断陷盆地带（D1B），其宽度亦达几十千米。

根据晚第四纪构造活动特征的差异，除喜马拉雅和台湾两条现代板块边界构造带外，我国大陆板块内部可以分为青藏断块区（A）、新疆断块区（B）、东北断块区（C）、华北块区（D）、华南断块区（E）等五个活动断块区（图 2.6），并且每个断块区内又可划分为若干Ⅱ级断块（表 2.7）（邓起东等，2003；邓起东，2007）。中国大陆发生的大多数强震都集中在活动地块边界带上（图 2.6）。具体而言，所有 8 级以上的巨大地震都发生在Ⅰ、Ⅱ级活动块体边界上，而 86% 的 7～7.9 级大震也分布在这两级活动地块边界上；其余一些 7级地震则发生在Ⅲ级活动块体边界上；此外，落在Ⅰ、Ⅱ级活动块体边界上的 6～6.9 级地震占其总数的 55%。这进一步证明活动地块在控制大陆强震方面扮演着重要角色，而且震级越高，活动地块对其的控制作用越强（张国民等，2005）

表 2.7　中国活动构造断块区与边界构造带名称与编号

Ⅰ级断块区及编号		Ⅱ级断块区及编号
A	青藏断块区	A1. 拉萨断块；A2. 羌塘断块；A3. 巴颜喀喇断块；A4. 东昆仑-柴达木断块；A5. 祁连山断块；A6. 川滇断块；A7. 滇西南断块；A8. 西昆仑断块
B	新疆断块区	B1. 塔里木断块；**B2. 天山断块**；B3. 准噶尔断块；B4. 阿尔泰断块；B5. 西准噶尔断块；B6. 阿尔善断块
C	东北断块区	C1. 大兴安岭断块；C2. 松辽盆地断块；C3. 张广才岭断块；C4. 小兴安岭断块
D	华北断块区	**D1. 鄂尔多斯断块**；**D2. 太行山断块**；D3. 华北平原断块；D4. 黄淮平原断块；D5. 阴山-燕山断块；D6. 胶辽断块；D7. 苏沪-南黄海断块
E	华南断块区	E1. 东南沿海断块；E2. 长江中下游断块；E3. 川贵湘赣断块；E4. 桂西滇东断块
AEB	青藏断块区东缘边界构造带	北段为六盘山-西秦岭构造带；中段为龙门山构造带；南段为横断山-哀牢山构造带
ANB	青藏断块区北缘边界构造带	阿尔金构造带；祁连山北缘河西走廊构造带

注：表中加粗的Ⅱ级断块区代表石窟寺集中分布区。

地震环境包含地震断层及其活动性、历史地震及地震动加速度、地震反应谱特性等。传统的地震强度表达是以地震烈度为标准，地震烈度反映了地震对地表和工程建筑结构的破坏程度。地震烈度既与地震类型、震级、震源深度等地震本身参数有关，又与地表地貌形态、岩土体类型和工程建筑结构形式等有关。为了克服地震烈度评价的不确定性，目前多采用地震动峰值加速度表达地震强度，以提供更客观和规范的抗震设防。以 2015 年发布的《中国地震动参数区划图》（GB 18306—2015）为基础，叠置石窟寺的空间信息（图 2.7）可以清晰表达出我国石窟寺赋存的地震环境特征。

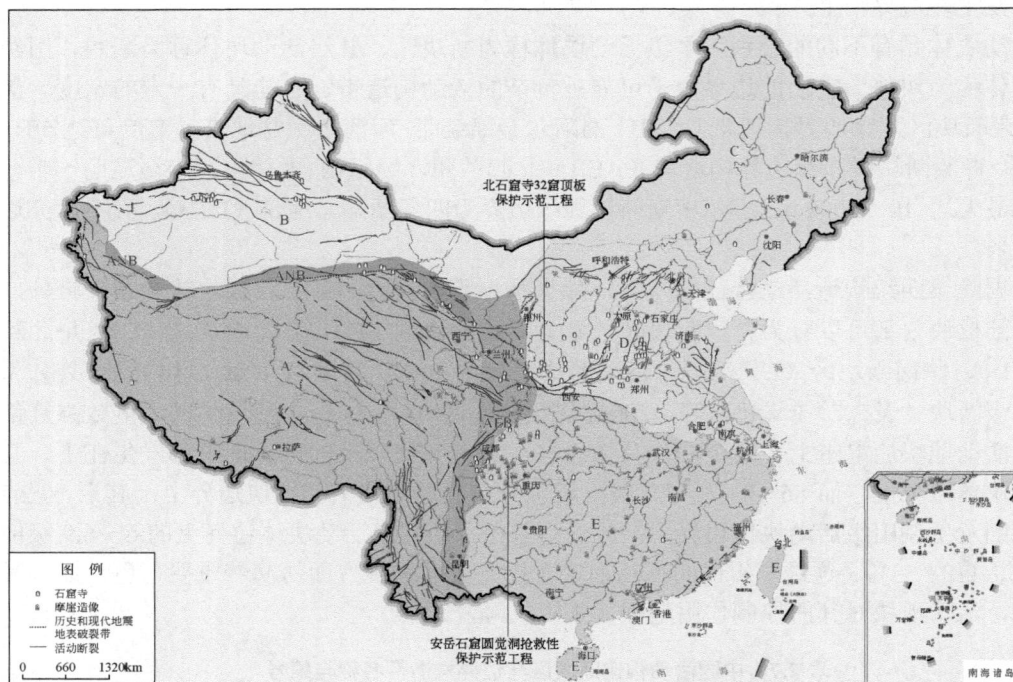

图 2.6　中国大陆活动构造分区图（据邓起东，2007 简化；见彩图图）

2. 地震与活动构造环境

　　我国石窟寺在空间上分布不均匀，主要集中分布在我国西北、华北和四川盆地地区，石窟寺赋存的地震与活动构造环境也差异显著。现代构造活动和地震对石窟寺的岩体稳定具有重要影响，尤其是强烈构造活动带内的石窟寺，地震风险已成为石窟保护工作中面临的突出问题。

　　从我国大陆的活动构造背景看，石窟寺主要分布在青藏断块区（A）、华北断块区（D）、华南断块区（E）、青藏高原北缘边界构造带（ANB）和青藏高原东缘边界构造带（AEB）。西北地区的石窟寺主要分布在天山断块（B2）、青藏高原北缘边界构造带（ANB）和青藏高原东缘边界构造带（AEB）；华北断块区内石窟寺主要分布在鄂尔多斯断块（D1）和太行山断块（D2）；华南断块区主要分布在四川盆地，虽然四川盆地相对较为稳定，但其西缘龙门山地震构造带的断层活动和强震作用对石窟岩体稳定的影响不可小觑。值得注意的是，分隔我国东西的地质、地貌、气候转换过渡的南北地震构造带（贺兰山-六盘山-西秦岭-龙门山-横断山-哀牢山构造带）的石窟寺分布最为集中，构造带内活动断层发育、强震多发。据统计，我国历史记载的 19 次 8 级以上大陆地震中就有七次出现在南北地震构造带，还有很多 7～7.9 级地震也出现在南北地震构造带（郭进京等，2023）。因此，我国南北地震构造带对石窟岩体稳定产生的潜在、不确定性威胁是不得不考虑的问题。

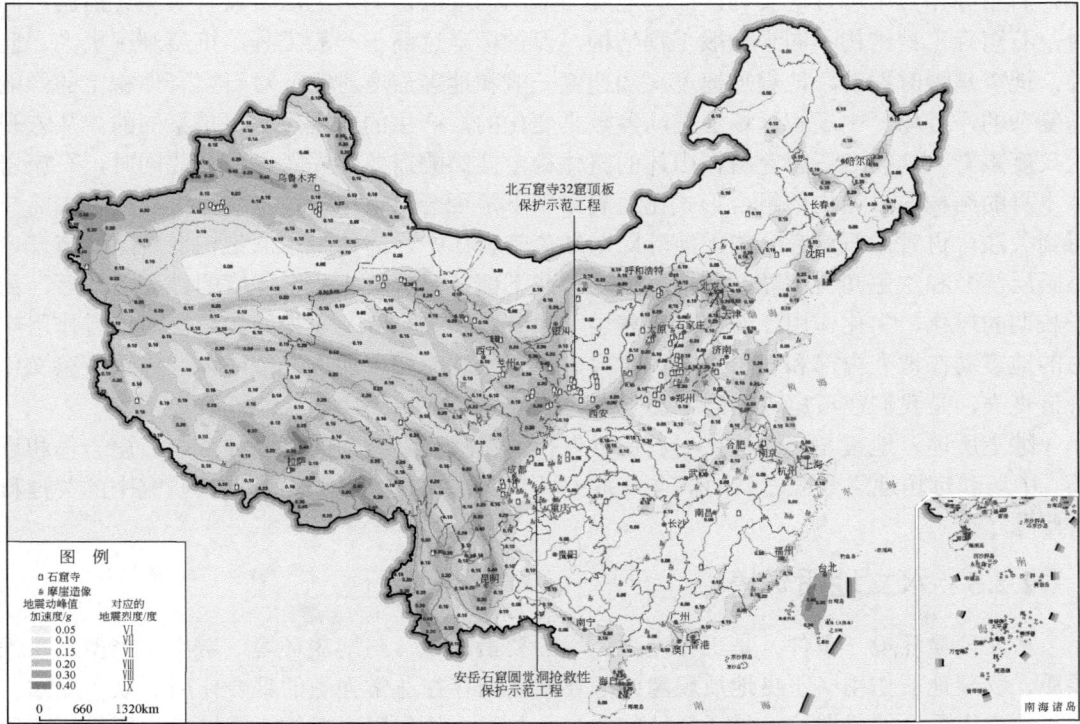

图 2.7　中国石窟寺赋存区域地震动峰值加速度图（见彩图）

地震和活动构造对石窟岩体稳定的潜在影响是毋庸置疑的，充分认识石窟赋存的地震和活动构造背景对石窟寺保护具有重要的价值。目前，石窟寺保护工作仍然集中在具体石窟岩体结构与稳定性、风化损伤劣化、水害机理与防治、石窟寺微环境监测、加固材料研发、加固施工工艺等方面，针对活动断裂和地震问题，虽然已经有了一些关注（石玉成，1998；石玉成等，2003；韩文峰等，2007；王旭东，2007），但是仍然不够。事实上，我国西北、华北地区大部分石窟寺都分布于地震构造带的影响范围，如南北地震构造带、阿尔金-祁连地震构造带、天山地震构造带等。这些地震构造带内的强烈地震都会对石窟岩体稳定产生潜在威胁。

从地质学观点看，地震是岩石圈运动和变形的一种形式，目前科学界对地震过程和地震机制的认识还有待加深。我国的活动构造和地震研究已取得了巨大进展和诸多创新性成果，特别是在工程抗震方面，已经突破了传统的地震烈度设防标准体系，建立了包括地震动速度、地震加速度、地震反应谱等因素的综合抗震标准体系。这一突破标志着我国工程抗震的历史性进步，为石窟寺保护中地震灾害预防和抗震工作奠定了基础。但不可否认，石窟寺工程抗震和防震与一般工程抗震虽有共同点，不同之处也很显著，这是因为石窟岩体本身的脆弱性和保护标准（时间尺度和空间尺度以及破坏程度）与一般工程存在巨大差异。

地震与活动构造对石窟寺保护工作的挑战性可以从不同的方面来认识。从一般尺度来说，石窟寺作为不可移动文物，面对地震与活动构造的影响，无法采取有效避让措施。同时，石窟寺工程结构不同于一般工程结构，保护标准远高于一般工程，抗震难度更大。此外，地震是瞬时振动，地震加速度（加速度一般和地震烈度对应）对石窟岩体稳定的影响是复杂的，近场、中场和远场地震动参数是变化的，产生的地震效应也是不同的。从宏观大尺度来看，地震对石窟寺所在山体的整体稳定性影响需要优先考虑。与此同时，石窟岩体本身的结构面、结构体组合形式在地震作用下是否会出现拉裂、位移等失稳现象也需要得到关注。再者，石窟寺开凿于河畔陡壁卸荷带岩体中，卸荷带中原生构造裂隙（节理、小断层等）和次生卸荷裂隙，在地震振动荷载下都有可能发生一定程度的破坏。最后，由于长期的风化、劣化作用，石窟岩体表层（如壁画、雕刻等）变得结构疏松，地震作用产生的地震动在地壳内部和表层岩体内传播，这种振动荷载可加速岩体破坏，导致石窟文化价值丧失，是我们在石窟寺加固中必须考虑的问题。

综上所述，地震与活动构造对石窟寺保护的挑战是多方面的，充分考虑石窟岩体和近场、中场和远场地震效应之间的耦合关系（胡聿贤，2006），是石窟寺保护研究中的关键科学问题之一。

2.2.5　水文地质环境

水文地质环境（条件）是工程地质环境的要素之一，与地貌环境、岩土体类型及工程性质、物理地质作用（不良地质现象）等要素之间存在非常强烈的耦合作用。众所周知，水是地壳表层系统最普遍、最活跃的物质，水与岩土体作用引发的工程地质问题威胁工程安全，工程实践中相当比例的工程事故与水的作用有关。石窟寺面临的与水有关的工程地质问题和作用机理，与一般岩体工程相比有类似之处，但可采用的工程措施与工程地质学分析方法存在差异（王旭东，2004；韩文峰等，2007）。

石窟寺水害产生的控制（影响）因素主要包括：①岩体结构、岩石成分等石窟寺本体因素；②地表水-地下水循环过程，包括补给、运移、排泄等；③水循环过程中气态、液态和固态转变、水的溶解侵蚀、可溶盐结晶和溶解等；④气候环境、地貌环境、地质环境、活动构造环境等的辅助影响。

1. 地下水系统

揭示地下水的埋藏状态和蓄存特征，开展地下水赋存条件的研究和类型划分，是进一步探索地下水形成条件、地下水动力场和温度场的特点以及其变化规律的基础。图 2.8 是中国石窟寺赋存区域水文地质环境图，反映了我国石窟寺分布地区大的自然单元的含水介质、埋藏条件等水文地质因素，展示了不同地区的区域水文地质条件特征和差异。因含水介质不同，地下水可以划分为三种基本类型：孔隙水、裂隙水及岩溶水。

孔隙水大面积分布于我国的北方地区，其赋存状态主要包括六类，如堆积平原冲-洪积层孔隙水、山间盆（谷）地冲积层孔隙水、滨海平原冲-海积层孔隙水、内陆盆地山带冲-洪积层孔隙水、黄土高原黄土层孔隙水和沙漠风积沙丘孔隙水。裂隙水伴随着基岩出露，并没有呈现出集中分布状态。裂隙水主要有四种类型，包括丘陵-高原碎屑岩裂隙水、山地-丘陵岩浆岩裂隙水、山地变质岩裂隙水和熔岩孔隙裂隙水。岩溶水主要分布于我国的西南地区，主要包括三种类型，即峰丛峰林裂隙溶洞水、岩溶丘陵裂隙溶洞水和岩溶山裂隙溶洞水。

2. 水文地质环境与石窟水害

石窟岩体失稳、水害、风化是石窟寺普遍面临的三大问题（黄克忠，1994，2018；王旭东，2004，2007；王金华和陈嘉琦，2018），其中水无孔不入，在三大问题中都发挥了重要的作用。除了渗透或渗流、侵蚀、腐蚀等对石窟本体产生损伤破坏外，水还是石窟岩体失稳和风化的促进或抑制因素，如石窟岩体中裂隙水变化可以弱化或强化结构面强度，石窟岩体风化中水的不同参与方式（水汽、液态水、固态水、水中离子成分等）会不同程度上加速或抑制风化的速度。因此，有学者提出，石窟寺保护的第一要务是治水（孙华，2017）。

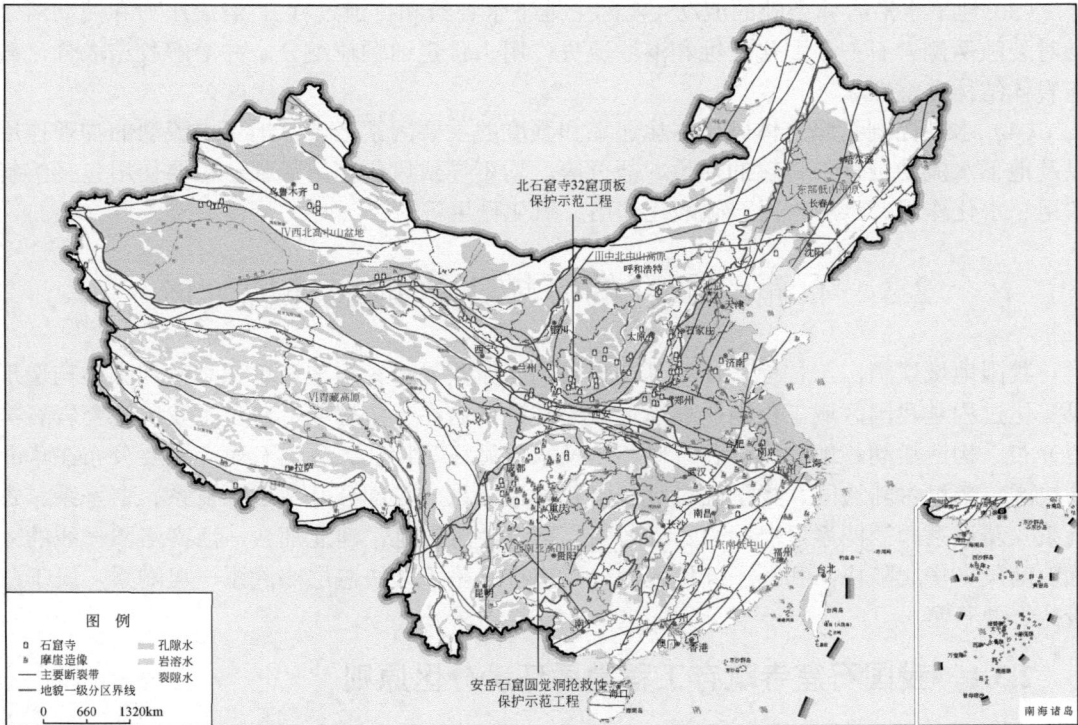

图 2.8　中国石窟寺赋存区域水文地质环境图（见彩图）

敦煌莫高窟石窟群、龙门石窟群、云冈石窟群等世界文化遗产一直处在水害侵蚀困扰之中。石窟寺水害治理在石窟寺保护工作中最复杂、难度最大，是一个持久的治理过程。虽然石窟岩体结构复杂，水文地质环境区域差异大，但水害的机理、过程和影响因素存在许多相似之处。

从工程地质学角度入手，结合石窟寺保护的特殊性，对地下水引发的石窟寺工程问题（水病害）的类型、机理、控制因素等简要归纳如下：

（1）地下水孔隙水压力变化导致的石窟寺水害。一般来说，在饱和岩体中，水与岩体共同构成力学平衡体系。孔隙水压力增大会破坏原有的力学平衡状态，岩体可能产生变形、位移及破坏。尽管这种饱和状态对西北、华北地区石窟寺而言并非常见，但局部也会出现短时或瞬时孔隙水饱和状态。南方川渝地区由于大气降水量大和地下水丰富，对一些石窟岩体而言，孔隙压力变化较频繁。其实，在非饱和带，随着含水量的变化，岩体力学性质亦发生改变，尤其是干湿循环比较频繁的条件下，岩体的力学性质会发生明显的劣化。

（2）地下水对岩体不连续面的润滑。石窟寺作为地表岩石工程（摩崖造像）和小规模地下工程（石窟），岩体中的各类原生结构面、构造结构面和非构造结构面，如层面、小型断层带、构造节理面、卸荷节理面、泥质夹层等均为抗剪强度较低的不连续面，地下水的存在将会对这些不连续面产生润滑作用，引起不连续面摩擦强度降低，并可能出发岩体产生相对位移甚至破坏。对石窟寺而言，即便是微小的位移都是致命的，有可能造成石窟寺文物的严重破坏。

（3）地下水沿岩体裂隙的流动（实际上地下水补给和排泄过程），渗流压力和流动溶蚀会对裂隙两侧岩石产生弱化侵蚀和溶滤流失作用，带走细颗粒组分，并溶解胶结成分，破坏岩体结构完整性。

（4）水是控制石窟岩体风化劣化速率和强度的主要因素之一。地下水流动的物理作用以及地下水流动过程中传输的热量、盐分等，均可导致风化作用加强，主要作用包括溶解作用、水化作用、水解作用、碳酸化作用、氧化作用等。

2.3　石窟寺赋存的区域工程地质环境分区

我国地域辽阔，工程地质环境具有显著的区域差异。大地构造单元划分和大地构造形成演化过程是我国区域工程地质环境形成的基础，这在一定程度上决定了我国地壳岩石类型分布、构造活动、地形地貌和气候环境及水文循环等特征。我国石窟寺主要分布在华北陆块区、塔里木陆块区、扬子陆块区和秦祁昆造山系，大部分开凿于侏罗系、白垩系、古近系—新近系和第四系厚层砂岩、砾岩中。需要注意的是，河北邢台—河南洛阳一线的太行山南段（华北陆块）和扬子陆块区部分石窟寺开凿于陆块盖层寒武系—奥陶系，属于碳酸盐岩型石窟。

2.3.1　我国石窟寺赋存工程地质环境分区原则

石窟寺赋存的气候环境、地貌环境、岩体类型、地震与活动构造环境、水文地质环境等，因区域不同而表现出显著差异性，不同工程地质环境要素对石窟寺保存、保护、修复等具有不同的控制作用。根据我国石窟寺空间分布和赋存区域工程地质环境特点，可以确定我国石窟寺赋存工程地质环境分区的四大原则如下，

（1）构造分区优先原则：构造包括大地构造分区和活动构造分区，之所以优先是因为构造分区对地貌分区和内动力地质作用具有明显的控制效应。

（2）气候环境、地貌环境统一原则：我国气候分区和地貌分区具有较好的耦合性，气候要素和地貌要素耦合是外动力地质作用主要控制因素。

（3）石窟寺类型相似原则：指石窟岩体的地层时代和岩性相同或相似，当它们处于同样的区域工程地质环境时，面临的保护问题是相同或相似的。

（4）石窟寺病害控制因素差异原则：石窟寺的病害类型与工程地质环境密不可分，同一分区的石窟寺病害类型相似，主控因素相同。

2.3.2　我国石窟寺赋存区域工程地质环境分区

根据我国主要石窟寺（全国重点文物保护单位）空间分布（图 2.1），结合石窟寺赋存的区域地貌、地质、构造、水文等环境差异，从服务于石窟寺保护角度，把我国石窟寺划分为西北大区、华北大区、南北地震构造带大区、南方大区等四个工程地质环境大区，在大区基础上又细分为九个小区（图 2.9，表 2.8）。这种分区对于认识石窟寺赋存区域工程地质环境特征及变化规律和石窟寺长远保护的总体战略性规划具有一定参考价值。

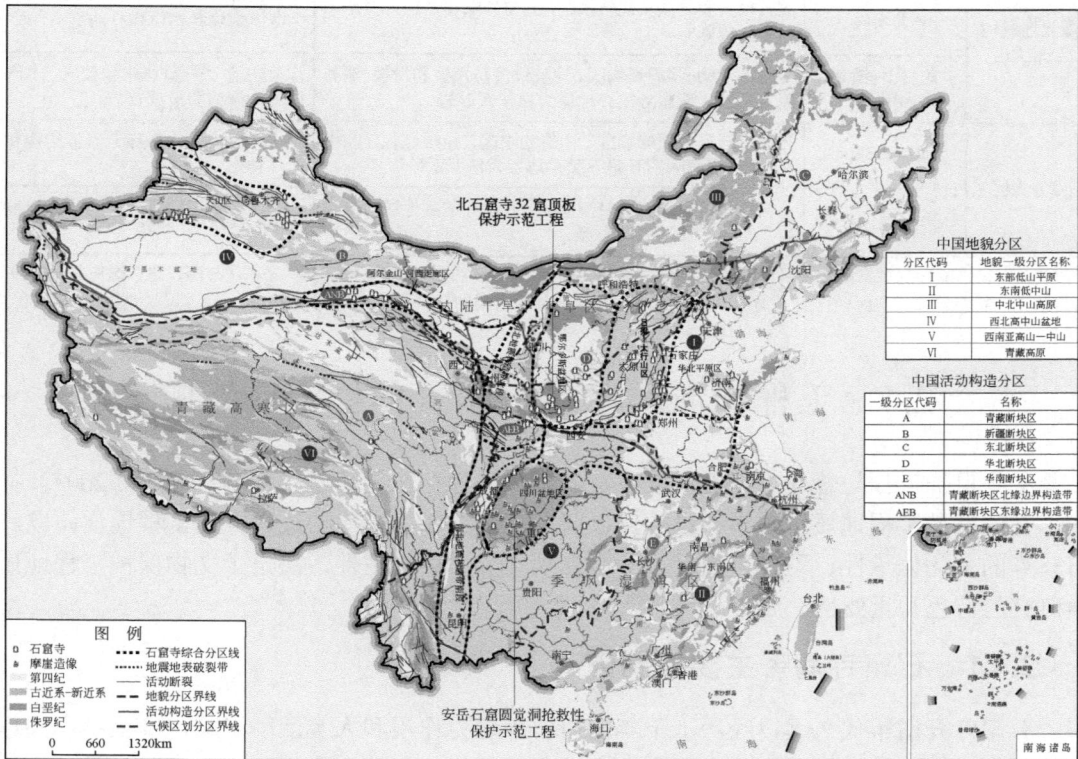

图 2.9　我国石窟寺赋存区域工程地质环境分区图（见彩图）

表 2.8　我国石窟寺（含摩崖造像）赋存区域工程地质环境分区与特征表

工程地质环境大区	工程地质环境区	环境要素特征	石窟岩体失稳和病害主要控制因素
西北大区	天山区	为构造活动-强震影响区、地貌过渡区、干旱气候区和风沙严重区，石窟寺本体岩石为古近系、新近系砂岩、砂砾岩	强震近场效应、卸荷裂隙、温差变化、风沙作用和物理风化作用

续表

工程地质 环境大区	工程地质 环境区	环境要素特征	石窟岩体失稳和病害主要 控制因素
西北大区	阿尔金山-河西 走廊区	为构造活动-强震影响区、地貌过渡带、干旱-半干旱区 和风沙严重区，石窟寺本体岩石为第四系半固结砾岩和 白垩系砂岩	强震近场效应、温度变化、湿度变 化、水汽运移和卸荷作用
华北大区	华北东部平原区	包括鲁西南泰山区和胶东丘陵区	水溶蚀、水侵蚀、水渗漏和水弱化 结构面
	华北中部吕梁- 太行山区	为构造活动-强震影响区、半干旱-半湿润区，石窟寺赋 存地层为砂岩和灰岩	卸荷构造、水汽循环和强震近-中场 效应
	华北西部鄂尔 多斯高原区	为近场-远场地震影响区、半干旱-半湿润过渡区和风沙 影响严重区，石窟寺赋存地层为白垩系砂岩	卸荷构造、强震远场效应、温差、 水汽循环、渗漏和风沙作用
南北地震构 造带大区	贺兰山-六盘 山-西秦岭区	为构造活动-强震影响区、滑坡-泥石流发育区、地貌过 渡转换区和气候变化转换区，石窟寺赋存地层为白垩系 和上新统砾岩	卸荷构造、强震近-中场效应、温差、 干湿度变化和水汽循环
	龙门山-横断 山区	为构造活动-强震影响区、地貌过渡转换区和滑坡-泥石 流多发区，石窟寺赋存地层为白垩系砂岩	卸荷构造、强震近-中场效应、水汽 循环、渗漏和滑坡-泥石流
南方大区	四川盆地区	为地震远场效应影响区、构造稳定区、丘陵地貌区和中 亚热带-湿润区，石窟寺赋存地层为侏罗系砂岩	降水、湿度、水循环、岩体结构和 山体稳定
	华南-东南区	为构造稳定区和亚热带湿润区，石窟寺赋存地层为火山 岩、灰岩、白垩系砂岩等	降水、湿度、水循环和水-岩作用

注：石窟寺赋存区域工程地质环境指标包括气候类型（温度带、湿度带），温度与温差，降水量与蒸发量，湿度与干燥度，地貌单元，石窟岩体地层时代、岩石类型，区域地质构造，地震与活动断层，水文地质环境等。

2.4　工程地质环境对石窟岩体稳定的影响

文物保护工程与普通工程地质学涉及的岩体工程存在显著差异，韩文峰等（2007）提出了文物保护工程地质学的学科设想，以研究解决文物古迹保护过程中的工程地质问题。石窟寺的文化传承性、不可再生性、不可移动性等约束性条件，决定了文物保护工程地质学研究的特色和重要性。

2.4.1　石窟寺病害主要控制因素

石窟寺开凿年代久远，经历上千年的内、外动力作用和人类活动影响，产生了不同程度的损伤破坏，其中石窟岩体失稳是石窟寺保护面临的主要问题（黄克忠，2018；王金华和陈嘉琦，2018）。石窟岩体失稳受结构面状态，石窟洞室形制，崖壁临空面之间的几何关系、力学特性和水理特性（含水性、透水性、持水性等）等控制，面临的主要问题包括边坡失稳、洞室崖壁开裂、窟顶崩坍等（杨志法等，2000；王思敬，2001；孙均等，2001；李黎等，2008；王金华等，2013）。石窟岩体的疏松胶结状态，颗粒结构的各向异性、非均匀性，矿物成分、化学成分的复杂多变性等，使得岩体容易受温度变化、水汽-盐循环、风沙侵蚀以及地震等内、外动力的影响，表现出脆弱的稳定特性。例如，北石窟和广元千佛崖等常见的粉化剥落、片状或鳞片状翘起、表面泛盐等（李黎等，2008；安程和王麒，2018；

张景科等，2021；孙满利等，2021）。石窟岩体失稳破坏、风化损伤破坏、透水-渗水侵蚀等是多数石窟寺面临的共同危害，这些危害产生的机理复杂、控制或影响因素众多。一般来说，石窟寺岩体损伤破坏与失稳的控制或影响因素包括石窟寺形成条件、石窟寺岩体本体因素和石窟寺岩体赋存环境（图2.10）。

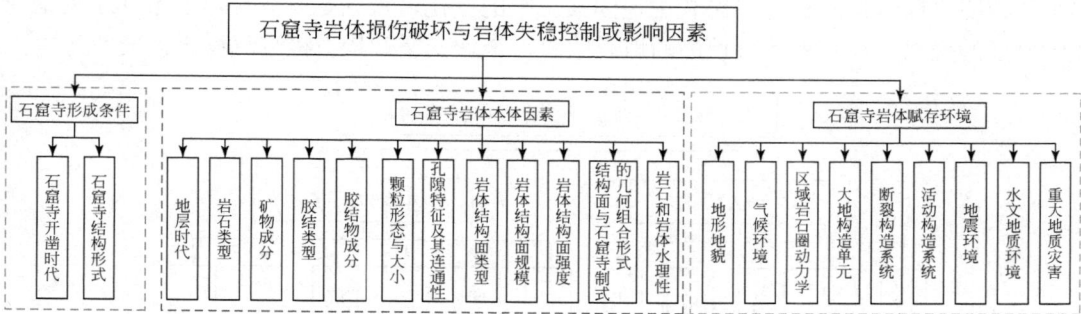

图 2.10　石窟岩体稳定性和损伤劣化的三类控制影响因素框图

2.4.2　工程地质环境要素之间相互作用及耦合关系

对石窟岩体主要危害产生的动力学机制和影响因素的分析，需要考虑石窟岩体所处的环境，即区域工程地质环境，主要包括气候环境、地形地貌环境、地震与活动构造环境、地质构造与岩体结构、地层岩性以及水文与水循环系统等要素。这些环境要素之间并非相互独立的，而是相互关联和耦合的，特别是水文与水循环系统及其他要素之间关系最为密切（图2.11、图2.12）。此外，石窟寺工程地质环境的内涵还包括环境要素的动态变化，这种动态变化可分为稳态变化和非稳态变化。其中，强震连锁效应（又称灾害链）和极端气候事件（如极端干旱、极端降雨、极端低温冰雪等事件）会导致石窟寺工程地质环境中其他要素的非线性突变，加剧石窟本体病害，进而引发更严重的石窟岩体损伤和劣化。

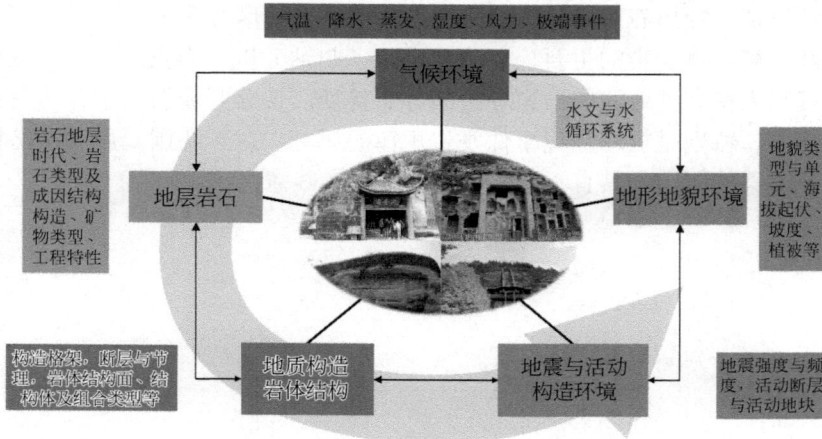

图 2.11　石窟寺赋存区域工程地质环境要素耦合作用图

体现环境的尺度效应（远场和近场）和时间效应（变化及速率），环境要素之间耦合效应，水作为最活跃因素在整个环境系统地位突出制约石窟岩体稳定性的因素具有多样性、时空耦合性等显著特征（内动力地质作用、外动力地质作用及人类活动等）。石窟寺多开凿于河谷陡崖峭壁，并且经历了长期的自然卸荷，以及区域性内、外动力作用。尽管石窟岩体发生某种程度的破坏，但仍能够保存下来，说明石窟自身与周围环境之间维持着动态平衡关系。因此，把握石窟岩体稳定性演化的关键是要查明目前岩体的稳定状态和主控因素未来的变化，特别是气候环境要素和工程地质环境要素的突然变化，如不可预测的地震威胁、全球变暖背景下极端气候事件的威胁。

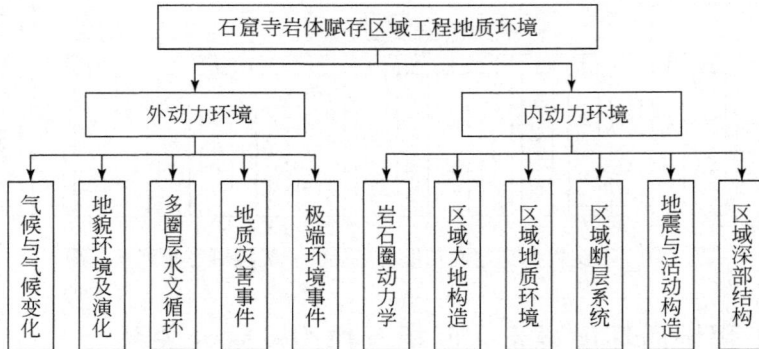

图 2.12　石窟寺赋存区域工程地质环境类型划分

2.5　小　　结

以地球系统科学思想为指导，本章提出了石窟寺赋存环境系统中地形地貌、气候环境、区域大地构造、地层与断裂构造、地震与活动构造、水文地质循环等环境要素之间的相互关系。它构成了石窟寺赋存的完整自然环境系统，这一自然环境系统产生的内、外营力作用是石窟岩体结构损伤和失稳破坏的根本原因。根据我国石窟寺赋存的气候、地貌、地质、构造、地震等特征，提出石窟寺赋存环境的四大区、九小区分类方案，并对每个区的环境要素特征以及石窟岩体稳定的主要控制因素进行了归纳分析，为我国石窟寺文物保护规划提供了基础资料支持。针对我国石窟寺空间分布特征，认为开展石窟赋存的工程地质环境特征及时空演变，特别是极端环境事件发生规律的研究，对于我国石窟寺预防性保护战略和针对性保护方案的制定都具有十分重要的科学与实践意义。

第3章　石窟岩体结构调查与探测

石窟寺赋存地质环境复杂，赋存区的岩性、岩体结构、地形地貌、人类活动、气候环境等因素均影响着石窟寺的长期保存。石窟寺是开凿于山崖上的洞窟式寺院遗迹，其所依附的岩体在内、外营力作用下发育了多种类型结构面，结构面的空间分布和组合关系决定了石窟岩体的水文、力学特性，同时控制了岩体的完整性和稳定性（Lan et al.，2019；刘世杰等，2022）。

在工程地质领域，如何有效地获取岩体结构参数信息一直是国内外学者研究的热点。经过几十年的发展，已经形成了一套较为完整的岩体参数获取方法，可满足石窟岩体结构的探测需求。本章在现有研究基础上，对石窟岩体结构进行了分类，阐述了石窟岩体结构探测的原则与内容，从宏观、细观、微观多个尺度总结了目前较为常用的技术手段，为石窟岩体多尺度结构的精细化探测和空间异质分布特征分析提供支撑。

3.1　岩体结构分类与统计理论

3.1.1　地质成因分类

1. 原生结构

1）软弱夹层

软弱夹层与普通岩石不同，具有低强度和高压缩性的特点，是岩体的软弱带（孟召平等，2009）。软弱夹层因抗风化能力较弱，在内、外营力的作用下易使石窟岩体产生差异风化，甚至形成岩腔。除此之外，软弱夹层也是岩体渗流的通道（图 3.1），地下水的活动使夹层发生软化，导致充填物从崖壁内流失（仵彦卿，1999）。软弱夹层作为岩体中的最小阻力面，控制着岩体的变形和破坏规律，易引发岩体失稳滑动，对岩体稳定性起着极为重要的控制作用（孟召平等，2009；王逢睿和肖碧，2011）。例如，太原晋阳大佛腹部的软弱层，

图 3.1　安岳卧佛院软弱夹层受水侵蚀

受到上覆岩层的挤压作用出现较大的变形，引起上部岩层向崖面外部倾斜、弯曲和破裂。

2）层理

在水动力强弱交替下形成的弱面型层理黏结较弱，易发生沿层理面的剪切滑移与垂直层理的张性破坏（孟召平等，2009）。当层理较为发育时，在内、外因素的综合作用下，洞窟顶部岩体因抗拉强度不足而沿层理面产生裂缝，致使洞顶下部岩体与上方岩体产生离层，发生逐步坍落破坏，破坏形式多为沿水平层面的逐层剥落坍塌（齐干等，2011），如四川安岳圆觉洞 12 号窟顶板表现出的片状剥落现象（图 3.2）。弱面型层理是岩体中的原生结构，风化可以沿层理面发生，使洞窟壁面上形成条状凹槽，与构造、卸荷裂隙的影响不同。此外，弱面型层理的存在也可使得水可以较顺畅地进入岩体内部，加速岩体中碳酸盐胶结物的风化（马在平等，2005）。

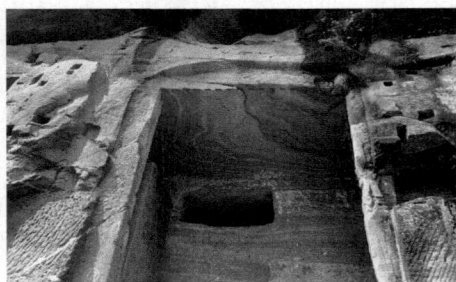

图 3.2　安岳圆觉洞 12 号窟顶板沿层理面发生剥落

2. 构造结构面

我国幅员辽阔，石窟寺赋存区域不同，构造活动也表现出显著差异，且部分地区处于强构造活动影响范围内。构造结构面作为地质构造运动的产物，破坏了石窟岩体的连续性和完整性（图 3.3），易诱发崩塌、滑移、掉块等岩体病害（牟会宠等，2000；李文军和王逢睿，2006）。构造结构面对石窟寺的破坏机理可归为以下几点：①构造结构面与其他结构

图 3.3　圆觉洞景区北崖构造裂隙

面相互交割，易引起岩石块体崩塌、滑塌；②构造结构面为风化营力的深入创造了良好条件，加速了岩体的风化破坏；③构造结构面充当了地下水的储存空间和垂直下渗的主要通道，为水-岩相互作用提供了便利，对石窟文物产生了广泛且严重的影响（汪东云等，1994；何德伟等，2008；Guo et al.，2009）。赵莽等（2016）对花山岩画岩体开裂机理的研究中发现，在结构面相互交叉切割的部位岩体更容易劣化，损坏也更为强烈。

3. 次生结构面

1）风化裂隙

石窟寺经开凿后，浅表层岩体长期暴露在赋存环境中，在各种风化营力的作用下其物理力学性质逐渐衰减弱化，易产生风化裂隙，如图 3.4 所示。与原生结构和构造结构不同，风化裂隙发育不规则，多呈不规则的网状或杂乱无形的状态（王逢睿和肖碧，2011）。同时，成因复杂，形成和发育受岩性、水、盐、生物等众多因素的影响。其中，成因复杂是风化裂隙区别于其他类型裂隙的根本原因。一方面，岩性决定了岩石自身的耐久性，不同类型岩石的成分组成、矿物排列方式、颗粒强度等岩性特征都有显著的差别，是石窟岩体病害产生的物质基础（石玉成，1997），与风化裂隙发育程度有着密切的关联（汪东云等，1993）；另一方面，石窟寺的赋存环境（水、盐、生物）是石窟岩体病害（如风化裂隙）产生的外在动力（石玉成，1997）。综合来看，石窟岩体风化裂隙的产生是物理、化学和力学作用耦合的结果，并且与构造裂隙、卸荷裂隙、层间裂隙交切，易对岩体产生切割破坏。

图 3.4　安岳圆觉洞景区北崖风化裂隙

2）卸荷裂隙

石窟寺多开凿于陡峻的岩坡之上，临空面附近岩体内部的应力-应变场产生调整和重分布，导致岩体回弹膨胀、结构松弛，形成了与崖壁近于平行的卸荷裂隙（何德伟等，2008；朱容辰，2010）。卸荷裂隙在绝大多数石窟中存在，常构成危岩体的后边界，如图 3.5 所示。同时，卸荷裂隙与岩体中的构造裂隙、风化裂隙、剪切带、软弱夹层等结构面互相切割，极易形成危岩体。在内、外营力作用下，危岩体易发生滑移、坠落，甚至导致石窟崖体失稳（黄继忠，2003；方云等，2011；王金华和陈嘉琦，2018）。Guo 等（2009）对莫高窟破坏进行了调查，指出卸荷裂隙在北崖上广泛分布，多呈上窄下宽的"V"字形，这种裂隙主要穿过洞窟的两个侧壁、拱顶和底部，将一些大块岩体从悬崖的母岩中分离出来，在重力作用下可能沿裂隙面发生坍塌。除了上述危害外，卸荷效应也易增大岩体裂隙宽度（隙宽），大大提高边坡岩体的渗透性，促使渗流场发生改变（梁宁慧等，2011）。

图 3.5　安岳圆觉洞顶部卸荷裂隙

3.1.2　尺度分类

一般来说，尺度是对事物性质和特征进行测量时的标准或规范。尺度具有多种特征，不同学科领域都可能涉及多尺度的问题。对石窟岩体结构进行多尺度分析是必要的，有助于揭示岩体的失稳破坏机理。石窟洞窟周边及洞内的岩体结构面较为发育，具有成因机制复杂、尺度多变、空间分布异质等特点，对崖体、顶板、侧壁及造像的稳定性均产生了显著的影响。主要表现为山体结构近垂直切割崖体，导致崖壁产生卸荷松动，形成风险体；构造裂隙、卸荷裂隙、层理相互切割石窟岩体，致使洞窟顶板掉块和局部失稳，甚至造成窟顶台阶状冒落破坏；此外，原有裂隙在风化作用下扩展形成网状结构，受雨水入渗的影响进一步加剧岩体破坏，对窟体和造像造成严重的威胁。石窟岩体结构尺度通常跨越若干数量级，为厘清不同尺度结构在石窟岩体中的分布特征及其对岩体稳定性的控制作用，本节将结构面按迹长分为五个不同级别：5m 以上、2～5m、0.2～2m、0.01～0.2m、0.01m 以下，分别定义为山体结构和大、中、小、微尺度岩体结构（图 3.6）。

3.1.3　岩体结构统计理论

结构面的分布特征影响着石窟岩体的力学性质、渗流特性和破坏形式。工程实践表明，结构面的产状、迹线长度（迹长）、隙宽、间距等符合一定的数学分布特征，可利用精测线法和统计窗口法进行统计。精测线法是在岩体露头面上布置一条测线，依次测量结构面在测线上的交点位置、倾向、倾角、迹长、隙宽等信息，并鉴定结构面的粗糙度、充填物和充填度。而统计窗口法是在岩石露头面上确定一定大小范围的窗口，统计与窗口具有包容、切穿和相交关系的所有裂隙，记录每一条裂隙的产状、迹长、张开度和填充特征。

根据精测线法和统计窗口法的实测数据，采用聚类法、极点等密图法、赤平极射投影作图法分组分析结构面参数，结合统计学原理确定每个参数所服从的概率分布。在该研究领域，伍法权（1993）总结和发展了结构面几何参数的统一表述方法，建立了比较完善的统计岩体力学理论体系，其中常用的岩体结构参数计算方法如下。

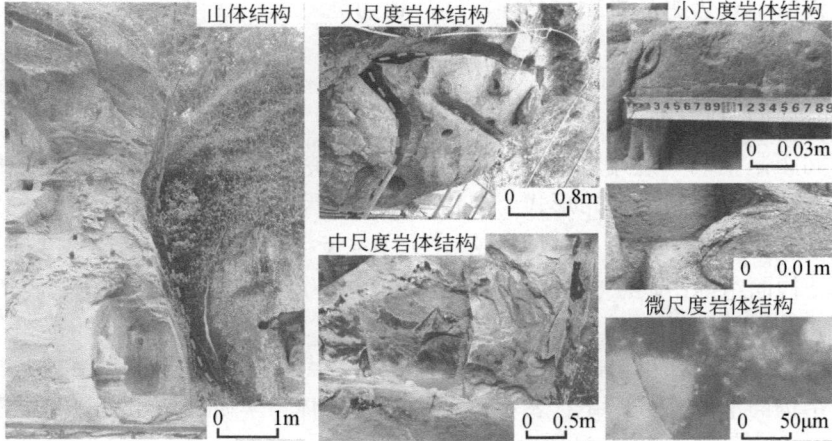

图 3.6　石窟岩体结构的多尺度性

1）结构面产状

结构面产状是描述结构面在三维空间中方向性的几何要素。对大多数情形，产状符合正态分布密度函数：

$$f(t) = \frac{1}{\sqrt{2\pi}\sigma} e^{-\frac{1}{2\sigma^2}(t-\mu)^2} \tag{3.1}$$

式中，t 为 α 或 β，α 为倾向，β 为倾角；μ 为 t 的均值；σ^2 为方差，且有

$$\mu = \frac{1}{n}\sum_{i=1}^{n} t_i \tag{3.2}$$

$$\sigma^2 = \frac{1}{n-1}\sum_{i=1}^{n}(t_i-\mu)^2 \tag{3.3}$$

式中，n 为同一组优势结构面所含结构面的个数。

2）结构面迹长与半径

在岩体露头面上，我们观察到的只能是结构面与露头面的交线，或称结构面迹线，通常把迹线长度称为迹长，用 l 表示。现设结构面形状为圆形，结构面形心在三度空间里完全随机分布，则一个露头面与该结构面交切的平均迹长将是圆的平均弦长，即

$$l = \frac{2}{a}\int_0^a \sqrt{a^2-x^2}\,\mathrm{d}x = \frac{\pi}{4}d = \frac{\pi}{2}a \tag{3.4}$$

式中，d 和 a 为结构面直径与半径。

研究表明，结构面尺度的理论分布形式更可能为负指数分布形式，则迹长分布密度函数为

$$f(l) = \mu e^{-\mu l} \tag{3.5}$$

式中，μ 为全迹长均值的倒数。

运用随机变量函数的分布定理可以方便地求得结构面半径与直径的分布。设半径 a 服

从密度函数为 $f(a)$ 分布，则有

$$f_a(a) = f(l) \cdot \frac{\pi}{2} = \frac{\pi}{2}\mu e^{-\frac{\pi}{2}\mu a} \tag{3.6}$$

可见结构面半径仍服从负指数分布，其均值为

$$\bar{a} = \frac{2}{\pi\mu} = \frac{2}{\pi}\bar{l} \tag{3.7}$$

3）结构面间距与密度

结构面间距是指同一组结构面在法线方向上两相邻面的距离，用 x 表示。大量实测资料已经证实，结构面间距的分布形式为负指数分布。因此可设间距分布密度函数为

$$f(x) = \lambda e^{-\lambda x}, \quad 0 \leqslant x < \infty \tag{3.8}$$

式中，λ 为结构面组的平均法向密度，且 $\lambda = N/L$，L 为测线长度，N 为与测线 L 交切的实际结构面数。

结构面的面密度是指单位面积内结构面迹长中心点数，用 λ_s 表示；结构面的体密度是单位体积内结构面形心点数，用 λ_v 表示。λ_s 和 λ_v 是岩体力学研究及工程计算中常用的基本参数，同一组结构面的 λ_s 和 λ_v 计算公式如下：

$$\lambda_s = \mu\lambda = \frac{\lambda}{\bar{l}} \tag{3.9}$$

$$\lambda_v = \frac{\lambda}{2\pi\bar{a}^2} \tag{3.10}$$

式中，$\bar{l} = 1/\mu$，为同组结构面迹长的均值。

多组结构面的体积密度可按下式计算：

$$\lambda_v = \frac{1}{2\pi}\sum_{i=1}^{m}\frac{\lambda}{\bar{a}^2} \tag{3.11}$$

式中，m 为结构面的组数。

4）一组结构面最大半径和最大隙宽

该两项指标分别对岩体的强度和渗透性有重要的控制作用。一组结构面尺度最可能出现的最大半径（a_m）和最大隙宽（t_m）分别为

$$\begin{cases} a_m = \bar{a}\ln(\lambda_v V) \\ t_m = \bar{t}\ln(\lambda_v V) \end{cases} \tag{3.12}$$

式中，$\bar{a}$、$\bar{t}$ 为一组结构面的平均半径和平均隙宽；λ_v 为结构面的体积密度；V 为岩体单元的体积。

3.2　岩体结构调查与探测原则

3.2.1　探测对象的特殊性

与一般岩体工程相比，石窟岩体结构调查具有以下三个主要特点（李宏松，2018）：

1）保护对象的不可再生性

石窟寺作为文化遗产的保护对象，具有不可再生性。这种不可再生性源于石窟寺所蕴含的独特历史和文化价值，以及其独一无二的艺术和建筑风格。一旦遭受破坏或损失，就很难重新复原或再现，因此对其保护显得尤为重要。为了避免对文物造成不可逆的破坏和损伤，我们需要采取无损或微损的方法开展石窟寺的保护工作。

2）工程对象的既有性

石窟寺是经前人改造和建设后的既有场地、既有洞室和既有结构，这种既有性决定了我们在岩体结构调查中不能套用，也无法完全套用现有的技术方法，必须加强研究，有针对性地开展工作。

3）工程尺度的差异性

石窟寺保护工程的尺度决定了其对结构探测精度的需求远高于普通建设工程。与水利水电、铁路交通、冶金矿产等国民经济建设主要行业的工程项目相比，石窟寺保护工程无论是工程的空间尺度，还是工程规模都要小得多。例如，最小的单体碑刻、石刻的体积甚至小于 $10m^3$，这种工程尺度上的差异性必然决定了岩体结构探测工作精度的差异性。

以上三个特点决定了石窟岩体结构探测无法完全套用标准化技术措施。从文物保护特殊性分析，如果我们无视以上特点，僵化地套用一般建设工程程序和标准技术措施，将有可能使保护工程变成破坏行为，其后果不堪设想。

3.2.2　探测原则与内容

石窟岩体结构探测在考虑文物特殊性的基础上，主要借鉴于成熟的岩土工程勘察技术，但是需要满足下面三个基本原则。

1）最小干预原则

在进行石窟寺岩体结构探测时，我们必须遵循最小干预原则，即尽量减少对文物和环境的干预与破坏。这一原则的核心在于在保证获取必要数据的前提下，最大限度地保护石窟寺的原始状态和历史文化价值。可以采用非破坏性测试方法，如红外热成像、激光扫描等技术，来尽量减少对文物的影响。

2）宏观与微观相结合的原则

石窟寺岩体结构探测的有效性和准确性需要依靠宏观与微观的结合。宏观分析帮助我们理解石窟寺岩体结构的形态、组合和特征，为保护工作提供宏观层面的信息。而微观研究则通过对岩石材料的细致观察和分析，揭示岩体内部的微观结构，为认识岩石材料性质提供更为详细和准确的数据。

3）定性与定量相结合的原则

对石窟岩体结构的探测不仅需要从定性层面整体了解岩体结构的形成机制、发育特征和分布状态，同时还需要获取结构面的位置、尺度、交切关系、演化趋势等精准量化信息。

石窟岩体结构的调查和探测应在三大原则的基础上，通过多类型、多层次、多领域技术手段的综合应用，开展以下几个方面的工作内容。

（1）表观调查。

岩体表面的观察和记录是岩体结构调查的基础。测量结构面方位、倾向、倾角、间距等信息，通过不同类型结构面特征的记录和分析，揭示岩体的劣化历史和工程地质环境特征。

（2）室内分析。

岩石取样是岩体结构调查中重要的一步。通过采集岩石样品和结构面几何参数，开展岩石学、岩石力学、结构面力学等室内实验分析，获取岩石的物理力学特性、结构面几何与力学参数等信息。

（3）现场无损探测。

通过地球物理勘测、非接触式测量技术，如红外热成像、探地雷达、三维激光扫描和摄影测量等，可以内、外结合获取岩体结构的信息，从而为石窟文物保护和加固提供重要的地质数据。

3.3　常规地质调查

3.3.1　现场调查

在岩体结构参数的获取中，现场调查是最为可靠的手段，在各类岩体工程中发挥着不可替代的作用。对于岩体结构参数的获取，传统的工作方法主要为人工现场测量和钻孔观察法。其中，人工现场测量主要应用于已被揭露或结构暴露的岩体，包括测线法与测窗法等，所使用的工具为罗盘、测绳等（葛云峰等，2017），如图 3.7 所示。人工现场测量虽然较传统且效率低，但能直接获取岩体结构的出露信息，具有较好的直观性。

图 3.7　岩体结构的现场人工测量

对于没有被工程揭露的岩体，可采用钻孔观测法获取岩体结构信息，包括孔壁印模法、岩心采取法和钻孔窥视法等。近年来，汪进超等（2020）将该方法与声波测试结合，提出一种基于定向声波扫描的探测方法，对钻孔围岩结构特征探测表现了较强的适用性。然而，钻孔法不仅成本较高，而且破坏了石窟岩体的完整性和文化价值，通常不会应用于石窟寺庙本体，但是可以在石窟毗邻区应用，用以间接反馈石窟岩体结构状态。

3.3.2　室内探测

室内探测主要是获取岩体的微观结构信息，是现场调查的必要补充。目前，光学显微试验和扫描电镜试验是两种最为常用探测方法。由于岩体的宏观和微观结构之间存在必然的力学与几何关联，因此通过室内观测获取石窟岩体的微观结构状态对全面了解岩体结构信息具有重要意义。

1）光学显微试验

光学显微镜可以用于鉴定岩石矿物组成和分析结构、构造。尤其是偏光显微镜，可以将白光转化为用来镜检的偏振光，从而鉴别具有单折射（各向同性）或双折射性（各向异性）的物质。

光学显微镜的放大倍数一般为几十倍至数百倍，借助岩石薄片，可以清晰地观测到岩石的微观结构信息。如果对岩石样品进行三维正交切片，那么还可以根据观测的二维微观结构信息重构三维微结构状态。一般来讲，岩石中的微裂隙可分为原生裂隙、构造裂隙和次生裂隙三类。其中，原生裂隙主要为成岩过程中形成的裂隙或空洞；构造裂隙是构造作用形成的裂隙；次生裂隙主要是卸荷裂隙、风化裂隙（袁广祥等，2019）。表 3.1 是显微镜下各种类型裂缝的表现特征，图 3.8 即展示了安岳圆觉洞砂岩在不同放大倍数下的微观结构状态。在图 3.8 中，通过显微镜可以鉴别岩石中的矿物种类、识别矿物的形态和接触方式。

表 3.1　显微镜下鉴定各种类型的裂缝

类	亚类	形状	特征
构造缝	立缝、斜缝	规则、交叉状、方格状、侧羽状、棋盘状	组系分明、缝壁平直、切割力强、延伸较远、期序明显
	网缝	网纹、网格状、角砾状	不规则、破碎状，切割围岩呈杂乱状
溶蚀缝	构造-溶蚀缝	不规则串珠状	延伸方向一致，缝壁凹凸不平
	溶蚀缝、溶沟	弯曲、沟渠状	无方向性
	古风化缝	漏斗状、蛇曲状、香肠状	缝内常有陆源碎屑或围岩碎块充填，并常见氧化铁质浸染
成岩缝	压溶缝	锯齿状	缝壁常有不溶物残留
	层间缝	平衡状	随层理变化
	层内缝	平行状	仅限于层内
	收缩缝	不规则弯曲状	常见于层间

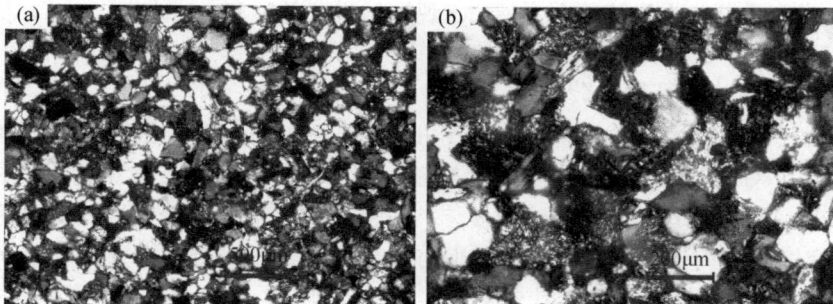

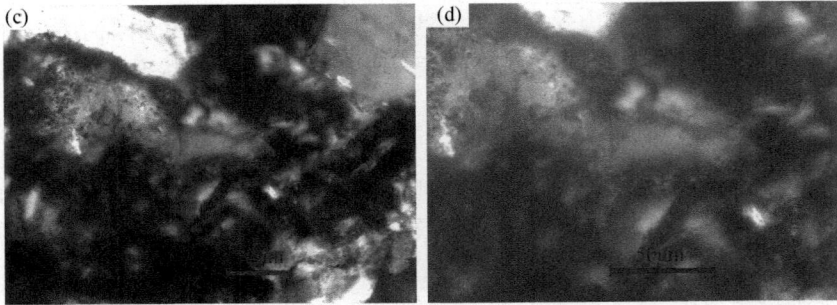

图 3.8　圆觉洞砂岩不同倍数下偏光图像

(a) 4 倍；(b) 10 倍；(c) 40 倍；(d) 63 倍

观测到的微结构信息可用于计算裂隙参数，利用下列公式可以提取微裂隙面积、长度和平均宽度（李艳等，2022）：

$$S = n_1 \frac{S_R}{NM} \tag{3.13}$$

$$L = n_2 \sqrt{\frac{S_R}{NM}} \tag{3.14}$$

$$W = \frac{S}{L} \tag{3.15}$$

式中，S、L、W 分别为裂隙面积、长度和平均宽度；n_1 为裂缝二值图像包含的像素点数量；n_2 为裂缝单边边缘占据的像素点数量；S_R 为图像的实际尺寸；N、M 为图像长、宽所占像素点数量。

2）扫描电镜试验

扫描电镜（scaning electron microsope，SEM）是一种高分辨率、高对比度、非破坏性的微观试验分析技术，可用于分析岩石的微观孔隙、裂纹、表面形貌等特征。其试验原理是利用电子的波粒二象性和电磁场的作用，将电子束集中成一束射向样品，通过探测器捕捉样品表面上反射或发射出的次级电子或者 X 射线的信息，经过计算机处理生成图像。

用于扫描电镜的岩石试样较小，尺寸一般约为 5mm×5mm×3mm。在观测前，需要去除试样表面的粉尘和离散的颗粒，再进行喷金镀膜和真空处理。电镜扫描所观察的放大倍数一般在几百倍至数千倍，可以清晰观察样品表面的形貌和显微结构，具体试验过程参见图 3.9。图 3.10 为安岳圆觉洞砂岩样品的 SEM 观测结果。通过 SEM 图像，可以分析岩石样品表面形貌、粗糙度、结构、元素组成等信息。

3）岩石微观结构特征量化分析

采用颗粒（孔隙）及裂隙图像识别与分析系统［particles（pores）and cracks analysis system，PCAS］对岩石的 SEM 图像进行处理，可以实现石窟岩石微观孔隙、裂隙、颗粒的自动化分析。PCAS 适用于岩土体微观结构信息分析，可自动分析颗粒和孔隙个数、面积、长度、宽度、定向性、形状系数等几何参数，并统计得到颗粒和孔隙含量（孔隙率）、分形维数、面积概率分布指数等统计参数，实现矿物颗粒、岩土体孔隙系统等的定量分析，如图 3.11 所示。

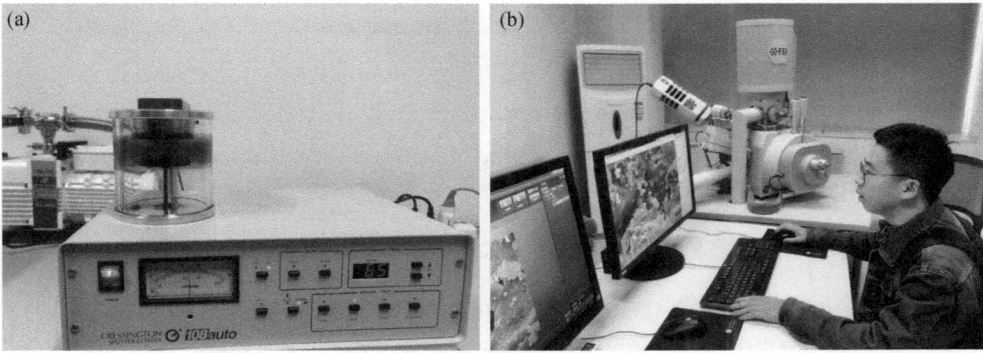

图 3.9　扫描电镜（SEM）试验

（a）试样制备；（b）试样观测

图 3.10　圆觉洞砂岩不同倍数下 SEM 图像

（a）100 倍；（b）1000 倍；（c）2000 倍；（d）8000 倍

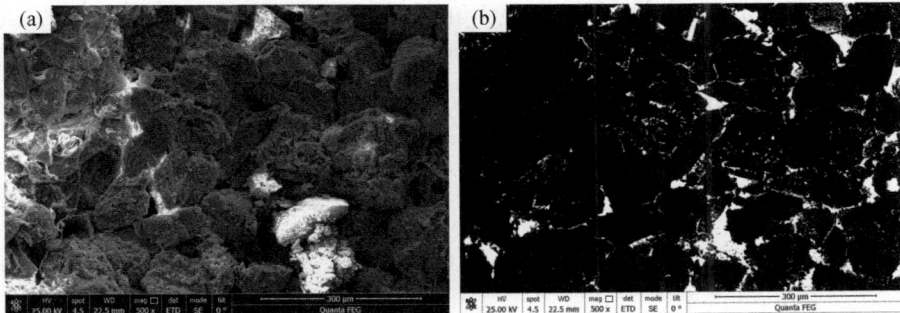

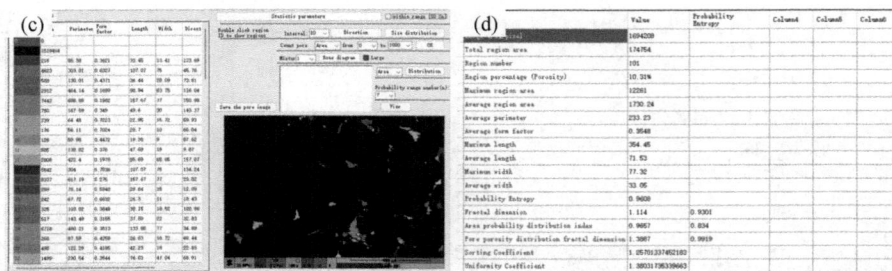

图 3.11 北石窟砂岩 PCAS 孔隙分析结果

（a）SEM 图像；（b）二值化处理；（c）孔隙系统几何参数；（d）孔隙系统统计参数

3.4 无损探测技术

除传统探测手段外，探地雷达、三维激光扫描、红外热成像、摄影测量等无损探测技术已经广泛用于石窟岩体结构探测中，可根据结构面的位置、类型和规模选择合适的技术手段。摄影测量技术具有图像获取速度快、测量区域广等优势，不仅可用于大范围岩体的建模与解译，而且有助于识别中小尺度结构面（王明常等，2018；王明等，2019）。三维激光扫描技术不受工作环境、空间限制，适用于采集复杂地质体的数据，可实现结构面的高精度三维重构（Bao et al.，2022a）。相对而言，探地雷达（赵勇等，2022）和红外热成像技术适用于岩体内部结构面的探测与分析，用以确定结构面的位置、大小、类型等信息。

3.4.1 探地雷达

1）探测原理

探地雷达（ground penetrating radar，GPR）是利用电磁波的传播特征识别岩体内部异常区域的一种探测方法。作为一种高效的无损探测技术，探地雷达具有实时成像、分辨率高、图像清晰、精度优异等特点，在地质、水文、隧道、建筑等众多领域得到了广泛应用，成为探测石窟岩体结构的常用地球物理手段。

探地雷达利用岩体不同区域介电系数的差异实现对裂隙、不密实区、空洞等结构的探测。在测量过程中，通过发射天线向岩体发射宽频带、短脉冲的高频电磁波，岩体不同部位介电系数的差异会导致电磁波的波型、振幅和传播路径等特性发生变化，从而产生散射和反射现象（图 3.12）。根据接收天线收集的电磁波的能量、振幅、时延等参数，人工或计算机解译识别岩体结构（王大为等，2023），从而推测空间位置、构造走向等几何信息。

对于岩体这类非磁性介质，电磁波的传播速度取决于物体的介电常数，其传播速度的计算公式为

$$v = \frac{C}{\sqrt{\varepsilon_r}} \tag{3.16}$$

式中，v 为无线电磁波在介质中的传播速度；C 为光速；ε_r 为介质的相对介电常数。

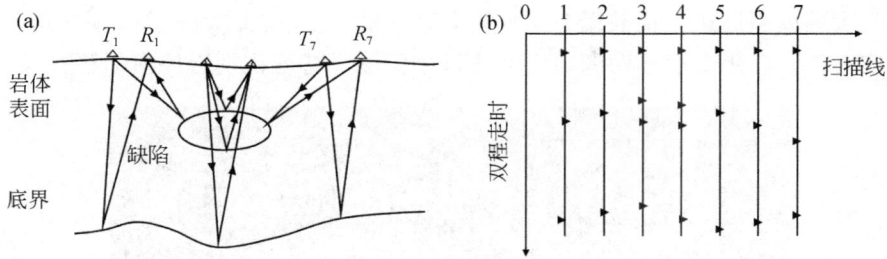

图 3.12　探地雷达工作原理

（a）反射示意图；（b）回波曲线。$T_1 \sim T_7$ 为发射端；$R_1 \sim R_7$ 为接收端

若忽略裂隙隙宽对电磁波的影响，将裂隙顶端或底端视为一点状物（图 3.13），可分析雷达电磁波从发射端到接收端经历的时间差：

$$\Delta t = \frac{1}{v}\left(\sqrt{(x+d)^2 + D^2} + \sqrt{x^2 + d^2} \right) \qquad (3.17)$$

式中，Δt 为时间差；x 为接收端到裂隙的水平距离；d 为发射和接收天线之间的距离；D 为埋藏深度。

假设雷达垂直于裂隙探测，则可将式（3.17）进行简化。通过探地雷达记录的地面反射波与地下反射波时间差 Δt，计算地下异常的埋藏深度（h），即

$$h = \frac{1}{2}(v \times \Delta t) \qquad (3.18)$$

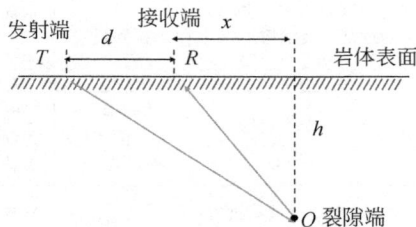

图 3.13　裂隙深度计算示意图

2）系统组成与工作流程

探地雷达由主机、反射天线、接收天线、定位设备、测距轮、数据处理软件组成。为了保证探测结果的准确性，探测岩体表面应该相对平坦，无强反射或强衰减层。探测时，雷达应在岩体表面匀速移动，且移动速度与雷达扫描频率相匹配。开展探测前应根据测试需求及现场环境制定实施方案，确定测量布置、天线频率、采集方式、采集参数、介电参数标定等相关实施细则。以 EKKO PRO 专业型探地雷达为例（图 3.14），应用该雷达搭配的 50MHz、100MHz 两款高低频天线可查明洞窟侧壁、顶板等不同部位的完整情况，准确反映研究区内裂隙、破碎带的分布状态。

3）数据采集与处理

石窟寺的地质环境较为复杂，探测过程中岩体的各种噪声会对接收到的电磁波信号产生干扰，造成岩体结构的漏判、误判。为了提高雷达数据的信噪比、有效信号和分辨率，

需要对接收到的电磁波进行增益调节、背景去噪、零时校正、时频转换、干扰抑制等处理，以提供真实可靠、清晰易辨的图像，而后通过增强图像特征识别岩体内部结构（表3.2）。

图 3.14　探地雷达现场实测

表 3.2　探地雷达异常图谱特征表

病害		波组特征	振幅	相位与频谱
空洞		近似球形空洞反射波组表现为倒悬双曲线形态；近似方形空洞反射波表现为正向连续平板状形态；绕射波明显，重复次数较多	振幅强	顶部反射波与入射波同向，底部反射波与入射波反向，底部反射不易观测；频率高于背景场
脱空		脱空顶部一般形成连续反射波组，似平板状形态；多次波较明显、绕射波较明显	整体振幅强，雷达波衰减很慢	顶部反射波与入射波同向，底部反射波与入射波反向，底部反射不易观测；频率高于背景场
疏松体	严重	顶部形成连续反射波组；多次波较明显、绕射波较明显；内部波形结构杂乱，同相轴很不连续	整体振幅强	顶部反射波与入射波同向，底部反射波与入射波反向；频率高于背景场
	一般	顶部形成连续反射波组；多次波、绕射波不明显；内部波形结构较杂乱，同相轴较不连续	整体振幅较强	顶部反射波与入射波同向，底部反射波与入射波反向；频率略高于背景场

目前，常用的探地雷达数据处理方法如下（王大为等，2023）。

（1）增益调节：增大由于电磁波穿透路面造成极大衰减的雷达反射信号，达到能量均衡的效果，一般采用指数增益、分段线性增益、包络增益等，计算公式为

$$y'(n) = y(n)kq \tag{3.19}$$

式中，$y'(n)$ 为时域中第 n 个原始信号振幅；k 为信号编号；q 为增益函数。

（2）背景去除：去除信号功率较大的浅层反射信号所形成的背景噪声，一般采用均值法进行背景去除，计算公式为

$$\bar{x}(i, j) = x(i, j) - \frac{1}{N}\sum_{j=1}^{N} x(i, j), \quad i = 1, 2, \cdots, M \tag{3.20}$$

式中，M 为 A-scan 信号的个数；N 为每个 A-scan 信号的采样点数；$x(i, j)$ 为采集的原始数据；$\bar{x}(i, j)$ 为处理后的数据。

（3）带通滤波：过滤探地雷达脉冲带通信号之外的干扰信号，一般采用有限脉冲响应（finite impulse response，FIR）滤波器、无限脉冲响应（infinite impulse response，IIR）滤波器，计算公式为

$$Y'(w) = Y(w)H(w) \tag{3.21}$$

式中，$Y(w)$ 为原始信号频谱；$H(w)$ 为带通滤波器；$Y'(w)$ 为带通滤波后的频谱。

处理后的雷达波形数据显示，安岳圆觉洞顶板南侧区域的探测结果未见明显异常，岩体完整性较好，但顶板北侧岩体结构发育。例如，测线 L9 的 K1 和 K2 处波形反射异常，推测该处（深度为 1.2～2m）存在空腔、孔洞［图 3.15（a）、(b)］。现场勘察发现此处顶板岩体结构较为破碎，呈现分层剥落现象。此外，测线 I5 北段的 K3、K4、K5 处（深度分别为 1.9～2.3m、1～1.8m、1～1.5m）发育有裂隙密集带［图 3.15（a）、(c)］。综合分析表明，顶板北侧岩体内部的裂隙数量多于南侧，与顶板表面裂隙的空间分布特征较为一致。

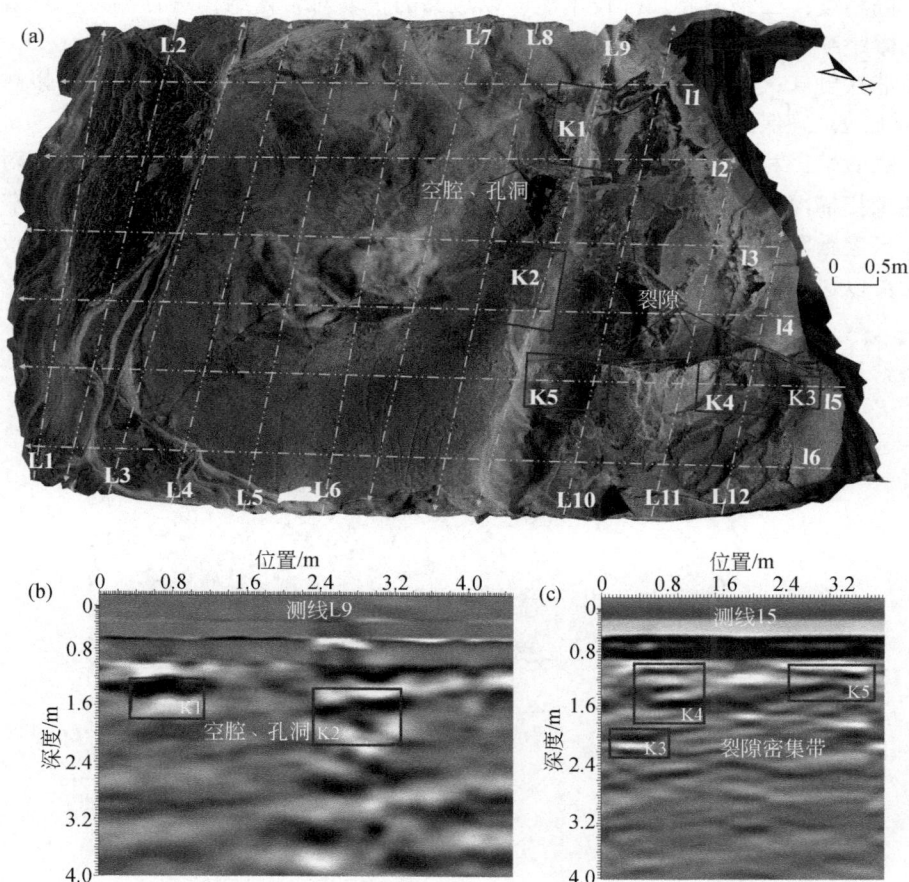

图 3.15　圆觉洞顶板岩体内部结构探测结果

（a）探地雷达测线布置；（b）测线 L9 剖面波形效果；（c）测线 I5 剖面波形效果

3.4.2　三维激光扫描

1）探测原理

三维激光扫描技术作为一种新型的测量技术，近些年来在岩土工程领域得到了应用和发展。该技术以激光雷达和三角测量原理为基础，通过测量激光在岩体表面的反射时间和角度，计算与岩体表面的交点坐标，生成高密度的三维点云模型，进而获取岩体结构面的几何特征。三维激光扫描技术被广泛应用于工程测量、逆向工程、地理信息系统、医学影像等领域，在石窟岩体结构探测方面有广阔的应用空间。

2）系统组成与技术特点

目前，多数三维激光扫描仪由主机、电源箱、三脚架、通信线缆和数据处理软件组成，采用的工作方式为脉冲激光测距技术，如奥地利的 RIEGL VZ-1000 地面型三维激光扫描仪（图 3.16）。在扫描时，一般选择晴朗或能见度较高的天气，并保证扫描区域视野开阔，没有构筑物及植被遮挡。在石窟岩体结构的测量中，三维激光扫描技术具有以下优势。

（1）高精度：三维激光扫描技术能够以极高的精度对岩体结构进行测量，准确捕捉岩体表面的微小细节信息，实现微米级别的测量精度，提供准确的数据支持。

（2）非接触式：三维激光扫描技术是一种非接触式的测量方法，避免因为接触而引起的损伤和扰动，确保测量的准确性和安全性，对于石窟文物保护具有重要意义。

（3）高效性：相比传统的人工测量方法，三维激光扫描技术可以在短时间内对岩体表面进行连续扫描，获取大量的点云数据，极大提高测量效率，减少人力和时间成本。

（4）多参数测量：三维激光扫描技术不仅可以获取岩体表面的颜色、纹理和反射率等信息，还可以对岩体结构进行变形分析，实现岩体结构的变形监测。

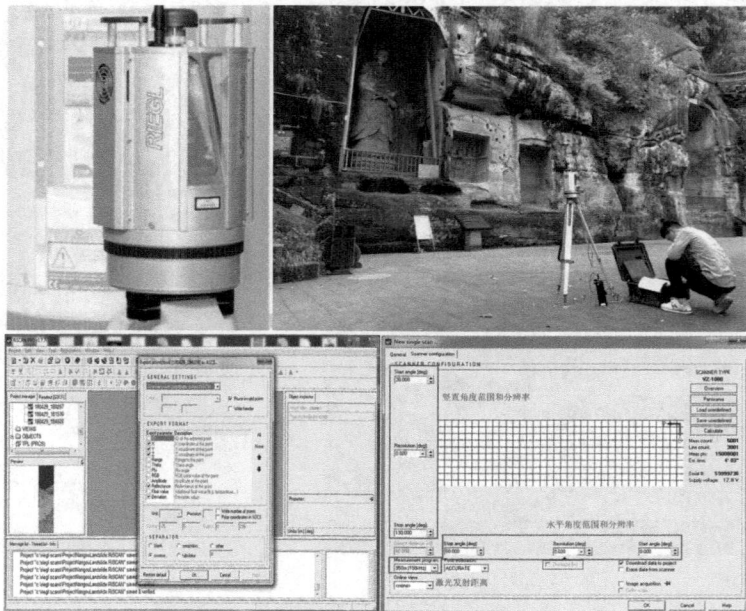

图 3.16　RIEGL VZ-1000 扫描仪外业测试及操作界面

3）数据采集与处理

虽然三维激光扫描仪可以获取石窟岩体海量三维点云数据，但在实际应用中受内、外因素的影响，导致点云数据容易出现噪声、孔洞、缺失等问题，因此需要对点云数据进行预处理。首先，将多余的点云数据去噪，通过转换关系和测得的标志点坐标将仪器的相对坐标系转换成大地坐标系，得到扫描点云的实际三维坐标；其次，将不同点位扫描的点云数据进行拼接，在 RiSCAN_Pro、CloudCompare 等软件中进行三维变换，如平移、旋转和缩放；最后，用 Geomagic 对三维点云数据进行表面的模型重建，并将数码照片的像素点与三维点云数据匹配，还原数据的真实色彩，如图 3.17 所示。

图 3.17　圆觉洞点云数据和三维模型

由于三维激光扫描所获得的高密度点云数据只反映结构面的空间状态，因此需要基于现场调查采用直接判识法、类比判识法和推理判识法识别结构面。在此基础上，利用动态聚类算法对生成的密集三维点云数据进行聚类，基于聚类结果对每个裂隙所在的平面进行分割，通过随机采样一致（random sample consensus，RANSAC）平面拟合算法对裂隙的点云数据进行拟合，得到裂隙的几何方程：

$$ax + by + cz + d = 0 \tag{3.22}$$

式中，(a, b, c) 为裂隙面的单位法向量；d 用于决定裂隙面在空间坐标中的具体位置。

基于裂隙面的单位法向量和裂隙面产状之间的转换关系，计算裂隙的倾角（β）和倾向（α）：

$$\beta = \tan^{-1}\left(\frac{c}{\sqrt{a^2 + b^2}}\right) \tag{3.23}$$

$$\alpha = \begin{cases} 90 - \tan^{-1}\left(\dfrac{b}{a}\right) & (a > 0) \\ 0 & (a = 0,\ b > 0) \\ 180 & (a = 0,\ b \leqslant 0) \\ 270 - \tan^{-1}\left(\dfrac{b}{a}\right) & (a < 0) \end{cases} \tag{3.24}$$

利用动态基于密度的带噪声应用空间聚类（density-based spatial clustering of applications with noise，DBSCAN）算法识别的裂隙面得到组成该裂隙面的点云数据，连接该裂隙面点云数据中的边缘点生成裂隙面多边形，然后选取多边形的两个顶点 $Q_1(x_1, y_1, z_1)$

和 $Q_2(x_2, y_2, z_2)$，计算两点的欧氏距离，最远距离即为裂隙面的迹长（l）和相邻两裂隙的间距（s），具体计算公式如下：

$$l = \sqrt{(x_1 - x_2)^2 + (y_1 - y_2)^2 + (z_1 - z_2)^2} \tag{3.25}$$

$$s = \frac{|d_1 - d_2|}{\sqrt{\bar{a}^2 + \bar{b}^2 + \bar{c}^2}} \tag{3.26}$$

式中，$\bar{a}$、$\bar{b}$、$\bar{c}$ 分别为同一组裂隙面单位法向量在各方向上的平均值；d_1 和 d_2 分别为两个裂隙面的位置参数。

3.4.3　红外无损探测技术

1）探测原理

红外无损探测技术的理论基础是红外辐射定律和传热理论。温度高于绝对零度的一切物体总是持续地将热能以电磁波辐射的形式向外传播，且这种热辐射现象遵循斯蒂芬-玻耳兹曼定律（Stefan-Boltzmann's law），即物体单位表面积发射的总辐射功率与热力学温度的四次方成正比，见式（3.27）。若物体不同部位的比热容、热传导率、密度等热物理参数不同，则其表面的热辐射将产生异质性分布。利用红外热像仪采集物体的红外辐射，并将其转化为温度数据和热图像，可实现物体损伤、缺陷的探测和定量分析。

$$E = \varepsilon \sigma T^4 \tag{3.27}$$

式中，E 为实际物体红外热辐射总功率；ε 为实际物体表面红外发射率；σ 为黑体辐射常数；T 为物体温度。

红外无损探测技术可以分为两种：主动式和被动式。目前，应用于石窟病害调查的主动式红外无损探测技术多采用单面法，其对被测目标的加热和红外检测在被测目标的同一侧面进行（图 3.18）。该技术在探测过程中对物体施加一个外部热源，改变其热平衡状态，进而引发物体内部热量的传递和物体温度场的重分布，以实现增强红外探测的目的。对于初始温度为 T_0 的半无限大岩体，在零时刻以恒定热流密度（q_{w}）对其进行加热，忽略加热过程中岩体测试面与空气的对流换热作用，采用一维热传导理论可以得到其温度分布模型（吕洪涛等，2022）：

$$\frac{\lambda}{\rho c} \frac{\partial^2 T(x,\ t)}{\partial x^2} = \frac{\partial T(x,\ t)}{\partial t},\quad 0 < x < \infty \tag{3.28}$$

边界条件为

$$x = 0\text{时},\quad q = q_{\mathrm{w}} \tag{3.29}$$

初始条件为

$$t = 0\text{时},\quad T(x, 0) = T_0 \tag{3.30}$$

式中，λ 为导热系数；ρ 为材料密度；c 为比热容；q 为热流密度；t 为时间；x 为距岩体表面的距离。

采用分离变量法求解，可得岩体表面无裂隙区域温度：

$$T_1(0,\ t) = 2q_{\mathrm{w}} \sqrt{\frac{t}{\lambda \rho c}} 0.564 + T_0 \tag{3.31}$$

2）系统组成与技术特点

主动式红外无损探测系统主要包括红外热像仪、外部热源、计算机、多功能三脚架等，如图 3.19 所示。对于石窟现场实测，探测系统需要根据洞窟环境进行设计。由于探测范围较广，在进行人工主动热激励的过程中会存在三维热扩散效应，使岩体受热不均。为了降低计算误差，将岩体划分为若干个区域进行分区加热，并通过红外热像仪捕捉石窟岩体升温及降温时刻的红外温度云图。

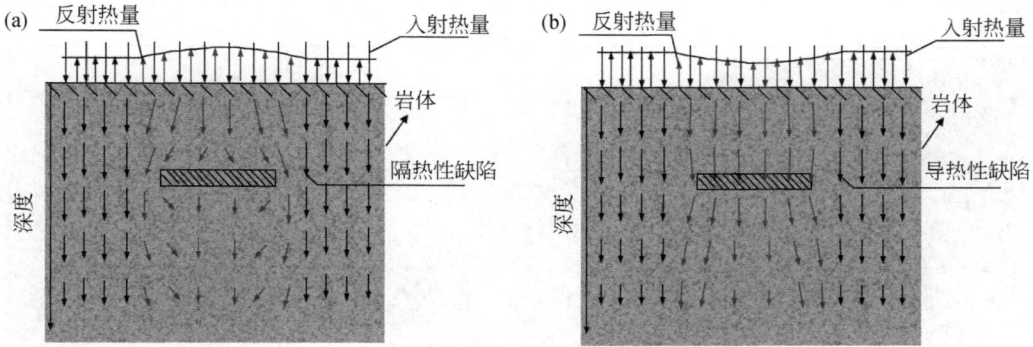

图 3.18　单面法探测原理示意图

（a）隔热性缺陷；（b）导热性缺陷

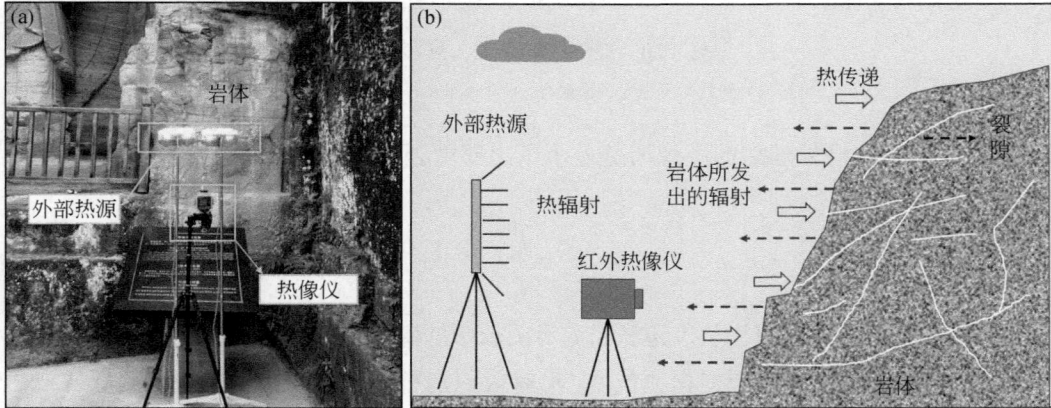

图 3.19　主动式红外无损探测系统（见彩图）

（a）实物图；（b）示意图

目前，该技术在石窟岩体结构面的测量中具有以下优势。

（1）无损性：红外无损探测技术是一种非侵入性的测量手段，无须接触岩体表面，避免了传统测量可能引发的损伤或破坏，适用于对历史建筑和文化遗产保护工程。

（2）高灵敏性：红外无损探测技术对岩体表面和内部的微小变化较为敏感，通过岩体温度差异识别潜在裂缝、缺陷或异质性，及时发现岩体结构的异常和隐患。

（3）全天候性：红外无损探测技术不受光照和气象条件的影响，可以在晴天、阴天等不同环境条件下测量，这使得岩体结构的全天候探测成为可能，增加了实际应用的灵活性。

（4）高分辨率：红外无损探测技术具有很高的空间分辨率，能够以较小的尺度精确识别和量测岩体结构面上的细微变化，提供了更详细的岩体结构信息。

3）数据采集与处理

裂隙的识别是参数提取的基础。一般来讲，主动式红外无损探测技术可有效识别隙宽较大、填充物较少的出露型裂隙，而对于隙宽较小、填充物较多的出露型裂隙可采用图像增强处理，调整可见光图像与红外热图像的融合度，或选用 Retinex 算法提高裂隙识别效果（图 3.20）。

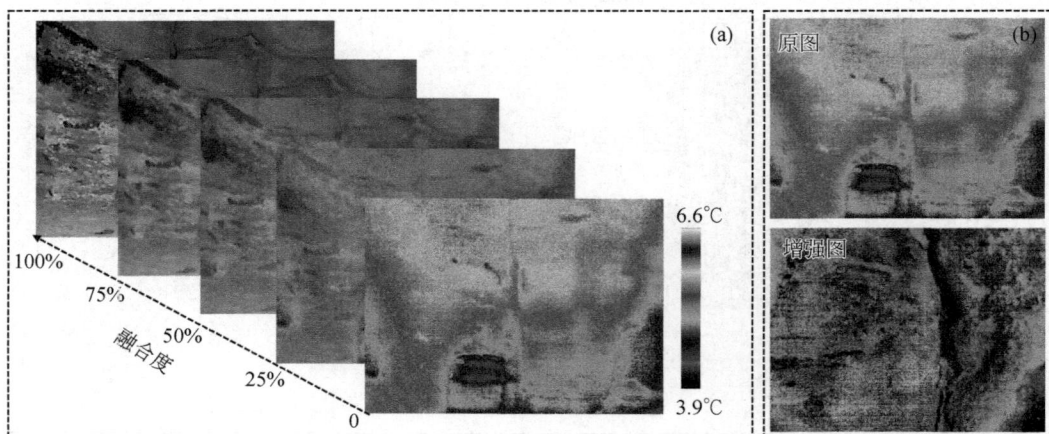

图 3.20　红外图像处理（见彩图）
（a）红外与可见光图像融合；（b）Retinex 图像增强处理

在图 3.20 中，经处理后的图像清楚显示了出露型裂隙的数量，其迹长和隙宽可通过以下公式进行换算：

$$l_c = \frac{l'_c}{l'_s} l_s \tag{3.32}$$

式中，l_c 为隙宽；l_s 为参照物长度迹长；l'_c 为图像中的隙宽；l'_s 为参照物在图像中的长度。

此外，利用主动式红外无损探测技术，可有效识别石窟岩体中浅表层的埋藏型裂隙（如空鼓）。图 3.21 为圆觉洞 10 号窟底部的红外探测结果，可以看出空鼓区域与正常部位相比整体温度较高，约为 46℃。同时，该处空鼓的轮廓较为明显，因此可利用式（3.32）进一步提取空鼓面积。

为计算埋藏型裂隙的深度，可采用传热学原理对岩体温度场进行求解。若岩体内部 $x = h$ 处存在裂隙，且裂隙部位的空气与岩体不存在热交换，则可利用热源温度场叠加法处理裂隙部位温度场的边界条件。假设在 $x = 2h$ 处存在一处镜像热源 p'，令其热流密度 q' 与岩体表面施加的热流密度 q 满足下列关系：

$$q' = nq \tag{3.33}$$

式中，取 $n = 1$，满足绝热边界条件。

由式（3.31）可知，在热源 p 和镜像热源 p' 的共同作用下裂隙投影区表面温度 T_2 为

$$T_2(0,\ t) = T_1(0,\ t) + 2q\sqrt{\frac{t}{\lambda\rho c}}\,\mathrm{ierfc}\left(\frac{2h}{\sqrt{4\alpha t}}\right) \tag{3.34}$$

式中，$\alpha = \dfrac{\lambda}{\rho c}$；$\mathrm{ierfc}(\ )$ 为高斯误差补函数的一次积分。

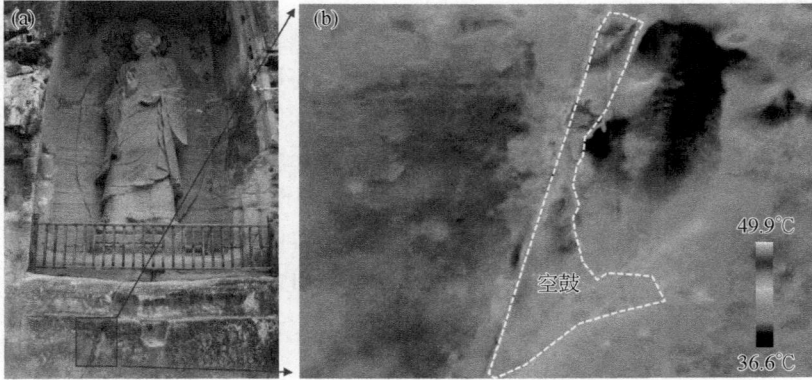

图 3.21　圆觉洞 10 号窟底部岩体红外探测结果

将式（3.34）与式（3.31）两式相减，则裂隙投影区与完整岩石表面的温差（ΔT）为

$$\Delta T(0,\ t) = 2q\sqrt{\frac{t}{\lambda\rho c}}\,\mathrm{ierfc}\left(\frac{h}{\sqrt{\alpha t}}\right) \tag{3.35}$$

对式（3.35）进行变换可得

$$\frac{\Delta T(0,\ t)}{2q\sqrt{\dfrac{t}{\lambda\rho c}}} = \mathrm{ierfc}\left(\frac{h}{\sqrt{\alpha t}}\right) \tag{3.36}$$

根据式（3.36）求出 $\mathrm{ierfc}(\ )$ 的自变量 $u = \dfrac{h}{\sqrt{\alpha t}}$，在 u 已知的前提下，裂隙的埋藏深度为

$$h = u\sqrt{\alpha t} \tag{3.37}$$

因此，当岩体热物理参数已知时，只需要获得岩体表面不同时刻的温差数据，即可通过式（3.36）和式（3.37）计算裂隙埋藏深度。

3.4.4　摄影测量技术

1）探测原理

摄影测量技术起源于 19 世纪，是测绘科学的一个重要分支。该技术基于非接触测量采集物体数字影像，通过对二维数字影像的测量和解译获取目标物的形状、大小、空间位置等数据信息，具有外业强度低、获取信息全面、可提供高精度等众多优点。目前，摄影测量技术已被广泛应用于古建筑与古文物测量、地质编录、滑坡变形监测、岩体结构面信息获取等方面。

在石窟岩体结构面信息采集方面，摄影测量技术不仅提供了可行性方案，而且可以创建一个实时的地质信息交流与反馈环境，提高结构面勘测效率。该技术可减小石窟寺难以、不易触及部位结构面信息丢失的可能性，极大地帮助地质工作者厘清石窟岩体结构分布特征，为不同尺度结构面的精细识别与表征提供了有效的技术方法。

2）系统组成与技术特点

石窟岩体结构摄影测量系统一般可由无人机摄影测量、地面近景摄影测量以及实时动态（real-time kinematic，RTK）定位技术移动端（GPS-RTK）测量三大部位组成。地面近景摄影测量通过摄像设备非接触式地获取岩体的数字影像，然后对目标点或特征点进行识别、坐标量测，并采用各种解析方法解算目标点或特征点影像的空间坐标，最后获取结构面的参数信息（张祖勋等，2007；刘子侠等，2019）。相对而言，无人机倾斜摄影测量技术是一种多角度、全面性新兴遥感测绘技术手段。该技术以无人机为载体，搭载了多视角垂直和倾斜摄影测量相机，可从特定的角度获取目标体前、后、左、右、上、下不同角度的表面影像数据，工作流程见图 3.22。

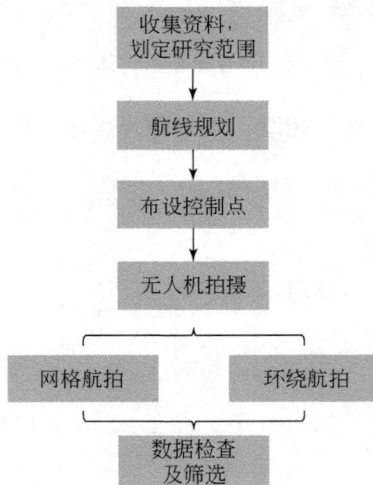

图 3.22　无人机摄影测量工作流程图

对于山体结构和大、中尺度岩体结构，无人机航测可便捷、快速获取结构面信息，然而受地形起伏度、建筑物、附属构筑物、植被等限制，该技术对于微、小尺度结构面的影像信息很难有效采集和精准解译。地面近景摄影测量技术作为无人机摄影测量的必要补充，可精确获取微、小尺度结构面信息，与无人机共同完成山体结构和大、中、小尺度岩体结构信息的采集工作（图 3.23）。摄影测量技术在岩体结构测量中发挥着重要作用，具有如下独特的技术特点。

（1）全景影像获取：摄影测量技术能够捕捉石窟寺的整体影像信息，有助于全方位了解石窟内外的岩体结构特征。

（2）高精度三维重建：通过使用摄影测量技术，可以进行高精度的三维建模，将二维影像转化为准确的三维坐标，使得定量分析石窟岩体结构面几何信息成为可能。

（3）非接触性测量：摄影测量技术无须直接接触石窟寺岩体表面，避免了对文物的物理干扰，有利于文物保护。

（4）时间序列监测：摄影测量技术支持时间序列监测，能够记录岩体结构随时间的演化，发现潜在风险，提高了岩体结构的监测效率。

图 3.23　无人机摄影和地面近景摄影

在石窟岩体结构探测中，适合采用轻小型的单镜头电动多旋翼无人机进行倾斜摄影测量，并基于多视立体视觉原理实现目标物的三维模型重建。其中，基于多视立体视觉原理的三维重建算法可直接从二维影像中恢复出相机拍摄位置和目标场景的稀疏几何结构，还原被测物的三维点云信息。具体流程包括特征点提取、影像匹配和运动恢复结构（贾曙光等，2018）。

（1）特征点提取：无人机拍摄相片畸变较大，传统的基于几何特征、纹理特征的提取法很难有效使用，需要采取尺度不变特征变换（scale invariant feature transform，SIFT）算法。

（2）影像匹配：单纯利用 SIFT 特征点进行的影像匹配速度较慢，在无人机采集的图像中包含的全球定位系统（global positioning system，GPS）坐标位置数据以及惯性测量单元（inertial measurement unit，IMU）提供的姿态角数据可以辅助建立影像间的拓扑结构。

（3）运动恢复结构：按照相机成像原理，将相片中的像点投影到空间坐标中，定义误差函数为重投影误差的平方和，目标函数为

$$g(C_P, X) = \sum_{i=1}^{n} \sum_{j=1}^{m} v_{ij} f(P(C_i, X_j), q_{ij})^2 \tag{3.38}$$

式中，$C_P = \{C_1, C_2, C_3, \cdots, C_n\}$ 为相机参数；$X = \{X_1, X_2, X_3, \cdots, X_n\}$ 为空间点坐标；v_{ij} 为一个变量，表示空间点 X_i 在相机 C_i 中是否可见；n 为相片总数，m 为精匹配特征点个数；函数 $f(P(C_i, X_j), q_{ij})^2$ 为点 X_j 在相机 C_i 中的投影误差。

3）图像增强与数据提取

基于运动恢复结构（structure from motion，SFM）算法重构的三维点云模型，即数字表面模型（digital surface model，DSM）、数字正射影像图（digital orthophoto map，DOM）、

数字高程模型（DEM），蕴含了岩体结构的空间几何信息，在该模型中岩体结构面被抽象为数以百万计的三维坐标点，选择合适的算法可实现结构面识别与参数提取。值得注意的是，三维点云模型的噪点是摄影测量过程中难以避免的问题，这些噪点往往难以通过人工删减方法合理去除，需要进行降噪和平滑处理。其中，拉普拉斯网格平滑算法通过重置和优化网格顶点来达到除噪和平滑模型的目的。对于模型表面网格中一个编号为 i 的顶点 D_i，其周边一阶伞状邻接点为 D_j，则赋予两点距离权重 w_{ij} 的拉普拉斯平滑可表示为

$$\text{Laplacian}(D_i) = \Delta D_i = \sum_{j \in s} w_{ij}(D_i - D_j) \tag{3.39}$$

为了控制平滑的程度与速率，在平滑过程中使网格点坐标更新通过速率控制系数 λ 来完成，即

$$D_i' = D_i + \lambda \Delta D_i \tag{3.40}$$

式中，λ 取值为 0～1。

由于石窟岩体的赋存环境较为复杂，尤其对于有渗水、烟熏污垢、植被覆盖等特殊环境，宜采用多种方法相结合的方式识别点云模型中的结构面，提高判识的准确性。目前，结构面的判别方法有以下几种方法。

（1）直接判识：根据图像上的影像阴影特征进行判识。

（2）类比判识：结构面有成组出现的特征，可以根据近似台面的产状来确定结构面。

（3）推理判识：运用相关分析法通过间接的判读标志来推测、判断结构面。为提高推理判识的准确性，一般采用多种证据或多种标志进行综合分析和相互验证，力求避免仅凭一种间接标志来推断。

（4）对比判识：根据不同的时间段所拍摄的影像进行比较判别。

在判识的基础上，可进一步获取岩体裂隙的迹长、间距、密度和产状信息，其求解过程与三维激光扫描技术类似，在此不再赘述。

3.5　小　　结

石窟岩体结构调查除了人工调查与地球物理勘探技术外，还可以借助先进的数字化技术，如摄影测量、三维激光扫描等，来获取更加精确的数据。这些技术的应用可以提高调查的全面性和精准度，有助于厘清岩体结构面分布状态，为石窟保护工程提供有力支持。然而，石窟寺复杂的赋存环境、多样的洞窟形制以及特殊的保护需求，使得这些技术的运用也面临着诸多挑战。因此，需要我们不断探索和改进技术手段，以适应石窟岩体结构精细化调查的需求。目前，石窟岩体探测工作中仍存在如下难点。

1）环境和空间的限制

石窟寺大多依山傍水，开凿于山谷两岸陡峭的崖体上，这样的地理环境使得接触式测量技术难以应用。同时，常规地球物理方法测量需要足够的空间布设，但洞窟内部空间面积狭小。因此，针对石窟这类特定的探测目标，需要优化工作模式和更新探测设备。

2）高效和高精度的要求

石窟寺文物保护是一项精细化的工作，受数据采集及解译过程中误差影响，测量结果

往往难以满足石窟岩体结构精细化探测需求。因此，探测技术的更迭已成为一项重要需求。

3）可视化效果需求

随着科学技术的发展，如何利用数字信息技术对探测结果进行记录、分析、研究，建立数字化的病害展示，已成为一个重要的研究方向。

第4章 石窟病害的自主检测与智能识别技术

石窟寺岩体长期处于复杂的地质环境中，并受到多种自然与人为因素的协同作用，岩体出现了种类繁多、形态复杂的病害，威胁了石窟寺洞窟的结构稳定性与文化价值（吕宁，2013）。因此，对洞窟病害进行长期全覆盖检测成为一项重要工作。

石窟寺病害检测目前主要依赖人工方法，通过使用各种工具对岩壁进行不定期的病害信息采集（富中华和孙瑜，2019）。然而，这种方法存在一些困难和局限性。首先，人工方法工作效率低，无法实现高频检测，同时监测范围有限，难以获取完整的病害分布信息；其次，人工方法的精度难以保证，无法全面、准确地反映病害的理化特征和发展趋势；此外，人工方法工作强度大，只能通过多次采样来获取数据，这阻碍了对病害连续变化规律的研究（杨隽永等，2014）；最后，病害信息的获取是离散且琐碎的，难以构建完整的病害空间分布图，不利于对病害的系统诊断与治理方案制定。

由此可见，人工方法制约了石窟寺保护工作的科学化与体系化，难以真正满足系统管理与有效控制病害。因此，开发石窟寺病害智能检测技术，构建数字化的病害三维模型，不仅可以弥补人工方法的不足，而且可以为病害的科学研究与高效治理提供技术支撑。

机器人技术与数字图像技术的发展，使构建洞窟病害智能检测系统成为可能。本书研究团队开发的智能探测机器人不仅实现了病害的精准定位、定量检测与科学诊断，而且能构建数字化病害分布图与三维模型，推动了石窟寺病害检测步入数字化与智能化，促进实现对病害的精准防控。

4.1 洞窟病害自主探测机器人开发

在设计洞窟病害自主探测机器人之前，需要考虑石窟寺的特殊性，优化机器人构型与结构。石窟具有空间差异性，不同的石窟寺洞窟差异很大，窟内高度悬殊，而且佛像、壁画和立柱结构差异严重。此外，石窟具有结构复杂性，洞窟岩壁凹凸不平，还有大型的嵌套孔洞和空洞结构，导致既有显性病害，又有隐性病害，病害检测难度高。石窟病害具有多样性特征，其经典病害类型可大致分为裂隙切割、水侵蚀、风化破坏、人为破坏等四大类（王金华等，2022）。石窟还具有易损性特征，在人与自然的长期循环作用下，石窟岩体表面变得极易受损。面对佛像、窟龛等具有极高艺术价值的洞窟，采用了模块化设计思想，提出了设计依据，设计洞窟病害自主探测机器人，以实现探测范围和效率的最大化（张金风，2008）。

在进行机器人的构型设计中，针对石窟寺洞窟的空间差异性，采用移动底盘与机械臂结合的方式，以便于将检测设备移动至人工无法采集的位置进行数据采集。其中移动底盘由两个万向轮与两个驱动轮作为支撑和行走，构成差分式移动平台，通过控制不同电机转速实现车体二自由度行进和转向运动功能。机械臂系统由一个六自由度串联机械臂和一个腕关节组成。串联机械臂关节由外封装壳体、伺服电机、控制器、驱动板卡、谐波减速器等组成模块化关节。模块化关节上安装连杆模块构成串联机械臂，连杆模块与关节模块之间由输出轴连接。

针对石窟病害的多样性，在探测机器人腕关节旋转移动平台上设计了多功能搭载平台，预留连接接口，可以根据拟采集的病害信息类型，灵活搭载合适的探测仪器。如拟采集佛像表面裂隙，可搭载深度相机；采集温度信息，可搭载红外相机。针对石窟寺洞窟的壁面易损性，确保病害探测过程中机器人距离壁面的距离始终大于 200mm，在机器人上加装了非接触式传感器，智能感知实时位置。

探测机器人安装的传感器包括二维雷达、三维雷达，基于计算机高效算法分析完成探测机器人的自主导航、自主控制和自主探测。二维雷达布置于轮式小车上，用于完成对洞窟二维平面的实时建图，实时感知机器人轮式小车的位置，为轮式小车提供运动规划；三维雷达实现整体洞窟环境的三维建模，确定探测机器人机械臂各组件在洞窟内的实时位置，是机械臂末端探测和各关节运转规划的依据。洞窟病害自主探测机器人如图 4.1 所示。

图 4.1　洞窟病害自主探测机器人

洞窟病害自主探测机器人的具体参数如表 4.1 所示，机器人整体的尺寸为 1081mm×802mm×1984mm。硬件方面采用六自由度机械臂作为上半部分，移动底盘作为下半部分，微型个人计算机（personal computer，PC）作为机器人的上位机主控板，搭载二维激光雷达、三维激光雷达、IMU 以及深度相机等传感器来获取外界信息，同时选用直流无刷电机驱动底盘移动。采用自研控制系统完成智能探测机器人的移动、建图、导航、病害探测以及病害处理等任务的调控。

表 4.1　洞窟病害自主探测机器人具体参数

类别	参数
机器人整体尺寸	1081mm×802mm×1984mm
移动底盘安全距离	200mm
机械臂末端承载能力	5kg
机械臂臂展	2000mm

　　机器人的智能控制系统在宏观上大致分为四层。第一层是感知和执行层,主要负责感知机器人状态、感知空间环境、图像采集以及机器人基本运动的执行;第二层是控制层,负责控制机器人的基本运动,并与上位机进行通信;第三层是决策层,负责收集机器人的基本状态信息和雷达信息,并进行计算处理,然后下发机器人的运行指令;第四层是云端监控层,提供监控窗口和人工交互界面,对点云数据和图像数据进行处理。整个控制系统的方案如图 4.2 所示。

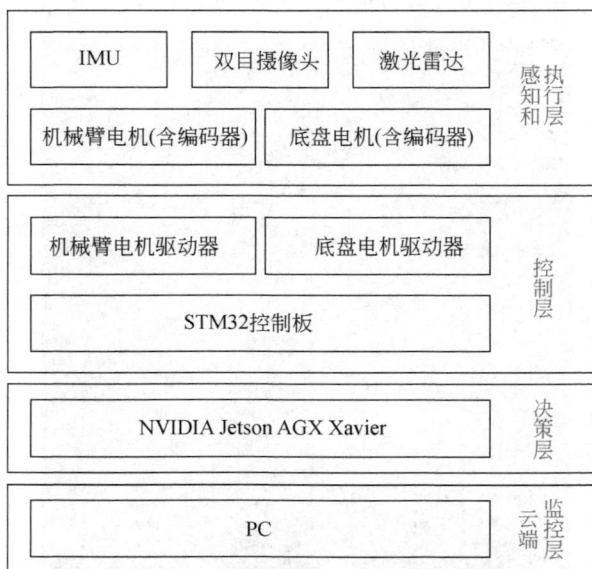

图 4.2　控制系统搭建方案图

　　洞窟病害自主探测机器人的具体工作流程如下:任务开始时,洞窟病害自主探测机器人利用底盘移动节点、二维雷达和三维雷达对石窟寺内部环境进行探测;基于构建完成的二维和三维拼接地图进行任务规划,然后机器人根据规划出的任务点完成立面探测和顶面探测;根据探测设备采集到的信息,完成石窟寺病害的位置信息、面积大小的有效计算,并进行三维模型的构建。现场工作状态如图 4.3 所示。

　　洞窟病害自主探测机器人的设计使后续的病害信息采集工作得到了硬件支持,为石窟寺洞窟病害保护研究提供了一个可以搭载双目相机、深度相机、三维雷达等多元化的智能检测平台,推动石窟病害检测迈入数字化与智能化。

图 4.3 洞窟病害自主探测机器人现场工作图

4.2 洞窟三维数字化模型构建

石窟病害三维模型构建的核心是稠密建图算法的选择与构建。稠密建图算法可以获取高密度三维点云数据，并通过三维点云数据获取病害的三维形态特征、病害的空间分布特性，并以此构建三维数字化病害模型，使病害监测由二维转入三维立体空间，更加直观准确地掌握病害的体积及空间信息。为实现洞窟病害的三维数字化建模，本节从 RGB-D 传感器设备着手，介绍稠密建图算法，梳理该算法架构中的关键帧选择机制，介绍洞窟三维数字化模型构建的设备选择与后续处理，最终构建出包含洞窟经典病害的三维数字化模型。

4.2.1 稠密建图算法简介

近年来，三维传感器技术的快速发展，尤其是 RGB-D（red green blue-depth）传感器的广泛普及，为 RGB-D 即时定位与地图构建（simultaneous localization and mapping，SLAM）技术的发展奠定了关键基础，如图 4.4 所示。RGB-D SLAM 技术通过融合 RGB 图像和深度图像获取的信息，能够高精度地估计相机的位姿并重建三维环境地图。

(a) 奥比中光、乐视　　　　　　　(b) 华硕

图 4.4 RGB-D 传感器

RTAB-Map 是一个开源的 RGB-D SLAM 库，它可以在线执行视觉里程计和环境地图构建任务。RTAB-Map 通过检测和描述来自 RGB-D 相机的 RGB 图像和深度图像中的视觉特征，并与预先构建的地图点进行匹配，精确计算相机在环境中的三维位置与姿态。随后，RTAB-Map 将 RGB 图像和深度图像中的几何和纹理信息融合到环境地图中。通过持续迭代这个过程，RTAB-Map 可以在未知环境中快速、高精度地构建三维地图，同时估计相机的完整运动轨迹。

在体系结构上，RTAB-Map 采用了模块化的设计，各个组件相对独立但协同工作。它支持多种传感器输入，包括常见的 RGB-D 相机与立体相机，甚至是 AR/VR 设备。RTAB-Map 提供 ROS 接口，可轻松嵌入 ROS 系统中，简化其在机器人系统中的集成与应用。系统实现 RTAB-Map 跨平台可移植，支持 Linux、Windows 和 MacOS 等主流操作系统。这些因素赋予了 RTAB-Map 极高的通用性和实用性（de Silva et al.，2018）。

在算法上，RTAB-Map 融合了多种前沿技术，采用了稳健的视觉特征点检测与描述方法，具有很强的光照适应性，可处理各种室内外光照环境。它还支持循环检测与修正，可以在 SLAM 过程中实时检测和修正累积误差，显著提高建图精度。相比依赖外围传感器的 RGB-D SLAM 方案，RTAB-Map 只利用 RGB-D 图像数据进行视觉里程计，这使其系统复杂度大幅下降，降低了部署难度和成本。

在功能上，RTAB-Map 可以在线同时执行 SLAM 与三维环境地图构建，这为机器人自主导航、避障等任务提供了实时地图支持。RTAB-Map 具备稳健的算法基础、灵活的系统架构和强大的功能，这使其成为 RGB-D SLAM 领域具有极高研究价值和工程应用潜力的开源解决方案。

4.2.2　稠密建图算法架构

RTAB-Map 拥有模块化且分级的系统架构，如图 4.5 所示，支持多种传感器输入，包括常见的 RGB-D 相机和立体相机，甚至 AR/VR 设备。这为 RTAB-Map 的硬件无关性和跨平台移植性奠定了基础。

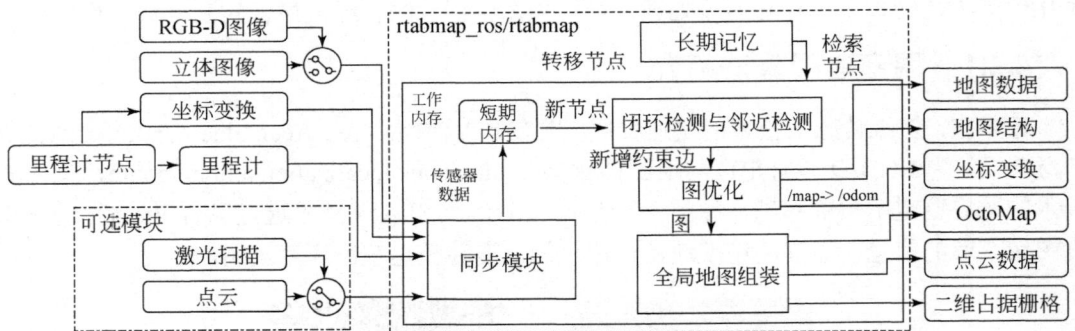

图 4.5　RTAB-Map 系统架构

在算法层面，RTAB-Map 集成了图像矫正、视觉特征提取和数据关联等模组。在图像矫正模组中，RTAB-Map 采用双线性插值技术对 RGB 图像和深度图像进行重采样，消除两者之间的畸变与失配，这为后续处理奠定了基础。在视觉特征提取模组中，RTAB-Map 使用加速段测试特征（features from accelerated segment test，FAST）算法和快速点特征直方图（fast point feature histograms，FPFH）描述子检测并提取 RGB 图像中的视觉特征，使其具有较强的光照鲁棒性（Gharehbagh et al.，2021）。关键帧机制是 RTAB-Map 系统中很重要的一个组件，可以有效减少计算复杂度，提高 SLAM 系统的实时性与稳定性。关键帧机制的基本思想是不对所有的图像帧进行处理，只选择其中的少量具有代表性的帧作为关键帧，进行特征提取、匹配、定位与地图优化等计算，其他帧只进行较轻量的跟踪操作。选择关键帧的原则是主要考虑图像间运动幅度、新观测特征数量、特征匹配质量以及其他帧的追踪效果等因素。其中，图像间运动幅度越大，表示环境变化越剧烈，应选择该帧作为关键帧，进行全新的特征提取和匹配计算。如果某帧观测到大量新特征或特征匹配质量较差，也应被选择为关键帧，重新计算特征和匹配结果，更新地图信息。另外，如果其他连续帧无法有效跟踪关键帧或地图点，则需要选择新的关键帧，避免定位失败。此外，为保证地图稳定性，还需要根据一定的时间间隔插入关键帧，即使不完全满足其他条件。通常情况下，RTAB-Map 会根据上述判断标准，在设定的时间窗口内选择 1～4 个图像帧作为关键帧。这些关键帧会进行全部的 SLAM 计算，包括特征检测与提取、数据关联、运动估计以及地图优化等。而其他非关键帧只进行轻量级的跟踪操作，大幅减少计算复杂度。这种机制既可以保证系统的实时性，又可以及时更新地图，实现较高精度的相机定位。

在数据关联模组中，RTAB-Map 通过 BoW 模型图像表征和 FLANN 库最近邻搜索将当前关键帧与预构建地图进行特征匹配。只有当匹配点对超过设定阈值时，当前关键帧才会被用于定位和环境建模。

在高阶模组中，RTAB-Map 集成了相机运动估计、地图优化和融合等算法。在相机运动估计模组中，RTAB-Map 采用 EPnP 算法估计 RGB-D 相机的外参数，并通过 Horn 方法恢复内参，从而获得相机的姿态。该姿态与匹配特征点的三维坐标一起，通过相对运动关系被融合到环境地图中。在地图优化模组中，RTAB-Map 使用 g2o 图优化框架采用高斯-牛顿（Gauss-Newton）方法最小化当前地图的重投影误差，优化相机姿态和地图点坐标的估计，显著减少 SLAM 过程中的累积误差。

RTAB-Map 具有稳健的模块化体系结构。底层支撑其硬件扩展性，算法层面使其具有强大的图像处理和视觉特征提取能力，高阶模组实现精确的相机运动跟踪和地图优化。这种分级设计不仅使 RTAB-Map 的各个组件相对独立，也使其易于维护和升级，具有较强的可扩展性。

综上，RTAB-Map 的系统架构为其功能强大和广泛适用性奠定了重要基础，使其不仅适用于机器人自主导航等工程应用，也非常适合学术研究和算法探索，是一个高度实用的开源工具和研究平台。

4.2.3　三维数字化模型构建

采用 RTAB-Map 作为稠密建图算法，选用英特尔（Intel）公司的 RealSense D435i 相机作为探测设备 [图 4.6（a）]，通过将深度相机固连在机械臂末端构成手眼系统实现视觉传感器与机器人的组合。基于洞窟病害自主探测平台完成三维数字化模型的构建，如图 4.6（b）所示。结合深度相机，令探测机器人获得感知能力，通过机械臂带动深度相机按照一定路径运动，从而获取表面点云信息，实现对目标探测区域的环境感知，完成对石窟寺洞窟的三维点云构建。

采用深度相机对洞窟表面进行扫描得到的原始点云含有大量的冗余点及离群点，通过统计滤波与中值滤波，完成点云的体素下采样，从而获取有序简洁的洞窟点云图。在此基础上，对点云图完成泊松重建，从而获取包含洞窟病害的三维数字化模型。以下将分步介绍三维重建的算法。

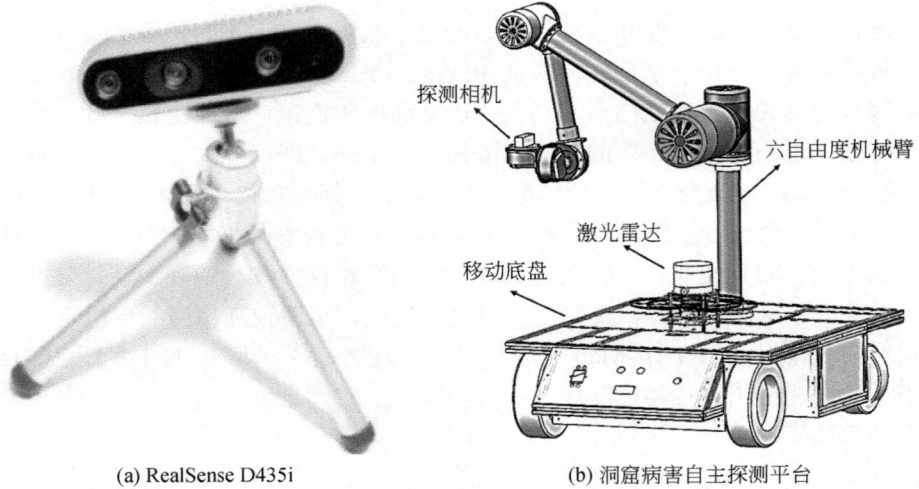

(a) RealSense D435i　　　　　　　　　(b) 洞窟病害自主探测平台

图 4.6　探测设备与平台

1. 统计滤波与中值滤波

相机采集到的点云会有一些噪声点和离群点，这些点以散列、孤立的形式存在于原始点云中，对后面的算法有较大的干扰作用且会占用计算时间。因此，对点云预处理首先需要研究滤波算法来剔除离群点和噪声点，在此使用了先统计滤波后中值滤波的方法。

统计滤波的方法就是对每个点的邻域进行统计分析后，邻域内所有点的距离应构成一个形状由均值与标准差决定的高斯分布，然后设置一定大小的阈值，平均距离在阈值之外的点将被判断为离群点，进行剔除操作（Kazimierski et al.，2016），具体步骤如下。

通过 Kd-Tree 搜索采样点 p_i 的 k 邻域，计算该点与所有邻域点 p_{ij} 的距离，并求出均值 $\overline{d_i}$：

$$\overline{d_i} = \frac{1}{k} \sum_{j=1}^{k} \left\| p_i - p_{ij} \right\| \tag{4.1}$$

然后，求取全局点云的距离均值（μ）及均方差（σ）：

$$\mu = \frac{1}{N} \sum_{i=1}^{N} \overline{d_i} \tag{4.2}$$

$$\sigma = \frac{1}{N} \sum_{i=1}^{N} (\overline{d_i} - \mu)^2 \tag{4.3}$$

设置一常数阈值 α，若该点的 k 邻域距离均值在允许范围 $\mu \pm \alpha\sigma$ 内，则保留该点，而超过范围的点为离群点，应去除，其中 outpoint 为离群点集合。

$$\text{if} \left(\overline{d_i} \leqslant (\mu \pm \alpha\sigma) \middle\| \overline{d_i} \geqslant (\mu \pm \alpha\sigma) \right), \quad p_i \in \text{outpoint} \tag{4.4}$$

目前，对原始点云进行降噪平滑的滤波方法有很多，主要可分为线性滤波和非线性滤波，线性滤波主要有均值滤波和高斯滤波，非线性滤波主要有中值滤波和双边滤波。它们各有优缺点，但没有一种方法能够解决所有问题，需要根据实际点云数据进行分析。由于洞窟表面较为复杂、点云数据量大、几何特征丰富，滤波算法需要有良好的边缘保持能力及效率，故选取中值滤波算法进行处理。该算法具有一定的保留原始点云几何特征的特点，且算法简洁快速。

中值滤波通常是对三维点云邻域内所有点的坐标（x，y，z）进行中值处理，也可单独对某个方向上进行中值处理（Huang et al.，2011）。

首先，通过 Kd-Tree 搜索采样点 (x_i, y_i, z_i) 邻域内的所有点 D，满足：

$$D = \{(x,y,z) | (x-x_i)^2 + (y-y_i)^2 + (z-z_i)^2 < d^2\} \tag{4.5}$$

然后，对每个通道（X，Y，Z 轴方向）进行从小到大排序。

$$X = \mathrm{sorted}\{x | (x,y,z) \in D\} \tag{4.6}$$

$$Y = \mathrm{sorted}\{y | (x,y,z) \in D\} \tag{4.7}$$

$$Z = \mathrm{sorted}\{z | (x,y,z) \in D\} \tag{4.8}$$

取其中值代替当前采样点的坐标值，为

$$(x',y',z') \leftarrow (\mathrm{median}(X),\ \mathrm{median}(Y),\ \mathrm{median}(Z)) \tag{4.9}$$

经过滤波算法和去除离群点算法处理过后的点云如图 4.7 所示，可以看出，点云中离群点得到有效去除，探测表面的均匀平滑度提升。

图 4.7　经过滤波后的点云

2. 体素下采样

对一整个墙面，深度相机采集到的点数目非常庞大，有数十万量级，这对后面点云处理算法的运行会产生非常大的计算负担。因此，需要采用能有效降低点云数量的降采样算法来进行处理，在此选取最为广泛应用的体素下采样方法对点云进行删减。

该方法原理简单，就是将整个点云数据进行体素划分，然后对每个体素格里的点云做平均，取一个精确的点，如图 4.8 所示。

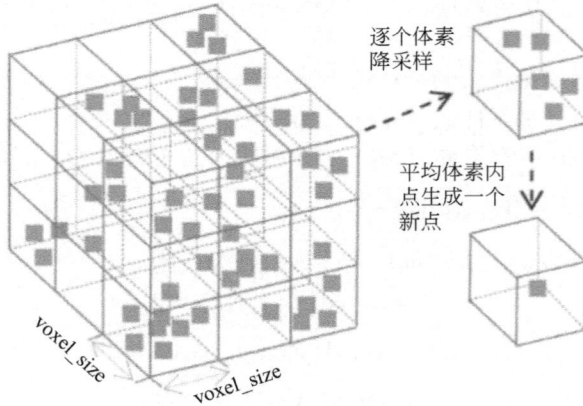

逐个体素降采样

平均体素内点生成一个新点

voxel_size

voxel_size

图 4.8　体素下采样

图 4.8 中每一个小的立方体空间即为一个体素格，记立方体的边长为 voxel_size，下采样就是计算出每个体素格里包含的所有点云的重心点 $O(x_O, y_O, z_O)$，用这些点来分别替代每个体素格里的所有点，其中，

$$x_O = \frac{1}{k}\sum_{i=1}^{k} x_i \ , \ y_O = \frac{1}{k}\sum_{i=1}^{k} y_i \ , \ z_O = \frac{1}{k}\sum_{i=1}^{k} z_i \qquad (4.10)$$

体素格边长 voxel_size 的大小需要根据实际获取的点云数据来决定，图 4.9 为不同体素格大小的采样结果。

图 4.9　不同体素格大小的采样结果图

3. 泊松重建

泊松重建（Poisson reconstruction）是一种点云重建技术，用于构建三维表面和体积网格模型。该算法基于泊松平滑运算，通过在点云周围建立三维网格，并使用泊松方程平滑网络节点来拟合点云中的几何形状。

泊松重建算法的整体思路：根据点云数据提取特征，建立三维离散点结构，运用泊松方程在这些离散点之间拟合出连续变化的三维曲面，并通过细分三维曲面不断逼近点云精度，最终得到较精确的三维几何表面模型和内部结构。该算法既考虑了点云数据中的三维几何信息，也利用了泊松方程保证曲面光滑连续变化的特性，最终的结果兼顾了点云细节和曲面流畅度，可广泛运用于点云数据的三维重建与模型提取。该技术的优点是重建速度较快，对噪声处理较鲁棒，且可以重建物体的内部结构，常用于三维扫描和视觉里程计的三维重建（Kazhdan and Hoppe，2013）。

总体来说，泊松重建技术采用点云特征点和泊松方程，通过建立三维离散格点和拟合连续曲面，重建点云代表的三维表面或体积几何形状，是一种较为理想的点云重建技术，得到的结果具有一定精度和可用性。图 4.10 为完成泊松重建后的效果。

图 4.10　完成泊松重建后的效果图

4.3 多重洞窟病害智能识别方法开发

根据 4.2.1 节所介绍的 RGB-D 探测设备特性与 4.2.2 节所介绍的 RTAB-Map 的关键帧机制，设计了一种针对病害探测识别图片的深度筛选算法与病害探测算法，本节将在深度筛选算法的基础上，介绍病害探测算法架构与算法探测效果。

4.3.1 深度筛选机制

探测机器人采用的探测设备为英特尔公司近年来开发的一款深度相机，型号是RealSense D435i，使用的是结构光测量方案，如图 4.11 所示，正面的四个摄像头，从左向右以次是左侧红外相机、红外激光投射器、右侧红外相机和 RGB 相机。

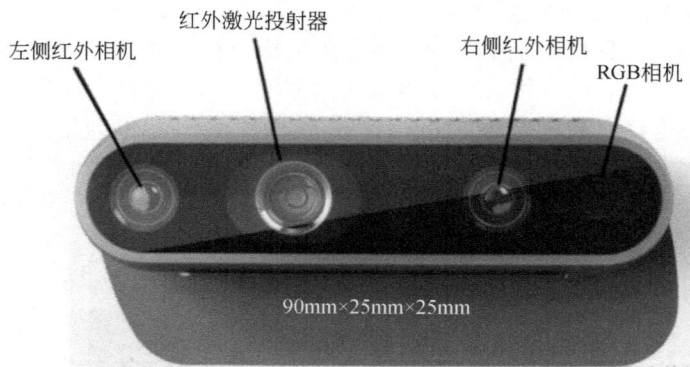

图 4.11　RealSense D435i 照片

RealSense D435i 的深度测量结合了有源投影和无源立体匹配，有源投影和无源立体匹配都是用于三维重建的计算机视觉技术，它们的区别在于如何获取深度信息。有源投影使用投影仪向物体投射特定图案（如激光点、条纹图案或编码图案），然后使用相机捕获图案的变形。通过分析图案的变形，可以计算出物体表面的深度信息。无源立体匹配则不使用投影仪，而是利用两台或多台相机从不同角度拍摄物体的图像。通过分析图像之间的差异，可以计算出物体表面的深度信息。图 4.12 为 RealSense D435i 在同一场景中生成的不同图

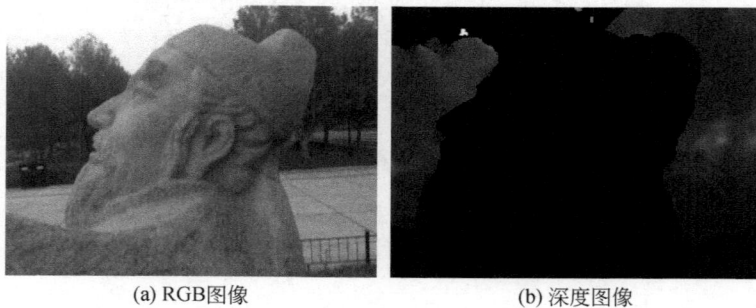

(a) RGB图像　　　　　　　　　　　　(b) 深度图像

图 4.12　同一场景下 RealSense D435i 的 RGB 图像和深度图像

像。在目标场景上，左、右两侧红外相机同时采集红外投射器投射出的静态红外编码图案，然后采用三角定位方法，利用相机内置图像处理器生成深度图。此深度图中包含了 RGB 图像中像素点的深度信息，以此设计了一种深度筛选算法。

采用 RTAB-Map 算法的关键帧作为探测算法的输入，为保证建图效果，在建图过程中大部分关键帧均为垂直被探测洞窟表面采集，但依然存在部分关键帧于相机转动时采集，使采集到的关键帧序列中出现深度过大的非目标区域，对后续病害识别算法的效果产生极大影响。

针对此问题设计了深度筛选机制，关键帧深度筛选机制框架如图 4.13 所示。

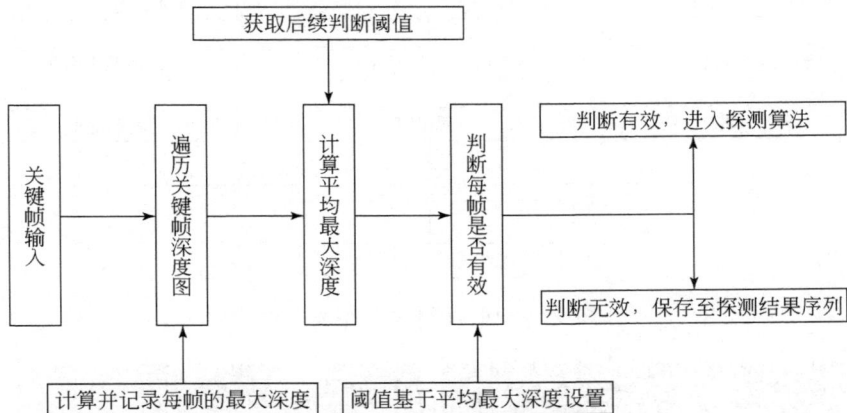

图 4.13　关键帧深度筛选机制框架

此算法借助 RGB 图像像素点相对应的深度图像中的深度信息构建而成，在处理图像前，算法同时遍历读取 RGB 图像与深度图像，而后针对每个关键帧的深度图像计算此帧的最大深度，计算策略为遍历深度图，对比每一像素点的深度值，若大于当前记录最大深度值则更新本帧的最大深度，从而获取本帧的最大深度。按照此方法遍历完成所有帧后，计算所有关键帧的平均最大深度与最大深度变化率，以最大深度变化率为阈值，判断每一帧是否为无效帧，从而十分简单有效地去除了大部分的无效帧。由于关键帧的连续性特征，去除无效帧后，并不影响病害探测的完整性。

4.3.2　病害探测算法

石窟寺洞窟岩壁长期处在复杂环境中，出现了开裂、疏松、掉块、氧化、盐渍、油烟等病害。石窟病害的颜色特征与形状特征较为明显，以此设计了一种病害探测算法，整体框架如图 4.14 所示。

由深度筛选算法判定后的有效关键帧，输入病害探测算法进行病害探测，示例关键帧如图 4.15 所示。

在探测算法中首先完成双边滤波，双边滤波（bilateral filtering）是一种非线性的图像平滑技术，属于边缘保留型滤波方法。它通过在空域和像素相似度两个维度上进行加权平均，平滑图像而保留边缘。具体来说，双边滤波在空域维度考虑像素的空间距离，在相似度维度考虑像素值的相似性，然后将两个维度的权重乘积作为最终的像素相似性权重（Paris et al.，2009）。通过选择不同的空间过滤器和相似性过滤器，可以控制图像平滑程度和保留细节能力。从而获得更好的效果，为后续病害特征分割打下基础。双边滤波效果如图 4.16 所示。

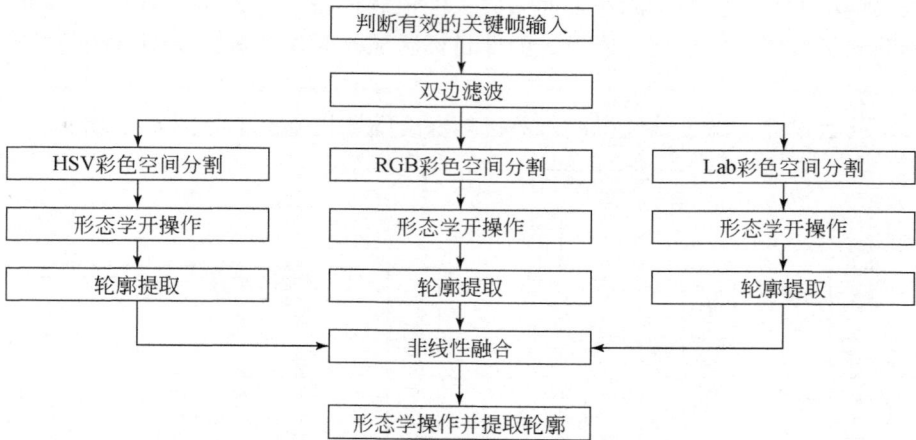

图 4.14　病害探测算法整体框架

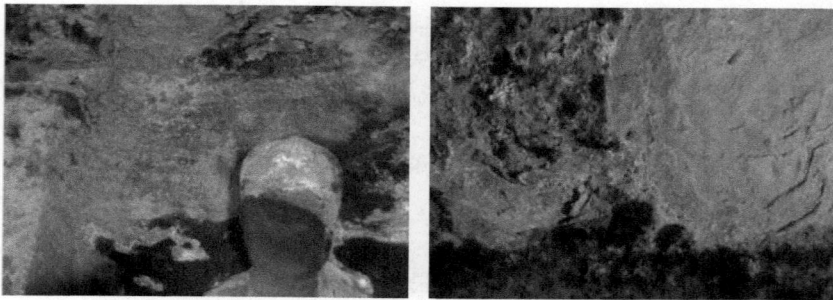

(a) 示例一　　　　　　　　　　　　(b) 示例二

图 4.15　关键帧示例

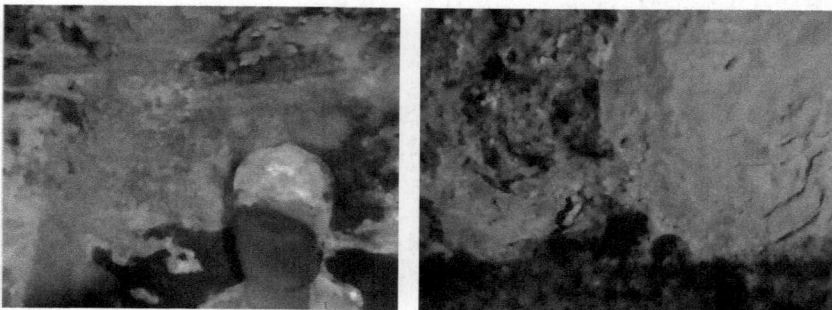

(a) 示例一　　　　　　　　　　　　(b) 示例二

图 4.16　双边滤波效果

而后再将关键帧的 RGB 图像分割为 HSV、RGB、Lab 三个色彩空间, 不同的色彩空间在表达颜色信息方面各有特点, HSV 色彩空间更适合表达色调, Lab 色彩空间更适合表达颜色分量等。而 RGB 图像的三通道在描述不同类型颜色时也有差异。为充分挖掘图像的颜色特征信息, 避免耦合到某一个色彩空间或通道而导致颜色特征无法准确表达或分割, 将 RGB 图像转换到不同色彩空间, 在各色彩空间下分开进行颜色分割。通过组合多个色彩空间下的分割结果, 相互补充, 获得一个更加准确和稳健的最终结果。

分割完成后, 再分别完成三个分割结果二值化图像的形态学开(morphological opening)操作, 并基于图像分割结果完成三个色彩空间下的病害轮廓识别与绘制。形态学开操作是图像处理中的一种基本操作, 属于形态学滤波方法。它由腐蚀操作和膨胀操作组成, 先进行腐蚀操作再进行膨胀操作, 从而实现图像去噪和形状优化。

采用开操作融合不同色彩空间下的图像分割结果, 可以充分利用各色彩空间表达颜色信息的优势, 修复误分割的物体, 获得平滑和连通的物体边界, 增强结果的健壮性, 综合不同空间中的互补信息, 并提高算法对不同图像类型的泛化能力。可以产生比单一色彩空间下的结果更加完整和准确的图像分割。而不同空间分割结果中的差异和互补性也被很好地融合在一起, 使最终结果在描述不同类型图像和颜色时表现出更强的适应性。针对三个色彩空间颜色分割的二值图像完成开操作, 效果如图 4.17 所示。

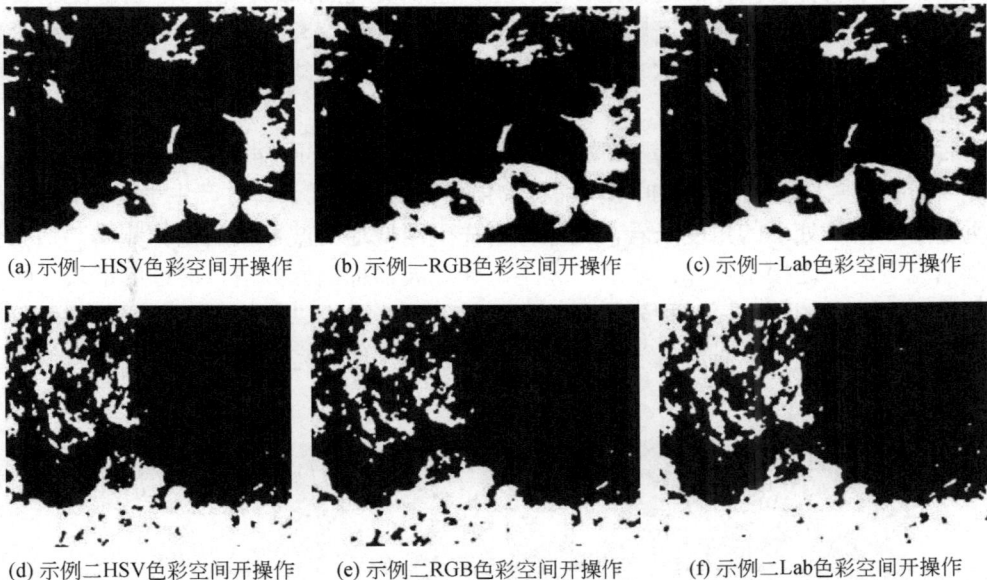

(a) 示例一HSV色彩空间开操作　　(b) 示例一RGB色彩空间开操作　　(c) 示例一Lab色彩空间开操作

(d) 示例二HSV色彩空间开操作　　(e) 示例二RGB色彩空间开操作　　(f) 示例二Lab色彩空间开操作

图 4.17　开操作效果图

完成形态学操作后, 采用非线性融合的方法, 将三个色彩空间下的分割识别结果融合为一个完整的病害二值化图像。采用 Winner-take-all 的策略实现了多特征融合方案, 具体来说, 它在空间域内对三种色彩空间(HSV、RGB 和 Lab)下的图像分割结果进行像素级处理。在每一个位置, 该方法选择三种结果中值最大的一种作为最终的融合结果。这种选择策略可以避免不同源结果在同一位置上的相互抵消, 有效减轻图像分割中的模棱两可,获得更加清晰和连贯的结果。这可以获得比单色彩空间更加准确和稳定的图像分割结果，并为算法提供更强的强健性。该方法在实现上也十分高效，无需训练或迭代过程，可直接应用于多源图像分割结果的融合与提高。非线性融合效果如图 4.18 所示。

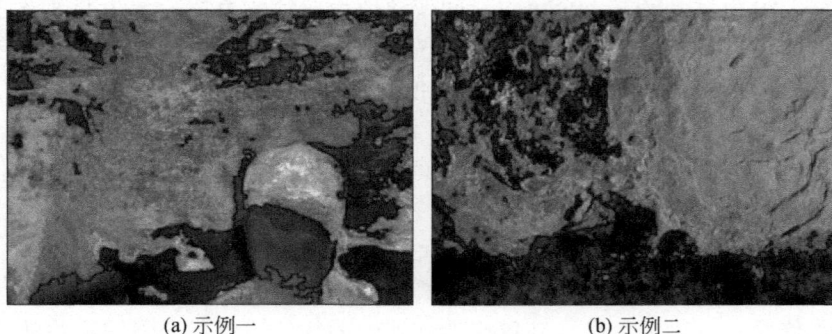

(a) 示例一　　　　　　　　　　　　(b) 示例二

图 4.18　非线性融合效果

由于需要探测洞窟的整体病害信息，所以采用形态学闭操作消除大块病害轮廓内部的小轮廓，以获得完整的病害区域。形态学闭操作属于一种空间域的图像处理技术，它通过自定义参数的结构体与图像的连接组件进行空间卷积实现图像的优化与形状修复。

具体来说，闭操作首先采用膨胀运算填充图像中的小洞与空隙，重构连通组件之间的连接，同时扩张物体的边界。这一步可有效消除图像中的小缺损，修复离散小物体之间的连接，并增大物体的面积。

随后，闭操作采用腐蚀运算重构膨胀后物体的边界，使其回缩至原始物体边界附近。这一步可以抑制闭操作造成的过度扩张，保持物体面积的稳定增长，并产生平滑的物体轮廓。

所以，从信号处理的角度来看，闭操作首先采用低通滤波器扩展图像频谱，增强低频成分以填充空洞与连接小物体；然后，采用高通滤波器抑制低频信号的过度增长，收缩物体轮廓至更加平滑的状态，这种先扩张、后收缩的策略，可以更加高效地保留和修复图像中的结构信息；最后，针对形态学闭操作后的病害识别结果完成病害轮廓识别与绘制。病害探测效果图如图 4.19 所示。

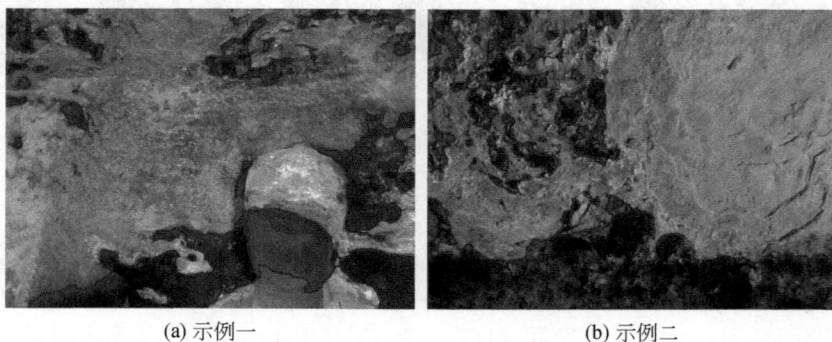

(a) 示例一　　　　　　　　　　　　(b) 示例二

图 4.19　病害探测效果图（见彩图）

4.4　洞窟病害的空间定位与量化表征

4.4.1　病害空间定位

由于采用 RTAB-Map 生成的关键帧作为病害探测部分的输入,利用 RTAB-Map 生成的关键帧之间的变换矩阵可实现病害的空间定位。由 4.2.2 节可知 RTAB-Map 生成的变换矩阵以第一帧为基础,记录下了每一帧关于第一帧的位姿变换,具体变换位姿以四元数的表达方式体现。四元数是表示三维空间旋转的数学工具,它由一实数部分和三个虚数部分组成,可以表示空间中的旋转角度和旋转轴。它具有单位性、辐射性、旋转性和互补性,可以表示三维空间中的旋转,并用于多个坐标系之间的坐标转换。相比旋转矩阵,四元数运算更加高效且避免奇异值。而后基于病害探测算法,采用将病害单独三维重建的定位方法,利用数字图像处理技术实现了根据输入轮廓信息对图像进行形态学区域填充的操作,实现目标区域的自动提取与优化,去除洞窟其余正常部分的信息使其仅包含病害信息,去除后效果如图 4.20 所示。

图 4.20　去除正常区域后效果示意图

再根据此帧的深度图像,实现以三维点云表达病害空间定位,为后文病害数据量化提供了技术基础。由四元数表达出每帧的变换位姿,根据深度筛选机制遍历所有有效关键帧,经病害探测算法与病害提取方法生成每帧的三维点云数据,从而实现了仅涵盖病害或涵盖所有信息的三维点云模型,如图 4.21 所示。

由上述可知,本算法实现了针对病害的三维模型与标注病害信息的三维模型,为下文病害数据量化提供技术基础。

4.4.2　病害数据量化

病害数据量化是基于前节所实现的仅涵盖病害的三维点云模型,采用三角剖分表面积计算病害的表面积。三角剖分表面积计算方法采用三角形面片构建精细的三角网格模型来逼近曲面，然后计算每个三角形面片的面积，将它们累加得到总表面积。三角形六个定理是三角剖分表面积计算方法的理论基础，确立了任意三角形的内部几何关系，阐明了三角形边、角、高与面积之间的依赖关系。这六个定理包括：三角形内角和定理、三角形外角定理、泰勒定理、三角形中位线定理、三角形面积定理以及海伦定理。

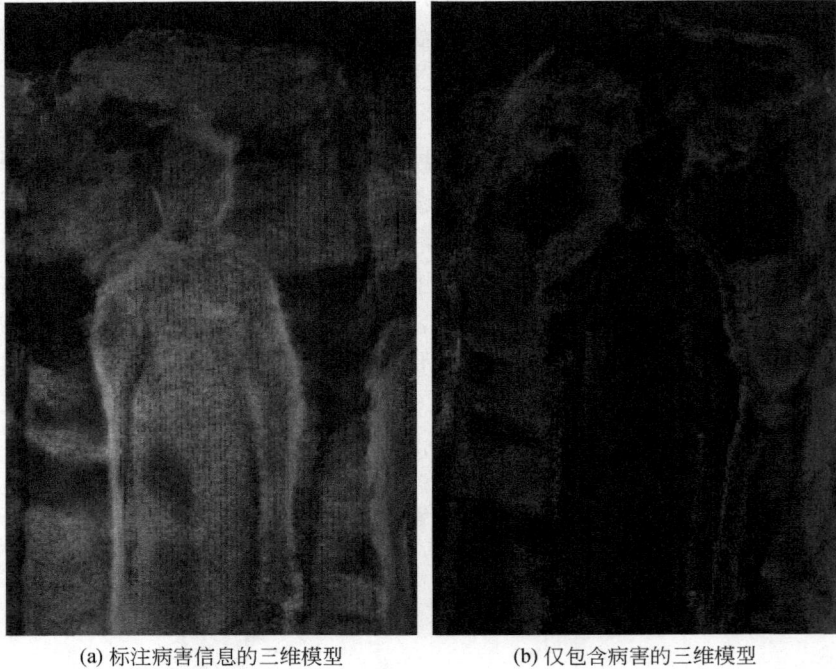

(a) 标注病害信息的三维模型   (b) 仅包含病害的三维模型

图 4.21 三维点云模型

常用的三角剖分算法有 Delaunay 三角剖分法、Ball-Pivoting 算法等。三角剖分后的网格密度决定了逼近曲面精度，为表面积计算奠定基础。每个三角形面片的面积可以利用海伦公式进行精确计算，并最终完成病害数据的量化，海伦公式为

$$A = \sqrt{\frac{(a+b+c)}{2}(a-b)(a-c)(b-c)} \qquad (4.11)$$

式中，A 为三角形面积，a、b、c 为三角形三条边；$(a+b+c)/2$ 为周长的一半。

三角剖分表面积计算方法最大的优点在于采用简单稳固的理论基础与算法，可以实现高精度的表面积计算；构建精细的三角网格模型近似表达曲面，运用海伦公式直接计算每个面片面积；最后将所有面片面积相加得到精确表面积。三角形六个定理保证了海伦公式在任意三角形的适用性，实现了曲面至三角形的高精度表达。相比其他表面积计算方法，它有更高的计算精度、更广泛的适用性、更简单可解释的理论与实现过程，从而可以达到高精度表面积测量的要求。

通过比较不同细化程度下的三角网格精度与运算效率，选择一个既能准确表达曲面又不致运算过于复杂的最优三角网格作为表面模型。其精度直接决定了后续利用海伦公式计

算表面积的误差范围。

4.5　石窟寺洞窟自主探测与智能识别技术应用实例

　　本节以某石窟寺洞窟为例，展示自主探测与智能识别技术的应用实例。图 4.22 为某石窟寺洞窟内部环境，窟内尺寸大致为高 4m、长 22m、宽 7m，探测机器人为自主研制的六自由度移动式机械臂，其结构尺寸为 1081mm×802mm×1984mm。该机器人是以六自由度机械臂为上半部分，以移动底盘为下半部分结合而成的复合型机器人。机械臂末端固连着深度相机，在机械臂末端构成手眼系统实现视觉传感器与机器人的组合。通过机械臂带动深度相机按照一定路径运动，从而获取探测表面点云信息，实现对目标探测区域的自主探测与智能识别。

(a) 洞窟左侧　　　　　　　　　　　　(b) 洞窟右侧

图 4.22　某石窟寺洞窟内部环境

　　针对目标洞窟，由探测机器人自动构建内部环境的二维地图，结果如图 4.23（a）所示。基于自主开发的算法在此二维地图上进行顶面探测任务规划与立面探测移动底盘规划，规划结果如图 4.23（b）、（c）所示。

　　移动底盘基于任务规划算法构建出的探测任务点安全有效，全图探测覆盖率有 80% 以上，后续机器人移动底盘只需要依次移动到这些任务点进行顶面探测即可，减少了人为手持设备进行探测的时间损耗，极大地提高了石窟病害的探测效率。而后基于顶面探测与立面探测所规划的任务点，使智能探测机器人执行智能探测识别算法，现场如图 4.24 所示。

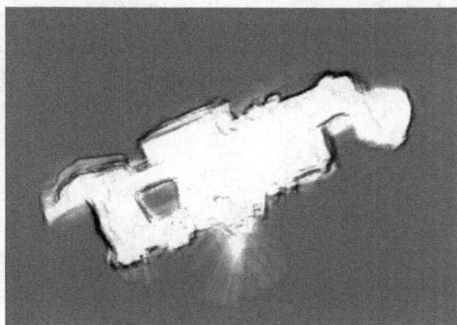

(a) 某石窟寺内部环境二维地图

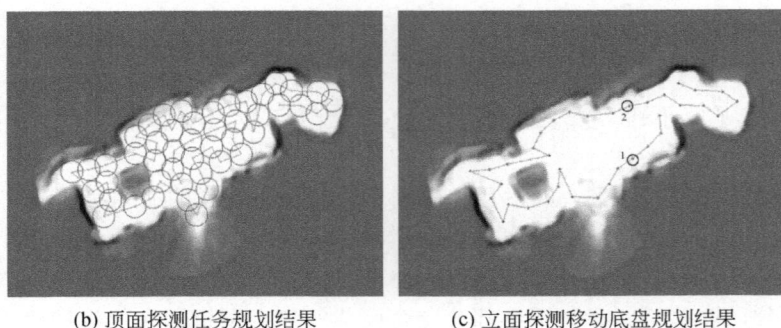

(b) 顶面探测任务规划结果   (c) 立面探测移动底盘规划结果

图 4.23 某石窟寺内部环境二维地图与任务规划

(a) 后侧任务点探测   (b) 前侧任务点探测

图 4.24 某石窟寺探测现场

所有任务规划点扫描完成后，基于设计出的深度筛选机制，完成病害探测，输出仅有病害存在的三维点云模型与标注出病害信息的三维点云模型，如图 4.25 所示。

图 4.25 三维点云模型

　　完成三维点云构建后，对点云进行处理，使洞窟的三维点云模型能够达到有序简洁的状态。进一步完成统计滤波与中值滤波，而后完成点云的体素下采样，从而获取有序简洁的洞窟点云图。处理后的三维点云模型如图 4.26 所示。

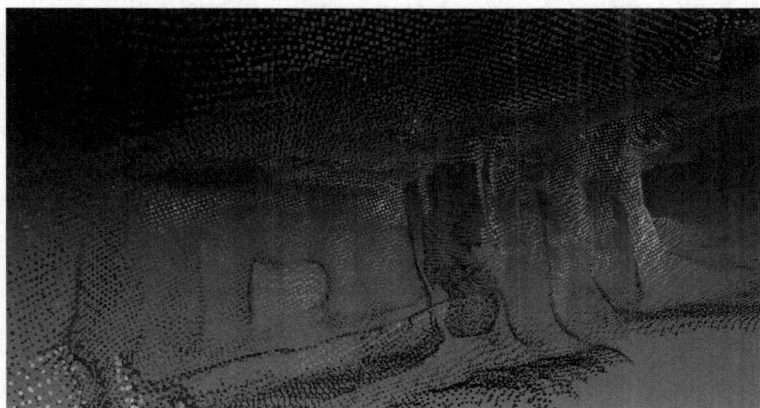

图 4.26　处理后的三维点云模型

　　针对处理后的仅有病害存在的三维点云模型与标注出病害信息的三维点云模型完成泊松重建，重建后的三维模型如图 4.27 所示。

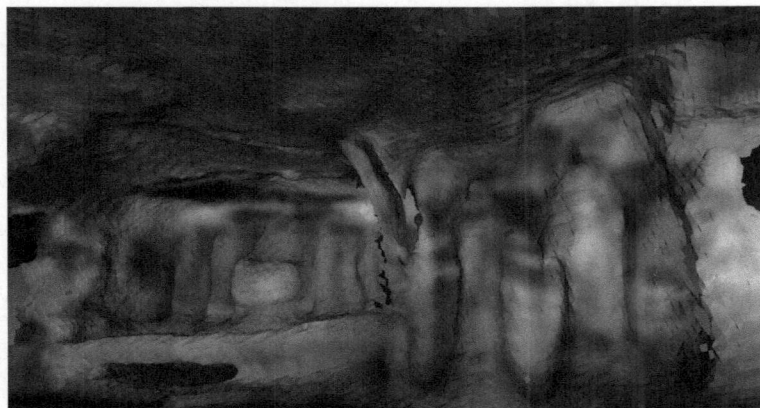

图 4.27　重建后的三维模型

　　完成三维重建后，针对仅包含病害的三维模型计算病害总面积，其具体位置可在标注病害的三维模型中找到。

　　由此完成了石窟寺病害探测与智能识别应用实例，可以获得洞窟三维模型、标注病害的三维模型、病害数据量化等有效信息。

4.6　小　　结

　　石窟寺作为历史文化的珍贵载体，采取有效的检测是保护石窟寺安全和文化遗产传承的必要手段。传统的人工检测方法受工作效率低、监测范围有限、精度难以保证等限制，无法满足现代石窟寺保护的需求。针对这些问题，本团队设计研发了石窟病害自主探测机器人平台，其不仅能实现多种检测设备的搭载，还能够基于不同检测设备实现病害的精准定位、定量检测和科学诊断，大大提高了石窟寺病害的检测效率和精度。

此外，还基于无损检测技术开发了石窟病害智能识别方法，包括深度筛选机制和石窟寺经典病害探测算法。通过应用深度筛选机制和图像处理技术，对采集的数据进行深入分析和处理，实现了对石窟寺经典病害的准确识别、分类、定位、数据量化等功能。这一方法的开发和应用，为石窟寺保护工作提供了更加科学和高效的技术支持。

通过实际应用，发现这些技术不仅可以提高工作效率和检测精度，还可以实现对病害的动态监测和精准诊断。同时，数字化病害分布图和三维模型的构建，为石窟寺保护工作提供了更加直观和科学的技术手段。这些技术的应用将为后续的石窟寺保护研究与多尺度岩体结构分析提供支撑，为实现病害的精准防控和智能化保护提供可行方案。

第 5 章　石窟寺多尺度岩体结构特征

石窟寺赋存地质环境复杂，岩体结构尺度多变、成因机制复杂，岩体结构的分布特征和组合关系是造成岩体劣化加剧和失稳破坏的基础，为石窟寺保护带来了挑战（兰恒星等，2022a；刘世杰等，2022）。对石窟岩体结构进行精细探测与评估，关键需要厘清石窟岩体结构的发育特征及多尺度空间异质分布模式。

根据尺度特征可以将岩体结构分为山体结构和大、中、小、微尺度岩体结构（刘长青等，2024）。山体结构一般是在原始构造运动或后期卸荷作用下形成的，具有尺度大、延伸范围广、连通性高的特点（方云等，2011）。大型山体结构切割石窟崖壁可能引发整体变形破坏的危险，持续发展将对石窟寺造成毁灭性的打击（王金华等，2013）。大尺度的结构面作用于顶板、壁墙、立柱等受力部位，可能会导致洞窟出现梁板式折断、冒落破坏，对洞窟的稳定性造成一定影响。其中，顶板中结构面发育扩展问题较为常见，大足石窟的圆觉洞、龙游石窟、云冈石窟的顶板都曾因结构面的作用而出现不同程度的损伤破坏（方云等，2013；廖小辉等，2020）。小尺度的结构面切割极易形成局部块体和小型危岩体，各类结构面交互组合会导致洞窟岩体发生开裂、掉块、坍塌等（何德伟等，2008；吕洪涛等，2022）。此外，岩体结构面也可能引发其他病害，加剧岩体与外界之间的物质、能量交换（高丙丽等，2020；包含等，2021）。

确定结构面的三维展布是实现精确分析石窟岩体稳定性的一项基本且重要的任务（张文等，2020）。获取不同尺度结构面分布信息，即对洞顶、侧壁内部岩体结构发育特征和分布规律进行分析和取样调查，是构建石窟岩体多尺度裂隙三维信息的基础。三维地质建模能够反映地质构造的几何形态以及各构造地质要素之间宏观接触关系，已广泛应用于重建层面、断层、软弱结构面等大尺度地质结构（Zhong et al.，2006；李明超等，2007）。然而，岩体中还发育大量中、小尺度的结构面，影响了岩体工程的稳定性，一般可通过离散裂隙网络（discrete fracture network，DFN）模拟技术实现模拟（武娜等，2022）。该方法基于现场统计的结构面产状、迹长、位置等参数，生成综合反映结构面空间分布信息的模型（吴顺川等，2012），能够对研究区的结构面进行统计意义上的表征。实现多尺度结构面融合的三维建模技术，可为分析石窟岩体稳定性提供研究思路。

5.1　岩体结构的统计分布特征

大量研究表明，岩体中结构面的分布具有统计的确定性特征，或者说是具有表观随机性掩盖下的潜藏确定性特征。近些年对岩体结构面规模、间距以及结构面表面形态研究结果表明，这些尺度参数无一不具有某种确定的概率分布形式。岩体结构的这种性质必然导致岩体力学性质的统计确定性。因此，运用第 3 章所述的现场地质调查、无损探测技术和室内微观测试，获取不同尺度结构面的几何信息。在此基础上，利用极点等密度图、玫瑰图、赤平极射投影图、统计直方图和概率密度分布图等方法对岩体结构进行描述，并基于统计岩体力学理论实现对岩体结构的产状、迹长、间距、发育深度、形态等特征参数展开统计和分析。

5.1.1　结构面产状统计分布特征

石窟岩体中的结构面产状分布具有随机性，但总可以通过统计分析方法找出"优势产状"。在对结构面产状进行统计时，首采用节理玫瑰图法掌握裂隙产状的基本分布情况，再采用等面积赤平极射投影法确定裂隙优势组和优势产状。

结构面产状的分布特征可以通过 Dips 软件实现统计，将获取的结构面产状数据绘制到等密度图上，根据结构面产状的极点等密度图分布的密集程度和系统聚类法划分结构面组数，然后采用 K-means 聚类算法得到统计区域内每组结构面的优势产状。以安岳圆觉洞石窟的顶板为例，具体讨论岩体结构各参数的统计分布规律。顶板结构面数量沿洞轴向洞口呈增长趋势，依据此将顶板划分为南侧、中部、北侧三个区域（图 5.1）。根据顶板结构面的方向信息绘制走向玫瑰图（图 5.2），发现近 NW310° 走向是顶板岩体结构面最明显的优势方位。同时，赤平极射投影图的结果如图 5.3 所示，顶板北侧、中部、南侧结构面可分别划分为四个、两个、一个优势结构面组，结构面的产状均服从 Fisher 分布。统计结果汇总如表 5.1 所示，顶板北侧优势结构面产状分别为 36°∠78°、260°∠85°、137°∠88°、5°∠8°，中部优势结构面产状分别为 39°∠70°、271°∠83°，南侧优势结构面产状为 31°∠75°。各区域均发育一组产状近 35°∠74° 的优势结构面，这可能是构造应力场作用的结果。调查发现，两条近 NW330° 走向的主干断裂与优势结构面产状方向呈小角度相交，这对区域岩

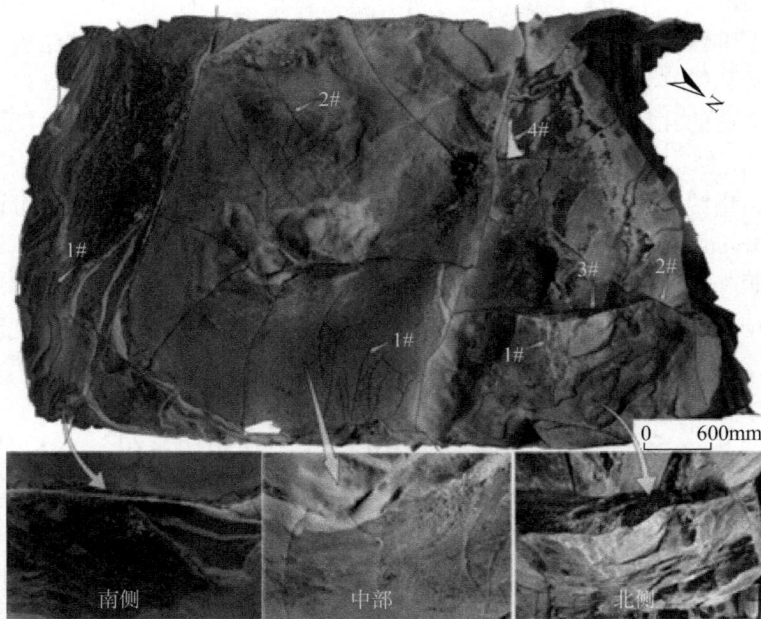

图 5.1　安岳圆觉洞顶板岩体结构分布（线条代表裂隙，数字代表优势结构面组编号）

体结构发育起到宏观控制作用。而受局部应力、扰动程度、风化作用等影响，不同部位结构面的优势产状表现出一定的差异。

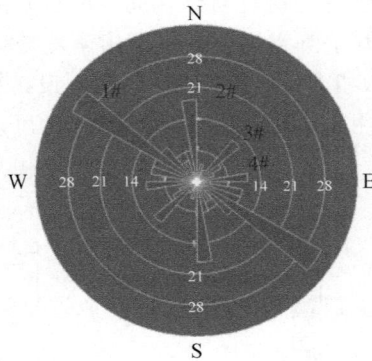

图 5.2　安岳圆觉洞顶板岩体结构走向的玫瑰图

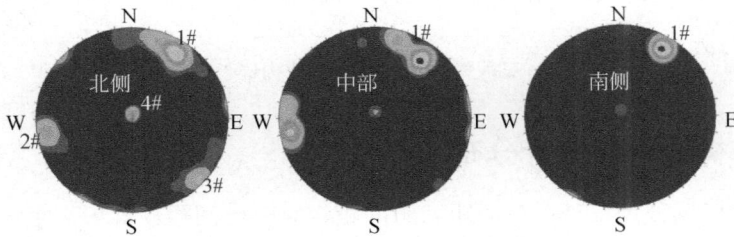

图 5.3　安岳圆觉洞顶板岩体结构赤平极射投影图

表 5.1　岩体结构几何参数的概率分布及优势产状

几何参数	北侧区域				中部区域		南侧区域
	1# 结构面组	2# 结构面组	3# 结构面组	4# 结构面组 （层理）	1# 结构面组	2# 结构面组	1# 结构面组
分布类型	Fisher	Fisher	Fisher	Fisher	Fisher	Fisher	Fisher
优势产状/(°)	36∠78	260∠85	137∠88	5∠8	39∠70	271∠83	31∠75

5.1.2　结构面迹长统计分布特征

对于在一定地质环境中受到同一地质营力作用而形成的结构面而言，其几何特征往往具有某种规律性。由于结构面介质不均匀性、受多期次局部-区域地质营力影响，其规律性被弱化，而概率密度统计则是获取这种规律的有效途径。

在石窟岩体的露头面上，观察到的只能是岩体结构与露头面的交线，或称结构面迹线，因此只能用这种迹长来表征结构面的规模。根据结构面的优势分组情况，分别统计相应区域结构面迹长的分布特征，如图 5.4 所示。顶板北侧三组优势结构面的迹长均服从负指数分布，1#、2#、3#结构面组的平均迹长（$\bar{l}$）分别为 33.01cm、23.36cm、41.15cm。顶板中部两组优势结构面的迹长分别服从负指数分布和对数正态分布，1#、2#结构面组的平均迹长分别为 53.50cm、71.35cm。顶板南侧优势结构面组的迹长服从对数正态分布，对应的平均迹长为 64.81cm。整体上，安岳圆觉洞顶板呈现出南侧结构面迹长比北侧大的空间分布差异性。岩体结构面的实际形状和大小难以获知，通常假设结构面为平面圆盘形，根据 3.1.3 节中岩体结构的平均迹长与半径之间的关系 [式（3.7）]，可以推导得到各组结构面的平均半径（$\bar{a}$，单位：m）。

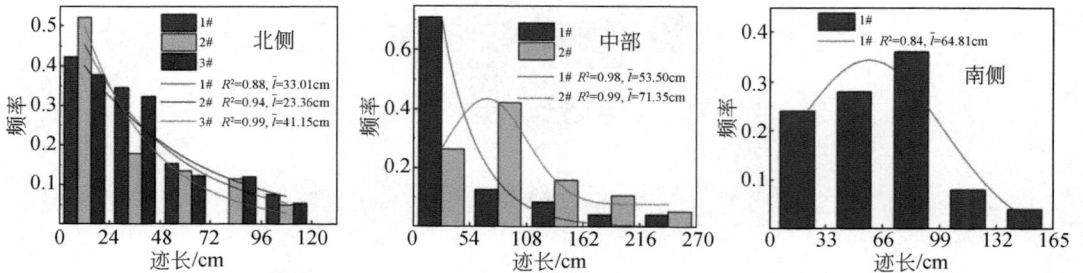

图 5.4　安岳圆觉洞顶板岩体结构迹长统计图

5.1.3　结构面间距统计分布特征

结构面间距可以分为三类：总间距、组间距、组法向间距。其中，组法向间距是表征每个结构面组间距的最准确的间距类型。统计了安岳圆觉洞顶板岩体结构间距的分布特征，结果如图 5.5 所示，发现顶板北侧三组优势结构面的间距均服从负指数分布，1#、2#、3#结构面组的平均间距（$\bar{d}$）分别为 15.26cm、21.37cm、20.06cm。顶板中部两组优势结构面的间距分别服从负指数分布和对数正态分布，1#、2#结构面组的平均迹长分别为 21.45cm、31.56cm。顶板南侧优势结构面组的间距服从负指数分布，结构面组的平均间距为 22.48cm。每个结构面组的体积密度（λ_v）可由 3.1.3 节中的理论关系推断确定，可以求得顶板北侧 1#、2#、3#结构面组的体积密度分别为 23.61 条/m³、33.67 条/m³、11.56 条/m³，中部 1#、2#结构面组的体积密度分别为 6.40 条/m³、2.44 条/m³，南侧结构面组的体积密度为 4.16 条/m³。

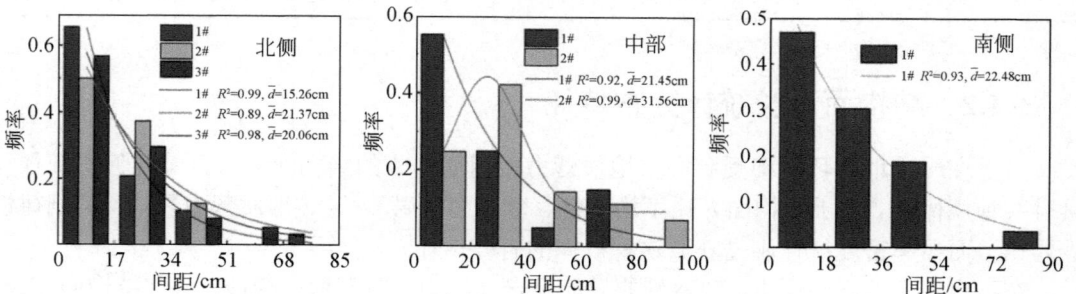

图 5.5　安岳圆觉洞顶板岩体结构间距统计图

5.1.4　结构面深度统计分布特征

统计结果显示，石窟顶底结构面发育深度均服从负指数分布，整体范围为 0~9.2cm，主要集中于 0~2.3cm。每组结构面的发育深度直方图和负指数概率密度函数曲线如图 5.6 所示。具体地，顶板北侧三组优势结构面的平均深度（$\bar{h}$）分别为 2.21cm、2.70cm、3.07cm；顶板中部两组优势结构面的平均深度分别为 1.32cm、1.84cm；顶板南侧优势结构面组的平均深度为 2.31cm。

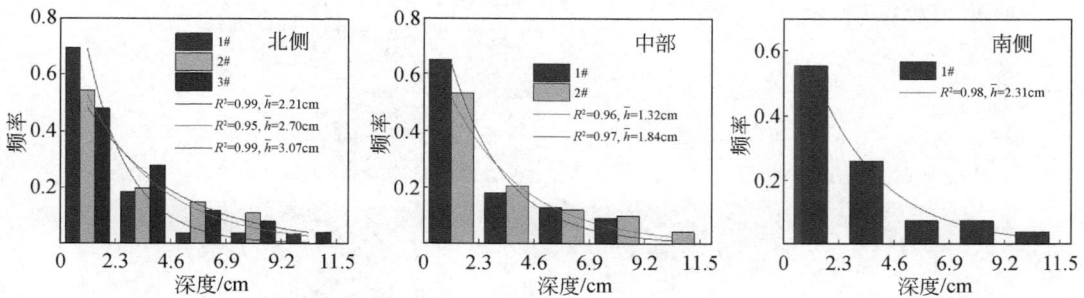

图 5.6　安岳圆觉洞顶板岩体结构深度统计

5.2　石窟岩体结构空间分布的异质性

石窟岩体中通常发育多种类型的裂隙，各种裂隙的分布特征和表现形式均存在一定的差异性。尤其是在不同区域，不同类型裂隙的发育规律具有明显差别，表现出显著的空间分布异质性。这种分布异质性不仅导致了石窟病害存在空间差异，而且也是石窟产生稳定性问题的重要诱因。因此，厘清各类裂隙的空间分布异质性对石窟稳定性分析具有重要意义。

5.2.1　不同类型结构面的空间分布

1. 原生结构面

1）层理与软弱夹层

岩石地层在沉积过程中由于物质成分、结构、颗粒等变化而形成了层状构造，薄厚相间的沉积互层与多变的沉积纹理代表了多期次多变气候下的沉积环境。在砂岩型石窟岩体中，发育有丰富的层理结构。

软弱夹层、层理面对石窟的影响较为显著，其近乎平行于石窟顶板分布。层理结构的存在使顶板具有明显的层状组合特征，往往是控制石窟顶板失稳垮落的主要因素。层理面还可能会扰乱岩层局部应力状态，对岩体内裂纹扩展具有重要影响。以往研究表明，裂纹往往沿层理面偏转而发生终止现象，在微观尺度上，同样观察到微裂纹会沿着岩石晶粒边界这一软弱带发生偏转（Chen et al., 2019；Bao et al., 2022b）。在内、外因素的综合作用下，洞窟顶部岩体因抗拉强度不足而沿层理面产生裂缝，致使洞顶下部岩体与上方岩体产生离层，破坏形式多为沿水平层面的逐层剥落坍塌。此外，砂岩在沉积成岩过程中容易形成软弱夹层，对石窟岩体强度和稳定性造成威胁。安岳圆觉洞新卧佛左侧因软弱夹层被侵蚀导致承载力不足，使得上覆岩体倾斜或垮塌，如图 5.7 所示。

图 5.7　软弱夹层的发育和差异风化导致的失稳隐患

2）构造结构面

构造结构面总体特点是具有明显的方向性，易与其他结构面交切、组合，对石窟稳定性产生不可小觑的影响。

陡倾的构造结构面在窟区崖壁容易因卸荷影响而存在显著的张拉缝，表现为上部宽度较大，下部闭合，是主要的渗水、排水通道，如图 5.8（a）所示。在安岳圆觉洞，8 号窟两侧裂隙（节理 1 和节理 2）近南北向延伸，倾角直立，裂隙面紧闭且较为平直、光滑，局部有开口并被岩石碎屑充填。如图 5.8（b）所示，窟区内发育有两组呈 "X" 形相互交叉的剪性结构面，主要分布在石窟崖体的顶部。结构面走向分别为 NE30° 和 NW55°，倾角直立且延伸较远；两组裂隙相互交叉出现，在岩石露头上常切割成块，裂隙面平直光滑，水平擦痕呈紧闭状，夹杂有少许充填物。

2. 次生结构面

1）卸荷裂隙

卸荷裂隙主要是在风化剥蚀、河流下切、洞窟开挖等外动力地质作用下，岩体应力释放和调整形成的。卸荷裂隙是岩体在一定深度范围内产生的一套变形破裂，往往受重力、风化作用进一步张开或位移。

图 5.8　安岳圆觉洞释迦牟尼造像区和山顶构造裂隙分布

卸荷裂隙可以划分为继承性卸荷裂隙和次生性卸荷裂隙。继承性卸荷裂隙在石窟区较为发育，主要是在构造裂隙发育的基础上进一步形成，裂隙张开度变化范围较大，常存在泥质充填。次生性卸荷裂隙在窟区也较为常见，一般延伸长度较大，倾角从上至下由直立逐渐变缓，在剖面上表现为不规则的弧形。还有部分裂隙沿崖壁及窟内壁面分布。平行崖壁的卸荷裂隙往往构成分离岩块的后缘切割面，导致岩体失稳病害，如图 5.9 所示。窟龛开凿时，由于岩体应力释放，卸荷拉裂，会造成窟龛顶板、壁面、棱边的开裂变形，甚至垮塌。如果卸荷裂隙发育在造像上，则会造成造像掉块破坏。此外，植物根系的发育及雨水的冲蚀，常使卸荷裂隙在崖壁处形成宽大裂隙。

图 5.9　石窟区容易造成岩体失稳病害的卸荷裂隙

2）风化裂隙

由于长期的自然过程，如风化、侵蚀和温度波动，石窟区域的岩体受到物理和化学变化的影响。这些变化引发风化裂隙的形成，且裂隙的大小、形状和方向各不相同，整个场地风化裂隙的空间分布复杂。

砂岩石窟区发育的风化裂隙有两种类型，如图 5.10 所示。一种是在层面裂隙、构造裂隙、卸荷裂隙上进一步扩展，具有继承性，使各类裂隙进一步恶化；另一种是在表生作用下，发育交错贯通，在岩体表层形成不规则网状、树枝状或顺层面裂隙网络，如果发育在石刻造像表面，危害性极大。风化裂隙分布区域的温度、湿度、应力环境及岩性特征存在明显差异。风化裂隙形态复杂，裂隙面不太平整；延伸较短，大多开口由宽变窄直至闭合，从表面向下延伸较浅。此外，风化裂隙的形成在空间上存在明显的差异。在水平方向上，风化裂隙可能沿着层界或平行于层理平面发育，而在岩层深度方向上，风化裂隙的发育程度通常与不同的应力或岩性变化有关。

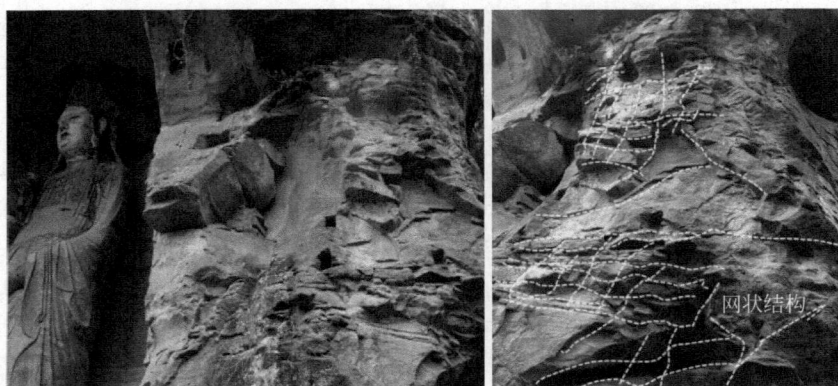

图 5.10　石窟区崖体与造像的风化裂隙

3. 结构面的空间分布特征

不同类型的岩体结构在不同窟龛的分布特征表现出明显的空间异质性，以圆觉洞石窟为例，对圆觉洞石窟的 35 号、40 号洞龛为代表性洞龛展开具体调查。如图 5.11 所示的 35 号洞龛为药师佛造像龛，尺寸（长×宽×高）为 2.2m×0.6m×1.7m，方形平顶。该龛整体保存情况相对较好，主要受到风化裂隙切割以及软弱夹层的影响。左侧龛边受风化裂隙切割形成一小型掉块，佛像头部均缺失，主佛莲花台底座有小型掉块。洞龛上方发育有一软弱夹层，在风化作用下沿夹层及斜层理形成凹槽，长约 43cm，夹层切过小佛龛，表面有苔藓覆盖，干苔藓有片状剥落，约 1~3mm 厚。

40 号洞龛为十六罗汉龛，如图 5.12 所示，尺寸（长×宽×高）为 2.6m×1.2m×1.5m。该龛整体保存情况较差，层理较为发育，主要分布在洞龛的顶部和造像部位，由于风化裂隙与层理的相互作用导致龛顶掉块，龛内佛像表面呈砂状，风化剥落严重，剥落层厚度为 1~5mm。右壁中层佛龛左侧有一椭圆形孔洞，长轴为 25cm、短轴为 8cm，贯穿了 40 号洞龛与 42 号洞龛之间的岩壁。

整体上，这两个洞龛受岩体结构的影响较大，大部分为张性结构面，与洞窟开挖过程有关，裂隙主要分布在佛龛侧壁、洞顶。其中，石窟顶板受到裂隙交互切割作用，以构造裂隙、卸荷裂隙为主，同时发育有交错层理和斜层理，层理较为发育且影响性极大，诱发局部稳定性,表现为顶板的板状、块状剥落,导致顶板失稳掉块;侧壁以卸荷裂隙产生张拉应力为主,形成滑移面和崩落破坏面;石窟表面次生结构发育,往往形成渗水通道。

图 5.11　圆觉洞 35 号洞龛岩体结构分布特征

图 5.12　圆觉洞 40 号洞龛岩体结构分布特征

5.2.2　不同尺度结构面的空间分布

石窟寺形制多样,岩体裂隙发育,其易失稳的特点已成为石窟寺保护的常见障碍,厘清石窟寺不同尺度岩体结构空间异质分布特征,是实现石窟岩体稳定性预测及加固技术研究的基础。以安岳圆觉洞为例,分析石窟区窟外山体结构,窟内大、中、小尺度岩体结构以及微观结构的空间分布特征。

1）窟外山体结构

山体大型构造裂隙是区域地质活动所产生的大尺度结构面，主要分布在石窟崖体区域，通常伴随着产状一致的小型裂隙发育。在安岳圆觉洞研究区内共调查统计三条长大尺度的山体结构，近似垂直于崖壁向内部延伸，走向主要呈北西向与北东向（图 5.13）。洞窟东侧构造裂隙产状范围为 312°～321°∠68°～88°，迹长约为 9.6m [图 5.13（a）]，与窟顶卸荷裂隙共同作用，造成圆觉洞顶部破坏。窟顶卸荷裂隙产状范围为 143°～336°∠52°～89°，迹长约为 5.2m，有一定起伏，呈弧形状，顶部闭合较好、下部张开，造成岩体位移和掉块，是该窟顶部的主要渗水通道 [图 5.13（b）]。洞窟西侧构造裂隙波状起伏，裂隙面有较大的波状起伏，底部宽度为 50cm，顶部隙宽超过 1m，产状范围为 258°～315°∠52°～84°，迹长约为 12m，裂隙被第四系松散物充填，并有大量植物生长，成为崖体一条主要的排、渗水通道 [图 5.13（c）]。

图 5.13　安岳圆觉洞窟山体结构发育特征

（a）洞窟东侧构造裂隙；（b）洞窟顶部卸荷裂隙；（c）洞窟西侧构造裂隙

2）窟内大尺度岩体结构

洞窟内发育的大尺度岩体结构通常会影响洞窟内部结构的稳定性，容易形成局部失稳、块体垮塌。圆觉洞窟东壁发育有四条陡倾的裂隙，J4 走向为 NW342°，J5 走向为 NW298°，J6 走向为 NW302°，裂隙 J7 闭合，走向为 NW347°（图 5.14）。其中，J4 为张拉型裂隙，另外三条裂隙切割洞窟东、西侧壁并延伸至顶板，促进水平状岩体沿层理垮塌。西壁发育两条近 NW310°走向的大尺度裂隙（J8、J9），张开度为 1～3cm（已注浆填充），两裂隙均切穿窟顶，延伸至山顶并构成渗水通道。此外，洞窟层理按照一定的规则展布于岩体中，影响顶板岩体的稳定性。调查结果表明，顶板处为 0.64m 厚的青灰色粉砂岩，该层内发育有六条黄褐色粉砂岩层理，近似平行于顶板，间距为 0.06～0.2m。由于构造裂隙、卸荷裂隙和层理的相互作用，在距窟口 2.3m 处，造成窟顶大面积层状破坏掉块，宽 5m，厚约 0.65m。

3）窟内中、小尺度岩体结构

石窟岩体是一种具有初始损伤的介质，在风化营力的作用下，石窟岩体物理、力学性质衰减，致使初始损伤加剧，各种裂纹易发生扩展、连通、汇合，形成中、小尺度的结构面。对圆觉洞顶板进行了调查，共统计 166 条中、小尺度岩体结构面，如图 5.1 所示，结构面分布呈现明显的空间差异性。顶板北侧岩体结构极为发育，以卸荷裂隙、风化裂隙与层理交互切割为主，形成大面积阶梯状剥落；顶板中部主要为浅表性风化裂隙，整体呈颗粒状脱落；顶板南侧以定向排列的风化裂隙为主，受层理与卸荷裂隙影响而形成局部掉块。

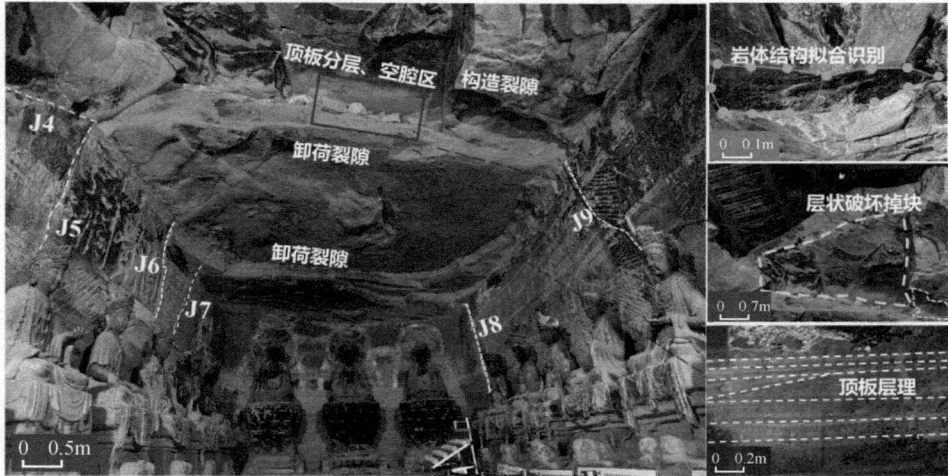

图 5.14　砂岩石窟内岩体结构发育特征以及破坏现象（见彩图）

4）微观结构

微观结构发育状态关系到岩石的力学行为，是分析完整岩石变形破坏特征的关键因素。岩石学分析表明，安岳圆觉洞窟内砂岩以细粒为主，岩石主要由碎屑石英、钾长石、方解石等矿物组成，分布不均匀 [图 5.15（a）]。岩石磨圆度较差，细粒砂状结构致密，粒间孔隙较少，表面相对平整。砂岩岩石块体表观完整性较好，但是在微观上则表现为微裂隙密集发育并呈现出较强的定向分布规律。大量发育的微裂隙是石窟砂岩的典型结构特征。此外，扫描电镜（SEM）揭示了砂岩中含有丰富的蒙脱石黏土矿物 [图 5.15（b）]，表明岩石具有较强的亲水性和胀缩性。砂岩中蒙脱石矿物含量较高时，易风化形成风化凹槽。

图 5.15　安岳圆觉洞石窟砂岩的微观组构特征

（a）偏光显微镜下砂岩的主要矿物组成；（b）扫描电镜下的蒙脱石。Q. 石英；Kf. 钾长石；Cal. 方解石；Mo. 蒙脱石

5.3　岩体结构组合作用

结构面的空间分布状态和组合形式构成了岩体结构特征，它是决定岩体工程地质、水文地质特性、力学性质及其稳定性的关键因素。结构面是岩体力学分析的边界，直接控制着岩体的稳定性。石窟区岩体结构面类型多样，它们的存在和相互切割往往使得石窟岩体的整体结构遭到不同程度的破坏，在多种不利因素的共同作用下，极易产生岩体失稳和垮塌。同时，裂隙组合促进了岩体裂隙网络的连通，易成为大气降水向岩体深部渗入的通道，加速深部岩体风化。

5.3.1　局部块体失稳

结构面的组合容易导致石窟顶板产生不稳定块体。不稳定块体由多个破裂面包围，具有不同的几何形态。随着不稳定块体边界作用力的减弱，导致顶板可能发生垮塌、坠落破坏。

局部块体失稳是石窟岩体病害中比较常见的病害之一（图 5.16）。不稳定块体受到重力和其他外力（风力、地震力、雨水冲刷、冻融破坏等）的影响，或外界条件稍有变化时，容易发生滚落、坠落或脱落等危岩病害。危岩体积一般较小，多为 $0.01\sim1.0\mathrm{m}^3$，但少数危石重量也可达数吨，如甘肃省永靖县炳灵寺在 1990～2000 年期间发生了几起危石掉落事件，其中最大一块危石重达 6t，砸坏了值班亭。

图 5.16　岩体结构组合致块体失稳破坏

块体失稳问题大多是各种岩体结构面切割导致的，石窟的变形破坏模式主要受控于大量随机分布的结构面特性，包括产状、规模、分布组合规律，以及它们与石窟临空面的空间位置关系。因此，可以通过块体理论、数值模拟技术等方法分析结构面的组合关系对石窟块体稳定性产生的影响。下面主要介绍这两种方法在石窟局部块体失稳分析方面的应用。

1. 块体理论

在分析结构面复杂切割下形成的块体失稳问题方面，块体理论无疑是一个强有力的工具。块体理论主要采用了几何拓扑学方法，全面准确地解答了多组结构面切割情况下可移动块体与关键块体的识别以及其失稳模式判别等问题。例如，多滑面块体稳定、凹形体判识、不定位块体大小确定、有限结构面网络切割下形成的块体识别等问题。若临空面上的某块体失稳，则与其相邻块体的接触面会变成临空面，因此相邻块体所受的约束减少，从而形成可失稳块体。可失稳块体存在三种失稳模式：单面滑动、双面滑动、脱离岩体。在已知合力（如自重）情况下，判定块体的可动性及其失稳模式的方法如下。

1）单面滑动

可动块体沿单一结构面 i 滑动时，其方向 $\hat{s}$ 与主动力合力 r 在该平面上的投影方向 $\hat{s}_i$ 一致，即

$$\hat{s} = \hat{s}_i = \frac{(\hat{n}_i \times r) \times \hat{n}_i}{|\hat{n}_i \times r|} \tag{5.1}$$

式中，$\hat{n}_i$ 为结构面 i 的法向矢量。

经典块体理论中单面滑动破坏模式需要满足如下两个运动学条件：①主动力合力矢量 r 使块体与结构面 i 保持接触，即 $r \cdot \hat{v}_i \leqslant 0$，$\hat{v}_i$ 为结构面 i 指向块体内部的单位矢量；②块体的运动方向 $\hat{s}$ 使块体与其他结构面分离，即 $\hat{s} \cdot \hat{v}_k > 0$，其中 k 代表块体各结构面，但 $k \neq i \neq j$，$\hat{v}_k$ 为结构面 k 指向块体内部的单位法向矢量，若 $\hat{s} \cdot \hat{v}_k \geqslant 0$，则可分析块体存在平行结构面问题。

2）双面滑动

可动块体沿两个相邻结构面 i 和 j 滑动，即沿两结构面交线的倾伏向运动：

$$\hat{s} = \hat{s}_{ij} = \frac{\hat{n}_i \times \hat{n}_j}{|\hat{n}_i \times \hat{n}_j|} \text{sign}\left[(\hat{n}_i \times \hat{n}_j) \cdot r\right] \tag{5.2}$$

式中，函数 $\text{sign}[x]$，当 x 小于 0、等于 0、大于 0 时，分别取 -1、0、1。通过该函数保证运动方向 $\hat{s}$ 与主动力合力 r 呈锐角相交。

这时，合力 r 必须使块体与结构面 i 和 j 接触，即

$$\begin{cases} \hat{s}_i \cdot \hat{v}_j \leqslant 0 \\ \hat{s}_j \cdot \hat{v}_i \leqslant 0 \end{cases} \tag{5.3}$$

式中，$\hat{s}_i$，$\hat{s}_j$ 分别为合力 r 在结构面 i 和 j 上的投影方向，按式（5.1）计算。

且运动方向 $\hat{s}$ 使块体与其他结构面分离，即

$$\hat{s} \cdot \hat{v}_k > 0 \tag{5.4}$$

若 $\hat{s} \cdot \hat{v}_k \geqslant 0$，则可分析块体存在平行结构面问题。

3）脱离岩体

当块体为脱离岩体运动时，运动方向 $\hat{s}$ 与主动力合力 r 的方向 $\hat{r}$ 一致，即

$$\hat{s} = \frac{r}{|r|} = \hat{r} \tag{5.5}$$

块体在主动力合力作用下，块体与其他结构面分离：

$$\hat{r} \cdot \hat{v}_k > 0 \tag{5.6}$$

式中，k 为组成块体的各结构面。当运动方向 $\hat{s}$ 与 $\hat{v}_k$ 的点积小于 0 时，块体与该结构面保持接触；$\hat{s}$ 与 $\hat{v}_k$ 的点积等于 0 时沿该结构面平移；$\hat{s}$ 与 $\hat{v}_k$ 的点积大于 0 则与该结构面分离。

2. 数值模拟技术

通过数值模拟技术可以定量化分析岩体结构分布特征及其组合关系对石窟失稳的影响。单一结构面对石窟稳定性的影响主要是内部受力不均与裂纹扩展导致的，而不同分布特征的结构面对于石窟稳定性的影响必然是复杂的。为了探讨不同分布特征的结构面对石窟稳定性的影响，考虑了结构面的发育深度、倾角和位置等因素，利用 3DEC 离散元软件分析了不同岩体结构组合特征对石窟稳定性的影响。结构面几何分布特征如图 5.17 所示。

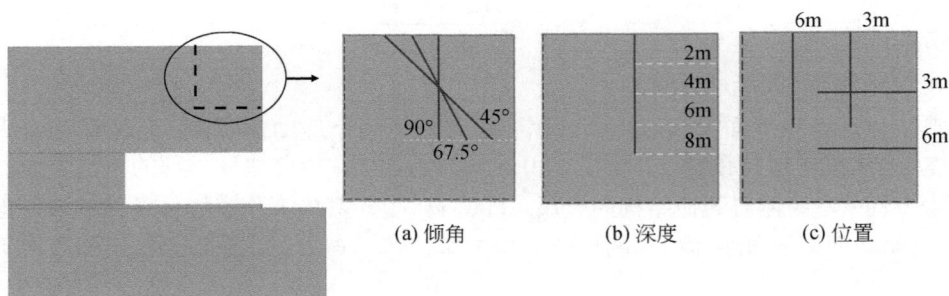

图 5.17　结构面几何分布特征示意图

由于石窟文物的特殊性，无法精确测量结构面的发育程度，如结构面密度、产状、尺寸等信息。结构面在岩体内的发育程度可以由概率统计得到密度函数的形式来描述，如均匀分布、正态分布、指数分布等。根据结构面在石窟顶板的出露情况，利用 Matlab 软件编写了离散裂隙网络生成计算程序，主要通过控制结构面密度、结构面长度及结构面角度来生成裂隙网络模型。具体地，结构面密度（D）的变化范围为 $0.2\sim0.5$ 条/m^2，结构面的长度（L）服从均匀分布，其均值变化范围为 $3\sim11$m，标准差取均值的 10%，结构面角度服从均匀分布，变化范围为 $0\sim360°$，生成的部分裂隙网络模型如图 5.18 所示。然后，将生成的裂隙网络导入离散元模型中，研究不同结构面发育情况下的石窟顶板失稳变化情况，确定顶板岩体失稳垮落区域及范围，从而建立结构面的几何分布特征与岩体失稳程度的定量关系。

数值模拟的结果见表 5.2，在结构面密度为 0.2 条/m^2 条件下，当结构面长度 $L\geqslant7$m 时，石窟顶板的块体开始发生失稳垮落，失稳影响深度在 1m 以内；在结构面密度为 0.3 条/m^2 条件下，当结构面长度 $L\geqslant5$m 时，石窟顶板的块体开始失稳垮落，失稳影响深度变化较小；在结构面密度为 0.4 条/m^2 与 0.5 条/m^2 密度条件下，依然是结构面长度 $L\geqslant5$m 时顶板才开始失稳垮落，其失稳影响深度可达到 2m。因此，可以推断结构面密度低于 0.2 条/m^2，结构面发育到一定深度（$L\geqslant7$m）时，石窟顶板才会出现失稳；而当结构面密度大于 0.3 条/m^2 时，即使尺度较小的结构面也会导致石窟顶板的失稳破坏。

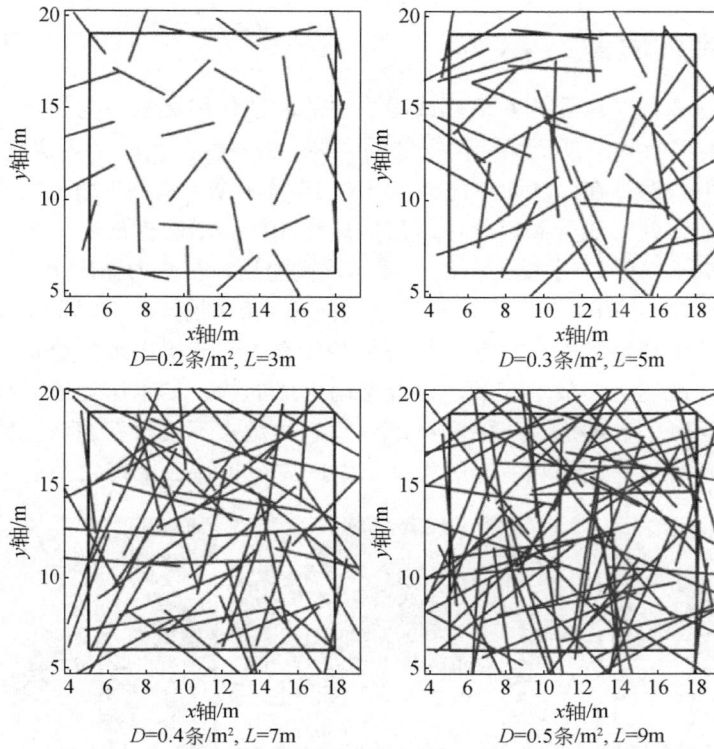

图 5.18 不同结构面参数组合作用形成的裂隙网络模型

表 5.2 不同结构面参数组合影响下石窟顶板的稳定性模拟结果

5.3.2　危岩体病害

危岩体是指在各种结构面相互切割或受到水的冲蚀作用影响下与稳定母岩体分离的岩体，或者处于极限平衡状态甚至稳定性很低的岩体。由各种结构面相互切割形成的危岩体，在各类石窟岩体中普遍存在。例如，圆觉洞石窟 15 号洞龛"龟鹤"题刻区的岩体受多组结构面切割产生掉块，并且还受到风化作用形成风化凹槽。沿题刻的右下角发育一条小型的结构面（产状为 90°∠19°），主要是下部岩体风化掏空后，在重力作用下形成的。题刻区上方结构面（产状为 40°∠80°）与下方的小型结构面相互切割组合，形成了危岩体（图 5.19）。该危岩体整体处于不稳定状态，目前仅靠底部某孤立块石支撑以维持稳定。在重力、自然营力和其他外力（地震力、放炮震动，以及暴雨形成的静、动水压力等）作用下，石窟中的危岩体极易发生倾倒、崩塌、下错和坠落。危岩体病害不仅对石窟和文物的安全构成了严重的威胁，而且对工作人员和游客的生命、财产安全也造成了极大的危害。

图 5.19　安岳圆觉洞结构面切割形成的危岩体

根据危岩体病害的破坏形式，可划分为危岩体倾倒、崩塌、下错和坠落四类，现分述如下：

（1）危岩体倾倒病害。位于卸荷结构面外侧的岩体，在受到重力和其他外力作用时会失去平衡，向临空面方向倾覆。倾覆体的水平位移通常大于垂直位移，并且随着倾覆体距离地面的高度增加，水平倾覆距离也会增加，可能对石窟造成严重的破坏。

（2）危岩体崩塌病害。陡崖上部的岩体失稳后，在陡崖底部塌落会形成锥形堆积体。危岩体崩塌时具有较大的势能，因此后续崩塌岩体可能会在前期崩塌体形成的陡坡上滚动较远。危岩体的崩塌可能会砸毁下部的文物，而且崩塌体本身是石窟的承载物，这对石窟造成了毁灭性的破坏。

（3）危岩体下错病害。如果石窟岩体下部受到河水侵蚀作用而形成凹槽，或者存在软弱的夹层和构造面受到重力或竖向地震力作用，可能导致卸荷裂隙外侧的危岩体失去平衡，整体突然发生近垂直下滑。下滑后的危岩体依靠在岩体上，其特点是上窄下宽，呈倒"V"字形。由于下滑的危岩体与稳定岩体之间的距离一般不大，所以下滑后的危岩体相对比较完整。

（4）危岩体坠落病害。由于石窟下部岩体中存在岩洞或溶洞，使得岩洞或溶洞上部的岩体失去支撑，沿着层间风化裂隙、软弱夹层和其他裂隙面逐渐松弛分级向下坠落。危岩体坠落的特点是由下向上逐层发生发展，这与危岩体的崩塌病害和下错病害有所不同。

结构面切割导致的岩体破坏往往受到结构面产状的组合以及作用力方向的影响，结构面的组合关系及其与石窟岩体作用力之间的关系可通过赤平极射投影方法进行分析。获取石窟岩体中发育的结构面产状数据后，通过聚类分析确定结构面的优势产状，进而利用赤平极射投影方法分析各组结构面与石窟岩体临空面的空间组合关系，最终确定石窟不稳定块体发生平面滑动、楔体破坏或者倾倒破坏的可能性。经过分析研究，石窟岩体结构面产状组合可能会呈现以下三种情况。

1）稳定结构石窟

石窟岩体中的结构面（节理、裂理、层理等）的倾向或它们的组合交线的倾向，与石窟临空面的倾向相反。这种结构形式对石窟岩体破坏的影响相对较小，或者说不易产生石窟岩体破坏，一般情况下，岩体可处于稳定状态，系稳定结构石窟［图 5.20（a）］。

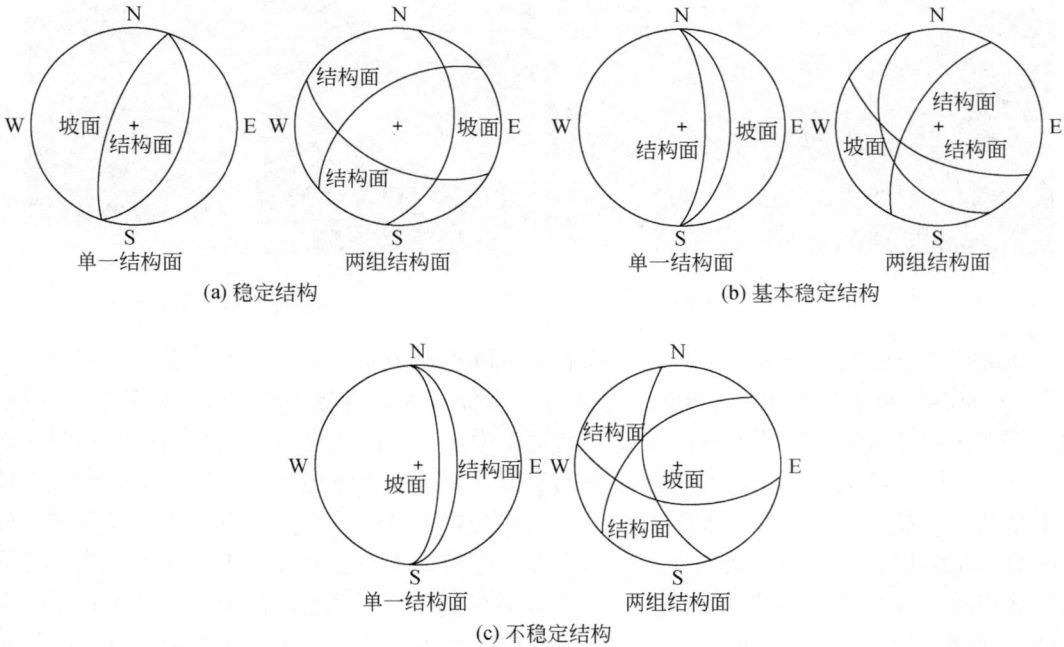

图 5.20　基于赤平极射投影（下半球投影）的石窟稳定性判识

2）基本稳定结构石窟

石窟岩体中的结构面倾向或组合交线的倾向虽然与石窟临空面一致，但结构面的倾角或结构面组合较小的倾角，都大于临空面的倾角。这种结构通常是稳定的，但其稳定程度比前者要差，系基本稳定结构石窟［图 5.20（b）］。

3）不稳定结构石窟

石窟岩体中的结构面或组合交线的倾向方向与窟体的倾向一致，但它们的倾角小于石窟临空面的倾角，这种结构形式直接影响石窟的稳定性，甚至可能导致石窟发生大规模失稳破坏，属于不稳定结构石窟［图 5.20（c）］。

5.3.3　水分渗流通道

石窟岩体中多种类型结构面的发育与交切，形成了主要的渗水裂隙网络系统，并成为地下水的主要渗流通道和储存空间，如图 5.21 所示。基岩裂隙水和大气降水沿裂隙网络下渗至石窟处，在石窟壁面形成渗水点，这些渗水点主要分布在隔水效果相对较好的泥岩、页岩等软弱夹层，以及各种结构面上。许多石窟内壁上都可以见到明显的渗水现象——沿着裂隙或裂隙面残留下白色线状或云朵状渗水痕迹。尤其是在雨季期间，大气降水沿裂隙网络通道进入石窟，导致部分石窟出现多处渗水点。

图 5.21　岩体结构为降水提供入渗条件

崖面渗水病害主要是基岩裂隙水出露和大气降水沿裂隙下渗造成的。石窟往往开凿在砂岩、砂砾岩、砾岩岩体中，这些岩体通常夹杂有泥岩和页岩等隔水效果较好的软弱夹层。由于软弱夹层岩性软弱，不容易在地质构造运动中断裂，因此通常形成了石窟区的隔水地层。基岩裂隙水和大气降水沿着覆盖层中的裂隙和断裂向下渗透至这些隔水层，无法继续向下移动，只能沿水平方向渗流至临空面，在这些层中形成渗水点。在安岳石窟区域，砂岩中近水平顺层软弱夹层与竖向结构面的组合一起构成了石窟岩体的主要渗流裂隙网络通道。其渗流路径可简述为砂岩裂隙接收了覆盖层水的补给，并经陡倾结构面流入近水平顺层软弱夹层，最终沿着陡倾结构面及近水平顺层软弱夹层的崖壁出露面流出。基岩裂隙水沿裂隙赋存并向临空面运移的过程中，可能会对危岩体产生静水压力。同时，渗水点浸泡软化岩体，加剧了岩体的冲蚀、风化和冻融破坏，从而导致了岩体的失稳破坏。此外，部分渗水还会直接流入石窟洞室，威胁石质文物的安全。

5.4　岩体结构三维重构

融合多源结构面信息重构三维仿真实景模型，以实现石窟寺多尺度岩体结构的三维可视化（王明等，2019）。三维模型构建的流程如图 5.22 所示，主要包括三维仿真实景模型的构建、三维多尺度结构面信息的融合两部分。

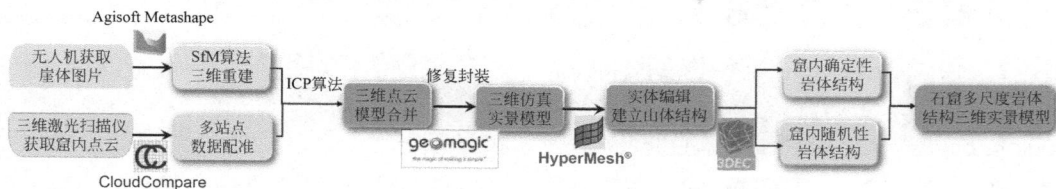

图 5.22 三维建模整体流程

5.4.1 三维仿真实景模型构建

利用无人机获取崖体的高精度图片，主要包括以下两类方式：第一类是网格式航拍，主要适用于测绘范围大，精度要求不高的作业。采用网格式航拍规划航线时要注意，测绘范围需大于研究区域范围且具有大于 70% 的重叠度，以保证数据采集的完整性。第二类是环绕式航拍，适用于精度要求高的小型作业。环绕式拍摄时，应每绕中心飞行 5°～10°就进行一次图像采集来保持图像的叠置率，现场作业如图 5.23 所示。

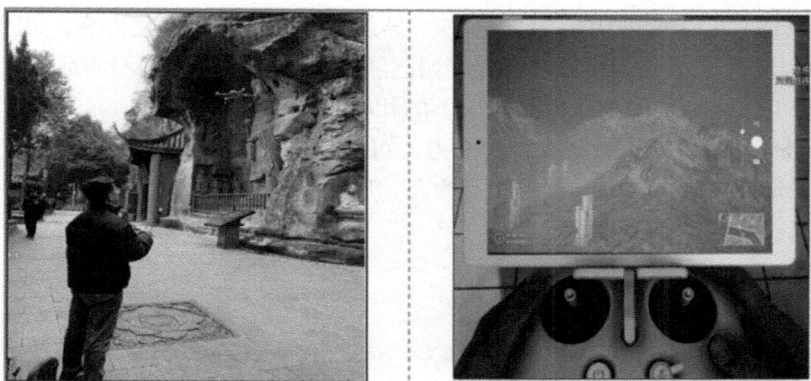

图 5.23 无人机现场作业

以安岳石窟北侧崖体为例，摄影对象为北崖舍利塔、净瓶观音窟、圆觉洞、释迦牟尼石窟、莲花手观音窟，航拍长度 50m。通过反复采集，最后获取图像 492 张，图像信息如图 5.24 所示。

采用 Agisoft Metashape 处理无人机的图像数据。Metashape 是由 Agisoft 公司研发的一款利用图像建立三维模型的软件，广泛应用于地理信息系统（geographical information system，GIS）、文化遗产修复。与市面上大多数图像建模软件不同，Metashape 可直接在本地终端处理图片和坐标信息，生成的模型半开源，可以再导入其他软件处理。Metashape 操作简单，工作流程完全自动化，大多数操作都是依据用户设置参数自动执行的，即便是非专业人员经过简单的学习，也可以高效地处理无人机摄影图像，生成比较高级的点云模型。

前文利用无人机倾斜摄影技术得到了 492 张安岳石窟北崖高清图像和坐标数据，下面将其导入 Metashape 软件生成现场三维密集点云数据和实景模型，建模流程如下。

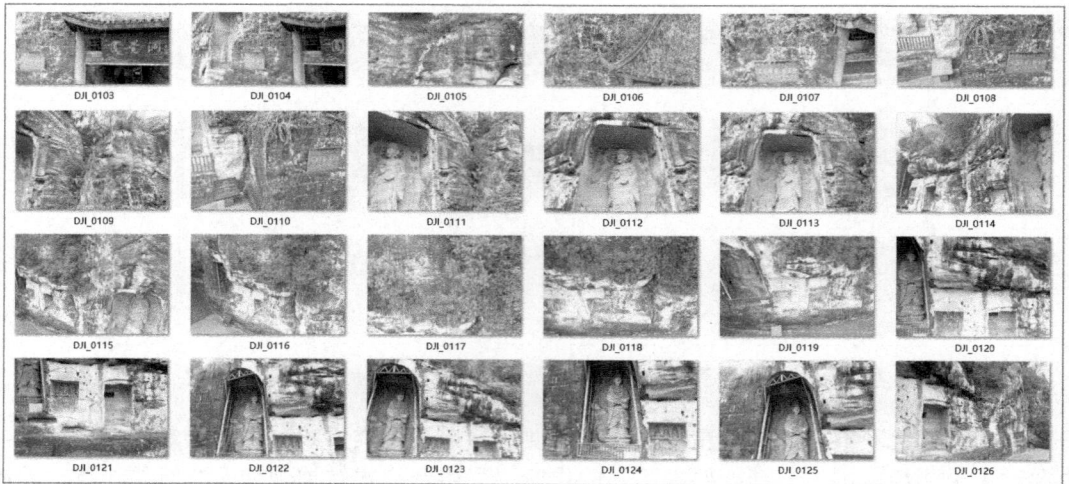

图 5.24　图像信息示例

DJI_0103 等为图像编号

1）导入照片和坐标

点击工作流程下拉菜单中的添加文件夹，导入照片和坐标数据文件夹，如图 5.25 所示。Metashape 可以支持几乎任何图片格式，假如已经添加的图片有模糊不清或失真的照片，可以直接在左侧工作区窗格中点击 Chunk 1 下的相机找到它并移除。

此外 Metashape 还具有分区块处理能力，可以把由多个航线、多个角度得到的照片置于同一区块，确保在同一区块有很强的重叠率，增加处理速度；处理完成后，再加以整合，使之合并为一个整体。

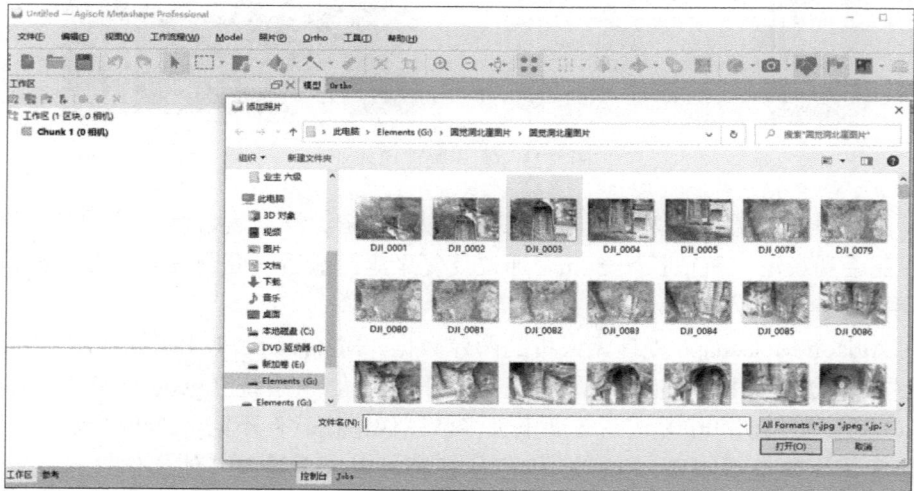

图 5.25　添加照片

2）对齐重叠度的照片

点击工作流程下滑菜单中的对齐照片，以完成相机标定和影像排序工作，建立稀疏点云模型。Metashape 有最高、高、中、低、最低五种精度，模型精度越高，点云数越多，所需要的处理时间越长，对计算机配置要求也更高。如果要处理的照片较多，可以选择中等精度，对齐照片精度选择如图 5.26 所示。

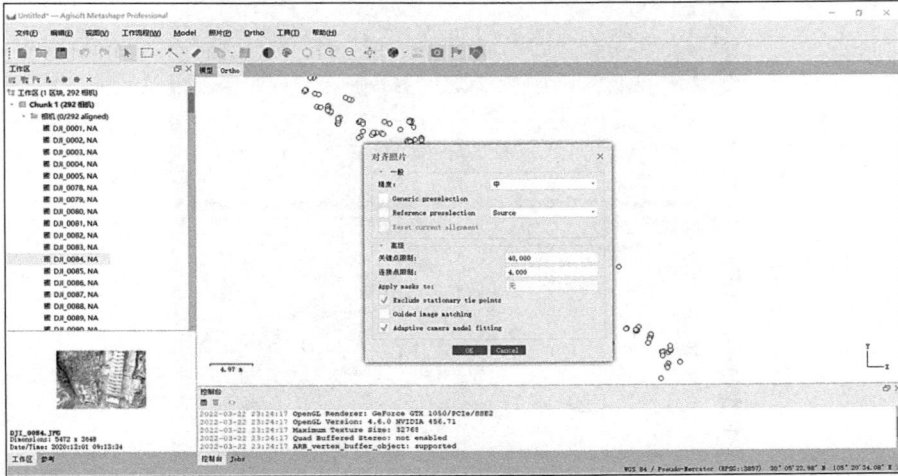

图 5.26　对齐照片精度选择

3）密集点云整合

生成的稀疏点云如图 5.27（a）所示，可以发现许多点云位于地层表面之外，因此要对多余的点云数据进行删除，这样不仅可以提高下一步生成密集点云的速度，而且可以提升模型精度。通过在工作流程菜单中选择生成密集点云，最终形成密集点云图 5.27（b）。

图 5.27　三维点云模型（见彩图）

（a）稀疏点云；（b）密集点云模型

应用三维激光扫描仪获取圆觉洞内的点云数据，基于迭代最近点（iterative nearest point，ICP）算法对不同站点进行数据配准，实景复原了圆觉洞的洞窟形制，如图 5.28 所示。通过 CloudCompare 软件中 ICP 算法将北崖和圆觉洞内的点云数据相融合匹配。

图 5.28　三维仿真实景模型（见彩图）

（a）北崖地形点云；（b）圆觉洞内点云和贴图

4）点云数据处理

采用 Geomagic Studio 处理获取的三维点云模型，Geomagic Studio 是一款效率高且兼容性极强的逆向工程建模软件，是目前主流的四大逆向建模工程软件之一。它具有强大的点云处理功能，可以对扫描的点云进行降噪、封装、填充等操作。相比于 Imageware、CopyCAD、RapidForm 这三款逆向建模软件，Geomagic Studio 软件交互界面更加友好，操作简单且容易入门。利用 Geomagic Studio 进行点云数据的曲面封装大体包括三个步骤：点云生成、多边形生成和曲面构建。由于模型较大，通过 Metashape 生成的点云数据达 5000 多万个，因此在导入时选择统一采样，根据合适的比例进行导入。

由于建模对象是复杂的地质体，现场获取点云数据的过程中不可避免地会受到山体植被等环境因素的影响，获得的点云数据会存在部分多余点，这些点会直接影响模型的准确性，所以必须在 Geomagic Studio 中再次对点云进行降噪与修补。Geomagic Studio 中的降噪模块可以将噪声减少到最小，这样最终得到的点云数据都是有用的数据，可以更好地显示地质体的真实表面，如图 5.29 所示。

对点云数据进行封装，也即创建多边形，主要流程包括：点云数据封装重建三角形曲面片；网格医生修复网格错误；模型参数化曲面分片处理；栅格化并拟合成 CAD 模型。最终形成的曲面封装模型如图 5.30 所示。

5.4.2　多尺度岩体结构信息融合

1）多尺度岩体结构的构建

根据统计得到的山体结构的位置、规模、产状等几何特征，在 HyperMesh 软件中使用

"solid edit-trim with plane" 功能连接相应控制点得到边界线,进而建立了一系列大尺度山体结构(图 5.31)。然后,依据山体结构将窟体划分为不同单元,完成对模型四面体网格划分,共包含 29055 个网络单元,5779 个节点。

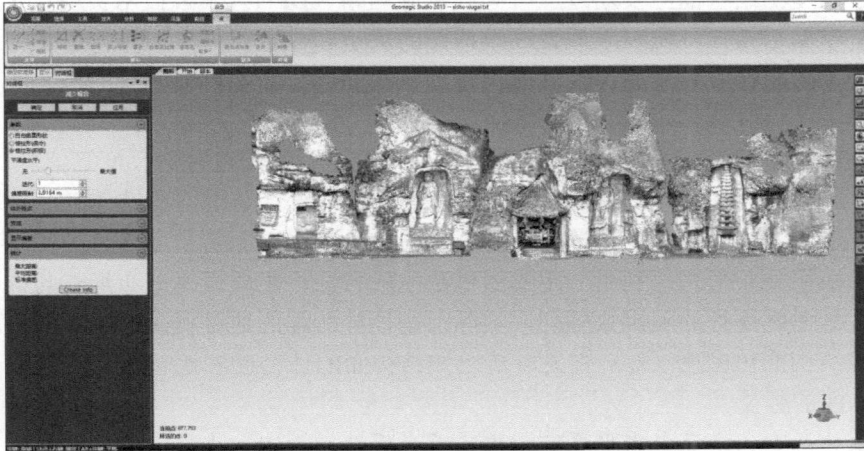

图 5.29　优化后的点云数据

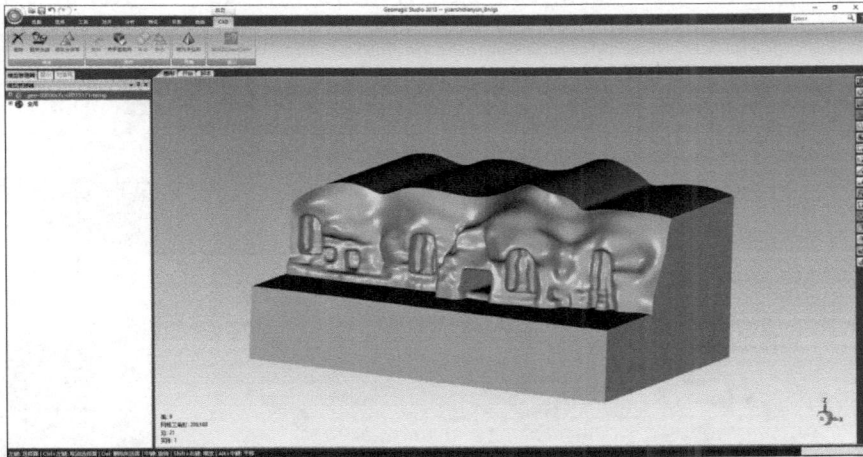

图 5.30　曲面封装模型

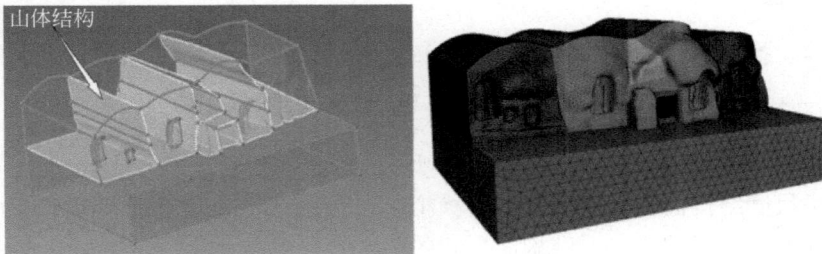

图 5.31　北崖山体结构与三维网格模型(54m×38m×26m)

　　利用接口程序实现将 HyperMesh 软件导出的.inp 文件转换为 3DEC 软件读取的.3ddat 格式文件。然后，通过 3DEC 软件调用 fracture create 命令，在模型顶板和侧壁相应位置建立圆盘状的大尺度结构面。同时，在顶板相应位置添加了矩形状的层理。

　　中、小尺度的结构面主要通过三维离散裂隙网络（DFN）模拟技术实现重构。对于岩体结构面三维网络模拟，做以下假设：结构面的大小和位置，可以用结构面中心点坐标和结构面半径来反映；在整个模拟区域内，每组结构面的分布均遵循同一的概率模型；结构面为平直薄板，每条结构面只有一个统一的产状。

　　在 5.1 节中，获取了顶板所有结构面组的优势产状、空间位置、尺度等信息。根据中、小尺度岩体结构面的产状、迹长、深度、间距等参数的统计结果，通过 3DEC 软件结合蒙特卡罗（Monte Carlo）技术在圆觉洞顶板分区域构建 DFN。蒙特卡罗随机模拟是根据某一随机变量的概率分布形式，利用一定的随机数生成方法，生成概率分布形式与该随机变量的分布形式相似或平行的随机数序列，实际上是抽样统计的逆过程。区域内每组结构面数量的多少与结构面体密度（λ_v）有关，若已知结构面的体密度和迹长服从负指数分布，则可求得结构面的数量。

　　沿顶板北、中、南三个水平区域，生成综合反映顶板中、小尺度结构面空间分布信息的模型（北侧 1#～3#，中部 1#、2#，南侧 1#），结构面的几何形状是由迹长和深度控制的矩形状。如图 5.32 所示，最终形成集多尺度岩体结构于一体的三维仿真实景模型。

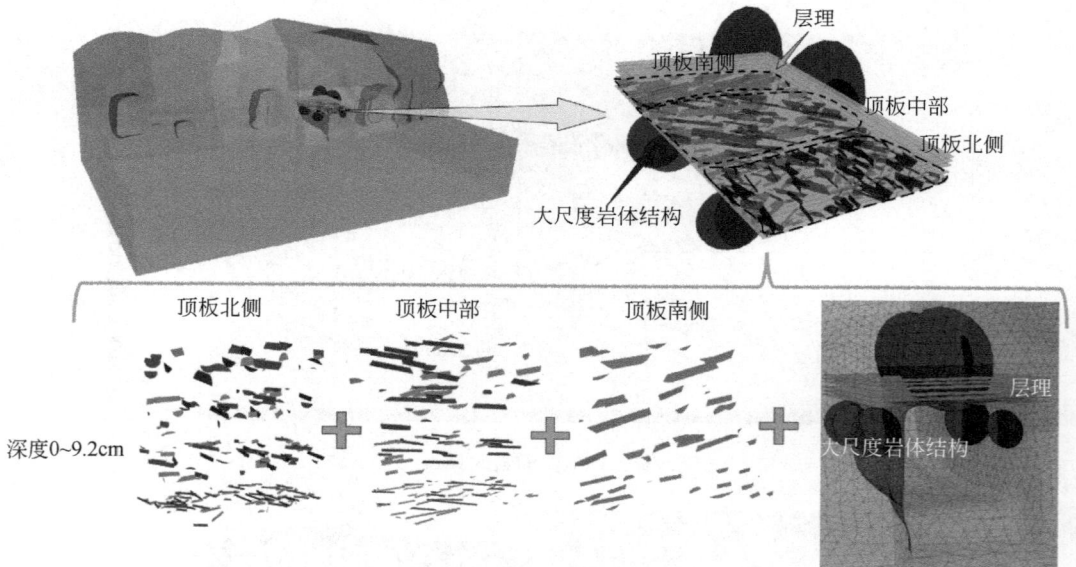

图 5.32　多尺度岩体结构三维模型（见彩图）

2）结构面网络模拟的验证

　　在中、小尺度结构面概率模型与网络模拟中，都进行了一些假定和概化，如有关结构面各形态参数分布形式的假定、结构面形状的假定等。模型及模拟结果与真实情况的相似性，应当进行验证和确认。

　　模型的验证要做好下面几个方面工作：做好程序的编写，程序运行时做好跟踪检查，用已知的确定性结果进行验证，模拟结果输出图形检验。而模型的确认工作主要分为以下几个部分。

　　（1）模拟模型从直观上看应该是正确的、合理的，符合人们对所研究的现实系统的了解。

　　（2）检验建模开始阶段所做的一些假设，采用敏感性分析是最有效的手段之一。敏感分析的目的在于检验随机模拟结果对所选择的分布或者概率分布中的参数是否敏感。当样本数据很少，不能做拟合性检验，或选择的分布被拟合性检验拒绝时，可进行敏感性分析。

　　（3）将模型的输出数据与实际数据作比较是模型确认中最有决定性的步骤。如果模拟数据与实际数据吻合得很好，就有理由相信构造的模型是有效的。在网络模拟完成后，将模拟数据与实测结构面数据进行比较，如果各项参数的相对误差和置信检验均满足，则认为模拟结果是可信的，可以用于进一步的模拟预测和实际应用工作。

　　对所构建的 DFN 模型进行验证，模型中结构面在平面分布上较好地反映了实际情况（图 5.33）。此外，可将提取的结构面迹长与现场实测数据比较，发现两者拟合程度较好，相关系数为 0.84～0.99，表明模拟得到的迹长与现场统计结果具有相似性。因此，所建立的 DFN 能够合理地反映顶板浅表层的中、小尺度岩体结构的几何分布特征。

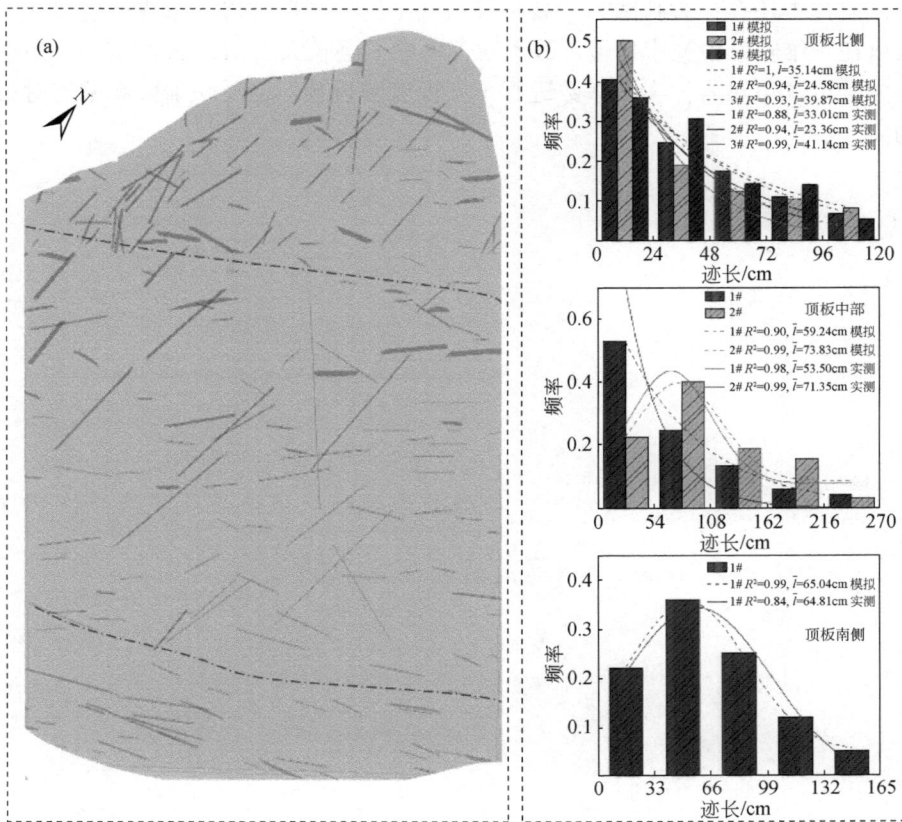

图 5.33　DFN 模型的分布及检验（见彩图）

（a）DFN 模型结构面的平面分布；（b）结构面的分布及检验

5.5 小　结

本章以安岳圆觉洞为例，通过利用多种探测手段厘清了不同尺度结构面的发育特征。发现山体大型构造裂隙往往控制整个崖体的稳定，并伴随着产状一致的小型裂隙发育，一般呈现共轭发育特征。洞窟内部结构在山体大型结构的影响下，容易产生张拉卸荷破坏，形成整体失稳、块体垮塌等破坏。

裂隙空间分布的差异可能与岩体的开挖卸荷、风化作用、温湿度等环境因素演化密切相关。在开挖扰动作用下，开挖面附近的岩体卸荷松弛强烈、损伤明显，进而诱发大量裂隙产生。同时，风化作用会造成岩体的变形模量减小、完整性降低，越靠近临空面的岩体劣化程度越明显，结构面会进一步发育扩展。

本章提出了一套集成多源岩体结构数据的"Agisoft Metashape-CloudCompare-Geomagic Studio-HyperMesh-3DEC"联合建模方法，系统阐述了三维密集点云数据的处理、三维仿真实景模型的构建、三维离散裂隙网络的分区模拟、三维多尺度结构面信息的融合等流程，最终形成石窟寺多尺度岩体结构三维实景模型，较好地还原了石窟寺多类型结构面分布情况。然而，岩体中还存在微孔隙、微裂隙等微观结构，同样对岩体造成损伤破坏。但微尺度结构难以在三维实景模型中体现，故本章仅考虑了迹长大于1cm的结构面。后期如果需要开展力学分析，可对岩体力学参数进行不同程度的折减，以反映细微观结构对石窟寺岩体的影响。

第6章　石窟岩体渗透特性

岩体渗水病害是砂岩石窟的主要病害之一，砂岩石窟具有渗水裂隙微小、渗流结构复杂、渗流现象微弱等特点。裂隙是地表水及地下水进入石窟内部的主要渗流通道，裂隙中水的存在降低了岩体的力学强度，是岩体劣化、失稳的主要诱发因素。根据国内外文献分析及现场调查，石窟水害大致有以下几种类型（表 6.1）（肖碧等，2010；王金华和陈嘉琦，2018）。

表 6.1　石窟水害类型

水的来源及类型		水害类型
地表水	河流	石窟及岩壁的冲刷及侵蚀作用
	洪水	洞窟的冲刷及淹没
	雨水	岩壁的冲刷作用
地下水	上层滞水	向石窟内部渗漏
	潜水	运移过程中造成石窟渗漏、潮湿
	毛细管水	浸润、侵蚀、软化岩体及文物
	层间水	裂隙水的运移，渗水
凝结水	岩土孔隙水汽凝结	侵蚀软化岩体及文物
	空气水汽凝结	

河水及洪水对石窟造成的危害主要表现在流水冲刷、掏蚀岸坡坡脚，使岩体悬空，下部失去支撑，或将岩体泡软、崩解，降低岩体的承载力，从而引起崖体变形、倾倒、错落与崩塌。大气降雨直接冲刷石窟外表面，对摩崖雕像造成冲刷侵蚀。地表水在石窟上方冲刷坡面，形成自然沟，破坏坡面完整性。对于薄顶洞窟，地表水下渗引起窟顶潮湿，渗漏水浸湿文物，造成窟顶分层塌落，对窟顶壁画、浮雕等文物造成破坏。同时，地表水在坡顶临近崖面流进卸荷裂隙，损坏洞内文物，或顺卸荷裂隙迅速渗流到下部，泡软坡脚岩体，使其承载力降低，破坏岩体的稳定性。地下水沿着基岩裂隙运移，软化岩体，增大湿度，加速石窟岩体的风化。同时，砂岩孔隙率较大，透水性较强，地下水通过岩体孔隙渗流，造成窟壁潮湿，加速文物的风化破坏。地下水的毛细作用，携带可溶盐分上升，加速石窟和窟内文物的风化剥蚀。岩体裂隙、孔隙及石窟空气中的气态水，在洞窟内外温度、湿度达到一定程度时，会在岩体表面形成凝结水，加速岩体风化，破坏文物本体。石窟岩体中裂隙、孔隙的渗透问题对于石窟保护与病害防治有较大的影响。

6.1　岩体裂隙渗流特性

6.1.1　岩石结构面形貌特征

石窟岩体中裂隙渗流主要受裂隙开度和裂隙粗糙程度的影响,从这一点出发,通过现场调查,获取结构面的形貌分布特征,为裂隙渗流的研究提供依据。岩体结构面样本选取自四川安岳圆觉洞,圆觉洞地层岩性主要为厚层–巨厚层砂岩,抗风化能力较好。在卸荷裂隙、构造裂隙和层面等相互切割作用下,圆觉洞石窟顶板岩体在重力作用下易失稳崩塌。圆觉洞石窟顶板结构如图 6.1 所示。顶板块体的垮落为顶板结构面信息的采集提供了便利,是试验样本数据的良好来源。

图 6.1　圆觉洞石窟顶板结构

利用接触式采集方法获取结构面形态信息存在精度低、工作量大、结构面易损伤等缺点。新兴的结构面三维形态信息采集技术采用非接触式测量方式,在克服传统结构面信息采集模式缺点的同时,可以更完整地获取结构面的数据信息。现有的三维结构面信息采集方法主要有摄影测量法、三维激光扫描仪法以及三维结构光扫描法,这里采用多功能手持式三维白光扫描仪 GScan 完成结构面形貌信息的采集,扫描仪见图 6.2。采集的部分结构面数据见图 6.3。

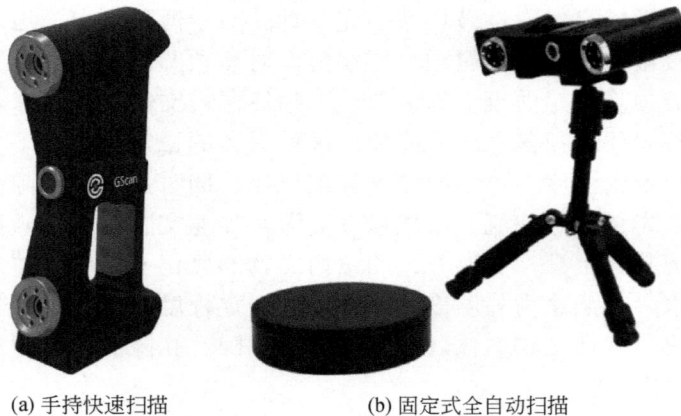

(a) 手持快速扫描　　　　　　　　(b) 固定式全自动扫描

图 6.2　GScan 三维白光扫描仪

图 6.3　现场采集的部分结构面数据

目前，国内外关于结构面粗糙度定量化表征的研究较多，而应用分形维数表征结构面粗糙度具有显著优势，分形维数在岩体结构面的三维形貌特征描述中具有重要作用。欧氏几何中的对象都是用整数维描述，如用一维的单位长线段测量几何图形的长度，用二维的单位面积正方形计算几何图形的面积，但如果采用不对应尺度计算就会得到不同的结果。由此可见，对几何物体的测量需要对应的尺度。而天然结构面形态不规则，用二维平面度量时表现为无穷大，用三维立方体进行度量时表现为无穷小，说明其维度介于二维和三维之间。由此，采用分形维数可以精确描述天然结构面的粗糙度。

6.1.2　渗流基本理论

石窟岩体中裂隙的渗流符合流体力学的基本原理，纳维-斯托克斯（Navier-Stokes）方程能够实现对粗糙裂隙渗流的规律的描述，其中立方定理在刻画单裂隙渗流方面得到了广泛的应用，如式（6.1）所示。立方定理中假设上、下裂隙面为平行且光滑的，裂隙的渗流量与物理裂隙开度的三次方成正比。但是天然岩石的结构面并非光滑的平面，构成裂隙的结构面并非完全耦合，且未考虑裂隙渗流的非线性特征，因此在采用立方定理进行裂隙渗流的量化表征时存在一定的误差。

$$Q = -\frac{we_h^3}{12\mu}\nabla P \tag{6.1}$$

式中，w 为裂隙试样的宽度；e_h 为水力裂隙开度；∇P 为水力梯度；μ 为动力黏滞系数。

根据立方定理，裂隙渗流量与水力梯度之间是线性相关性，但是这种线性关系只有当惯性力相对于黏性力可以忽略不计时才适用，因此采用立方定理不能描述高速渗流状态下的渗流规律。国内外专家学者针对高速渗流状态下裂隙的渗流规律，提出了许多经验和理论方程式，其中福希海默（Forchheimer）方程被广泛地应用于裂隙和多孔介质的非线性流动的量化表征：

$$-\nabla P = AQ + BQ^2 \tag{6.2a}$$

$$A = \frac{\mu}{kA_h} = \frac{12\mu}{we_h^3}, \quad B = \frac{\beta\rho}{w^2 e_h^2} \tag{6.2b}$$

式中，∇P 为裂隙两端压力梯度，$kg/(m^2 \cdot s^2)$；Q 为通过裂隙的体积流量，m^3/s；A、B 分别为线性系数 $[kg/(m^5 \cdot s)]$ 和非线性系数（kg/m^8）；ρ 为流体密度；β 为非线性因子。

根据式（6.2b），线性系数（A）的大小与水力裂隙开度（e_h）相关，非线性系数（B）与非线性因子（β）和水力裂隙开度（e_h）相关，其中 β 与裂隙的几何形态相关。在已有文献中，对于非线性因子（β）的讨论很少涉及。在 Forchheimer 方程中，非线性因子（β）虽然与裂隙粗糙度相关，但是并没有建立裂隙粗糙度与 β 之间的量化关系式，不能实现对粗糙裂隙渗流的准确预测。

6.1.3　渗流模型制作及试验方案

根据现场扫描石窟寺顶板的粗糙度信息，其分形特征较为显著，为了扩展研究范围，粗糙裂隙面的生成主要通过分形几何理论实现。在粗糙裂隙面的形成过程中采用分形维数（D）和标准差（σ）控制裂隙的粗糙度，上下裂隙面保持一致。粗糙裂隙渗流模型参数如表 6.2 所示。

表 6.2　粗糙裂隙渗流模型参数

分形维数（D）	标准差（σ）/mm	裂隙开度（e_m）/mm
1.2，1.6，2.0，2.4	1.0，2.0	0.5，1.0，1.5，2.0

自行开发程序软件，通过设置不同的分形维数和标准差形成具有不同粗糙程度的裂隙面（图 6.4），并提取出粗糙节理面三维数据点应用于建立粗糙裂隙试样。

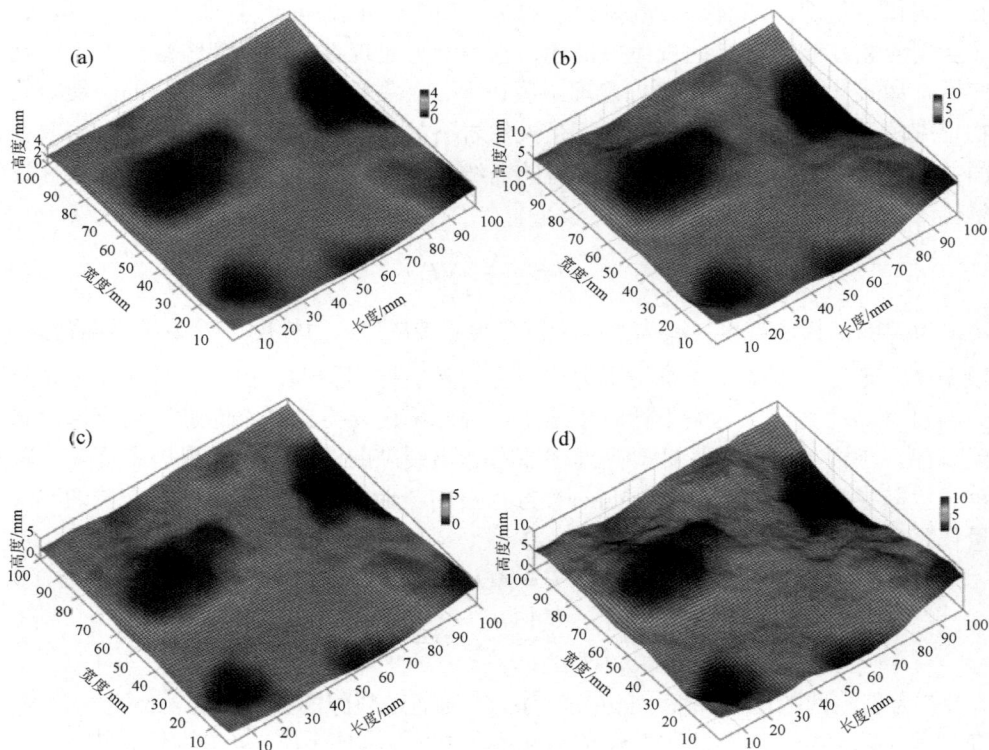

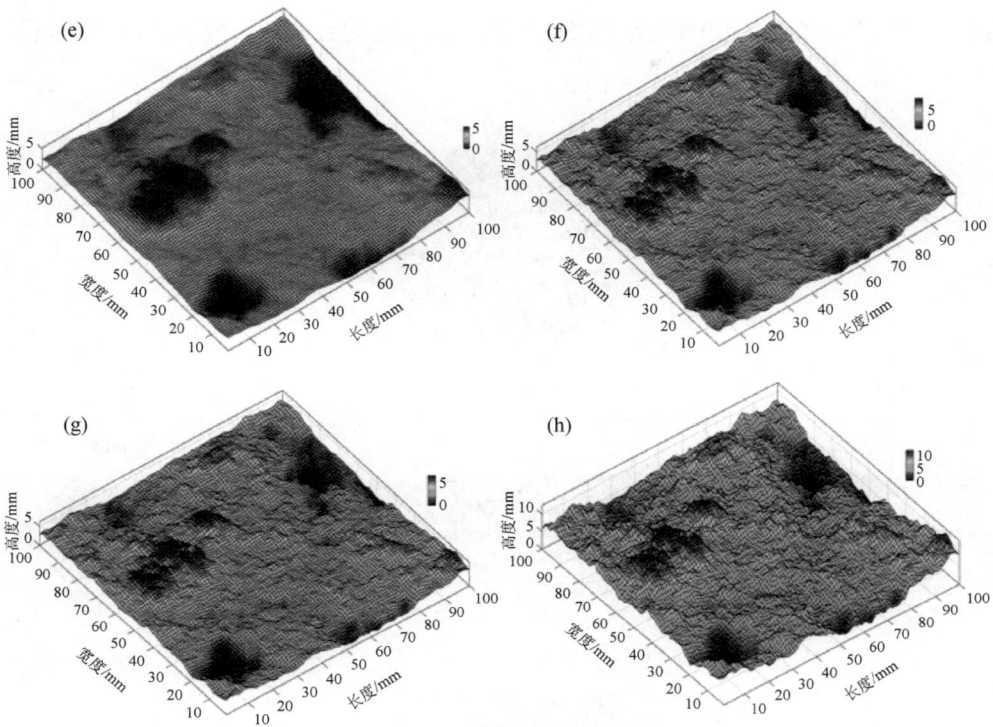

图 6.4　粗糙节理面三维结构图

（a）D=1.2，σ=1.0mm；（b）D=1.2，σ=2.0mm；（c）D=1.6，σ=1.0mm；（d）D=1.6，σ=2.0mm；（e）D=2.0，σ=1.0mm；（f）D=2.0，σ=2.0mm；（g）D=2.4，σ=1.0mm；（h）D=2.4，σ=2.0mm

　　粗糙裂隙渗流试验中粗糙裂隙试样的制备是重要工作之一，本书将三维打印技术与分形几何理论相结合制备高精度的组合式渗流试样。采用型号为 Objet500 Connex3 的打印机，具有打印精度高、快速、便捷等特点，其打印精度为 0.02～0.05mm，采用光敏树脂作为打印材料，能够制备出具有分形几何特性和各向异性的粗糙裂隙渗流试样。粗糙裂隙试样制备流程图（图 6.5）展示了不同类型粗糙裂隙试样研制的过程。

　　不同类型的粗糙裂隙试样均由四个部分组成：上部结构面、下部结构面、左榫块结构和右榫块结构。裂隙试样为组合式结构，能够实现多样化组合且多次重复使用，更加经济实用。分别进行匹配型和非匹配型粗糙裂隙非线性渗流试验探究，粗糙裂隙试验器材主要包括：粗糙裂隙渗流试样、渗流水箱、电子秤、量筒、秒表等。试验中首先将粗糙裂隙渗流试验与渗流水箱连接，确保整个渗流装置不出现渗漏现象后，再进行渗流试验，主要探究裂隙的粗糙度、不匹配长度及裂隙开度等对裂隙渗流能力的影响。测量不同粗糙裂隙结构在不同水力梯度下的裂隙渗流量，每一个不同形态特征测五组渗流量，取其平均值作为最终粗糙裂隙渗流量。

6.1.4　试验结果及分析

　　为了验证渗流系统的可靠性，采用三维打印技术打印的平行板试样进行渗流试验。试样的裂隙开度为 0.5mm，水力梯度从 1.4kPa/m 增大到 12kPa/m。试验结果与平行板模型的结果吻合较好（图 6.6），说明设计的渗流系统具有一定的合理性，能够满足粗糙裂隙渗流试验。

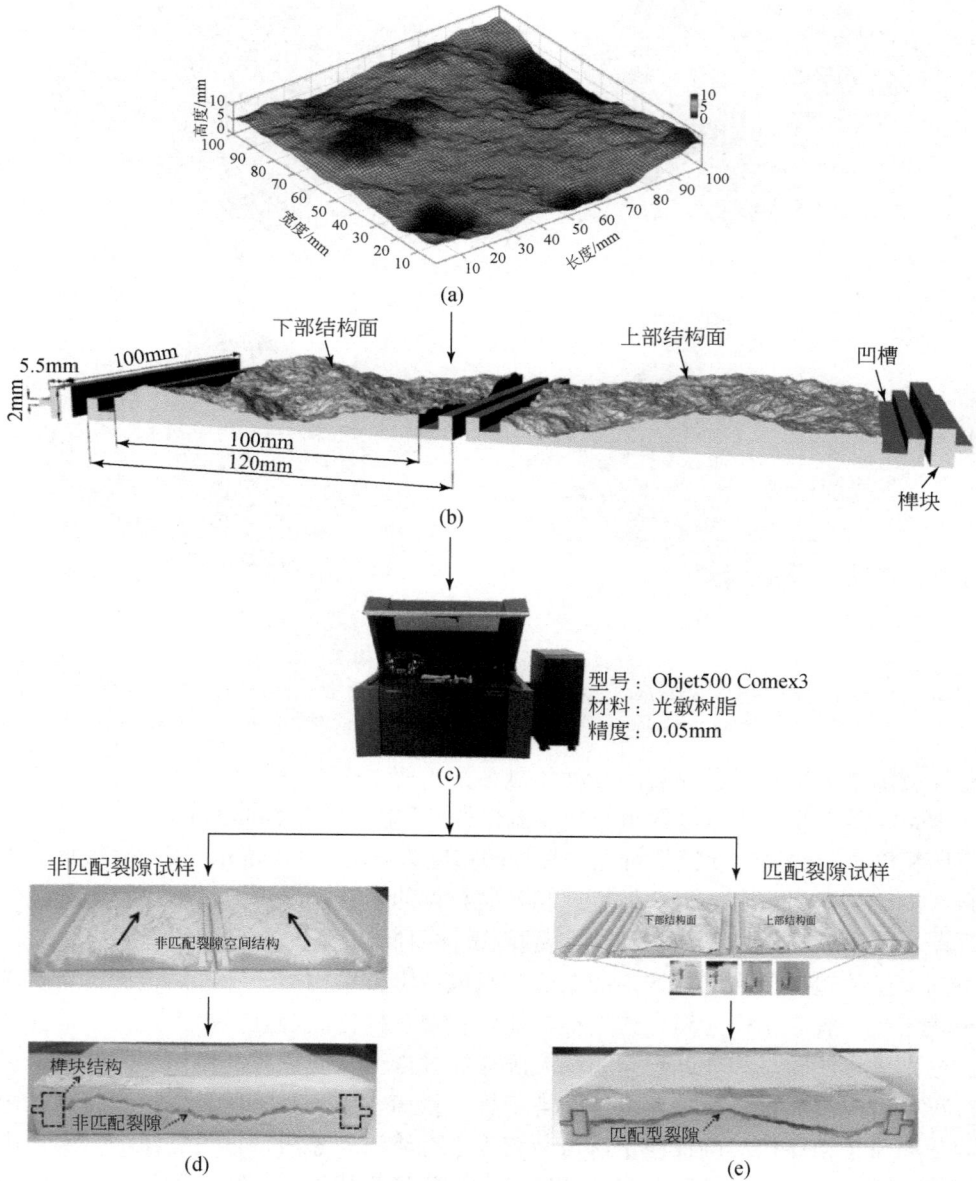

图 6.5　粗糙裂隙试样制备流程示意图（见彩图）

　　采用三维打印的不同粗糙裂隙试样在不同水力梯度和隙宽下进行渗流试验，结果如图 6.7 所示，根据不同粗糙裂隙的水力梯度与流量的关系，可以看出粗糙裂隙的渗流量随着水力梯度增长呈现显著的非线性特性。在较低水力梯度下，流体流动状态主要受到流体的黏性力控制，使得流体流动表现出线性特性，但流体流速随着水力梯度的增大而增大，流体的惯性力在流体过程中起到主要作用，同时由于渗流通道的蜿蜒曲折，需要提供更多的能量克服渗流中的阻力，使得在粗糙裂隙中的流量会减小，裂隙渗流量偏离立方定律的渗流量。根据试验结果，水力梯度（$-\nabla P$）与渗流量（Q）之间存在显著的非线性关系，可以采用 Forchheimer 方程进行准确描述。

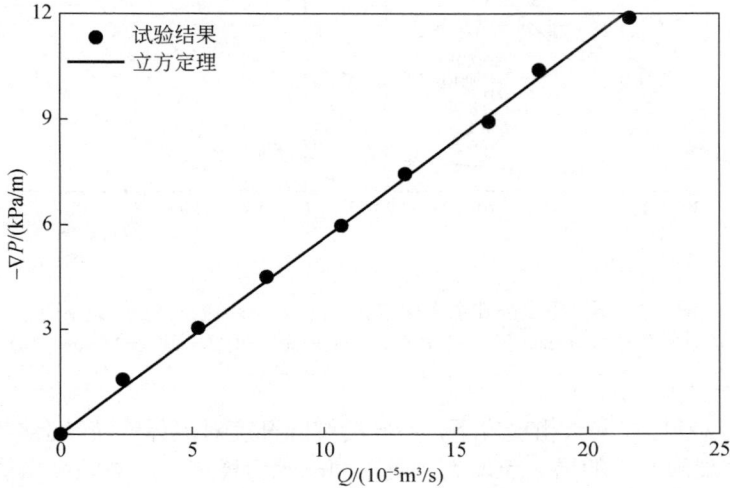

图 6.6　立方定理的验证

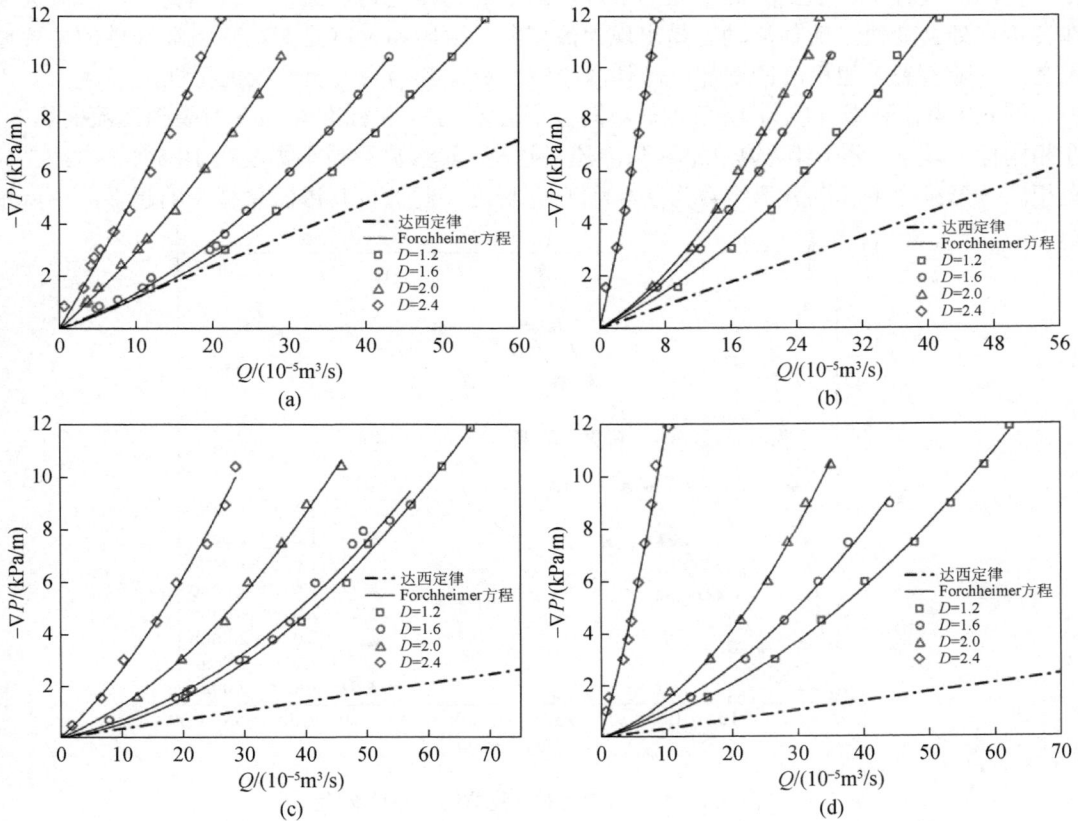

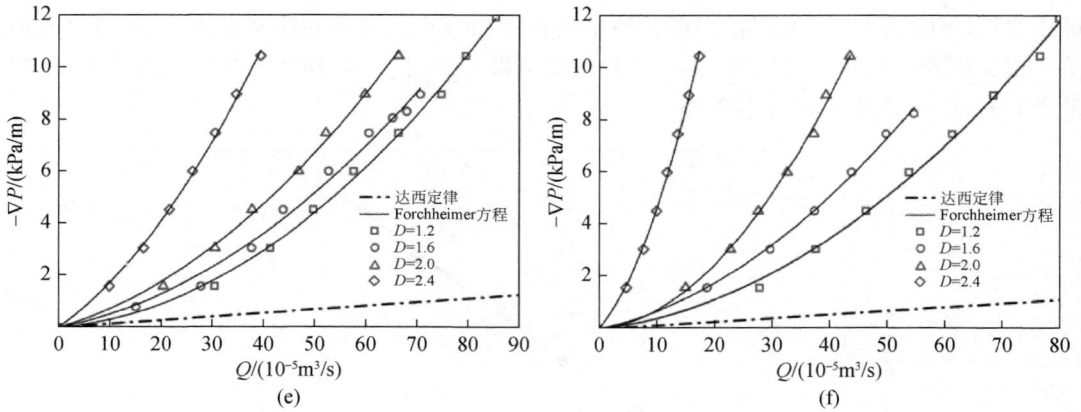

(e)　　　　　　　　　　　　　　　　　　　(f)

图 6.7　不同粗糙裂隙水力梯度（ $-\nabla P$ ）与渗流量（ Q ）关系图

（a） D=1.6， σ=1.0mm，（b） D=1.6， σ=2.0mm，（c） D=2.0， σ=1.0mm，（d） D=2.0， σ=2.0mm，（e） D=2.4， σ=1.0mm，
（f） D=2.4， σ=2.0mm.

从图 6.7 可以看出在同一粗糙度下，不同的裂隙开度对流体的流动会产生较大的影响，裂隙渗流量随着裂隙开度的增大而增大。对于同一水力梯度下，裂隙越粗糙渗流量越小，渗流过程中非线性流动越明显。裂隙表面凹凸不平，使得粗糙裂隙的渗流路径更加复杂多变。在渗流过程中，遇到突然变化的节理转折点时，渗流通道通常会快速变窄，渗流速度在转折点处会变快，流体流动容易出现涡流现象。裂隙粗糙度是影响渗流非线性的主要原因之一，随着裂隙粗糙度的增加，流体渗流就会更加容易表现出非线性特性。

图 6.8 为在裂隙开度为 1mm 时，不同分形维数（ D ）和标准差（ σ ）对裂隙渗流的影响。在相同标准差下，分形维数越大，裂隙渗流量越小，其渗流量减小幅度在 10.56%～32.15%，在相同分形维数下（以分形维数为 2.4 为例），标准差越大，其渗流量减少的越多，渗流量

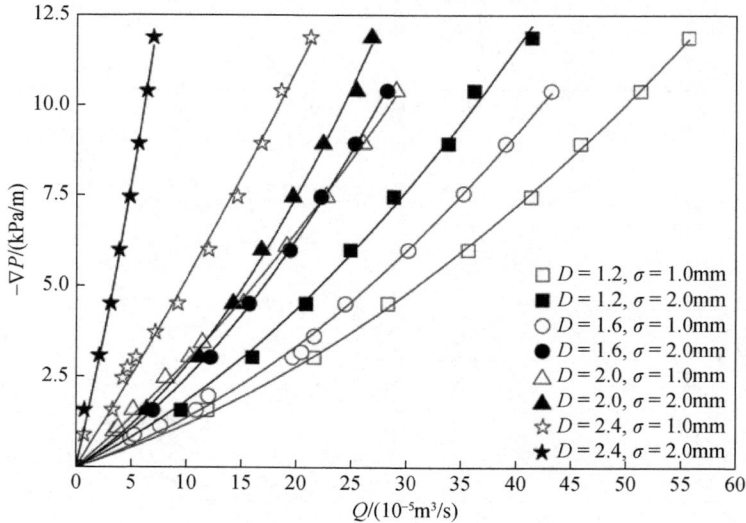

图 6.8　裂隙粗糙度对渗流非线性特性影响

减小幅度在 61.27%～76.63%。通过两者对比，标准差对粗糙裂隙渗流的影响更大，原因可能是标准差使得粗糙裂隙的变化幅度增大，渗流过程中需要消耗更多的能量克服渗流阻力，使得渗流量减小。

6.1.5　渗流模型及参数确定

Forchheimer 方程由线性部分（AQ）和非线性部分（BQ^2）组成，流体流动过程中黏性力起主导作用时表现出线性特性，在非线性渗流过程中惯性力起主导作用。需要注意的是，Forchheimer 方程中的线性系数（A）和非线性系数（B）均与水力裂隙开度（e_h）相关，而非物理裂隙开度（e_m）。图 6.4 中分别列出不同裂隙粗糙度和裂隙开度下水力梯度和裂隙渗流量之间的关系，通过式（6.2a）对不同渗流试样的水力梯度和渗流量进行拟合，可以获得 Forchheimer 方程的线性系数（A）和非线性系数（B），其中线性系数（A）的大小仅仅和水力裂隙开度（e_h）相关，因此可通过线性系数（A）进行反算获得水力裂隙开度（e_h），其表达式为

$$e_h = \left(\frac{12\mu}{wA}\right)^{1/3} \tag{6.3}$$

在渗流过程中，随着水力梯度的增加，水力梯度与渗流量之间的关系偏离原有的线性相关性，表现出非线性特性。在 Forchheimer 方程中非线性部分为 BQ^2，非线性因子（β）与结构面的粗糙度相关，根据式（6.2b）可计算出非线性因子 β。通过式（6.2）和式（6.3）分别计算非线性因子（β）和水力裂隙开度（e_h），如表 6.3 所示。

$$\beta = \frac{Bw^2 e_h^2}{\rho} \tag{6.4}$$

表 6.3　试验参数结果

D	σ/mm	e_m/mm	A	B	R^2	e_h/mm	β
1.2	1	0.6	6.27×10^8	1.64×10^{11}	0.9983	0.576	0.543
1.2	1	1	1.46×10^8	3.59×10^{10}	0.9995	0.937	0.315
1.2	1	1.5	6.05×10^7	1.28×10^{10}	0.9984	1.256	0.202
1.2	1	2	3.78×10^7	8.11×10^9	0.9980	1.469	0.175
1.2	2	0.58	7.84×10^8	2.49×10^{11}	0.9968	0.535	0.712
1.2	2	1	1.64×10^8	5.04×10^{10}	0.9967	0.901	0.409
1.2	2	1.5	7.18×10^7	2.17×10^{10}	0.9989	1.187	0.306
1.2	2	2	4.80×10^7	1.17×10^{10}	0.9969	1.357	0.215
1.6	1	0.5	1.10×10^9	3.65×10^{11}	0.9980	0.477	0.832
1.6	1	1	1.56×10^8	4.86×10^{10}	0.9983	0.916	0.408
1.6	1	1.5	8.60×10^7	2.52×10^{10}	0.9900	1.118	0.315
1.6	1	2	5.19×10^7	1.10×10^{10}	0.9919	1.322	0.192
1.6	2	0.55	5.47×10^8	2.70×10^{11}	0.9968	0.432	0.503
1.6	2	1	1.81×10^8	8.44×10^{10}	0.9995	0.872	0.642

续表

D	σ/mm	$e_{\mathrm{m}}/\mathrm{mm}$	A	B	R^2	$e_{\mathrm{h}}/\mathrm{mm}$	β
1.6	2	1.5	8.70×10^{7}	2.70×10^{10}	0.9971	1.113	0.335
1.6	2	2	5.31×10^{7}	1.66×10^{10}	0.9979	1.313	0.286
2	1	0.63	6.06×10^{8}	3.79×10^{11}	0.9957	0.583	1.289
2	1	1	2.81×10^{8}	1.52×10^{11}	0.9994	0.753	0.863
2	1	1.5	1.04×10^{8}	4.15×10^{10}	0.9972	1.048	0.456
2	1	2	6.06×10^{7}	1.44×10^{10}	0.9978	1.256	0.227
2	2	0.6	1.13×10^{9}	8.33×10^{11}	0.9968	0.473	1.862
2	2	1	4.36×10^{8}	2.42×10^{11}	0.9995	0.651	1.023
2	2	1.5	1.94×10^{8}	1.06×10^{11}	0.9971	0.852	0.769
2	2	2	1.03×10^{8}	3.90×10^{10}	0.9979	1.053	0.432
2.4	1	0.55	1.87×10^{9}	1.60×10^{12}	0.9976	0.400	2.560
2.4	1	1	4.88×10^{8}	3.01×10^{11}	0.9961	0.626	1.180
2.4	1	1.5	2.57×10^{8}	1.03×10^{11}	0.9953	0.776	0.620
2.4	1	2	1.45×10^{8}	3.62×10^{10}	0.9987	0.940	0.320
2.4	2	0.48	2.61×10^{9}	2.82×10^{12}	0.9979	0.358	3.620
2.4	2	1	7.12×10^{8}	5.14×10^{11}	0.9978	0.553	1.570
2.4	2	1.5	4.06×10^{8}	1.53×10^{11}	0.9909	0.666	0.680
2.4	2	2	1.84×10^{8}	4.13×10^{10}	0.9979	0.867	0.450

物理裂隙开度（即裂隙的真实宽度）是决定水力裂隙开度（裂隙等效渗流宽度）的关键因素之一，图 6.9 为水力裂隙开度与物理裂隙开度间的关系图。可以看出，水力裂隙开度随着物理裂隙开度的增大而增大，可采用指数函数对两者关系进行描述：

$$e_{\mathrm{m}} = \alpha \mathrm{e}^{\lambda e_{\mathrm{h}}} \tag{6.5}$$

式中，α、λ 为拟合系数。根据试验结果可以发现，在相同物理裂隙开度下，裂隙的粗糙度越大，水力裂隙开度越小。在分析水力裂隙开度与裂隙物理开度关系中，要考虑裂隙粗糙度对水力裂隙开度的影响。式（6.5）虽然能够在一定程度上表现水力裂隙开度与物理裂隙开度之间的关系，但并没有考虑粗糙度对水力裂隙开度（e_{h}）的影响，因此存在一定的缺陷。

一阶导数均方根 Z_2 是一种裂隙表面几何形貌统计参数，式（6.6）为三维节理面的一阶导数均方根的计算公式，采用 Z_2 可实现对裂隙粗糙度的刻画。

$$Z_2 = \sqrt{\frac{1}{L^2} \int_{y=0}^{y=L} \int_{x=0}^{x=L} \left(\frac{\mathrm{d}z}{\mathrm{d}x}\right)^2 \mathrm{d}x} = \sqrt{\frac{1}{(N\Delta x)^2} \sum_{j=1}^{N} \sum_{i=1}^{N-1} \left(z_{j,i+1} - z_{j,i}\right)^2} \tag{6.6}$$

式中，L 为粗糙裂隙面的长度和宽度；N 为在一个方向上划分的数目；Δx 为样精度（L/N）；$z_{j,i}$ 为裂隙面上点的高度。分形维数和标准差是刻画裂隙粗糙度的一种形式，与一阶导数均方根 Z_2 相似，都能够实现对裂隙粗糙度的描述。图 6.10 展现出 Z_2、分形维数、标准差之间相关性，三者间的关系式可表示为式（6.7），Z_2 与分形维数和标准差之间有很高的匹配性，完全可采用一阶导数均方根 Z_2 表示分形维数和标准差。

$$Z_2 = 0.3939D^2 + 0.159D \cdot \sigma - 1.339D - 0.1272\sigma + 1.056 \tag{6.7}$$

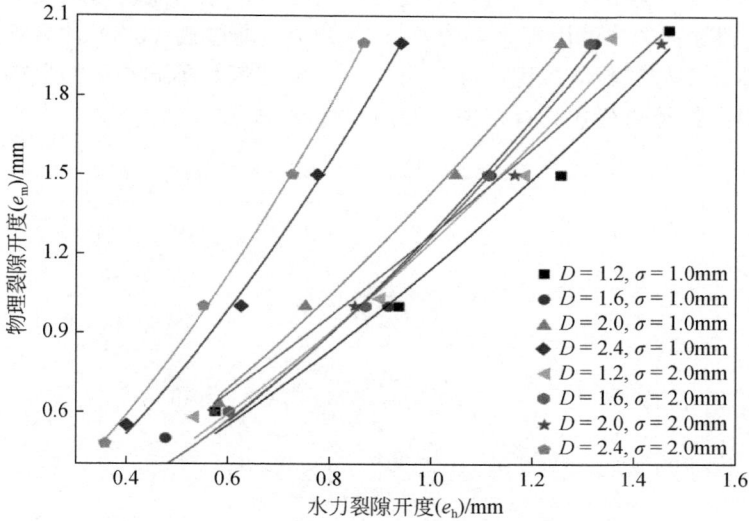

图 6.9　渗流试样水力裂隙开度与物理裂隙开度间的关系

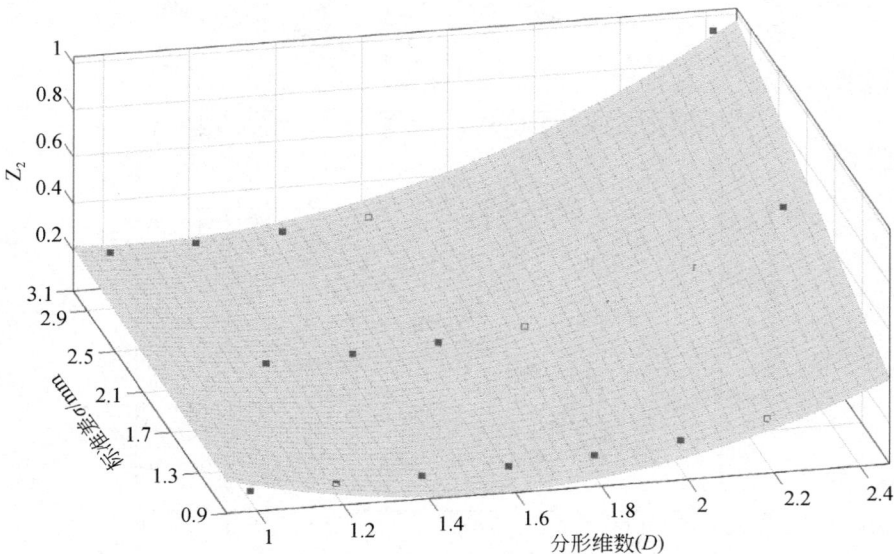

图 6.10　一阶导数均方根 Z_2 与分形维数、标准差间的关系图

由于裂隙粗糙度对水力裂隙开度影响较大，根据试验结果，考虑裂隙粗糙度的影响，采用式（6.8）描述水力裂隙开度和物理裂隙开度与 Z_2 的关系。

$$e_h = e_m \cdot e^{\left(\frac{-\varepsilon \cdot \sqrt{Z_2}}{e_m^s} \right)} \tag{6.8}$$

式中，ε 和 ς 分别为反映粗糙度和物理裂隙开度对水力裂隙开度影响的系数。当物理裂隙开度（e_{m}）无限增大时，由于物理裂隙开度很大，粗糙度对流体流动的影响可以忽略不计，此时水力裂隙开度与物理裂隙开度近似相等，满足立方定律的渗流要求。水力裂隙开度随着裂隙粗糙度的增大而减小，当裂缝粗糙度足够大时，裂隙的流动通道闭合，水力裂隙开度接近 0，粗糙裂隙将失去渗流能力。图 6.11（b）中，通过式（6.8）计算获得的非匹配型裂隙的水力裂隙开度与试验值接近，说明式（6.8）能够满足不同类型的粗糙裂隙水力裂隙开度的预测，提出的经验公式具有合理性及适用性。

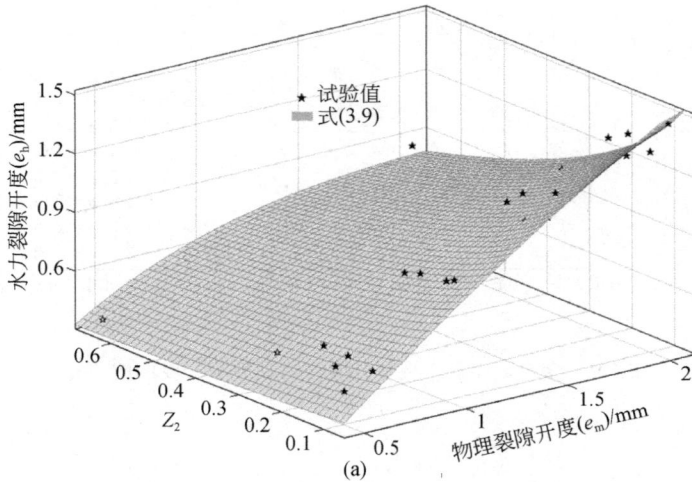

(a)

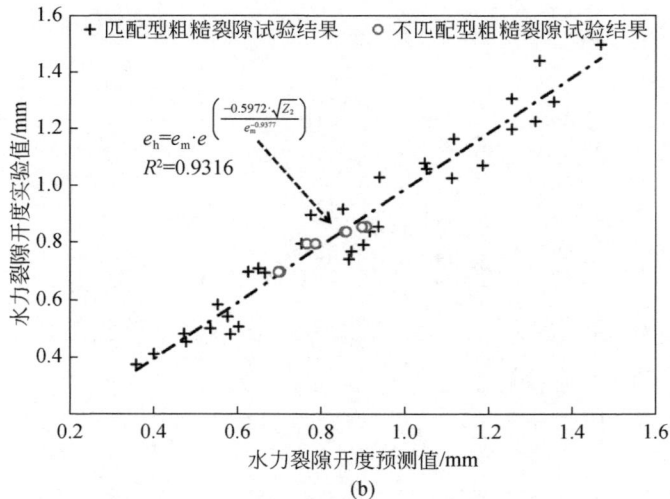

$$e_{\mathrm{h}}=e_{\mathrm{m}}\cdot e^{\left(\frac{-0.5972\cdot\sqrt{Z_2}}{e_{\mathrm{m}}^{-0.9377}}\right)}$$

$R^2=0.9316$

(b)

图 6.11　水力裂隙开度(e_{h})、物理裂隙开度（e_{m}）与 Z_2 间的关系

（a）裂隙粗糙度对 e_{h} 的影响；（b）基于式（3.9）对参数 e_{h} 进行拟合分析

在 Foechheimer 方程中，非线性因子（β）主要与粗糙裂隙的几何形态相关。因此在对非线性系数的参数化分析中，主要考虑粗糙度对非线性因子的影响。通过对试验结果分析，发现 β 可认为是有关水力裂隙开度（e_h）的函数，两者之间可采用指数函数进行描述，如图 6.12 所示，非线性因子与水力裂隙开度之间的函数关系为

$$\beta = \kappa e_h^{-\omega} \tag{6.9}$$

式中，κ 和 ω 为拟合系数。根据式（6.9）非线性因子随着水力裂隙开度的增大而减小，β 与 e_h 之间的关系式与 Zhou 等（2016）研究结果一致。

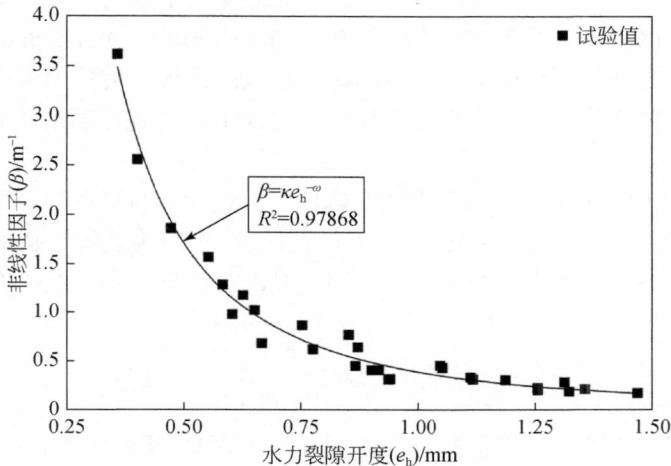

图 6.12　非线性因子（β）和水力裂隙开度（e_h）间的关系

由上文研究结果可知，水力裂隙开度与裂隙粗糙度和物理裂隙开度有关，将式（6.8）代入式（6.9）中，可建立非线性系数与裂隙粗糙度之间的关系式：

$$\beta = \alpha \cdot e_h^{-\omega} = \alpha \cdot \left[e_m \cdot e^{\left(\frac{-\gamma \sqrt{Z_2}}{e_m^{\eta}} \right)} \right]^{-\omega} = \alpha \cdot e^{-\omega} \cdot e^{\left(\frac{\gamma \cdot \omega \sqrt{Z_2}}{e_m^{\eta}} \right)} \tag{6.10}$$

式中，α、γ、η、ω 为反映裂隙粗糙度和物理裂隙开度对 β 的影响系数。式（6.10）能够很好地表现出非线性系数与物理裂隙开度和 Z_2 之间的关系，能够实现对粗糙裂隙渗流的预测。式（6.10）中，β 随着 Z_2 的增大而减小，当 e_m 足够大时，粗糙度对渗流的影响将会忽略不计，此时 $\beta = 0$，表现为线性渗流。

6.2　岩体裂隙网络渗流特性

6.2.1　裂隙网络渗流基本理论

石窟裂隙水属于重力水，受重力作用向下运动，在特殊情况下，受到类似"连通器"作用影响，形成承压水。随着岩体裂隙张开度变小、尖灭，或遇到不透水的隔水层，如软

弱夹层、层间风化裂隙、溶蚀面等，地下水运移在垂直方向受阻，于是改变运动方向，沿裂隙做横向运动或沿软弱面倾向、层间裂隙面的倾向作近似水平方向运动。随着隔水软弱夹层的变薄尖灭，或被另一组裂隙切割，被断层错断，会再次改变运动方向。因此，其运移排泄路线多呈曲折的台坎状，受构造裂面（或断层面）、地层产状及岩性的控制。总的排泄方向指向河侧或临空面方向，最终以崖面渗水、窟内渗水和泉水的形式排出。

因此，研究石窟岩体裂隙网络渗流特性是理解和认识石窟水害成因的重要依据。岩体裂隙网络渗流是近半个世纪以来的研究热点问题，其中离散裂缝网络（DFN）模型得到广泛应用。本节在研究单一裂隙渗流的基础上，针对裂隙网络渗流进行系统研究。首先将粗糙面信息导入裂隙网络，采用格子玻尔兹曼方法（lattice Boltzmann method，LBM）和裂隙渗流理论方法进行数值和理论验证。然后，研究裂隙网络统计信息如密度、长度等因素对渗流的影响。最后结合块体离散元数值计算方法 UDEC，研究力学条件下裂隙网络结构变化对渗流的影响。

为了验证 LBM 在裂隙网络模型中的正确性，通过管道网络理论模型进行验证。在管道理论模型中，裂隙网络被分为管道和节点单元，其中节点为裂隙交接面，管道为节点间的连接部分。渗流变量在节点处为流体压力和流量。对于每一个管道，流量和压力的本构关系可用达西定律来表示：

$$\begin{pmatrix} q_i \\ q_j \end{pmatrix} = \boldsymbol{H}_{\text{pipe}} \begin{pmatrix} p_i \\ p_j \end{pmatrix} \tag{6.11}$$

式中，q_i 和 p_i 分别为节点 i 处的流量和压力；$\boldsymbol{H}_{\text{pipe}}$ 为流量-压力矩阵。

$$\boldsymbol{H}_{\text{pipe}} = -\frac{h_{\text{pipe}}^3}{12\mu l_{\text{pipe}}} \begin{pmatrix} 1 & -1 \\ -1 & 1 \end{pmatrix} \tag{6.12}$$

式中，h_{pipe} 为裂隙开度；μ 为液体动力黏滞系数；l_{pipe} 为裂隙长度。

流量-压力总体矩阵可通过质量守恒来获取，即流入节点的流量等于流出节点的流量，

$$\boldsymbol{Q} = \boldsymbol{H}_{\text{global}} \boldsymbol{P} \tag{6.13}$$

式中，$\boldsymbol{Q}$ 为流量矩阵；$\boldsymbol{H}_{\text{global}}$ 为整体流量-压力矩阵；$\boldsymbol{P}$ 为节点压力矩阵。类似于有限元方法，整体系统矩阵可以通过式（6.13）进行整合。裂隙网络渗流可以借助一定的边界条件进行求解。

6.2.2　格子玻尔兹曼方法介绍

对于流体系统的描述，根据不同的尺度可分为宏观连续模型、微观分子模型和介观动力学模型。宏观连续模型将流体假设为连续体，通过求解 Navier-Stokes 等非线性偏微分方程对流体的宏观运动进行描述。现有数值模拟方法大多都是基于宏观连续方法，如有限元法、有限差分法、有限体积法等。微观分子模型将流体视为由大量离散的流体分子（如水分子）组成的系统，该模型的中心思想是模拟每一个分子运动，通过统计学的方法研究流体的宏观运动规律。由于微观分子模型从最原始的分子出发，理论上可以求解任意的流体系统，但是微观分子模型在运用到实际工程中对应的分子数量过于庞大，难以计算和储存，目前仅限于纳米尺寸的系统，发展较为缓慢。介观动力学模型是微观

分子模型进一步优化的结果，流体被离散成一系列的流体粒子，这些粒子比分子级别要大，在宏观上又无限小。该模型着眼于这些流体粒子的速度分布函数，通过相关函数的求解研究其时空演化规律，根据宏观物理量和速度分布函数的关系来获得宏观流动信息，常见的介观方法主要有格子气自动机（lattice gas automaton，LGA）和格子玻尔兹曼方法（LBM）等。

根据弛豫时间的不同，LBM 可以分为两种模型，即单松弛模型和多松弛模型。单松弛模型或 LBGK 模型计算效率高，原理简单，受到学者的青睐。在众多单松弛模型中，DdQm 模型（d 表示空间维度，m 表示离散速度向量的个数）是格子玻尔兹曼方法方法中最为常用的模型之一，该模型适用于从一维到三维的流体模拟，一维情况常用 D1Q5 进行模拟，二维情况常采用 D2Q9 模型，三维情况常采用 D3Q19 模型。本书采用二维格子玻尔兹曼方法模拟裂隙渗流特性，因此本节主要介绍 D2Q9 模型和各参数的计算方法。

D2Q9 模型是二维空间上正方形网格上的格子玻尔兹曼模型，在 D2Q9 模型中，从模型上的中点出发有九个速度向量，如图 6.13 所示。

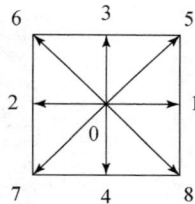

图 6.13　D2Q9 模型结构

D2Q9 模型的离散速度配置如下：

$$e_i = \begin{cases} (0,\ 0), & i = 0 \\ c\big(\cos[(\alpha-1)\pi/2],\ \sin[(\alpha-1)\pi/2]\big), & i = 1, 2, 3, 4 \\ \sqrt{2}c\big(\cos[(2\alpha-1)\pi/4],\ \sin[(2\alpha-1)\pi/4]\big), & i = 5, 6, 7, 8 \end{cases} \quad (6.14)$$

式中，c 为迁移速率，$c = \delta_x/\delta_t$，δ_x 和 δ_t 分别为网格步长和时间步长，本节采用的网格步长和时间步长一致，因此 $c=1$。此外，本节中 x 和 y 方向的网格步长相同，即 $\delta_x = \delta_y$。

D2Q9 模型的平衡态分布函数可以表示为

$$f_i^{\text{eq}} = \rho\omega_i\left[1 + \frac{c_i \cdot u}{c_s^2} + \frac{(c_i \cdot u)^2}{2c_s^4} - \frac{u^2}{2c_s^2}\right] \quad (6.15)$$

式中，ω_i 为权函数；$c_s = c/\sqrt{3}$ 为格子声速；ρ 为宏观密度；u 为宏观流体速度。

权函数 ω_i 采用下式进行简化计算：

$$\omega_i = \begin{cases} 4/9, & c_i^2 = 0 \\ 1/9, & c_i^2 = c^2 \\ 1/36, & c_i^2 = 2c^2 \end{cases} \quad (6.16)$$

在 D2Q9 模型中，通过粒子分布函数可以求得流体的宏观参数，其中宏观密度（ρ）、

宏观流速（u）为

$$\rho = \sum_{i=0}^{8} f_i(x, t) \tag{6.17}$$

$$u = \frac{1}{\rho} \sum_{i=0}^{8} f_i(x, t) e_i \tag{6.18}$$

6.2.3　网络模型构建及渗流特性分析

为了采用管道网络模型进行裂隙网络渗流计算，需要确认裂隙网络中节点的位置信息和裂隙的连接信息。为了实现这一过程，首先采用 UDEC 建立随机多边形格子，通过块体切割和识别技术确定节点位置及节点间的连接信息。同时，为了验证 LBM 方法在裂隙网络渗流模拟中的正确性，建立与管道网络模型等同的 LBM 数值物理模型，具体实现过程如图 6.14 所示。

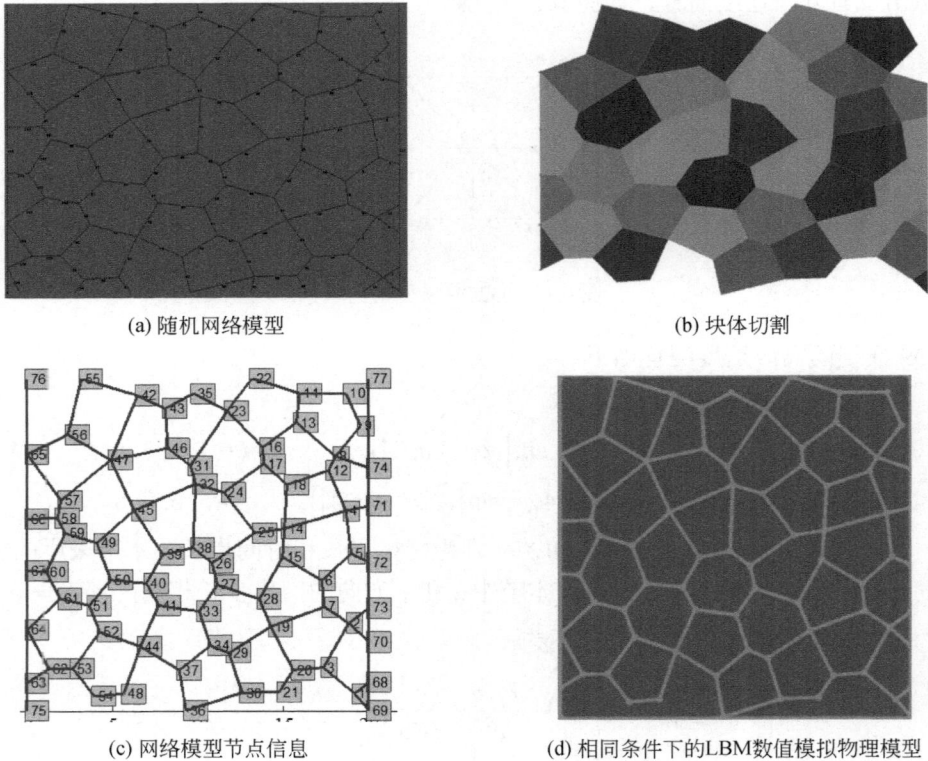

(a) 随机网络模型

(b) 块体切割

(c) 网络模型节点信息

(d) 相同条件下的LBM数值模拟物理模型

图 6.14　网络模型及 LBM 数值模拟物理模型构建过程（见彩图）

另外，为了研究粗糙度对裂隙网络渗流的影响，同时验证 LBM 数值模型的正确性，对于节点间（i, j）的管道引入随机粗糙度。通过构建二值化 LBM 物理模型，将固体部分（非渗流边界）定义为 0，而将液体部分定义为 1，进行格子玻尔兹曼方法的数值模拟。

根据构建的裂隙网络模型，通过改变随机粗糙度的幅值，分别进行管道网络模型

（pipeline network model，PNM）理论分析和 LBM 数值模型模拟，结果如图 6.15 和图 6.16 所示。计算结果表明，格子玻尔兹曼方法能够准确地进行裂隙网络渗流特性的模拟。

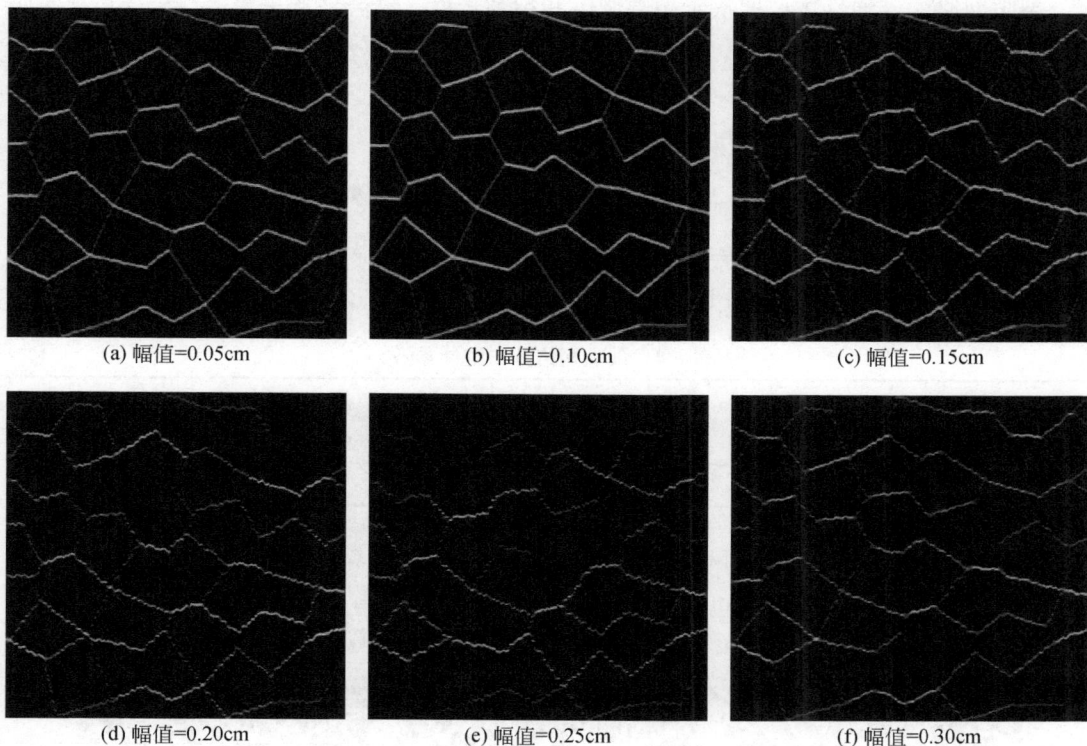

(a) 幅值=0.05cm　　　　　　　　(b) 幅值=0.10cm　　　　　　　　(c) 幅值=0.15cm

(d) 幅值=0.20cm　　　　　　　　(e) 幅值=0.25cm　　　　　　　　(f) 幅值=0.30cm

图 6.15　不同粗糙度幅值条件下 LBM 数值模拟速度分布特征

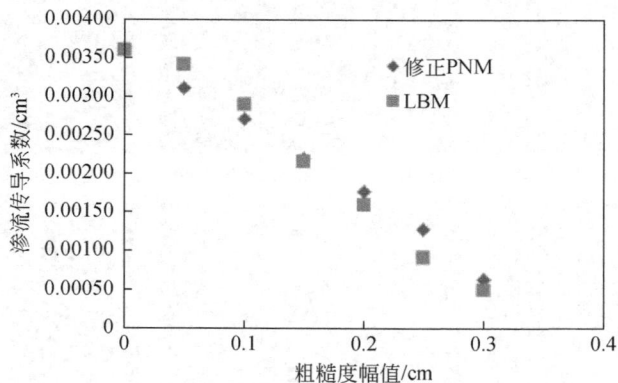

图 6.16　LBM 和修正管道网络模型（PNM）计算结果对比分析

　　裂隙网络的渗流特性与裂隙分布特征有着直接的关系。传统的裂隙网络模型中，在渗流模拟之前，需要根据裂隙分布进行块体切割，对于裂隙的拓扑结构，尤其是不透水裂隙的识别非常复杂。相反，如果采用格子玻尔兹曼数值方法，不透水裂隙可以自然被识别，因为他们对渗流没有贡献。同时，传统裂隙网络模型在对岩体中块体的变形、滑动、转动、裂隙开放和闭合等问题的解决上存在一定的困难。因此，拟采用格子玻尔兹曼方法对裂隙网络连通性及力学条件下渗流特性进行系统的研究。

　　裂隙网络的连通性主要取决于裂隙密度和裂隙长度，结合现场采集的浅表层风化裂隙分布特征（图 6.17），假定裂隙的位置且服从均匀分布，裂隙开度设为 0.3cm，裂隙网络的几何特征如表 6.4 所示。

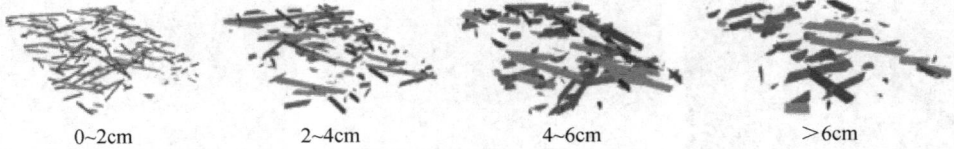

|　　0~2cm　　|　　2~4cm　　|　　4~6cm　　|　　>6cm　　|

图 6.17　浅表层风化裂隙分布特征

表 6.4　裂隙网络分布统计参数

岩块尺寸/cm	密度/(条/cm²)	长度/cm		宽度/cm	
		均值	标准差	均值	标准差
20×20	0.4，0.6，0.8	4，5，6，7，8	均值的20%	0.3	0

　　采用 LBM 研究随机裂隙网络的渗流特性，为了保证计算精度，格子玻尔兹曼方法模拟中采用的分辨率为 100 l.u./cm，即每厘米划分为 100 个计算格子，如图 6.18 所示。其中黑色为固体部分，白色为裂隙，即渗流通道，相应的渗流计算结果如图 6.19 所示。

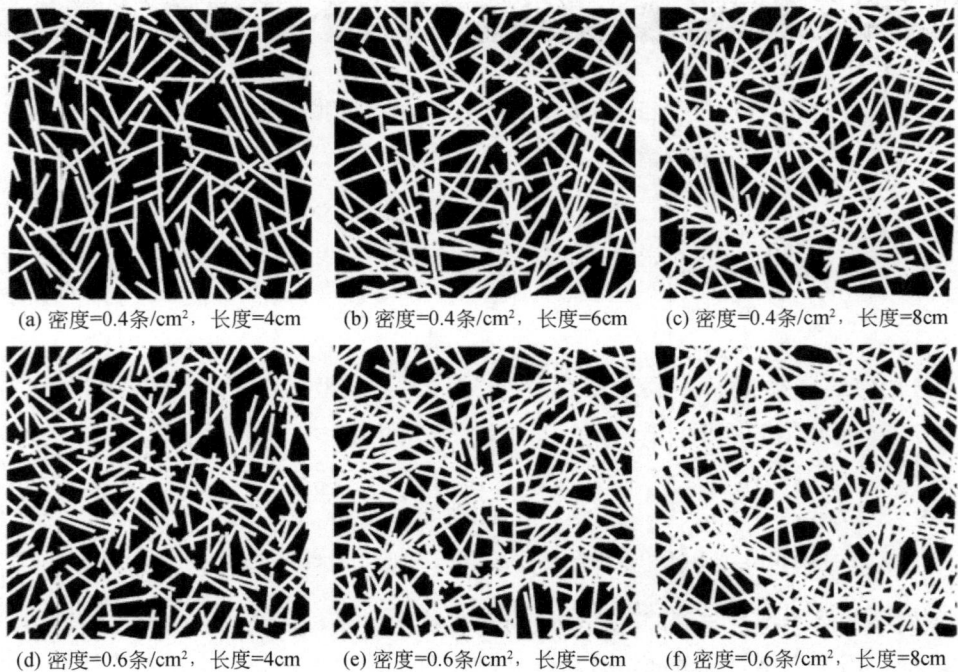

(a) 密度=0.4条/cm²，长度=4cm　　(b) 密度=0.4条/cm²，长度=6cm　　(c) 密度=0.4条/cm²，长度=8cm

(d) 密度=0.6条/cm²，长度=4cm　　(e) 密度=0.6条/cm²，长度=6cm　　(f) 密度=0.6条/cm²，长度=8cm

图 6.18　不同密度和长度的裂隙网络模型

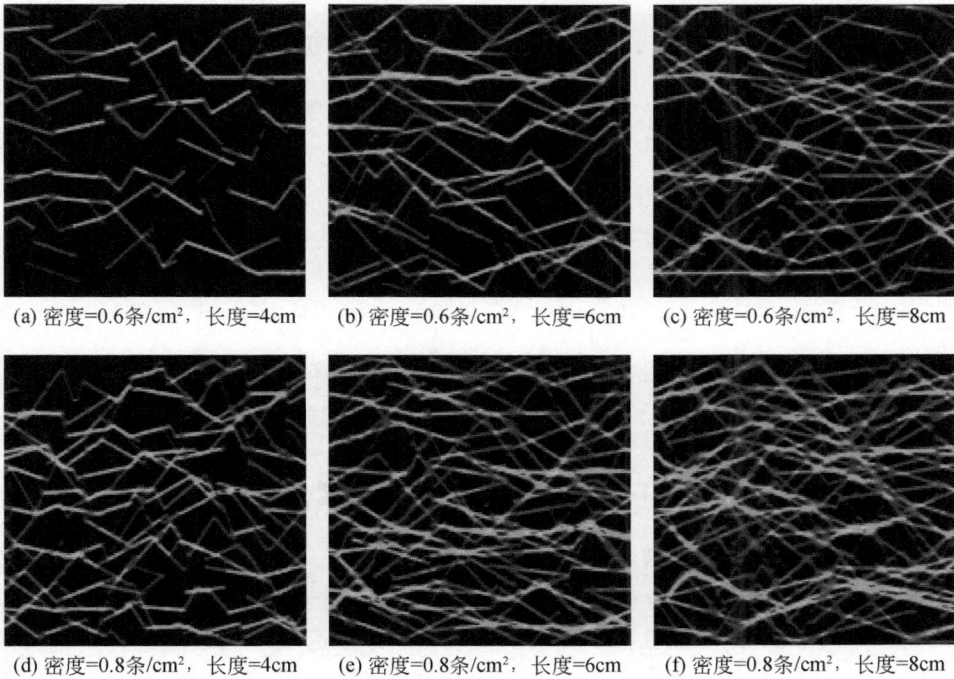

(a) 密度=0.6条/cm²，长度=4cm　　(b) 密度=0.6条/cm²，长度=6cm　　(c) 密度=0.6条/cm²，长度=8cm

(d) 密度=0.8条/cm²，长度=4cm　　(e) 密度=0.8条/cm²，长度=6cm　　(f) 密度=0.8条/cm²，长度=8cm

图 6.19　格子玻尔兹曼方法数值模拟速度分布

　　针对表 6.4 中的工况进行数值模拟，模拟结果如图 6.20 所示。结果表明，随着裂隙长度和密度的增大，渗流速度也在逐步增大。因此，为了更好地量化裂隙连通性的影响，引入参数 LD，LD 为密度和长度的乘积，LD 作为变量建立 LD 与流速的关系，如图 6.21 所示。由此可见，裂隙网络渗流特性与 LD 有着很好的正相关关系，即随着 LD 的增大而增大。

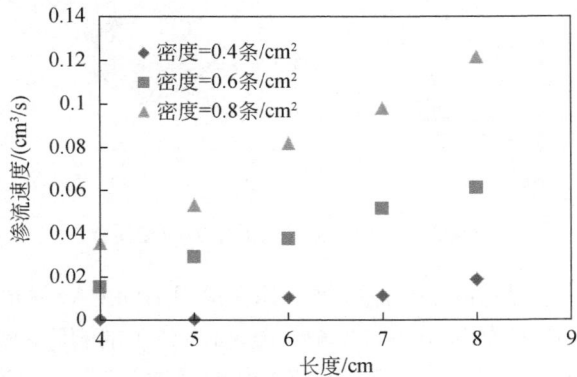

图 6.20　裂隙长度和密度对渗流速度的影响

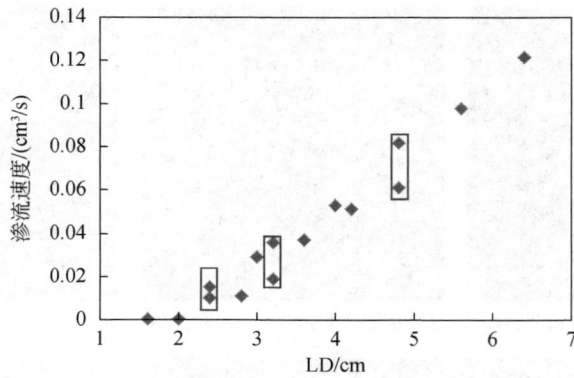

图 6.21　LD 与裂隙网络渗流速度的关系

6.2.4　裂隙网络和格子玻尔兹曼方法流固耦合计算

为了研究力学条件下裂隙网络渗流特性，采用 UDEC 和 LBM 进行流固耦合计算，揭示裂隙网络结构变化对渗流特性影响的内在机理。采用间接耦合方式，即在 UDEC 模型中加入力学边界，导致块体发生位移、变形和转动，进而引起裂隙网络结构变化。将变化后的网络结构导入 LBM 数值模型中，进行渗流计算。同时考虑裂隙网络在力学条件下的各向异性，研究不同方向的渗流规律，如图 6.22 所示。

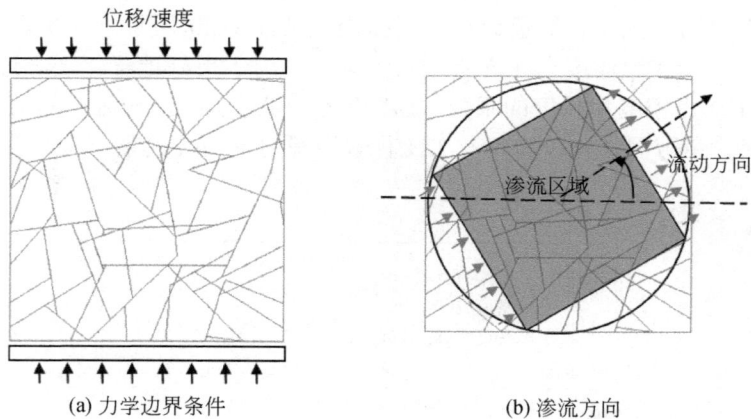

(a) 力学边界条件　　　　　　　　　　　　(b) 渗流方向

图 6.22　考虑各向异性的水力间接耦合

为了研究力学条件下裂隙网络渗流发展规律，采用 UDEC 计算单轴压力作用下结构变化特征，分别得到轴向应变为 0、0.2%、0.6%、0.8%条件下的裂隙网络结构，分别进行 0°、30°、60°、90°四个方向的 LBM 数值模拟，渗流传导系数如图 6.23 所示。计算结果表明，在初始状态下，裂隙网络表现为各向同性的渗流特性。随着轴向变形的发展，表现出各向异性渗流特性，水平方向的渗流速度随着轴向应变的发展逐渐减少，而轴向的渗流速度随着轴向应变逐渐增加。由此可见，裂隙网络随着外力的作用导致裂隙开度的增加和减小，进而影响裂隙网络的渗流特性。

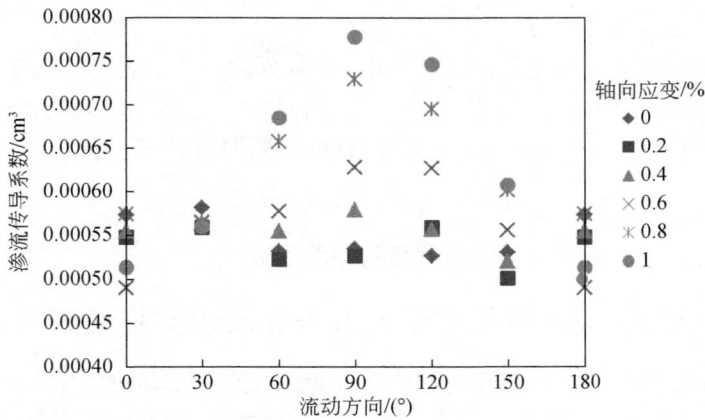

图 6.23　不同应变和渗流方向的渗流传导系数

6.3　孔隙介质渗流特性研究

6.3.1　岩石渗流基本理论

岩石作为一种多孔介质，其内部流体的流通是导致岩石中物质输运的重要过程，而渗透率表示流体流过孔隙岩石的难易程度，是描述孔隙岩石的输运性质的最重要的参数。然而，由于岩石孔隙结构的复杂性与随机性，导致试验测得的岩石渗透率具有十分明显的离散性。由于岩石孔隙结构的复杂性，难以采用数学方法全面描述孔隙岩石的渗透性质，孔隙结构特征与岩石的渗透性之间的关系尚不清楚，孔隙所具有的极强的宏观渗透随机性，使得对岩石渗透性的预测非常困难。一般认为，影响孔隙岩石渗透率张量的因素有岩石的孔隙率、孔隙连通程度，孔隙形状和孔隙尺寸，岩石内部应力-应变状态和孔隙压力等。

Bourbie 给出了 Fontainebleau 砂岩的渗透率与孔隙度之间存在幂指数关系，采用基于等效管道模型的 Kozeny-Carman 公式可以较好地解释较高孔隙度岩石的渗透率与岩石孔隙结构参数的关系（如孔隙率、比表面积、矿物颗粒直径、迂曲度等），然而这种模型将岩石内部的孔隙网络结构简化成圆形管道，忽略了孔隙结构形态的复杂性，其中比表面积、矿物颗粒直径与迂曲度的确定与岩石孔隙结构密切相关。同时，在岩石渗透率测量试验中，轴向荷载、围压及孔隙压力的共同作用，以及岩石内部孔隙分布的非均匀性，使得试件内部的应力-应变具有局部化效应，这些都决定了孔隙岩石渗透率的不确定性。

石窟岩体中岩石孔隙渗流与岩石损伤劣化关系密切，孔隙介质渗透系数的预测一直是学者研究的热点，但是由于实验材料和预测方法的不同，预测公式形式多样。这些公式中的变量是一致的，即孔隙介质渗透系数的影响因素，主要包括颗粒大小分布、颗粒形状、弯曲度、比表面积等。Bear 提出了渗透系数（K）的一般表达：

$$K = \frac{g}{v} f_1(s) \times f_2(n) \times d^2 \tag{6.19}$$

式中，$f_1(s)$ 为颗粒形状的相关函数；$f_2(n)$ 为孔隙率的相关函数；v 为液体的运动黏滞系数；

g 为重力加速度；d 为粒径大小。

总结大量预测公式发现，Bear 公式适用于大多预测公式的表达，但是对于一些特殊的公式，却没有被包含在内。在这些公式中，等效粒径不一定以平方项出现，并且公式中没有体现等效粒径的表达，据此提出了更为完善的渗透系数的一般表达：

$$K = \frac{g}{\nu} f_1(s) \times f_2(n) \times f_3(d_{\mathrm{m}}) \tag{6.20}$$

式中，d_{m} 为等效粒径；$f_3(d_{\mathrm{m}})$ 为等效粒径的相关函数。

6.3.2　基于格子玻尔兹曼方法的孔隙介质渗流特性研究

采用 PFC2D 软件中的圆形颗粒近似代替孔隙固体颗粒，通过指定生成范围和孔隙率，生成粗孔隙介质的二维离散模型。首先，颗粒按指定范围随机生成于墙体空间内，然后通过指定的放大系数进行半径放大来达到目标的孔隙率。待颗粒生成结束，将颗粒的半径缩小为正常值，这样生成的模型最接近于真实情况。利用单松弛的 D2Q9 模型模拟孔隙介质的渗流，如图 6.24 所示，模型的边界条件设置为上、下面均为不透水边界，左、右面分别为流入和流出边界，采用不同的水压力进行渗流驱动，固体颗粒表面采用无滑移边界（流固边界处流体和固体部分没有相对运动）。

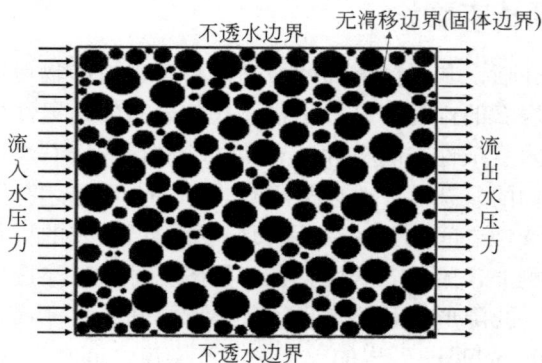

图 6.24　渗流模拟边界条件示意图

根据模拟得到的速度场，计算截面上的流量为

$$Q_x = \sum_{i=1}^{N_y} v_{xi}\mathrm{d}y \cdot 1 = \sum_{i=1}^{N_y} v_{xi}\mathrm{d}y \tag{6.21}$$

式中，N_y 为每个横截面在 y 方向上的格子数；v_{xi} 为在位置 y_i 处格子沿 x 方向上的速度。

根据多孔介质流通量公式：

$$Q = \frac{k \Delta P A}{\mu L} \tag{6.22}$$

式中，Q 为单位时间内流体通过岩石的流量；k 为渗透率；ΔP 为液体通过多孔介质前后的压差；A 为截面面积；μ 为液体黏度；L 为流经长度。因此，渗透率为

$$k = \frac{Q_x \mu L_x}{\Delta P A} = \frac{\nu \rho Q_x L_x}{(J \cdot L_x) \cdot (L_y \cdot 1)} = \frac{\nu \rho Q_x}{J L_y} \tag{6.23}$$

式中，v 为液体的运动黏滞系数，取 1/6；ρ 为流体密度，取 $1g/cm^3$；J 为压力梯度，取 1×10^{-8}；L_x 为模型沿 x 方向上的长度；L_y 为模型沿 y 方向上的长度。

1. 单一粒径下孔隙率对渗透系数的影响模拟

为研究孔隙率（n）对粗孔隙介质渗透系数的影响，采用单一粒径颗粒，粒径指定为 1mm，分别生成 0.30、0.35、0.40、0.45、0.50、0.55、0.60 共七种不同的孔隙率模型。将生成的颗粒模型导入 LBM 程序中计算渗透系数，计算结果如表 6.5 所示。

为了直观地研究单一粒径下孔隙率对孔隙介质渗透特性的微观机理，将模拟得到的结果生成速度场分布云图，如图 6.25 所示。

表 6.5　单一粒径下孔隙系数影响模拟结果

工况号	孔隙率（n）	渗透系数/（cm/s）
1	0.30	0.0988
2	0.35	0.5335
3	0.40	1.0958
4	0.45	1.5842
5	0.50	2.8819
6	0.55	4.4797
7	0.60	7.5674

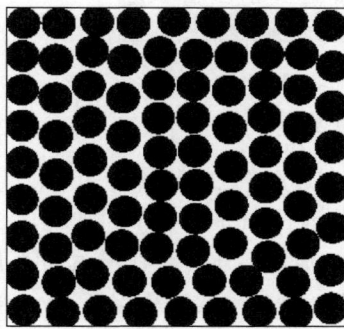

(a) 工况1模型示意图

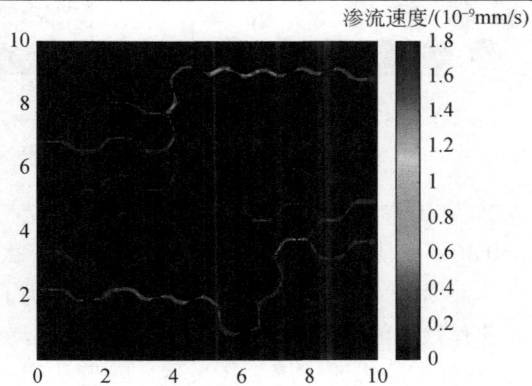

(b) 工况1渗流稳定时渗流速度云图

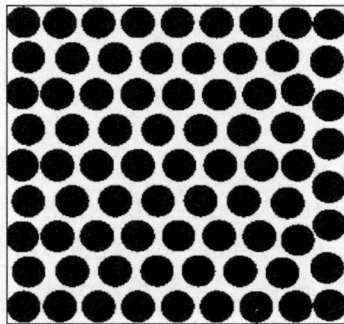

(c) 工况3模型示意图

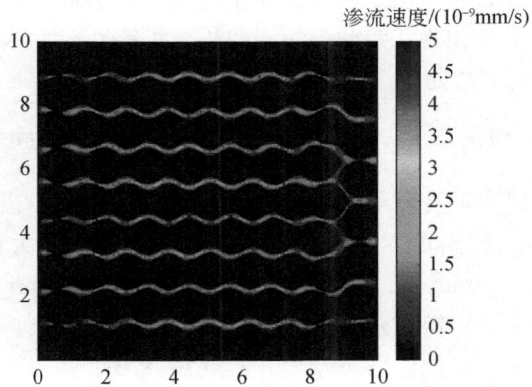

(d) 工况3渗流稳定时渗流速度云图

(e) 工况5模型示意图　　　　　　　　(f) 工况5渗流稳定时渗流速度云图

(g) 工况7模型示意图　　　　　　　　(h) 工况7渗流稳定时渗流速度云图

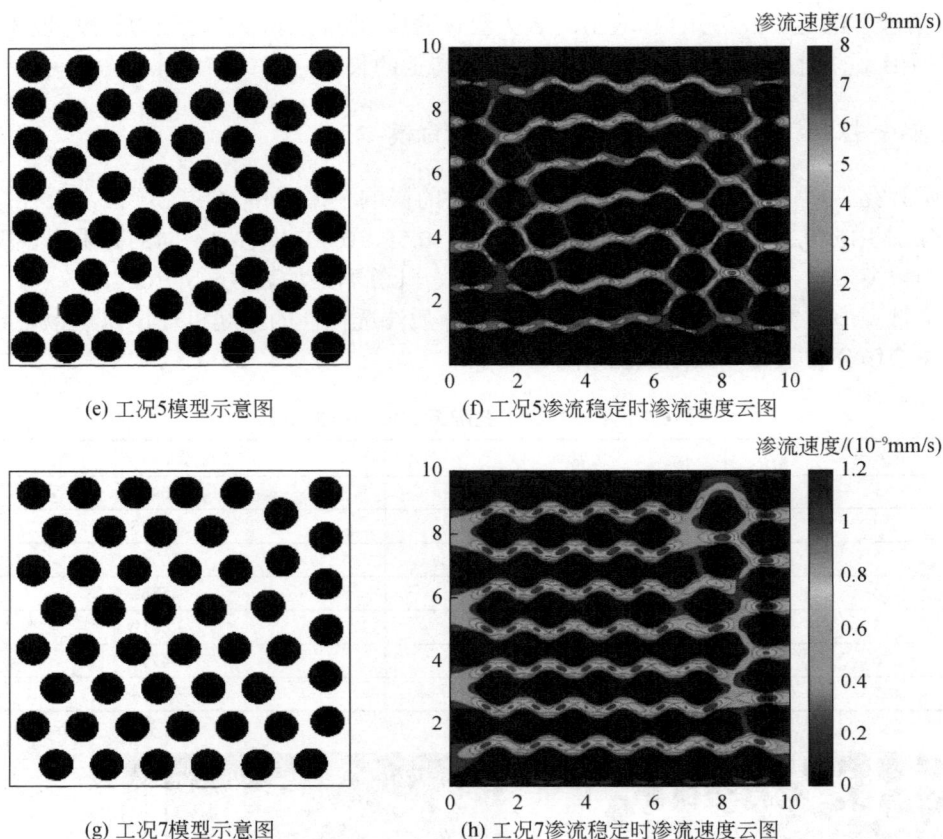

图 6.25　不同孔隙率下孔隙介质模型和渗流速度场分布云图

　　图 6.25 是孔隙介质在不同孔隙率下的孔隙结构及渗流速度场分布云图。可以发现，工况 1（n=0.30）孔隙率较低，土体处于高度挤密状态，只有两条狭长的渗流通道。工况 3（n=0.40）孔隙率增大，渗流通道明显增多，出现了八条渗流通道，并且在渗流通道的平直处，由于没有颗粒的阻碍作用，会出现渗流速度局部增大的现象。对比工况 3（n=0.40）和工况 5（n=0.50）的渗流速度云图发现，随着孔隙率的继续增大，渗流通道数量没有明显增加，但渗流通道加宽明显。在工况 7（n=0.60）中，渗流通道进一步加宽，渗流速度较工况 5（n=0.50）出现了跨数量级的增长，并且明显看到渗流速度相对较大的区域增多（基本在孔隙通道的平直处）。

2. 相同孔隙率下粒径对渗透系数的影响模拟

　　为研究粒径对于孔隙介质渗透特性的影响，需要保证除粒径大小外其他因素不变，本节设定孔隙率固定为 0.40，在边长为 16mm（最大粒径的 10 倍）的正方形范围内分别生成 0.2mm、0.4mm、0.6mm、0.8mm、1.0mm、1.2mm、1.4mm、1.6mm 共计八种不同单一粒径的试样，颗粒数量通过孔隙率和粒径计算得到。需要注意的是，当粒径较小时，生成的颗粒较多，可视化效果较差。因此挑选三个典型工况——工况 4、工况 6 和工况 8 进行展示，计算的相关参数和结果见表 6.6 和图 6.26。

表 6.6　单一粒径下粒径影响模拟结果

工况号	粒径/mm	渗透系数/（cm/s）
1	0.2	0.0437
2	0.4	0.1749
3	0.6	0.2757
4	0.8	0.6837
5	1.0	1.0958
6	1.2	1.5249
7	1.4	1.7243
8	1.6	2.1467

从图 6.26 可以看出，工况 4（d=0.8mm）渗流速度云图的特点是渗流通道较多、渗流通道较细，并且试样中间的渗流速度大于两边的渗流速度。对比工况 6（d=1.2mm）和工况 8（d=1.6mm）不难发现，在同一个单位体积内，随着粒径的增大，渗流通道数量减小，但渗流通道的宽度增大。此外，对比不同孔隙率的渗流速度云图，当孔隙率或粒径增长到一定值时，孔隙通道的数量不再改变，孔隙发展达到稳定状态，会出现几条沿着渗流方向的主要渗流通道，即主通道现象，该通道上的流速明显高于其他位置的流速，流体优先选择该主通道进行渗流。

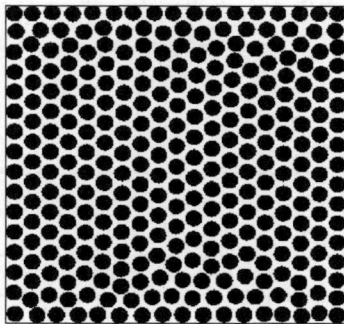

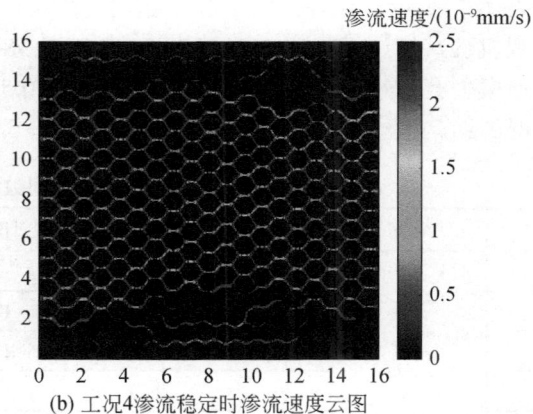

(a) 工况4模型示意图　　(b) 工况4渗流稳定时渗流速度云图

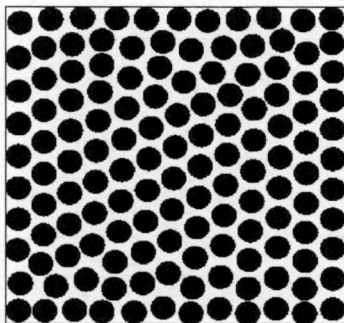

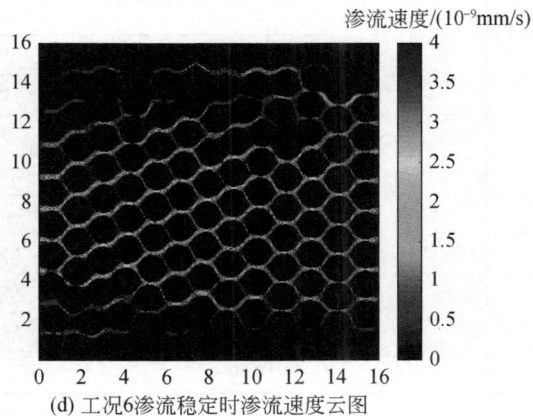

(c) 工况6模型示意图　　(d) 工况6渗流稳定时渗流速度云图

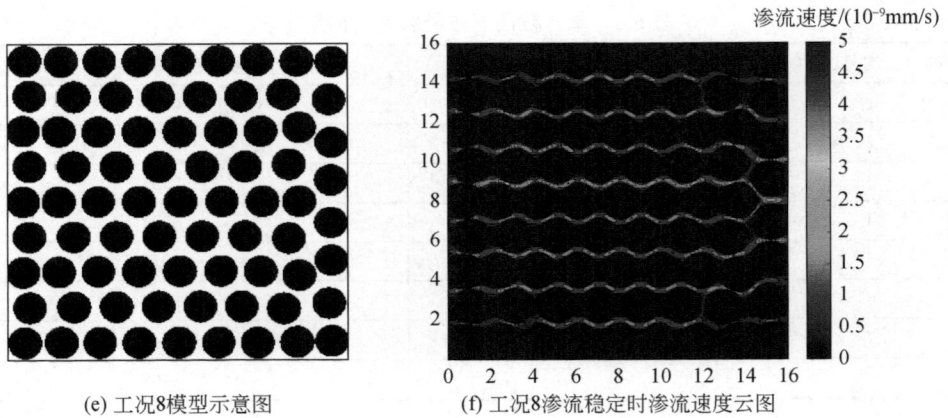

(e) 工况8模型示意图　　　　　　　(f) 工况8渗流稳定时渗流速度云图

图 6.26　不同粒径下孔隙介质结构模型和渗流速度场分布云图

3. 单一粒径区间下孔隙介质渗透特性研究

针对单一粒径区间的孔隙介质进行模拟，分别生成粒径区间是 0.5～1.0mm、0.5～1.5mm、0.5～2.0mm、0.5～2.5mm、0.5～3.0mm 的均匀试样，在每个粒径区间下又对应六种不同的孔隙率。为了进行更好地对比，增加了单一粒径为 0.5mm 的试样，共计 42 种工况，如表 6.7 所示。此外，为了分析相同孔隙率下，粒径区间增长对孔隙介质渗透特性影响的微观机理，挑选了工况 10、工况 24 和工况 38 的速度场文件单独分析，这三种工况下孔隙介质模型孔隙率均为 0.4，粒径区间分别为 0.5～1.0mm、0.5～2.0mm 和 0.5～3.0mm。三种工况的结构模型和渗流速度场分布云图如图 6.27 所示。

表 6.7　单一粒径区间数值模拟结果

工况号	粒径区间/mm	孔隙率	比表面积(S_0)/cm	渗透系数(K)/(cm/s)
1		0.30	12	0.0247
2		0.35	12	0.1334
3		0.40	12	0.2739
4	0.5	0.45	12	0.3960
5		0.50	12	0.7205
6		0.55	12	1.1199
7		0.60	12	1.8919
8		0.30	7.395	0.0427
9		0.35	7.436	0.2791
10		0.40	7.473	0.4336
11	0.5～1.0	0.45	7.505	0.8526
12		0.50	7.544	1.5640
13		0.55	7.523	2.7672
14		0.60	7.487	4.6349

续表

工况	粒径区间/mm	孔隙率	比表面积(S_0)/cm	渗透系数(K)/(cm/s)
15		0.30	5.128	0.0866
16		0.35	5.141	0.3736
17		0.40	5.134	0.9375
18	0.5~1.5	0.45	5.143	1.7890
19		0.50	5.183	3.3473
20		0.55	5.223	5.7418
21		0.60	5.260	9.0435
22		0.30	3.900	0.1881
23		0.35	3.879	0.6406
24		0.40	3.883	1.9495
25	0.5~2.0	0.45	3.897	3.5054
26		0.50	3.906	5.9708
27		0.55	3.946	9.3401
28		0.60	3.958	16.1313
29		0.30	3.116	0.2749
30		0.35	3.117	1.2261
31		0.40	3.111	2.5944
32	0.5~2.5	0.45	3.130	5.5326
33		0.50	3.119	9.3411
34		0.55	3.148	15.108
35		0.60	3.167	24.5938
36		0.30	2.598	0.4638
37		0.35	2.605	1.5196
38		0.40	2.598	4.1957
39	0.5~3.0	0.45	2.603	8.0653
40		0.50	2.605	13.3293
41		0.55	2.621	22.6729
42		0.60	2.642	35.7103

如图 6.27 所示，可以明显观察到，在粒径大小不同的情况下，存在明显的大粒径效应，即大粒径颗粒的存在会造成附近孔隙通道宽度增大。这也就会造成更宽的渗流通道，这些通道一般是渗流主通道，小粒径颗粒会对渗流主通道产生扰动，甚至改变主通道的方向。由于工况 10、工况 24 和工况 38 对应的粒径区间范围不同，从模型示意图上看到，随着粒径区间的增大，粒径分布越来越不均匀。从渗透速度分布云图可以看出，上述的三种工况都出现了明显的主通道现象。不同的是工况 10 出现了明显的平直贯通的渗流通道，而工况 24 和工况 38 的孔隙通道明显复杂许多。在某一粒径组成下，随着孔隙率的增长，渗流通道最终会向着贯通型通道发展。由此可以得出结论，在孔隙率相同的情况下，粒径区间较

小的孔隙介质更容易达到孔隙通道发展的完成状态。原因在于粒径区间范围大的颗粒不均匀系数较大，具体表现为粒径差别较大，在渗流过程中，小粒径颗粒对主通道阻碍的现象会更明显，因此孔隙通道发展受到影响。

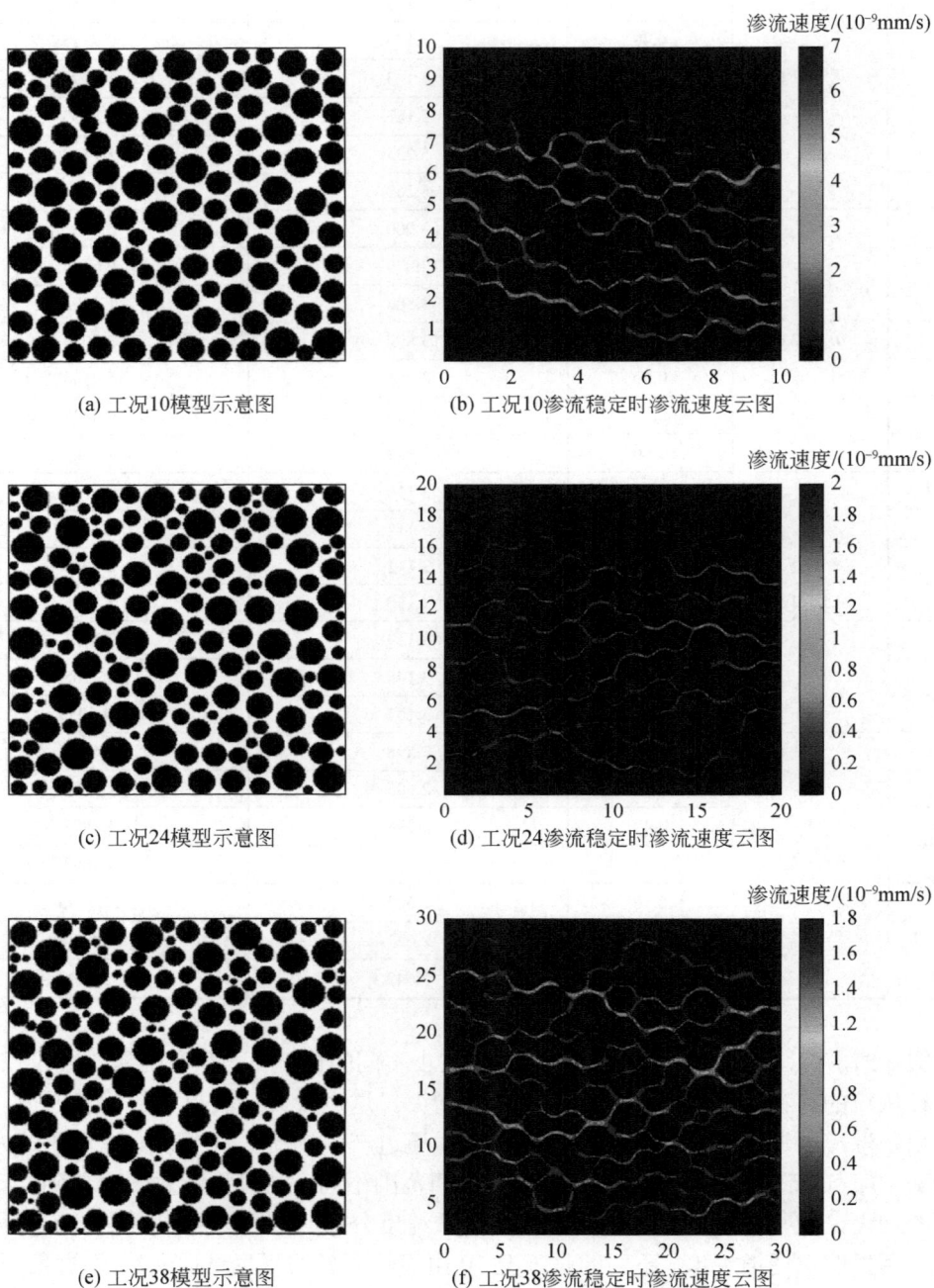

(a) 工况10模型示意图　　　　　　(b) 工况10渗流稳定时渗流速度云图

(c) 工况24模型示意图　　　　　　(d) 工况24渗流稳定时渗流速度云图

(e) 工况38模型示意图　　　　　　(f) 工况38渗流稳定时渗流速度云图

图 6.27　不同粒径区间下结构模型和渗流速度场分布云图

6.3.3　结果分析和渗透系数模型建立

1. 单一粒径孔隙介质渗透系数影响分析

在单一粒径孔隙渗流模拟中，设定了模型中所有颗粒粒径相同，分别研究了相同粒径下孔隙率对岩石渗透特性的影响，以及相同孔隙率情况下粒径对孔隙介质渗透特性的影响。下面将根据试验结果对孔隙率及粒径与渗透系数相关性进行定量讨论。

根据渗透系数的一般表达式为

$$K = \frac{g}{\nu} f_1(s) \times f_2(n) \times f_3(d_{\mathrm{m}}) \tag{6.24}$$

式中，$f_1(s)$ 为颗粒形状的相关函数；$f_2(n)$ 为孔隙率的相关函数；d_{m} 为等效粒径；$f_3(d_{\mathrm{m}})$ 为等效粒径的相关函数。

由于模拟采用的是理想的圆形颗粒模型，形状参数影响可用常数项 C 进行描述，通过设定颗粒粒径为 1mm，那么孔隙率就成为唯一变量，孔隙率函数 $f_2(n)$ 主要表达形式见表 6.8。

表 6.8　几种孔隙率函数的表达

编号	1	2	3	4	5
公式	$\dfrac{n^3}{(1-n)^2}$	$\dfrac{n^2}{(1-n)}$	$\left(\dfrac{n-0.13}{\sqrt[3]{1-n}}\right)^2$	n^3	e^2

注：e 为孔隙比，即孔隙体积/固体体积。

为了更好地探究孔隙率和渗透系数的关系，以上述孔隙率函数值为横坐标，渗透系数（K）为纵坐标，采用线性拟合分析，拟合结果见图 6.28～图 6.32。由于常规渗透系数的表达式中均为单项式，所以在拟合过程中需要保证拟合曲线通过原点。

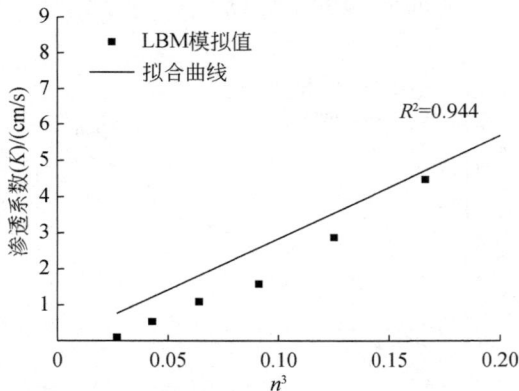

图 6.28　渗透系数（K）与 n^3 关系图

从上述五个拟合关系图可见，渗透系数和孔隙率呈现明显的正相关关系，孔隙率函数 $n^3/(1-n)^2$ 与渗透系数呈现极高的线性相关性。相较于其他孔隙率函数公式而言，e^2 和渗透系数的相关性也较高。

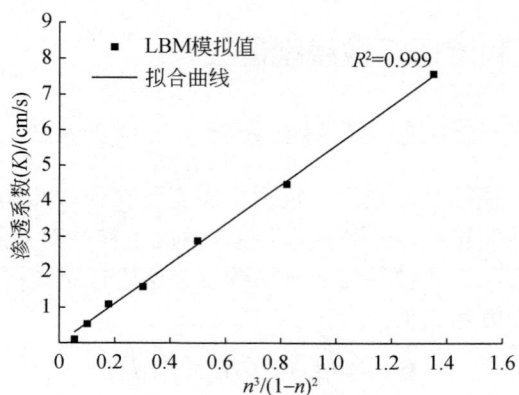

图 6.29　渗透系数（K）与 $n^3/(1-n)^2$ 关系图

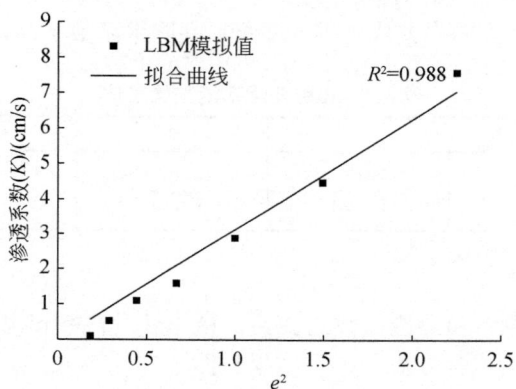

图 6.30　渗透系数（K）与 e^2 关系图

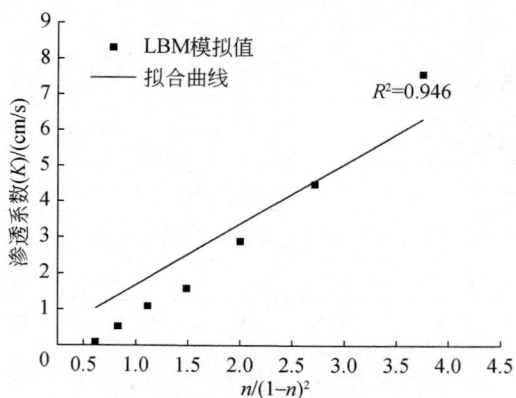

图 6.31　渗透系数（K）与 $n/(1-n)^2$ 关系

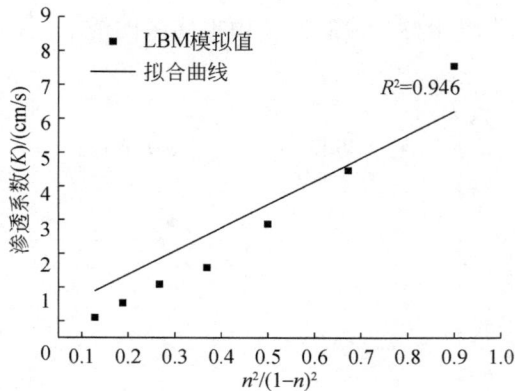

图 6.32　渗透系数（K）与 $n^2/(1-n)$ 关系

2. 粒径大小对孔隙介质渗透特性的影响

根据渗透系数的一般表达式 [式（6.24）]，孔隙率一定，模型颗粒均为圆形，此时公式中唯一的变量就是特效粒径函数 $f_3(d_m)$。由于模型的粒径单一，所以特效粒径（d_m）等于该单一粒径大小，根据相关研究（Hazen，1911；Terzaghi，1925；Terzaghi，1943；苏立君等，2014），大多的特效粒径函数均以 $f_3(d_m)=d_m^2$ 形式出现，部分特效粒径函数会以 $f_3(d_m)=d_m^a$ 的形式出现，a 为常数。为了研究粒径与渗透系数的相关关系，采用下式进行分析：

$$K = Ad^a \tag{6.25}$$

两边同时取对数得

$$\lg K = \lg A + a\lg d \tag{6.26}$$

以 $\lg d$ 为横坐标，以 $\lg K$ 为纵坐标，绘制散点图并进行拟合，得到图 6.33。

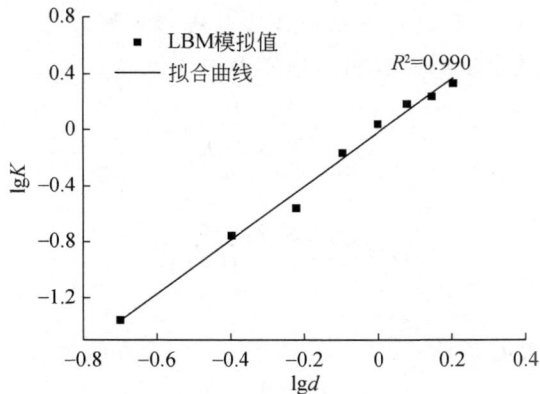

图 6.33　粒径和渗透系数的对数关系

从图 6.33 中可以看出，渗透系数对数（$\lg K$）和粒径对数（$\lg d$）有极高的线性相关度，相关系数达到了 0.990，证明了 $f_3(d_m)=d_m^a$ 的准确度，拟合公式中的斜率值 $k=1.92$，非常接近 2，说明指数 $a=2$ 是合理的。为验证渗透系数和粒径平方的相关性，以 d^2 为横坐标，以渗透系数（K）为纵坐标，绘制数值模拟结果的散点图，并进行拟合，结果如图 6.34 所示。

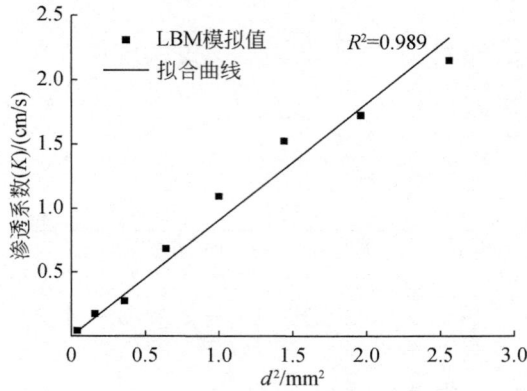

图 6.34　渗透系数（K）和粒径平方 d^2 的相关性

从图 6.34 中可以看出，当孔隙率一定时，渗透系数（K）和粒径平方（d^2）相关性较好。这也证明了等效粒径函数 $f_3(d_m)=d_m^2$ 的合理性。此外，根据颗粒比表面积（S_0，颗粒表面积/颗粒体积）：

$$S_0 = \frac{4/3\pi(d/2)^3}{4\pi(d/2)^2} = \frac{6}{d} \tag{6.27}$$

对于等粒径则有

$$K \propto d^2 \propto 1/S_0^2 \tag{6.28}$$

综上所述，首先研究了粒径相同的情况下，孔隙率对孔隙介质渗透系数的影响，得到了相关度极高的孔隙率函数 $n^3/(1-n)^2$。然后研究了孔隙率相同的情况下粒径对渗透系数的影响，得到了等效粒径函数 $f_3(d_m)=d_m^2$，由于孔隙率和粒径是相互独立的，并且其乘积的量纲为 L^2，此时得到的是渗透系数的预测公式：

$$K_1 = C_1 \frac{g}{v} \frac{n^3}{(1-n)^2} d_m^2 \tag{6.29}$$

或

$$K_2 = C_2 \frac{g}{v} \frac{1}{S_0^2} \frac{n^3}{(1-n)^2} \tag{6.30}$$

因此，得到经典的 K-C 方程：

$$K = \frac{1}{C_k} \frac{g}{v} \frac{1}{S_0^2} \frac{n^3}{(1-n)^2} \tag{6.31}$$

式中，根据 Carman 对 C_k 的定义，C_k 是与颗粒形状有关的系数，C_k 一般取 4.8 ± 0.3。

6.4　小　　结

本章针对石窟岩体孔隙及裂隙分布特征，研究了单裂隙、裂隙网络及孔隙介质的渗透特性。针对石窟岩体单裂隙渗流特征，结合现场裂隙扫描，生成具有分形几何特性的裂隙面。采用三维打印技术制作粗糙裂隙试样，通过控制裂隙粗糙度和裂隙开度，进行不同压力梯度下的渗流试验，并提出了裂隙渗流非线性预测模型。除此之外，还研究了裂隙网络的分布特征对于渗透率的影响，建立了长度-密度量化参数对裂隙网络渗流特性的相关性，并采用 UDEC 和 LBM 耦合方法，研究了力学条件下的裂隙网络各向异性渗流特性，揭示了裂隙网络渗流各向异性产生的原因和机理。另外，采用 LBM 数值方法建立了渗透系数与孔隙率及粒径的相关性。本章关于石窟岩体孔隙及裂隙渗流的相关研究内容可为干湿循环条件下石窟砂岩的损伤劣化分析提供一定的科学依据。

第7章　水-岩作用下石窟砂岩损伤劣化特征与机制

砂岩作为我国石窟寺最常见的赋存岩石类型，由于本身疏松多孔，水-岩作用强烈，石窟岩体的长期稳定性受到严峻威胁。目前，针对石窟寺砂岩水-岩作用劣化过程已有不少研究。汤连生等（2002）探讨了岩石在水-岩相互作用下的损伤机制，提出了化学损伤概念；乔榛等（2019）通过分析水的运移机制发现，水对砂岩的破坏是由表及里依次进行的，含水量的循环变化是砂岩劣化损伤的直接原因；水分的迁移导致了砂岩中矿物和无机化学物质（如盐）的转化和迁移，使水分成为砂岩损伤-劣化、裂隙发育和岩性变化的关键因素（Zhang et al.，2018；李震等，2019）。

目前，岩石水-岩作用的研究可以分为宏观和微观尺度。在宏观尺度上，现有文献主要关注岩石物理力学性能的变化规律（Liu et al.，2018；Song et al，2019；Xie et al.，2019；Jeng et al.，2000；Dehestani et al.，2020）。Özbek（2014）研究发现经历水-岩作用后的砂岩试样单轴压缩强度、变形模量均下降50%左右；张鹏和柴肇云（2013）研究发现水-岩作用次数越多，砂岩的劣化效应越显著，且不可恢复。为了进一步探索宏观劣化的机制，研究人员使用扫描电镜（SEM）进行了一系列微观测试。Hua 等（2017）发现在水-岩作用下砂岩微观结构的变化主要分为三个部分，包括组织良好的致密结构阶段、多孔阶段和开裂阶段。水-岩作用下岩体内矿物成分的改变也是影响岩体劣化损伤的重要因素。岩体内部结构损伤和表面劣化与造岩矿物本身性质密切相关，岩石的劣化损伤过程，实质是性质稳定的矿物类型蚀变为更易变形和溶解的矿物类型（Saleh et al.，1992；盛谦等，2001）。

长期暴露在开放条件下的石窟岩体，水-岩相互作用无处不在，如雨水的降落与蒸发、库水位的抬升与下降，都是水-岩溶蚀作用，同时也是岩体劣化损伤的主要影响因素。讨论石窟寺砂岩在长时间序列下受水-岩作用的损伤规律，定量化预测石窟岩体在水-岩作用下的稳定性，对砂岩文物的保存与修复有着关键作用。

7.1　水-岩作用下石窟砂岩物理力学性质劣化规律

为了研究水-岩作用下石窟砂岩物理性质劣化规律，对取自四川省安岳县圆觉洞石窟的红砂岩开展干湿循环试验。川渝地区是我国石窟造像延续时间最长、分布最广的地区之一，由于充沛的降雨条件，川渝地区的石窟砂岩面临着水-岩作用的强烈影响。圆觉洞石窟区岩性为上侏罗统遂宁组（J_3sn）的细粉砂岩，钙质与绢云母胶结，呈均匀红色、质地松散，整体强度较低，抗风化能力较差。该区域气候特征属中部亚热带季风性湿润气候，多年平均降水量为 1025.8mm，雨量较多。导致安岳石窟区渗水现象严重，石窟砂岩处于强烈的水-岩作用环境下。

在循环试验开始之前对砂岩试样的矿物组成和基本物理力学性质进行测试。石窟区砂岩天然容重为 2.19kN/m³，岩石物理力学指标见表 7.1，岩样软化系数为 0.46，属于易软化岩石；试样在饱水状态下单轴压缩强度明显降低，可见试样的抗水蚀能力较差。

表 7.1　圆觉洞砂岩物理力学参数

岩样名称	状态	岩样	平均密度/(g/cm³)	吸水率/%	单轴抗压强度/MPa	弹性模量/GPa	变形模量/GPa	泊松比	软化系数
砂岩	烘干状态	1	2.19	7.71	29.972	4.018	2.734	0.200	0.46
		2			31.820	4.038	2.718	0.300	
		3			30.179	3.764	2.615	0.227	
	风干状态	4	2.23		24.624	3.283	2.519	0.248	
		5			24.360	3.11	2.221	0.284	
	饱水状态	6	2.39		14.194	2.199	1.759	0.249	
		7			11.783	2.019	1.562	0.313	
		8			8.187	1.251	1.048	0.293	

　　由于砂岩具有非均质性，在对岩石采集筛选的过程中，尽量挑选块状规则，表面无明显裂隙、缺失的完整性岩样。根据《工程岩体试验方法标准》将岩石加工为 50mm×100mm 的标准岩柱样，端面平整度控制在 2% 以内。为降低试验结果离散性，在试验开始前通过外观筛选、波速筛选、比重筛选三种筛选手段相结合的方式对试样进行仔细筛选。然后对所选取的砂岩样进行干湿循环试验（图 7.1）。

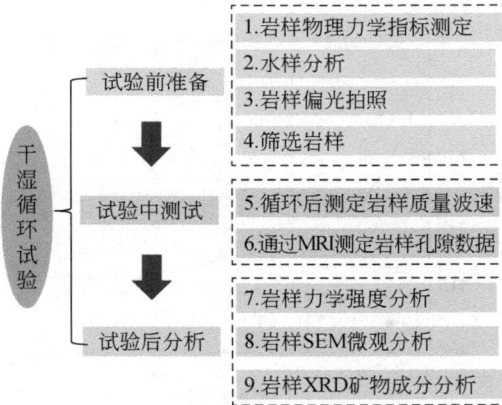

图 7.1　干湿循环试验流程图

MRI 为核磁共振成像（magnetic resonance imaging）；XRD 为 X 射线衍射（X-ray diffraction）

　　将岩样置于 105℃ 的烘箱中烘干至恒重，取出放入干燥器内冷却至室温后称重。再将岩样放入真空饱和缸中进行高压真空饱和，设定饱和时间为 24h，饱和完全后将试样放入 105℃ 烘箱中再进行烘干处理 24h，视为一次循环。对试样进行 30 次干湿循环，每个循环梯度设置三个平行样（I-A、I-B、I-C）。

7.1.1　石窟砂岩物理性质劣化规律

　　质量变化是反映试样宏观物理性质变化的重要指标。在试验前，试样上表面平齐、光滑，边缘分明，结构紧密。随着试验的进行，各试样表面有较多的粉化剥落，在循环后期岩样顶部与底部均出现不同程度的块状剥落（图 7.2）。在前 10 次循环过程中，主要表现为表面的颗粒状脱落，岩样表面变得圆润，棱角不再明显。在 20 次循环之后，砂岩表面逐渐形成劣化槽，劣化槽沿着层理面不断加宽加深，并在其周围出现较多微裂隙和微孔隙。

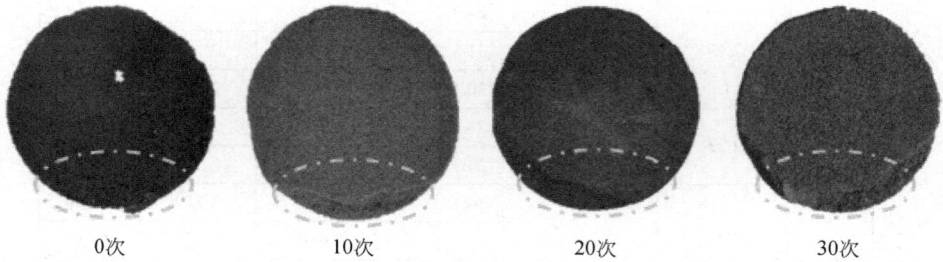

| 0次 | 10次 | 20次 | 30次 |

图 7.2　砂岩随循环次数表面劣化现象

从图 7.3 可以看出，在循环过程中，试样质量随循环试验不断损失，且损失过程并不均匀，按照损失率的变化大致可以分为三个阶段。第一阶段：干湿循环前期，经历 10 次循环试验后质量损失率达到 4.66%，损失最为迅速；第二阶段：干湿循环中期，从 10 次循环试验到 20 次循环试验，质量损失率增加 1.66%，损失增加缓慢；第三阶段：干湿循环后期，从 20 次循环试验到 30 次循环试验，质量损失率增加 0.5%，损失基本稳定。

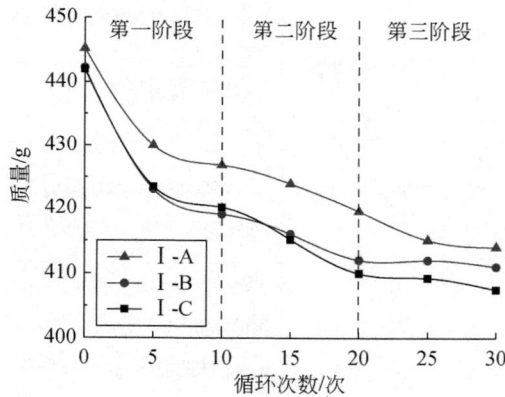

图 7.3　不同干湿循环次数下砂岩质量变化

岩石的波速是衡量岩石特性的一项主要指标，可以有效地反映岩样中孔隙和裂隙的发育程度。随着干湿循环的不断进行，越来越多的矿物颗粒从砂岩的层状结构中分离出来，样品的结构变得松散，内部的微孔隙和微裂纹的尺度迅速扩大，砂岩样品矿物颗粒之间的胶结作用迅速减弱，岩样纵波波速随干湿循环次数的增加而逐渐减小（图 7.4）。计算岩样各阶段波速变化率（ROC）

$$ROC = \frac{v_n - v_0}{v_0} \tag{7.1}$$

式中，ROC 为波速变化率；p_n 为 n 次循环岩样的纵波波速；p_0 为岩样初始波速。

　　图 7.4 中，试样波速变化也表现出一定的规律性，主要分为三个劣化阶段，分别发生在干湿循环前期（0～10 次循环）、干湿循环中期（10～20 次循环）、干湿循环后期（20 次循环之后），波速损失率分别达到 17.35%、9.51%、3.11%。

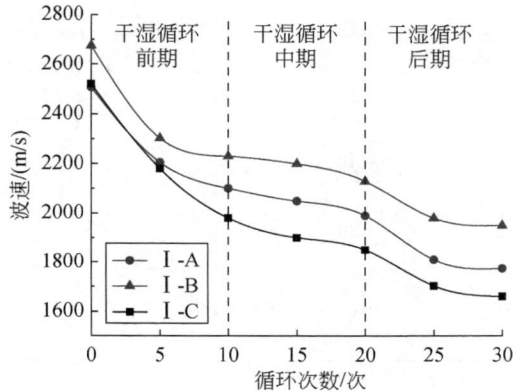

图 7.4　不同干湿循环次数下砂岩纵波波速变化图

7.1.2　石窟砂岩力学性质劣化规律

　　岩石的力学强度是最直接、最准确反映试样劣化性能的指标。为了研究水-岩溶蚀作用下石窟砂岩物理性质劣化规律，对取自川渝石窟区的厚层褐红色粉细砂岩进行三轴压缩试验。该砂岩的岩性较均匀，矿物成分主要为石英、长石、方解石及黏土矿物。黏土矿物主要为伊利石、蒙脱石、高岭石。砂岩样品的平均单轴抗压强度约为 20MPa，密度约为 2.15g/cm³，平均纵波波速约为 2600m/s。

　　选用 GCTS 压力试验机进行三轴压缩试验（图 7.5），试验过程中，加压阶段采用一次性连续加载法进行荷载加载，加载速率为 0.1mm/min。三轴压缩试验的围压设置为 5MPa。

图 7.5　GCTS 压力试验机

　　三轴压缩状态下，不同干湿循环次数后岩石应力-应变全过程曲线如图 7.6 所示，大致分为峰值强度前的能量输入阶段与峰值强度后的破坏阶段两部分。通过曲线分析发现，在三轴压缩过程中，不同循环次数下砂岩峰值应力-应变的变化表现出一定的规律性。随着干湿循环次数的增大，砂岩的强度逐渐降低，对应的峰值应变显著增大，并且产生的脆性破坏特征也逐渐弱化。这说明水-岩作用在减弱砂岩强度的同时，也弱化了砂岩的脆性行为特征。

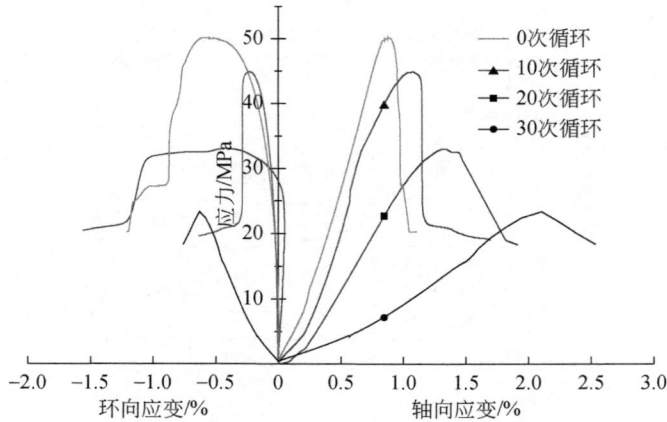

图 7.6　不同干湿循环次数下岩石应力-应变全过程曲线

抗拉强度也是石窟砂岩的重要力学性质，为了评估其在水-岩作用下的劣化规律，将 0 次、10 次、20 次、30 次干湿循环后的砂岩加工成直径 50mm、高 25mm 的圆盘试样。每组试验采用两个试样，试样参数见表 7.2。

表 7.2　试样参数表

循环次数	0 次循环		10 次循环		20 次循环		30 次循环	
编号	0-1	0-2	10-1	10-2	20-1	20-2	30-1	30-2
直径/mm	49.14	49.32	49.34	49.42	49.24	49.43	49.24	49.26
高/mm	24.9	24.56	25.1	25.12	25.14	25.2	25.1	25.14
质量/g	101.2	101	104.4	104.7	104.1	104.4	102.9	103.3
密度/(g/cm³)	2.145	2.154	2.177	2.175	2.176	2.161	2.155	2.159

对试样的一面进行散斑处理，散斑大小、密度、不规则度等根据数字图像相关（digital image correlation，DIC）计算要求进行。采用的力学试验机为 RMT-150C 岩石力学试验系统，试验时采用力的加载方式，设置加载速率为 0.5kN/s，试验过程中计算机自动采集轴向荷载和位移数据。同时使用美国 Vision Research 公司生产的 Phantom 系列 VEO4K-72G-C 型号的高速摄像机记录加载过程中试样的破裂过程。相机设置分辨率为 2048×2160，拍摄帧率设置为 500fps[①]，具体仪器架设见图 7.7。试验结束后在试样破裂面的两侧提取岩石薄片，进行显微矿物分析。

――――――――――

① fps 为帧每秒（frames per second）。

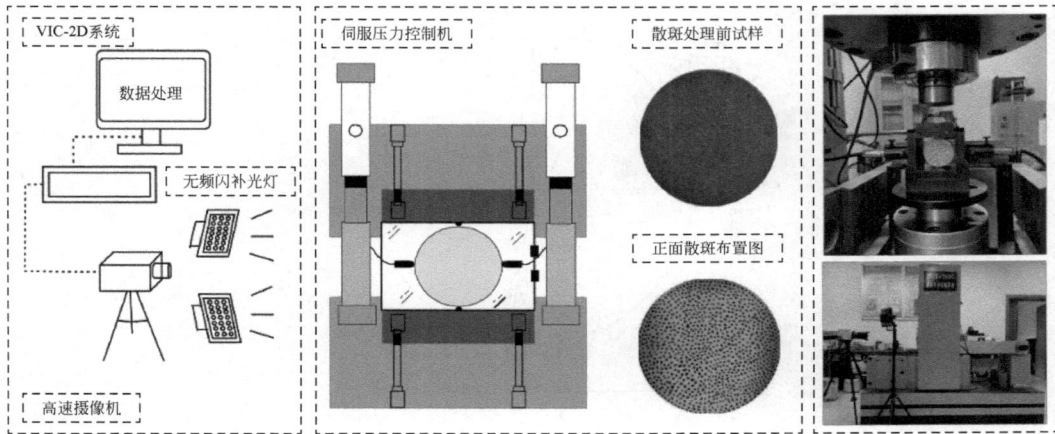

图 7.7　试验设置

巴西劈裂试验是测量岩石抗拉强度的一种试验方法。将直径为 D 的试样放置在加载台上，然后通过两个金属条向试样施加荷载，在试样两端施加均匀压力 P（图 7.8）。

在试样的中心处 $x/D=0$，$y/D=0$：

$$\sigma_x(\text{tensile})= -\frac{2p}{\pi}(\sin2\alpha\text{-}\alpha) \tag{7.2}$$

$$\sigma_y(\text{compressive})=\frac{2p}{\pi}(\sin2\alpha\text{+}\alpha) \tag{7.3}$$

当 α 很小时，$\sin2\alpha \approx \alpha$：

$$\sigma_x(\text{tensile}) = -\frac{2p\alpha}{\pi} = -\frac{2P}{\pi Dt} \tag{7.4}$$

$$\sigma_y(\text{compressive})=\frac{6p\alpha}{\pi} = \frac{6P}{\pi Dt} \tag{7.5}$$

试样的抗拉强度即

$$\sigma_t=\frac{2P}{\pi Dt} \tag{7.6}$$

式中，σ_x，σ_y 分别为 x 和 y 方向上的应力；σ_t 为试样的抗拉强度；p 为应力；P 为施加的荷载；D 为圆盘直径；2α 为加载角度；t 为圆盘厚度。

测试结果显示，随着干湿循环次数的增加，试样抗拉强度不断降低，见图 7.9。未经过干湿循环处理的干燥试样强度最大，达到了 1.282MPa，饱和试样的抗拉强度为 0.633MPa。可以发现经过 30 次循环后干燥试样抗拉强度降低了 20.90%，饱和试样强度降低了 69.51%。从试样抗拉强度的变化可以发现：①干湿循环作用对砂岩的抗拉强度有显著弱化作用，且对于饱和试样的影响更大。②抗拉强度在干燥试样和饱和试样中的劣化规律不尽相同，干燥试样在干湿循环初期（0～10 次循环）的抗拉强度劣化较快，而后变化趋于平缓。饱和试样则是在干湿循环中期（10～20 次循环）抗拉强度劣化较快。

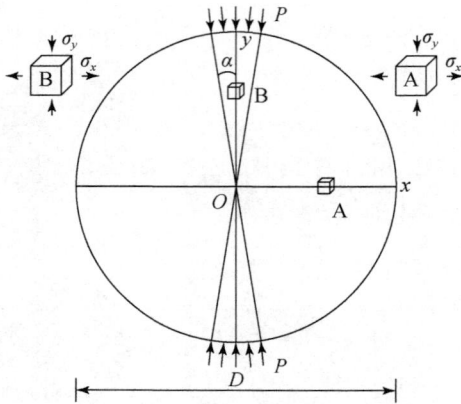

图 7.8　劈裂试验试样受力情况

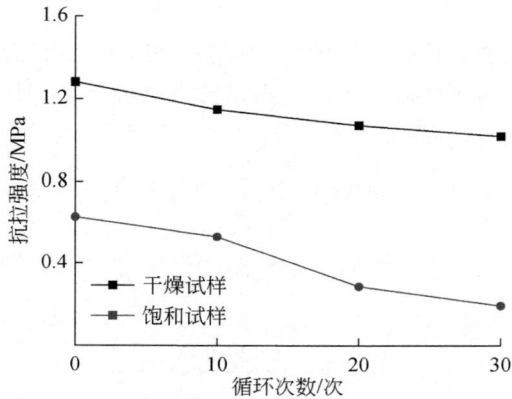

图 7.9　不同条件砂岩试样抗拉强度演化

高速摄像机捕捉了试验中砂岩裂纹扩展的全过程（图 7.10）。对比循环 10 次、20 次和 30 次后的干燥试样的裂纹扩展行为，可以发现 10 次循环后的试样裂隙从萌生到裂隙贯穿用了 92ms，20 次循环后的试样用了 66ms。30 次循环后的试样用了 44ms。随着循环次数的增加，试样裂纹萌生的时间提前，并且裂隙从萌生到贯穿的时间也不断减小（图 7.11）。这间接反映了随着干湿循环次数的增加，试样内部损伤不断积累，在巴西劈裂过程中更容易发生破坏。

通过 DIC 技术获取了不同循环次数后的试样在巴西劈裂全过程的表面应变场变化情况（图 7.12）。在加载初期试样内部未出现明显的应变集中条带，仅存在局部的绿色应变集中区域。随着荷载的增大，沿加载方向产生多个绿色拉应变集中区。当荷载增加到峰值强度的 40%时，拉应变集中现象变得更加明显，分布区域也不断扩大，拉应变带初见雏形，试样内部开始产生裂纹；当荷载增加到峰值强度的 80%时，产生了明显的绿色拉应变集中带，呈纺锤状分布在试样中部且占据了圆盘中心的大部分区域；随着拉应变进一步增大，试样内部微裂纹迅速增加，试样底部的高拉应变集中区预示了试样的宏观起裂点。当荷载增加到峰值强度时，宏观裂纹从起裂点产生并沿直径方向扩展，试样被破坏，表面绿色拉应变带范围变小。

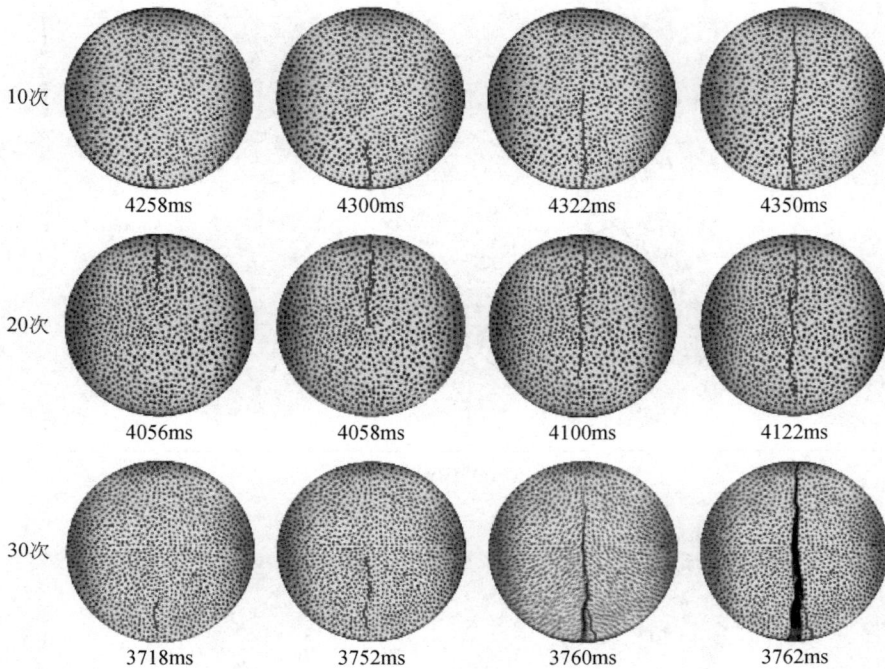

图 7.10　不同循环次数试样裂纹扩展过程

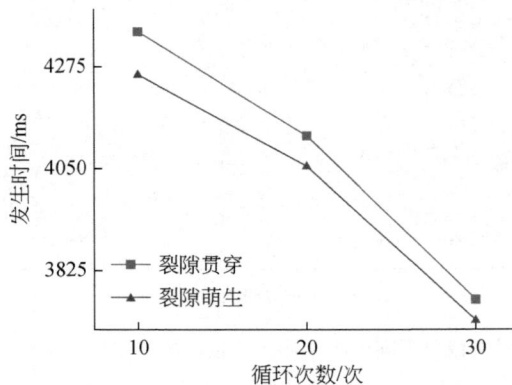

图 7.11　不同干湿循环次数砂岩裂隙萌生及贯穿的发生时间

　　结合 10 次循环、20 次循环和 30 次循环后的干燥试样进行分析，可以发现随着干湿循环次数的增加，拉应变集中区的产生阶段提前，并且各阶段拉应变条带的区域也随循环次数的增加不断变大。分析原因可能是随着干湿循环次数的增加，试样内部微裂隙的密度不断增多，从而影响了加载过程中的应力分布。饱和试样各阶段的应变分布特征和干燥试样基本一致，不同的是 20 次循环和 30 次循环后的饱和试样在加载后期，应变条带发生偏移，可能是试样自身缺陷导致在加载过程中试样着力点发生变化。

(a) 干燥试样

(b) 饱和试样

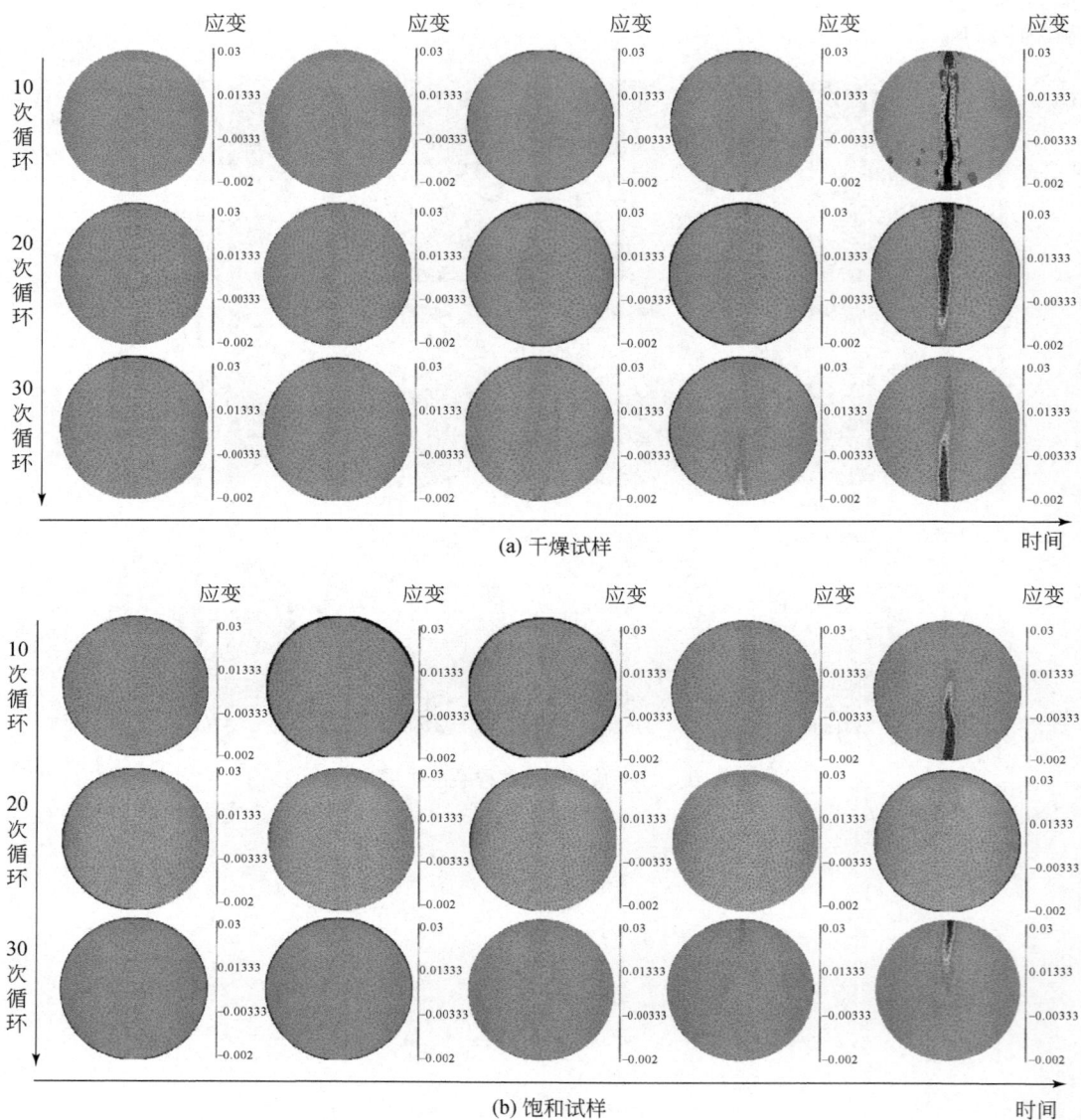

图 7.12　不同干湿循环次数试样的应变场变化图

7.1.3　石窟砂岩强度指标劣化

基于莫尔-库仑（Mohr-Coulomb）准则，完整岩石的强度由黏聚强度和摩擦强度两部分组成。通过分析石窟砂岩抗压、抗拉强度的演化，可以评估黏聚力和摩擦强度在水-岩作用下的劣化规律。定义σ_1、σ_3为巴西劈裂试验中的最大、最小主应力，σ_{1m}、σ_{3m}为三轴压缩试验中的最大、最小主应力，c为岩石黏聚力，φ为岩石内摩擦角，X为三轴压缩应力状态下莫尔应力圆半径，Y为巴西劈裂应力状态下莫尔应力圆半径的$1/2$，σ_t为岩石抗拉强度，P为试样破坏时的极限压力，d为巴西圆盘直径，t为巴西圆盘厚度。

在巴西劈裂试验中：

$$\sigma_3 = -\frac{2P}{\pi Dt} = -Y \tag{7.7}$$

$$\sigma_1 = \frac{6P}{\pi Dt} = 3Y \tag{7.8}$$

根据主应力的值绘制莫尔圆（图 7.13），从莫尔圆来看：

$$\sin\varphi = \frac{2Y}{c\cot\varphi + Y} \tag{7.9}$$

在三轴压缩试验中：

$$\sigma_3 = \sigma_{3m} \tag{7.10}$$

$$\sigma_1 = \sigma_{1m} \tag{7.11}$$

根据主应力的值绘制莫尔圆（图 7.13），从莫尔圆来看：

$$\sigma_{1m} = 2X + \sigma_{3m} \tag{7.12}$$

$$X = \frac{\sigma_{1m} - \sigma_{3m}}{2} \tag{7.13}$$

$$Y = \sigma_t \tag{7.14}$$

$$\sin\varphi = \frac{X}{c\cot\varphi + X + \sigma_{3m}} \tag{7.15}$$

由此可得

$$\varphi = \sin^{-1}\left(\frac{X - 2Y}{\sigma_{3m} + X - Y}\right) = \sin^{-1}\left(\frac{\sigma_{1m} - \sigma_{3m} - 4\sigma_t}{\sigma_{3m} + \sigma_{1m} - 2\sigma_t}\right) \tag{7.16}$$

$$c = \frac{2Y\sigma_{3m} + XY}{\sqrt{(\sigma_{3m} + X - Y)^2 - (X - 2Y)^2}} = \frac{3\sigma_t\sigma_{3m} + \sigma_{1m}\sigma_t}{2\sqrt{\sigma_{1m}\sigma_{3m} + \sigma_t\sigma_{1m} - 3\sigma_t\sigma_{3m} - 3\sigma_t^2}} \tag{7.17}$$

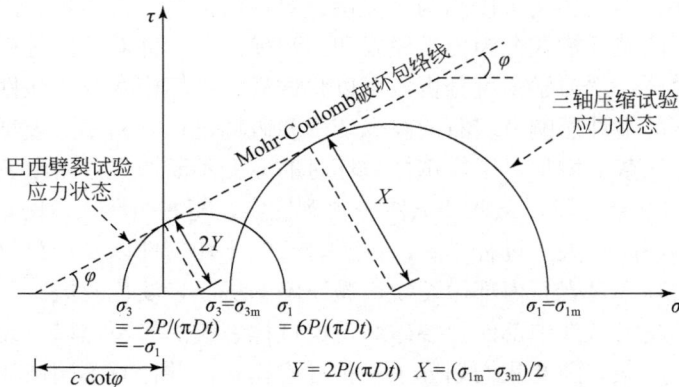

图 7.13　巴西劈裂试验及三轴压缩试验的莫尔应力圆

将干燥试样的抗拉强度和三轴压缩强度（围压 σ_3=5MPa）（表 7.3）代入式（7.16）和式（7.17），计算不同干湿循环次数下试样的内摩擦角及黏聚力。发现随着干湿循环次数的增加，试样的内摩擦角和黏聚力都产生了不同程度的降低（图 7.14）。

表 7.3　干燥试样的抗拉强度及三轴压缩强度

循环次数	0 次	10 次	20 次	30 次
抗拉强度/MPa	1.282	1.148	1.072	1.014
三轴压缩强度/MPa	62.8	55.1	53.1	47.9

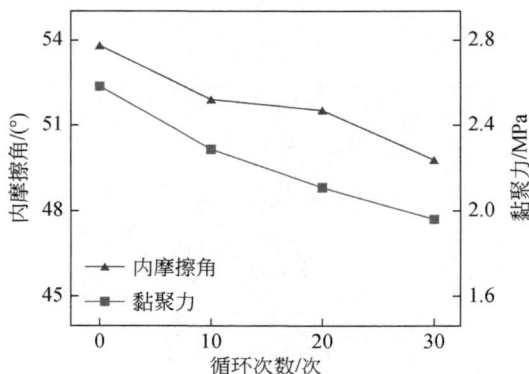

图 7.14　不同干湿循环次数试样的内摩擦角及黏聚力

7.1.4　石窟砂岩破坏模式演化

不同于工程砂岩，石窟砂岩的抗扰动性能更差、防治等级更高，很多时候即便细小损伤都会对石窟的文物价值产生不可逆转的损害。研究不同干湿循环条件下石窟砂岩的破坏模式，有助于对处在不同劣化阶段的病害提供针对性防治的理论指导。因此我们从不同角度出发将砂岩试样的破坏模式分为力学模式和过程模式，并针对不同过程模式提出不同的防治建议。力学模式：从力学角度分析，可以将试样的破坏模式分为脆性破坏模式和脆韧性破坏模式。岩石的脆性影响着岩石的整个变形和破坏过程。初始阶段试样表现为脆性破坏模式，随着循环次数的增加，干燥试样破坏时的应变不断增大，逐渐表现为脆韧性破坏模式（图 7.15）。这一点也可以从应变云图中得到证实，随着循环次数的增加，加载过程中的拉应变条带范围不断扩大。过程模式：由于岩石的不均匀性以及加载位置的端部应力集中，岩石的破坏实际上是岩石内部微裂纹、微缺陷的进一步演化发展。虽然观察发现所有试样的破坏模式均是沿试件中部的拉裂破坏，但试样裂纹的起裂点以及裂纹形态随干湿循环次数的增加略有不同。因此我们划分了三种过程模式，并针对不同破坏模式提供不同的保护建议。

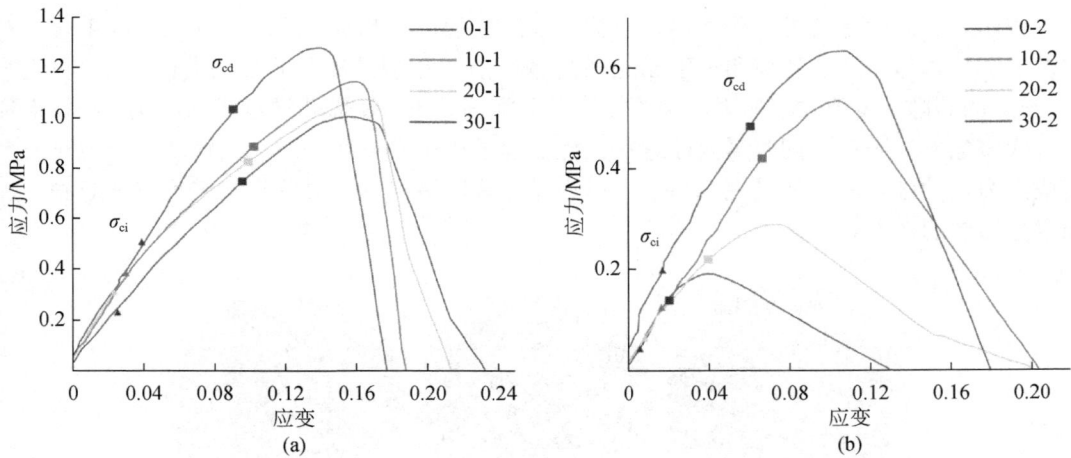

图 7.15　试样的应力-应变曲线及裂纹起始应力（σ_{ci}）和裂纹损伤应力（σ_{cd}）

（1）低循环次数下的单裂纹破坏模式：10 次干湿循环试样的起裂点位于试件下部边缘，主裂纹沿直径方向向上扩展至试样破坏（图 7.16）。该模式下起裂点在试样端部，然后裂隙从试样端部沿荷载方向延伸发展，最终贯穿整个试样。试样破坏时只出现一条开裂裂纹，位于圆盘试样的直径方向，破坏裂纹近似为一条直线。此种模式下石窟砂岩还处于干湿循环作用的初始阶段，岩石内部的微损伤还不发育，破坏主要发生在砂岩表面，在石窟寺现场主要表现为岩面砂化、起壳、片状剥落等。为防止病害进一步恶化，建议采用防治结合的方法，对石窟造像进行充分的降水保护，另外辅助适当的导水、排水措施，对石窟进行长期湿度检测，保持石窟砂岩处于干燥环境下。此外针对渗流作用导致石窟岩壁产生的层状后退问题，可以通过对凹腔部位进行砌体嵌补，防止软弱夹层中的风化凹腔继续风化腐蚀。

（2）中等循环次数下的多裂纹融合破坏模式：20 次干湿循环的试样同样从端部起裂，但产生了多条互不相连的微裂纹，并且沿直径方向扩展，各条微裂纹最终合并形成了宏观裂缝（图 7.16）。该模式下起裂点从试样端部向中部转移，多条次级微裂纹在试样表面产生，并融合形成最终的宏观裂纹。该模式下破坏裂纹的展布更加无序，但整体还是沿着试样直径展开。石窟砂岩在发生此类破坏前，岩石已经产生明显的微裂隙。但微裂隙的大小、密度仍在可控范围内，裂隙的展布也较为简单。在该劣化阶段防治的重点主要在于阻止裂隙的相互融合扩展。针对这种情况，当隙宽在 5mm 以内时，注浆加固能够有效改善砂岩的整体力学性能。因此，为防止砂岩石窟发生这类破坏模式，需利用相关加固材料对石窟已存在的裂隙进行充填注浆、封闭裂缝，避免裂隙进一步扩大。

（3）高循环次数下的多裂纹扩张破坏模式：30 次干湿循环的试样裂纹宽度更大，破坏更加剧烈（图 7.15）。该模式下起裂点更靠近试样中部，在中间产生多条微裂纹，其周边分布有多条更加细小的次级裂纹，在荷载作用下微裂纹发育更快，最终在端部应力集中作用下产生宏观裂纹并很快贯穿整个试样。饱和试样在加载线附近还出现了局部破坏现象。在该劣化阶段石窟岩体内部的微裂隙已经十分发育，极易造成石窟岩体的失稳脱落。这种模式下查明岩石裂隙是首要工作，然后依据裂隙所处的位置和宽度采取不同的加固手段。对于位于文物本体附近的裂隙和小于 5mm 的裂隙，宜采用裂隙注浆的方法进行加固。对于大于 5mm 的裂隙，裂隙注浆加固已经不能满足其加固要求，还需要通过锚固注浆、砌筑支顶等方式将危岩体固定。同时需要注意在工程加固过程中尽量减少对其的扰动，避免对石窟造成人为扰动破坏。在加固完成后还可以通过布置监测仪器来对危岩体进行位移监测，加强对危岩体的保护。

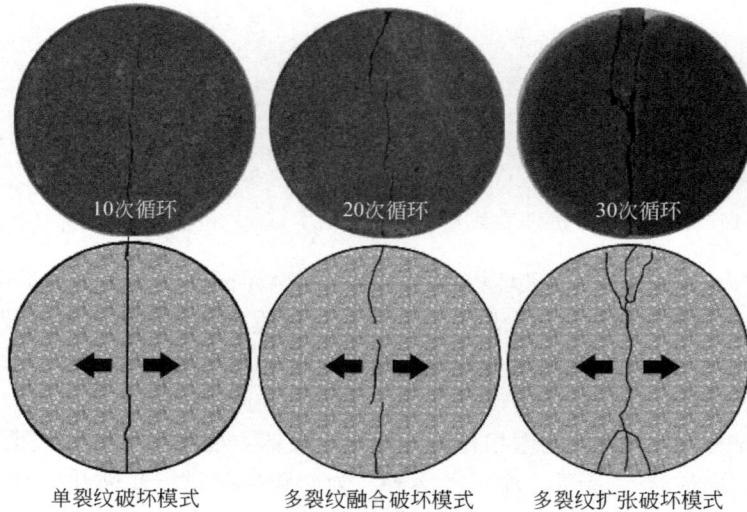

图 7.16　砂岩拉破坏模式划分

7.2　水-岩作用下石窟砂岩劣化微观特征分析

砂岩试样在干湿循环过程中，宏观质量、波速以及力学强度都整体表现出明显的阶段性变化特点，下面将对砂岩在干湿循环作用下的阶段性损伤劣化规律进行分析。

众所周知，岩石内部存在着大量肉眼无法观察到的细观缺陷，如微裂隙、裂缝分布区，尤其是裂纹、裂隙尖端的塑性区，是水-岩物理作用、化学作用、渗透作用的活跃带（邓华锋等，2012）。砂岩主要是由源区母岩经风化破碎形成的砂级碎屑颗粒堆积胶结而成（何杰和王华，2020）。通过对不同循环次数下砂岩试样的显微薄片进行分析可以发现，砂岩样品的胶结类型主要是孔隙胶结，黏土矿物和方解石作为填充材料填充在石英和长石周围。在初始状态下，砂岩的胶结物如方解石、黏土矿物、白云石分布相对致密，胶结物颗粒粒径较大，颗粒界限边缘相对清晰。在干湿循环作用过程中，水分子会沿着岩石内部的微裂隙向内部渗透，在水的软化、润滑作用下，试样内部的内摩擦系数和黏聚力会产生一定程度的降低。此外由于水呈现弱酸性，水中氢离子的存在也会加速砂岩的劣化。在酸性条件下，石英、钾长石以及钠长石在水和氢离子的作用下会发生溶解。其次砂岩内部的方解石也会与空气中的二氧化碳以及水中的氢离子发生反应。并且方解石的反应速率比长石、石英快

1000 万倍（Zhang et al.，2021）。

随着循环次数的增加，在显微薄片下，石英、长石的矿物边界逐渐模糊，颗粒粒径逐渐变小，由不规则状变得趋向圆滑（图 7.17），试样在受力过程中颗粒间的接触方式发生改变，导致摩擦力以及咬合阻力减小。此外，还可以发现大块方解石矿物发生崩解，逐渐分解为小块矿物。黏土矿物的含量也随循环的进行不断减小（图 7.17）。试样内部的胶结作用也不断减弱，导致试样内部颗粒间的原生黏聚力、胶结黏聚力逐渐降低。在这些反应的综合影响下，试样的黏聚力及摩擦系数不断降低。

图 7.17　试样显微薄片分析

（a）5 次循环；（b）15 次循环；（c）25 次循环。Q. 石英；Kf. 钾长石；Pl. 斜长石；Cl. 黏土矿物；Cal. 方解石

岩石在浸水饱和过程中，矿物颗粒冷却收缩，颗粒间以拉应力为主。干燥时，矿物颗粒会发生膨胀，颗粒间以压应力为主（袁璞和马芹永，2013）。在干湿循环作用下，颗粒之间的拉压作用不断转换，导致在裂缝端点处产生应力集中，进一步地诱发岩石内部微裂纹的扩展，更有利于在试样内部形成渗流通道。同时为劣化反应提供更大的反应面，加快劣化反应的速率和程度。反应产生的次生矿物以及溶解的黏土矿物等在干燥处理过程中不断向外排出，并且产生新的次生孔隙，为下次循环过程的劣化反应提供更多的反应面。在这样的作用下，试样内部的微孔隙、微裂隙累积扩展，不断加重试样的内部损伤，致使试样的黏聚力（c）和内摩擦角（φ）进一步降低。在整个劣化损伤的过程中，以黏聚力强度丧失为主，摩擦强度为辅。

7.2.1　石窟砂岩的孔隙特征变化

岩石的吸水率是衡量岩体特性的一项主要指标，吸水率的多少决定岩石所包含孔洞、裂缝的数量、大小以及张开程度。吸水率也可以很有效地反映岩层中孔洞和裂缝的发育程度。

以 30 次干湿循环的试样来进行吸水性测试，对试样质量烘干质量（m_s），吸入水的质量（m_w）进行称量记录，然后使用下述质量吸水率计算方法，分析计算得到各不同循环次数所对应的吸水率（W_a）与饱和吸水率（W_p）。

岩石的吸水率（W_a）是指岩石在大气压力和室温条件下自由吸入水的质量（m_{w1}）与岩样干质量（m_s）之比，用百分数表示，即

$$W_a = \frac{m_{w1}}{m_s} \times 100\% \tag{7.18}$$

由于试验是在常温常压下进行的，浸水时，水只能进入大开空隙，而小开空隙和闭空隙水不能进入。因此可用吸水率来计算岩石的大开空隙率（n_b），即

$$n_b = \frac{V_{vb}}{V} \times 100\% = \frac{\rho_d W_a}{\rho_w} = \rho_d W_a \tag{7.19}$$

式中，V_{vb} 为大开空隙体积；V 为总体积。

岩石的饱和吸水率（W_p）是指岩石试件真空条件下吸入水的质量（m_{w2}）与岩样干质量（m_s）之比，用百分数表示，即

$$W_p = \frac{m_{w2}}{m_s} \times 100\% \tag{7.20}$$

在真空条件下，一般认为水能进入所有开空隙中，因此岩石的总开空隙率（n_0）可表示为

$$n_o = \frac{V_{vo}}{V} \times 100\% = \frac{\rho_d W_p}{\rho_w} = \rho_d W_p \tag{7.21}$$

式中，V_{vo} 为总开空隙体积。

岩石的饱和吸水率是表示岩石物理性质的一个重要指标，它反映岩石总开空隙的发育程度，可间接地用来判定岩石的抗风化能力。

在循环试验过程中，真空饱和过程相比常规浸泡饱和更充分，因而随循环试验的进行，各循环周期下试件的饱和吸水率始终大于天然状态吸水率。从图 7.18 可以看出，各阶段吸

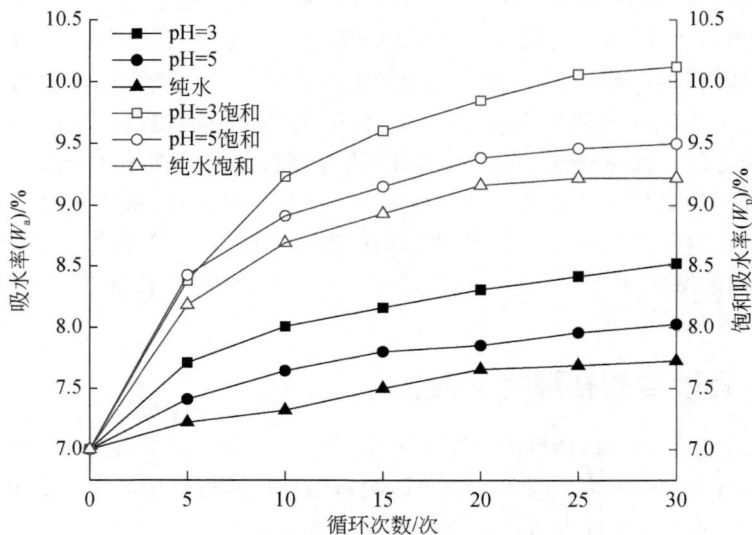

图 7.18　砂岩吸水率和饱和吸水率随干湿循环次数的变化曲线

水率随干湿循环次数的增加而不断增大，且在前期的变化幅度较大，在中后期变化趋于平稳，可见水–岩作用对试样在前期的影响主要是通过对砂岩试样的孔隙产生影响进而造成砂岩的劣化损伤。

核磁共振成像（MRI）是通过测量砂岩内部孔隙水，了解岩样内部孔隙分布情况。其中，T_2 谱峰值面积与孔隙数量有关。图 7.19（a）给出了不同干湿循环次数下砂岩核磁共振 T_2 谱分布曲线，图 7.19（b）为砂岩各孔隙特征随循环次数的变化曲线。随着干湿循环次数的增大，T_2 谱峰值面积逐渐增大。在干湿循环前期，T_2 谱峰值面积变化最大，达 8.44%，说明岩样内部孔隙在循环前期受干湿循环作用影响最大，其结构内部的孔隙无论尺寸大小，均扩展、发育最为迅速。

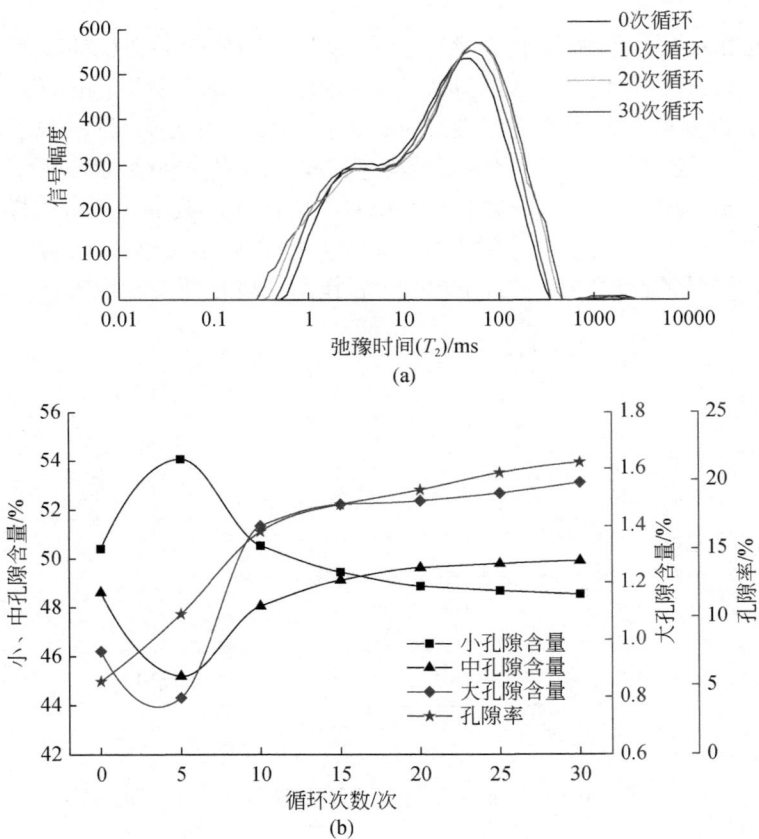

图 7.19　不同干湿循环次数下砂岩孔隙特征变化图

在干湿循环中期，T_2 谱峰值面积增长幅度明显减小，仅为 1.54%，这是由于随着干湿循环次数的不断增加，砂岩内部可溶性物质的含量不断降低，干湿循环作用已不能造成孔隙数量的大幅增加。在干湿循环后期，T_2 谱峰值面积基本稳定。

对砂岩样品的孔隙度进行分析，将孔隙划分为小孔隙（孔隙直径为 $0\sim0.25\mu m$）、中孔隙（孔隙直径为 $0.25\sim2.5\mu m$）、大孔隙（孔隙直径为 $\geqslant2.5\mu m$）三类孔隙。伴随循环试验进行，砂岩样品孔隙随即发生变化，表现为小孔隙的迅速增加，大、中孔隙的减少。循环

试验进行到 5 次之后，小孔隙逐渐减少，大、中孔隙开始累积增加，小孔隙含量由 54.07%
降低至 50.54%；中等孔隙含量由 45.19%增加至 48.06%；大孔隙含量由 0.74%增加至 1.40%。
在 10 次循环试验之后，各类孔隙所占比例逐渐趋于稳定。

　　通过分析干湿循环后砂岩试样的孔隙特征变化可以发现，孔隙体积大小及含量在干湿
循环前期变化最为显著。

7.2.2　石窟砂岩的微观形貌变化

　　岩体内部微观接触结构主要与微观颗粒的形貌有关，本节选取圆度指标（S）和颗粒直
径（D）来定量化分析砂岩在干湿循环过程中微观形貌的演化规律。

$$S = 2\sqrt{\pi A} / L \tag{7.22}$$

式中，A 为颗粒面积；L 为颗粒周长。颗粒直径 D 用颗粒等效椭圆长轴表示。

　　圆度指标（S）越大，代表颗粒的外界边缘越圆润，颗粒与颗粒间的接触点越少，接触
性越弱，对砂岩内部微观结构的稳定性影响越大；颗粒直径（D）则反映了颗粒的破碎程
度，颗粒直径（D）越小，表示砂岩内部结构越破碎，砂岩内部微观结构的稳定性越差。

　　运用 IPP（Image Pro Plus）图像分析系统对不同循环次数下的砂岩试样进行分析，处
理结果如图 7.20 所示。可见，在干湿循环作用下，砂岩颗粒直径（D）随着溶蚀作用的进
行而不断减小，颗粒的圆度指标（S）随着水-岩作用的进行而不断增大。

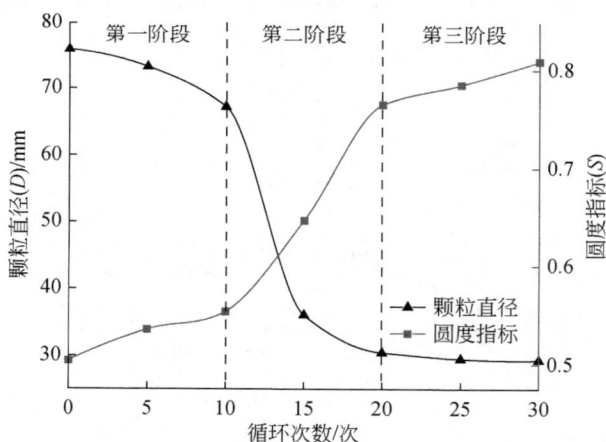

图 7.20　不同干湿循环次数下砂岩微观特征变化图

　　砂岩微观颗粒形貌可直接体现出试样内部微观接触结构的实时状态。在干湿循环中期，
砂岩微观颗粒形貌变化程度最为剧烈。

7.2.3　石窟砂岩的矿物含量变化

　　在干湿循环作用下，砂岩内部矿物的结构与含量不断变化，同一试样在不同循环次数
下的偏光显微分析结果表明，砂岩试样在干湿循环中矿物成分的变化表现出一定规律（图
7.21）。在干湿循环的前期，主要是部分大颗粒矿物在水的不断溶蚀下发生破碎，20 次循环
的试样矿物破碎度明显大于 0 次循环与 10 次循环的试样，而与 30 次循环的试样矿物破碎度

差异不大。因此可以初步判断，在干湿循环中矿物成分变化过程存在一定的顺序，首先在干湿循环前中期矿物成分以发生物理破碎为主，进而造成砂岩内部孔隙增多，胶结性减弱。

图 7.21　不同干湿循环次数下砂岩偏光显微图像

为了进一步验证在干湿循环作用下砂岩矿物成分的变化规律，通过 XRD 全岩分析试验，对不同循环次数下砂岩试样的矿物组成进行定量分析，结果见表 7.4。由于矿物具有一定的形成条件与结晶习性，因此矿物成分的稳定性和水敏性有较大的差异。性质活泼的矿物往往对岩石的损伤劣化影响最为严重，本节将砂岩试样的矿物成分分为两类：稳定型矿物（石英、长石）和活泼型矿物（方解石、白云石、黏土矿物），分别讨论这两类矿物在水–岩溶蚀过程中的变化规律。

表 7.4　不同干湿循环次数下砂岩试样矿物含量变化表

循环次数/次	矿物含量/%							
	稳定型矿物				活泼型矿物			
	石英	钾长石	斜长石	合计	方解石	白云石	黏土矿物	合计
0	36.6	16.1	16.6	69.3	9.7	4.8	16.2	30.7
10	36.0	6.0	28.3	70.3	12.0	6.3	11.4	29.7
20	37.2	5.3	30.6	73.1	10.0	5.3	11.6	26.9
30	36.1	4.9	41.4	82.4	4.7	2.6	10.3	17.6

从图 7.22 可以发现，活泼型矿物在 10 次循环、20 次循环、30 次循环中变化率为 8.14%、12.38%、42.67%。在干湿循环的前中期，砂岩试样的矿物含量并没有发生明显的变化，干湿循环的后期，活泼型矿物的百分比明显降低。

通过岩石薄片偏光显微分析与 XRD 全岩矿物成分分析可以发现，在干湿循环试验的前中期，砂岩矿物以发生物理破碎过程为主，矿物成分含量的变化主要发生在干湿循环的后期。

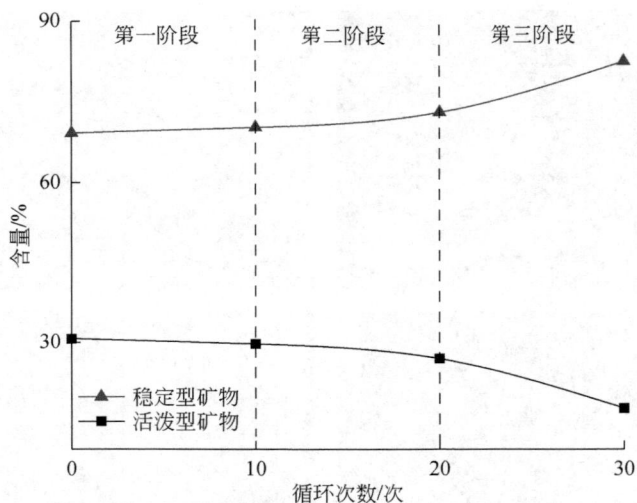

图 7.22　不同干湿循环次数下砂岩矿物成分变化

7.3　水-岩作用下石窟砂岩损伤劣化的阶段性控制机制

基于前文的试验特征规律以及其他学者的研究成果，图 7.23 概括了不同干湿循环阶段砂岩的损伤过程（丁梧秀和冯夏庭，2008；邓华锋等，2012；Hoek and Martin，2014；刘新荣等，2016；傅晏等，2017；Liu et al.，2020b；Yao et al.，2020；侯志鑫等，2020；申林方等，2021；汪军等，2021）。可以看出，砂岩在干湿循环作用下，不同阶段有不同的劣

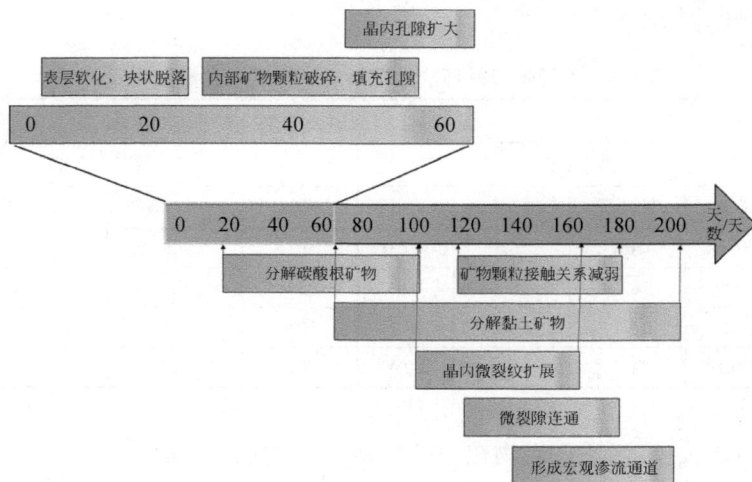

图 7.23　不同干湿循环阶段砂岩性质的主要变化过程图（见彩图）

化表现，且受不同影响因素控制。在干湿循环前期主要表现为砂岩颗粒发生破碎，颗粒间联结受到扰动，从而使砂岩孔隙率增大、渗透性增加，岩石内部微裂隙不断扩展联通。随着干湿循环的持续，砂岩颗粒之间的粗糙度减小，微观结构变得松散。在干湿循环后期，砂岩的矿物形貌和含量剧烈变化，砂岩内部胶结物溶解、黏土矿物蚀变，在砂岩内部造成明显的穿晶破裂现象且不可恢复，最终导致岩石宏观物理力学特性改变。

鉴于干湿循环作用下砂岩的损伤过程存在阶段性劣化的特点，且在不同劣化阶段，砂岩表现出明显劣化异质性，现对其各劣化阶段的损伤机制进行探讨。

7.3.1　劣化阶段一：孔隙扩展控制

为了更直观地观察干湿循环之后砂岩样品孔隙的变化机制，采用扫描电镜（SEM FEI Q45），在放大 2000 倍的条件下观察干湿循环后岩样的微观结构，结果如图 7.24 所示。

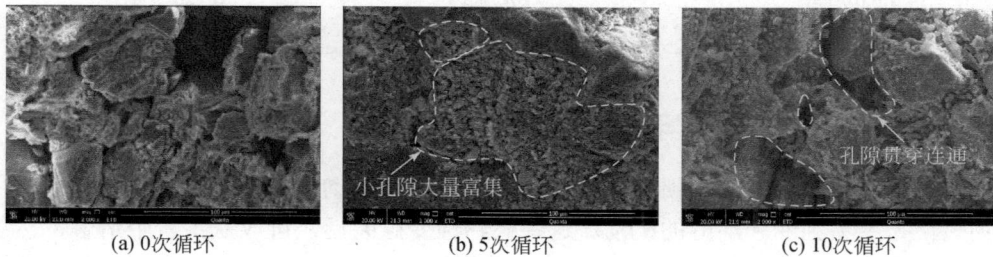

(a) 0次循环　　　　　　　(b) 5次循环　　　　　　　(c) 10次循环

图 7.24　不同干湿循环次数下砂岩扫描电子显微镜图像

可以看出，原始砂岩样品颗粒较为完好，颗粒致密，孔隙分布较为均匀。然而，在 5 次干湿循环后，砂岩内部变得疏松和破碎，出现鳞片状块体，剥落的块体分散成较小的颗粒，填充在微孔隙中，造成部分大、中孔隙减少，而小孔隙迅速积累。在进行至 10 次循环之后，伴随着矿物颗粒的不断破碎，开始产生新的孔隙，并与砂岩中的原始孔隙相连，孔隙的不断扩大为水-岩作用提供了更多的反应表面，进一步促进了微裂隙的扩展。水-岩相互作用产生的松散颗粒在水的渗透和输送过程中沿微裂隙流出，形成次生裂隙，进一步为水-岩作用提供更多的接触空间。因此，在干湿循环前期，岩样劣化损伤主要受砂岩内部孔隙变化所控制。

7.3.2　劣化阶段二：微观结构控制

砂岩试样内部微观接触结构对其力学性质具有显著影响，且微观接触结构不同，各向异性程度也表现不同。受干湿循环作用的砂岩试样经历了复杂的水-岩作用，试样内部微观接触关系发生动态变化，从而造成石窟寺砂岩的物理力学性质有明显的损伤劣化现象。

从图 7.25 可以发现，在循环试验开始之前，岩石样品结构致密，微孔隙和微裂纹少。矿物颗粒大多以面对面接触的方式结合，在 10 次循环之后试样微观结构发生明显变化。越来越多的矿物颗粒从岩样中分离出来，矿物颗粒之间点对面的接触形式增加，致密的层状结构变得松散，结构的边缘逐渐变得破碎。当循环试验进行到 20 次之后，矿物颗粒之间的胶结作用减弱。由于持续的水-岩作用，出现越来越多的絮状微结构，导致矿物颗粒间原有的胶结作用受到越来越大的破坏，晶体完整脱落。在这个阶段，致密的层状结构大多变成了多孔疏松的层状结构，占主导地位的矿物颗粒接触形式变成点对点接触。

　　因此，上述分析从微观接触关系角度证明了在干湿循环中期，岩样劣化损伤主要受岩石内部微观接触结构控制。

(a) 0次循环　　　　　　　　　(b) 10次循环　　　　　　　　　(c) 20次循环

图 7.25　不同干湿循环次数下砂岩微观结构

7.3.3　劣化阶段三：穿晶破裂控制

　　砂岩表面劣化和内部结构损伤与造岩矿物本身性质密切相关，其影响实质是性质稳定的矿物转化为更易蚀变和溶解的矿物。这些矿物蚀变破裂后，可以从主岩中溶解，然后从岩石表面析出，造成岩石微观排列无序、矿物成分单一且胶结性变差；最终引起裂隙穿过砂岩晶粒内部，直至造成不可逆的整体失稳。

　　通过观察砂岩矿物含量的整体变化规律可以发现，在干湿循环的前中期，矿物的含量并没有显著的变化，对砂岩试样损伤劣化的控制作用不明显。在循环后期，砂岩中白云石、黏土矿物和方解石的含量占比变化大，分别为 77.78%、52.23% 和 51.00%（图 7.26），对岩样劣化损伤的控制作用也逐渐加强，直至岩样发展为不可逆的损伤破坏。

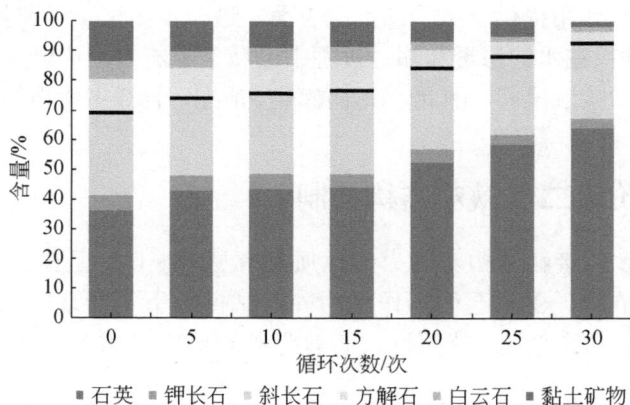

图 7.26　不同干湿循环次数下砂岩的矿物含量变化图

　　因此，在干湿循环试验的最后阶段，砂岩表现出的较单一矿物构成是试样劣化损伤的主导控制因素。

7.3.4　石窟砂岩损伤劣化阶段演化模型

图 7.27 揭示了干湿循环过程中砂岩试样的损伤劣化全过程。砂岩试样主要由石英和长石等矿物构成颗粒骨架，颗粒间通过黏土矿物等胶结连接。在循环开始阶段，砂岩样品的矿物颗粒较完整，颗粒之间接触紧密，微孔隙、微裂隙存在较少，孔隙类型主要为岩样自身缺陷所造成的宏观大、中孔隙。砂岩在干湿循环前期，颗粒逐渐变得疏松，但在此阶段由于水的渗流作用，损伤劣化方式以矿物颗粒（方解石、黏土矿物）的破碎为主。破碎后的较小颗粒逐渐向外迁移，聚集在较大孔隙位置，造成大、中孔隙减少，而小孔隙迅速富集增加。伴随着干湿循环的不断进行，越来越多的颗粒破碎，导致更多的裂隙萌生、扩展和聚结，岩样中大、中孔隙数量逐渐增加，造成岩石内部微裂隙开始扩展联通。在此阶段由于劣化程度较低，且未造成砂岩微观结构与矿物成分的变化，因此只需对渗水区域进行防渗处理，损伤整体可控。

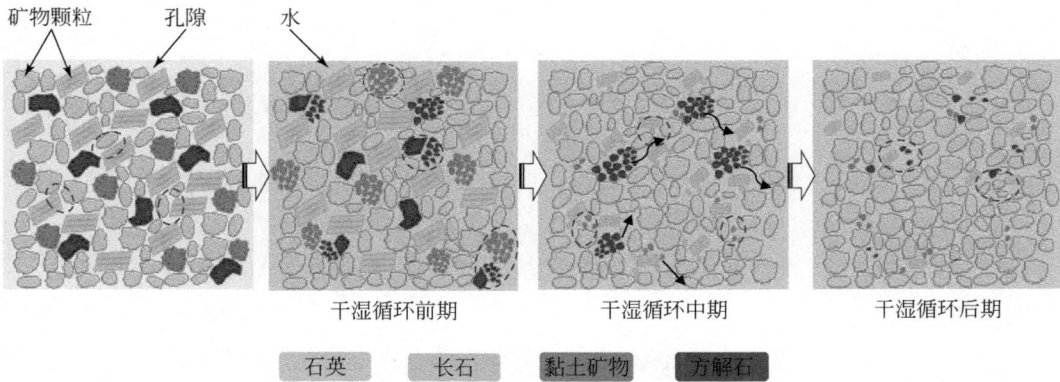

图 7.27　砂岩干湿循环损伤演化模型（见彩图）

在循环中期，几乎可以在任何砂岩颗粒之间发现微裂纹，相邻颗粒几乎分离，颗粒间的接触关系由循环开始时紧密的面-面接触发展至点-面接触，最终发展为点-点接触。在此劣化阶段砂岩内部微观结构已经损伤，简单止水已经不足以阻止劣化的进行，需对砂岩进行灌浆填充或其他新材料填充，损伤整体可治。

在干湿循环整个过程中，方解石、白云石、石膏等胶结矿物与蒙脱石、伊利石和高岭石等黏土矿物的形貌与含量持续变化。在循环后期，伴随着矿物的软化、蚀变和溶解效应不断加剧，矿物颗粒之间的胶结作用最终恶化，并且不可恢复。较单一的矿物组成加速了砂岩内各种穿晶裂隙的扩展和贯通，造成了砂岩的最终损伤。在此阶段，砂岩易整体失稳，需进行支护等保护措施。

7.4　小　　结

石窟砂岩的质量、波速、三轴压缩强度等物理力学指标随着干湿循环的不断进行而逐渐劣化，且表现出明显的阶段性劣化特征，在不同劣化阶段损伤异质性明显。

劣化阶段一主要受孔隙特征影响。在干湿循环前期，砂岩颗粒发生破碎，逐渐出现更多小孔隙，伴随着干湿循环的进行，小孔隙不断扩展联通，形成大孔隙，进一步弱化岩石的抗劣化性能。劣化阶段二主要受砂岩微观颗粒接触关系影响。在干湿循环中期，砂岩微观颗粒的接触关系由较紧密的面-面接触逐渐发展成点-面接触，最后形成松散的点-点接触，微观结构改变造成砂岩强度性质逐级减弱。劣化阶段三主要受矿物含量变化影响。试样矿物成分的改变主要是性质较活泼的胶结性矿物（方解石、白云石、黏土矿物等）不断减少，在循环的最后阶段，较单一的矿物构成是砂岩损伤劣化的主导影响因素。

基于干湿循环作用下砂岩的阶段性劣化特征与损伤规律，揭示了干湿循环过程中砂岩的全过程损伤劣化机制，厘清了水-岩作用下砂岩中矿物的变化规律与特点，建立了砂岩干湿循环条件下损伤劣化阶段的演化模型。

第8章 酸蚀作用下石窟砂岩损伤劣化特征与机制

气候变化会带来一系列的工程地质问题（伍法权和兰恒星，2016），自20世纪70年代末以来，酸雨对我国的影响进入了加速阶段，以四川盆地为中心的亚洲地区已经成为继欧洲、北美洲之后的世界第三大酸雨区（Zhang and McSaveney，2018；Chen et al.，2021）。

川渝地区石窟多为砂岩质文物，其劣化受酸雨影响显著。酸雨对砂岩石窟的侵蚀使造像表面劣化程度加深，加之川渝地区相对湿度较高，全年平均80%以上，增加了砂岩中黏土矿物与空气中水分、二氧化硫的接触，进一步产生水-岩作用，加剧石窟造像的劣化损伤（Vallet et al.，2006）。经试验论证，近30年来酸雨对砂岩质文物的侵蚀速度已超过了过去数百年，酸雨正严重威胁着川渝地区砂岩质文物的保存与修复（刘新荣等，2016）。

对于酸蚀条件下砂岩的力学性质，国内外学者进行了大量的试验研究，也取得了丰富的学术成果。酸性环境的长期溶蚀会改变岩体孔隙特征和微观结构，同时溶解内部矿物组分，造成其微观结构及力学特性的劣化（Barone et al.，2015；Menéndez and Petráňová，2016）。Gupta和Ahmed（2007）通过研究水的酸碱度对不同岩石劣化的影响发现，富含碳酸钙或碳酸镁的岩石在酸性环境中受影响最为严重。Taghipour等（2016）发现酸雨首先与岩石中的方解石和伊利石等矿物成分发生反应，改变岩石内部矿物组成，逐渐影响岩石的物理力学性质。Hutchinson等（1993）、周定等（1996）通过模拟砂岩在酸性条件下的溶蚀试验，得出H^+侵蚀是引起砂岩溶蚀的主要原因，而SO_4^{2-}侵蚀则会引起其膨胀腐蚀。冯夏庭和赖户政宏（2000）、李震等（2019）通过酸性环境下室内溶蚀试验，厘清了受酸溶蚀条件下砂岩物理力学性质的变化规律，并建立了酸溶液中砂岩的劣化损伤本构模型。崔凯等（2021）、俞缙等（2019）通过分析砂岩内部损伤机制，发现酸溶液循环渗流作用对砂岩的孔隙结构以及数量都有着明显的影响。陈卫昌等（2017）研究发现，孔隙特征对酸雨侵蚀岩石的过程有重要影响，孔隙率越高，酸雨越容易进入岩石内部并造成破坏；而孔隙率一定的情况下，大孔隙尺寸且长时间的酸雨作用更会促进岩石的破坏。

酸性条件下的物理力学性质劣化是砂岩石窟长期稳定的关键决定因素，探讨酸雨环境对川渝地区砂岩石窟劣化的影响规律，研究酸蚀条件下砂岩石窟的损伤机制及演化过程，对砂岩酸蚀损伤破坏进行定量描述，可为砂岩石窟酸蚀劣化机制以及相关保护技术的开发提供理论依据。

8.1 石窟区酸雨条件及病害现象

川渝石窟区属中亚热带季风性湿润气候，气候湿润且温度较高，降水丰富，区域内多年平均降水量为1025.8mm，年际降水变化大。多年来酸雨监测资料表明，川渝两地酸雨分布区域广，频率高，酸度强，除川西高原外，盆地及周边地区均有酸雨出现。尤其是近30

年来酸雨污染形势严峻，酸性环境加速了砂岩石窟劣化的进程，这对砂岩质文物的保存极为不利。

在安岳石窟区采取雨水进行了水化学分析，测试结果显示阳离子以 Ca^{2+}、Na^{2+} 为主，阴离子以 SO_4^{2-}、CO_3^{2-} 为主，该雨水属重硫酸钙型水，偏酸性（表 8.1）。

表 8.1　川渝石窟区雨水样离子组成及酸碱度

水化学分							pH
离子类型	Ca^{2+}	Na^+	K^+	SO_4^{2-}	CO_3^{2-}	NO_3^-	5.8
浓度/(mg/L)	8.32	2.78	0.88	27.1	14.1	4.36	

四川省酸雨污染面积广、频率高、酸度强，近 30 年来的年平均 pH 在 4.0～5.0，酸雨型降水日数（pH＜7.0）占年总降水日数的比例（酸雨频率）在 33.3%～95.0%。从图 8.1 可以发现，近些年来，随着国家生态保护的积极号召和治理，四川安岳地区的酸雨型降水的情况有所好转，酸性有所减弱，酸雨频率也在动态降低，但酸雨对该地区砂岩石窟的破坏现象依然突出，并且影响将长期存在。

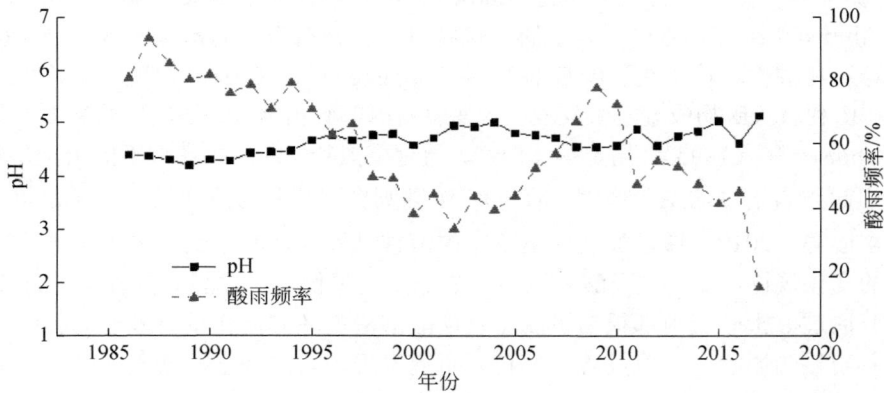

图 8.1　1986～2017 年四川安岳地区降水平均酸碱度和酸雨频率的变化图

我国现行的酸雨评价标准以降水中 H^+ 浓度为依据，表 8.2 列出了通用的酸雨强度分级标准，可以发现安岳石窟区的酸雨强度介于强酸性与较强酸性之间。酸性较强，因此酸雨对安岳石窟砂岩的溶蚀破坏不容忽视。

表 8.2　酸雨强度分级标准

pH	酸雨强度
≤4.00	强酸性
4.01～4.50	较强酸性
4.51～5.60	弱酸性
5.61～7.00	中性
≥7.00	碱性

从图 8.2 可知，在川渝地区中部、东北部等区域众多的石窟群正遭受着不同程度的酸雨侵蚀，其中大足、乐山、资阳等石窟寺聚集区酸雨频率更是超过了 70%，酸雨导致的石窟岩体的溶蚀劣化已不可忽视。

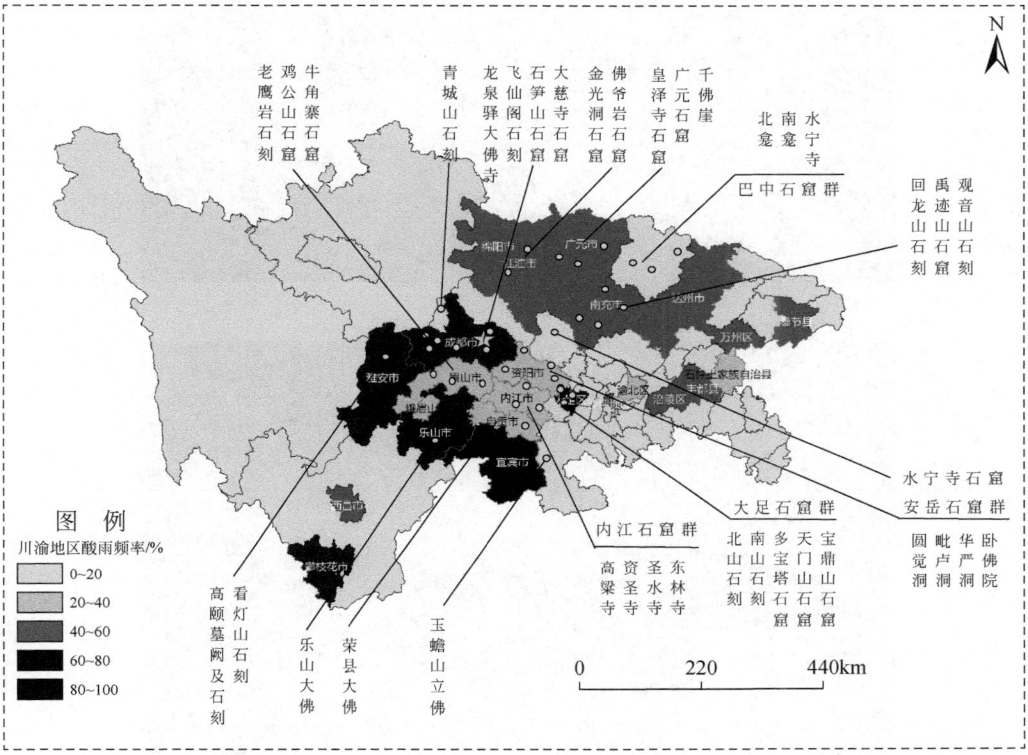

图 8.2　川渝地区石窟寺及酸雨频率空间分布图

　　乐山大佛作为世界最大石刻，常被加之以神秘色彩，其中分别在 1962 年、1963 年、1976 年、2000 年出现的四次大佛"闭目"事件更是被称为"神迹"。从科学角度解释，乐山大佛"闭目"是酸雨侵蚀的结果。在新中国成立之后，随着我国工业的发展，酸雨出现的概率增大，对砂岩质佛像的侵蚀显著。四川盆地又因四面环山，湿气较大且较难对外排出，导致酸雨沉降作用更为明显。佛像"闭目"正是一种典型的酸雨"黑壳"效应的体现，佛像上眼睑变黑，多处表皮脱落，造成了佛像闭目的视觉效果。

　　图 8.3 为川渝安岳石窟毗卢洞的供养人造像，洞中部分顶板坍塌漏雨，在侧壁形成渗水区域。对比可见，渗水区与非渗水区佛像保存状况差异明显，由于酸性雨水的常年侵蚀，渗水区佛像产生了不可恢复的严重损坏。

(a) 非渗水造像

(b) 渗水区造像

图 8.3　川渝安岳石窟毗卢洞供养人造像的酸雨溶蚀破坏现象

8.2　酸蚀作用下石窟砂岩劣化损伤特征与规律

本节通过开展石窟砂岩的酸蚀劣化循环试验，探究长期酸雨侵蚀作用下石窟砂岩的物理性质和强度的劣化损伤特征与规律。

8.2.1　石窟砂岩酸蚀劣化试验

试验选取的砂岩为石窟区广泛分布的上侏罗统细粉砂岩，砂岩的微观结构松散，微孔隙、微裂隙发育，层理密集发育，造成砂岩的抗风化能力较弱，易受水蚀等影响。中厚层粉细砂岩结构较致密，微裂隙不太发育，渗透系数较小，岩石的抗风化能力相对较强。不同层面之间的岩性差异导致层面处出现差异风化现象。砂岩矿物成分主要为石英、长石、方解石及黏土矿物，黏土矿物主要为伊利石、蒙脱石、高岭石（表 8.3），具有细颗粒支撑的孔隙式胶结构和溶蚀胶结结构，单轴抗压强度约为 20MPa。

表 8.3　川渝地区砂岩矿物含量

矿物	石英	钾长石	斜长石	方解石	黏土矿物
含量/%	36.0	6.5	26.3	11.5	13.4

根据川渝地区雨水样离子分析结果（表 8.1），川渝地区砂岩质文物所处地的酸雨以硫酸型酸雨为主。此外，根据统计数据，我国酸雨的 SO_4^{2-} 占总阴离子的 70%～90%，且硫酸造成砂岩的溶蚀破坏是硝酸的 13～17 倍。因此，本次试验选用硫酸稀释成的酸性溶液作为酸雨原液。根据试验样品所在地的酸雨酸度，酸雨酸度设置为 pH=3、pH=5，空白溶液为pH=7 的纯水。

在试验开始前通过外观筛选、波速筛选、比重筛选三种筛选手段相结合的方式对砂岩试样进行仔细筛选，去除离散性较大的试样。在酸溶液中将试样强制抽真空饱和 24h；后放入 105℃的干燥箱中烘干 24h，如此为 1 次循环。试验过程中，每隔 5 次循环取出一组试样进行：①质量测试，确定试样基本物理性质变化特征；②计算机断层（computed tomography，CT）扫描，确定试样微孔隙、微裂隙发育程度；③单轴压缩试验，确定试样强度变化特征；④SEM 扫描、运用 IPP 颗粒几何形状参数计算软件，确定试样微观结构变化特征；⑤XRD 全岩定量分析，确定试样矿物成分变化特征（图 8.4）。试验共进行 30 次循环。

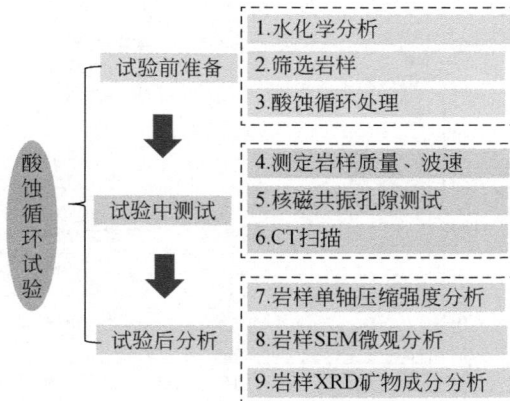

图 8.4　酸蚀试验流程图

8.2.2　石窟砂岩质量损失规律

在循环试验前，试样上表面平齐、光滑，棱角分明，结构紧密，随着试验的进行，各试样表面有较多的粉化剥落，在循环后期岩样顶部与底部均出现不同程度的块状剥落。试验过程中试样表面劣化如图 8.5 所示，所有试样随着循环试验的进行都有不同程度的质量损失，但存在劣化阈值，10 次循环之前质量损失速度快，在循环中后期逐渐趋于平稳。试验样品整体呈现出随酸蚀次数的增加样品质量不断损失的规律。在纯水中循环的砂岩试样质量减小的幅度小于酸蚀的试样，且呈现出伴随着酸性越强，质量损失越大的现象。

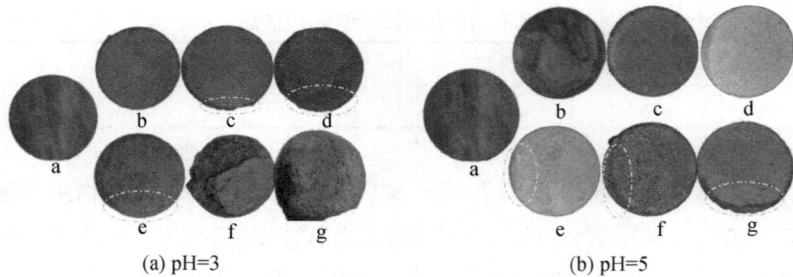

(a) pH=3　　　　　　　　　　　　(b) pH=5

图 8.5　砂岩随水-岩溶蚀次数表面劣化现象

a～g 为 0 次、5 次、10 次、15 次、20 次、25 次、30 次循环

为进一步分析岩样质量损失原因，将试验中各岩样初始质量、烘干后质量等数据进行归纳。从图 8.6 可以看出，在循环过程中，固体质量不断减少，但表现出明显的阶段化损失特点。按照固体损失率增大比例的不同，大致可以分为三个阶段，第一阶段：加速损失阶段，经历 10 次循环试验后在 pH=3、pH=5 与纯水中循环的砂岩试样固体损失率分别达到 8.64%、7.42% 与 4.66%，固体损失最为迅速；第二阶段：从 10 次循环试验到 20 次循环试验，pH=3、pH=5 与纯水中循环的砂岩试样固体损失率分别达到 2.81%、2.00% 与 1.66%，固体损失均匀增加；第三阶段：从 20 次循环试验到 30 次循环试验，pH=3、pH=5 与纯水中循环的砂岩试样固体损失率分别达到 1.02%、0.84% 与 0.5%，固体损失基本稳定。

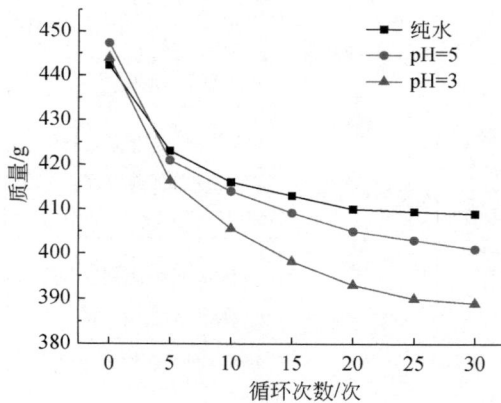

图 8.6　砂岩质量损失随循环次数的变化曲线

8.2.3　石窟砂岩单轴压缩强度劣化规律

砂岩试样分别在纯水、pH=3、pH=5 三种溶液环境下，进行不同周期的水-岩溶蚀单轴压缩试验，所获得的应力-应变曲线如图 8.7 所示。将其与理论应力-应变曲线进行对比分析，不同酸蚀强度的砂岩的所有应力-应变曲线相似，包括压实阶段、线性弹性阶段、屈服

阶段和破坏阶段。同时发现，各试验状态下的砂岩试样均未出现明显的应变软化阶段，表明砂岩属于脆性岩石。当其达到峰值强度后，承载能力迅速消失，岩石主体结构被破坏。天然状态下的砂岩试样脆性最强，在屈服阶段达到峰值强度后立刻出现大幅度的"回弹"现象，经三种化学溶液浸泡后，砂岩试样脆性逐渐减弱，而延塑性不断增强，试样应力达到峰值强度后，应力-应变曲线的"回弹"趋势和幅度均出现了减弱。

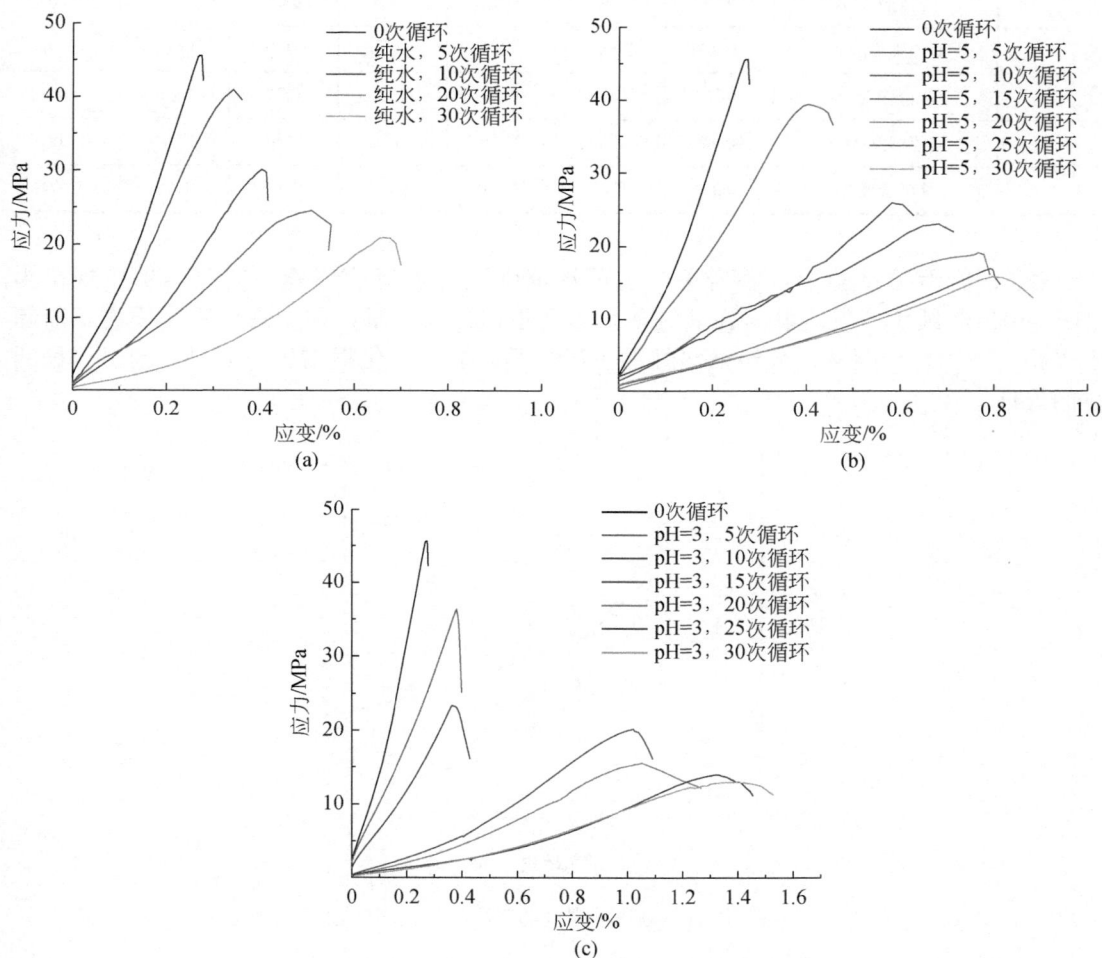

图 8.7　不同溶液循环条件下砂岩单轴压缩应力-应变曲线

图 8.7 分别为砂岩应力-应变在各溶液环境下随水-岩溶蚀次数的变化过程，（a）代表在纯水中循环，（b）代表在 pH=5 的溶液中循环，（c）代表在 pH=3 的溶液中循环。整体而言，随着水-岩溶蚀次数的增加，砂岩试样的单轴抗压强度在三种溶液环境下均呈降低趋势。伴随着酸性的增强，相同循环次数下，峰值强度明显降低，峰值应变明显增加。但受不同 pH 环境的影响，砂岩试样单轴抗压强度的劣化程度存在一定的差别。

由表 8.4 和图 8.8 发现，在纯水中循环的砂岩试样，30 次循环后，峰值强度降低 54.03%；在 pH=5 酸性溶液循环的砂岩试样，30 次循环后，峰值强度降低 65.02%；在 pH=3 酸性溶液循环的砂岩试样，30 次循环后，峰值强度降低 71.5%。

表 8.4　酸蚀循环次数对砂岩单轴抗压峰值强度、峰值应变的影响

循环次数		0	5	10	15	20	25	30
纯水	峰值强度/MPa	45.62	40.95	30.13	—	24.60	—	20.97
	峰值应变/%	0.28	0.36	0.42	—	0.55	—	0.70
pH=5	峰值强度/MPa	45.62	39.43	26.01	23.16	19.25	17.06	15.96
	峰值应变/%	0.28	0.46	0.63	0.71	0.79	0.81	0.88
pH=3	峰值强度/MPa	45.62	36.32	23.35	20.19	15.57	14.01	13.00
	峰值应变/%	0.28	0.41	0.46	1.19	1.27	1.45	1.53

在水-岩溶蚀试验中，砂岩单轴抗压峰值强度在各溶液环境中的总体劣化规律为 pH=3>pH=5>纯水，发现砂岩在酸蚀前期劣化损伤最为严重，在中后期劣化损伤逐渐趋于平稳。同时，伴随着循环溶液酸性的不断加强，前期劣化损伤更为明显，趋于平稳的时间提前。

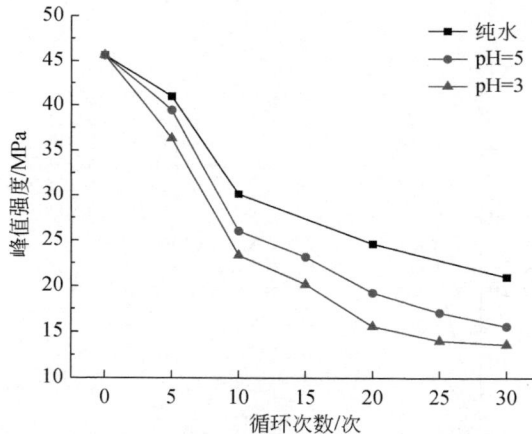

图 8.8　砂岩单轴压缩强度随循环次数的变化曲线

8.3　酸蚀作用下石窟砂岩损伤劣化微观机制

伴随着酸蚀循环试验的进行，砂岩的物理力学性质逐渐劣化，且表现出酸性越强，劣化现象越明显。但砂岩的劣化损伤过程并不均匀，存在一定的劣化阈值，在 10 次循环之前，砂岩劣化速度快，在 10 次循环之后劣化速度逐渐趋于平稳。为进一步分析酸蚀作用下砂岩劣化阈值的产生原因以及损伤机制，对循环试验后试样的孔隙特征以及矿物组成进行分析。

8.3.1　孔隙特征劣化损伤机制

孔隙特征的变化是砂岩劣化损伤程度最为直观的表现。为了直观分析溶蚀过程中试样孔隙特征的变化规律，对在 pH=3 的酸溶液中每 5 次循环的砂岩试样进行 CT 扫描，获得试样切片，运用 Avizo 三维可视化软件对岩样三维结构数据体进行阈值选取与处理，生成岩样整体孔隙的三维立体结构（图 8.9）。

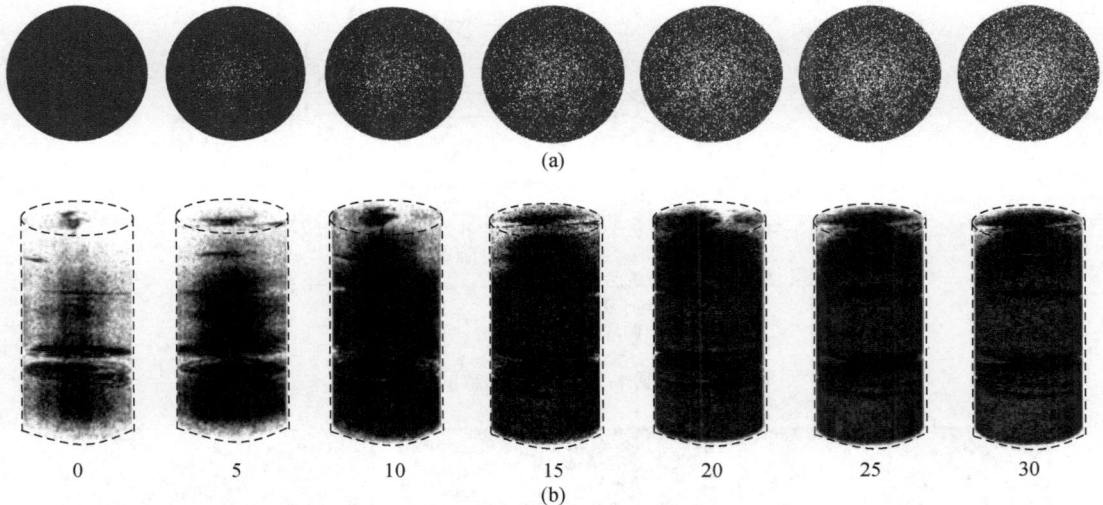

图 8.9　试样端面孔隙分布（a）和试样孔隙三维分布模型（b）（见彩图）

从孔隙的分布状况可以看出，砂岩试样存在一定的层理结构 [图 8.9（b）]，而劣化正是始于砂岩的这些原生层理以及泥质团块位置处。经过溶蚀后，孔隙从这些层里面向内部逐渐扩展连通，随着溶蚀次数的不断增加，岩石孔隙含量不断增大，在 10 次循环之后，孔隙在岩石中部逐渐连通形成稳定的渗流通道。优势通道的建立增大了水化学溶液与砂岩颗粒的接触面积，使酸蚀作用可以稳定发生且不可阻断，直至试样发生宏观损伤破坏。

为了定量化分析酸蚀作用下砂岩的孔隙变化特征，对试样进行核磁共振成像（MRI）试验，试验结果如图 8.10 所示。结果表明，砂岩试样孔隙率随着酸蚀次数的不断增大而逐渐增大，且表现出在酸蚀前期变化较大，中后期变化趋于平缓的趋势。

试验将孔隙划分为小孔隙（孔隙直径为 0~0.25μm）、中孔隙（孔隙直径为 0.25~2.5μm）、大孔隙（孔隙直径≥2.5μm）三类。在 5 次循环之前，表现为小孔隙占比的迅速增加，小孔隙含量由 50.41%增加至 54.07%；循环试验进行到 5 次之后，小孔隙占比逐渐减少，大、中孔隙开始积累，占比增加，小孔隙含量由 54.07%降低至 50.54%，中孔隙含量由 45.19%增加至 48.06%，大孔隙含量由 0.74%增加至 1.40%；在 10 次循环之后，各类孔隙占比逐渐趋于稳定，10 次循环成为砂岩损伤劣化的阈值点。

扫描电镜（SEM）的结果（图 8.11）表明，酸蚀循环作用下，石窟砂岩的原本胶结良好的矿物颗粒不断解体脱落，剥落后的矿物颗粒充填在原有大孔隙中。随着循环的进行，这部分脱落颗粒不断被水排出，砂岩的微观结构变得疏松和破碎，形成了稳定的渗流通道，造成溶蚀中后期水溶液的溶蚀作用减弱，试样的微观孔隙特征变化也逐渐趋于平稳。总体上，酸蚀作用的劣化规律与水循环类似，但其劣化强度显著高于单纯的水循环作用。

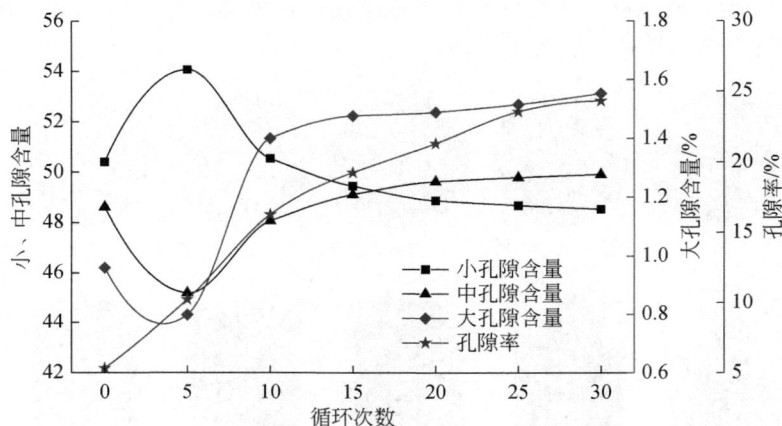

图 8.10　孔隙特征随循环次数的变化曲线

(a) 0次循环　　　　　　　(b) 10次循环　　　　　　　(c) 30次循环

图 8.11　不同循环次数下砂岩表面扫描电镜（SEM）图像

8.3.2　矿物成分劣化损伤机制

在酸蚀作用下，岩体内部矿物的结构与含量不断变化。偏光显微分析结果表明（图8.12），砂岩试样在溶蚀过程中矿物成分的变化表现出一定规律，在溶蚀前期，主要是部分大颗粒矿物在酸溶液的不断溶蚀下发生破碎，10 次循环的试样矿物破碎度明显大于 0 次循环的试样，而与 30 次循环的试样矿物破碎度差异不大。因此可以初步判断，在酸蚀前期矿物成分以发生物理破碎为主。

为了进一步定量化描述酸蚀作用下砂岩的矿物成分变化规律，采用 IPP 颗粒几何形状参数计算软件，获取了不同溶蚀次数下砂岩的微观颗粒直径（D）与颗粒周长（L），对砂岩颗粒微观接触结构进行定量化表征。颗粒直径（D）与颗粒周长（L）都可以反映颗粒的破碎程度，颗粒直径（D）与颗粒周长（L）越小，表示砂岩内部颗粒越破碎。

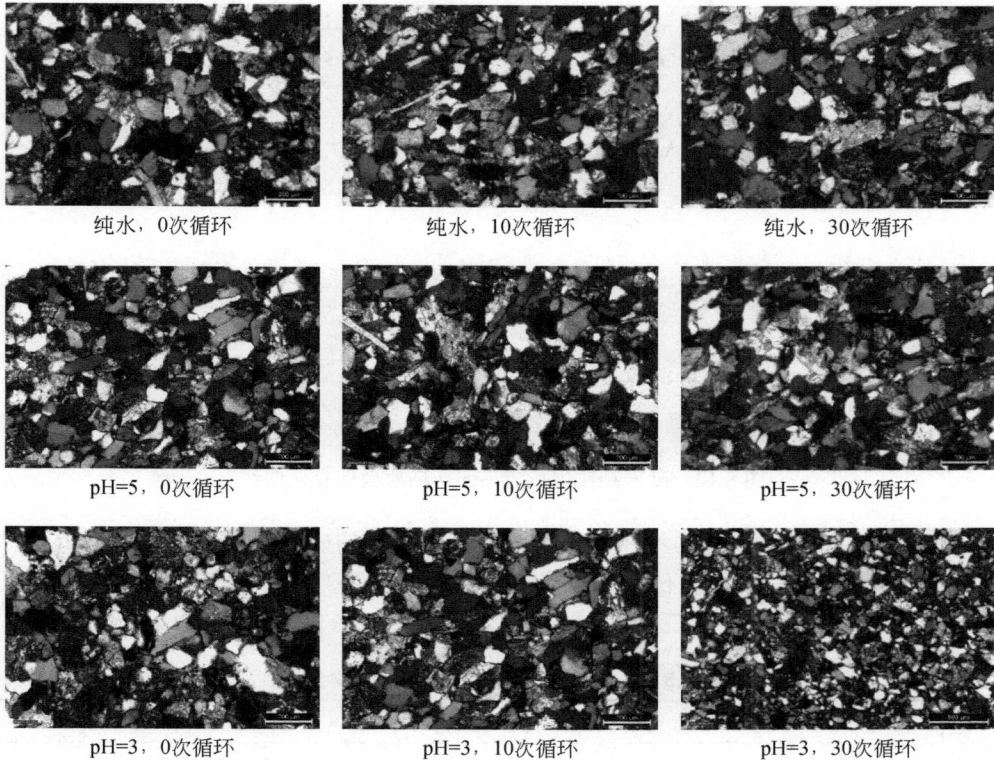

纯水，0次循环　　　　　　　纯水，10次循环　　　　　　　纯水，30次循环

pH=5，0次循环　　　　　　　pH=5，10次循环　　　　　　　pH=5，30次循环

pH=3，0次循环　　　　　　　pH=3，10次循环　　　　　　　pH=3，30次循环

图 8.12　不同循环次数下砂岩偏光显微图像

通过图 8.13、图 8.14 分析可以发现，在 10 次循环之前，颗粒直径与颗粒周长变化最为剧烈，说明伴随着溶蚀的开始，砂岩试样内部矿物首先发生颗粒的物理破碎，在 10 次循环之后矿物颗粒的破碎逐渐缓慢。

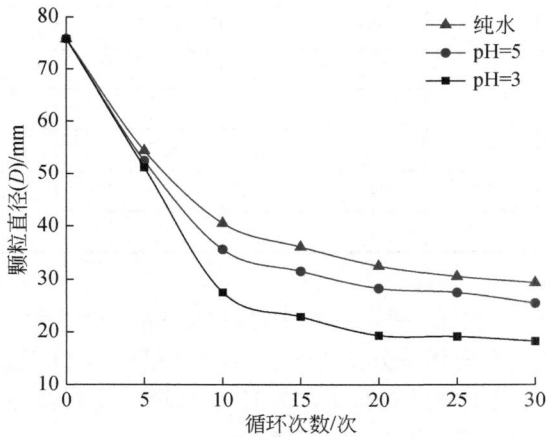

图 8.13　砂岩颗粒直径随不同循环次数的变化曲线

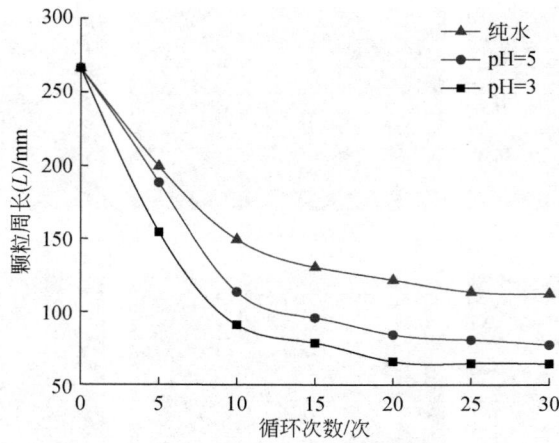

图 8.14　砂岩颗粒周长随不同循环次数的变化曲线

通过 XRD 全岩分析试验对不同循环次数下砂岩试样的矿物组成进行定量分析,结果见表 8.5。按照前文所述,本节将石窟砂岩的矿物分为稳定型矿物与活泼型矿物,分类讨论这两类矿物在酸蚀溶蚀过程中的变化规律。

表 8.5　不同循环次数下砂岩试样矿物含量

循环次数	溶蚀条件	矿物含量/%							
		稳定型矿物				活泼型矿物			
		石英	钾长石	斜长石	合计	方解石	白云石	黏土矿物	合计
0 次循环	—	36.6	16.1	16.6	69.3	9.7	4.8	16.2	30.7
10 次循环	纯水	36.0	6.0	28.3	70.3	12.0	6.3	11.4	29.7
	pH=5	43.4	4.6	22.8	70.8	10.2	7.6	11.4	29.2
	pH=3	36.0	7.5	28.3	71.8	10.7	5.2	12.3	28.2
20 次循环	纯水	37.2	5.3	30.6	73.1	10.0	5.3	11.6	26.9
	pH=5	39.2	6.3	32.2	77.7	6.6	3.3	12.4	22.3
	pH=3	33.4	3.6	42.4	79.4	8.0	1.4	11.2	20.6
30 次循环	纯水	36.1	4.9	41.4	82.4	4.7	2.6	10.3	17.6
	pH=5	39.1	5.2	44.4	88.7	3.7	1.3	6.3	11.3
	pH=3	40.3	6.0	44.5	90.8	4.0	0.2	5.0	9.2

从表 8.5 与图 8.15 可以发现,以在纯水中循环的砂岩试样为例,活泼型矿物在 10 次循环、20 次循环、30 次循环中变化率分别为 8.14%、12.38%、42.67%。在溶蚀试验前期,砂岩试样的矿物含量并没有发生明显的变化,在 10 次循环之后的循环后期,活泼型矿物的百分比明显降低,而稳定型矿物的百分比明显增加。

通过观察砂岩矿物成分的整体变化规律(图 8.15)以及微观照片(图 8.11)可以发现,在溶蚀作用的前期,矿物颗粒首先发生物理破碎,但含量并没有发生明显的变化,其主要原因为在溶蚀试验开始阶段，由于砂岩试样的内部孔隙较小，连通性较差，并且微观结构是以面-面紧密接触结构为主，在砂岩试样内部没有形成稳定通畅的渗流通道，且发生溶解蚀变的矿物较少，因此矿物难以伴随酸溶液的溶蚀过程溶解流出；在溶蚀作用的中后期，试样中微裂隙广泛发育，且矿物颗粒体积均较小，砂岩表层一些活泼型矿物随着溶蚀的进行，会被酸性溶液迅速冲刷并脱离岩石表面，进入溶液中，导致矿物含量降低，直至大部分胶结性黏土矿物全部脱落，岩样发展为不可逆的穿晶破坏，严重影响着砂岩的整体稳定性。

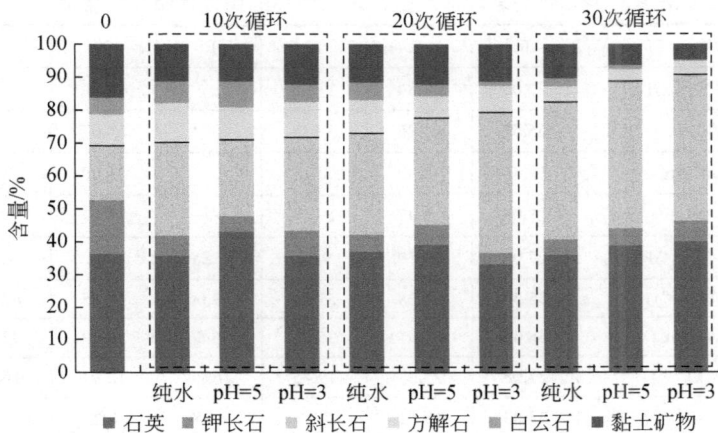

图 8.15　不同循环次数下砂岩的矿物组成

8.4　酸蚀作用下石窟寺砂岩时效损伤模型

8.4.1　基于能量耗散原理的石窟砂岩时效损伤模型

试样中能量演化规律常被用来分析岩石的变形和破坏过程。与传统应力-应变分析方法相比，该方法从能量积累和耗散的角度分析岩石损伤劣化过程，更符合岩石破坏的本质，也更为直观。因此，从能量角度建立损伤因子，可以更好地揭示岩石损伤的发展规律。

石窟寺砂岩的变形主要可分为两部分：可逆变形和不可逆变形。在可逆变形中，能量主要转化为弹性应变能（U_e）。当发生不可逆变形时，部分能量主要以塑性变形、损伤、摩擦和热辐射的形式耗散，称为耗散能（U_d）。根据热力学第一定律，如果忽略过程中与外部环境的热交换，在岩石变形过程中输入的总能量仅转换为弹性应变能和岩石内部耗散能，因此外部输入的总能量为

$$U=U_e+U_d \tag{8.1}$$

式中，U 为外部输入的总能量 kJ/m^3；U_e 为应变能，kJ/m^3；U_d 为耗散能，kJ/m^3。U、U_e、U_d 与应力-应变的分布如图 8.16 所示。

式（8.1）中的 U 和 U_e 按照下式计算：

$$U = \int_0^{\varepsilon_1} \sigma \mathrm{d}\varepsilon \tag{8.2}$$

$$U_{\mathrm{e}} = \frac{\sigma_1^2}{2E_{\mathrm{u}}} \tag{8.3}$$

式中，σ_1 和 ε_1 分别为轴向应力和轴向应变；E_{u} 为卸载模量，通常近似为弹性模量（E），弹性模量（E）是表征材料力学属性的重要参数。

根据式（8.1）～式（8.3）计算所得的结果如表 8.6 所示。

表 8.6　不同水-岩溶蚀次数下岩石样品的弹性模量和能量值

	循环次数/次	0	5	10	15	20	25	30
纯水	弹性模量/GPa	27.03	21.84	11.90	—	8.40	—	8.27
	$U/(\mathrm{kJ/m^3})$	65.57	61.86	57.28	—	55.07	—	53.99
	$U_{\mathrm{e}}/(\mathrm{kJ/m^3})$	38.49	38.39	38.13	—	36.00	—	35.08
	$U_{\mathrm{d}}/(\mathrm{kJ/m^3})$	27.08	23.47	19.14	—	19.07	—	18.92
pH=5	弹性模量/GPa	27.03	20.50	9.33	7.28	5.44	4.49	4.05
	$U/(\mathrm{kJ/m^3})$	65.57	61.28	55.71	53.06	50.05	47.67	45.84
	$U_{\mathrm{e}}/(\mathrm{kJ/m^3})$	38.49	37.91	36.26	36.86	34.09	32.40	31.46
	$U_{\mathrm{d}}/(\mathrm{kJ/m^3})$	27.08	23.37	19.45	16.20	15.97	15.27	14.38
pH=3	弹性模量/GPa	27.03	19.81	8.41	6.38	3.89	3.15	2.72
	$U/(\mathrm{kJ/m^3})$	65.57	59.61	53.70	48.82	47.40	46.02	44.68
	$U_{\mathrm{e}}/(\mathrm{kJ/m^3})$	38.49	33.29	32.43	31.97	31.14	31.13	31.06
	$U_{\mathrm{d}}/(\mathrm{kJ/m^3})$	27.08	26.32	21.27	16.85	16.26	14.88	13.62

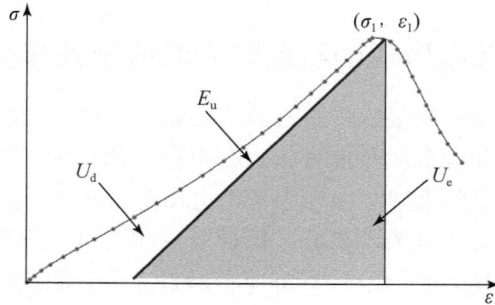

图 8.16　应力-应变曲线中应变能和释放能的关系

峰前总能量、弹性应变能和耗散能随酸蚀循环次数的变化曲线如图 8.17 所示。

2004 年，Mutlutürk 等开发了基于岩石损伤预测的一阶模型：

$$I_N = I_0 \mathrm{e}^{-\lambda N} \tag{8.4}$$

式中，N 为循环次数；$\mathrm{e}^{-\lambda N}$ 为根据第 N 个劣化循环中基于完整性的比例而得到的衰减系数；I_0 和 I_N 分别为劣化循环前后岩石的完整性指数。

(a) 纯水

(b) pH=5

(c) pH=3

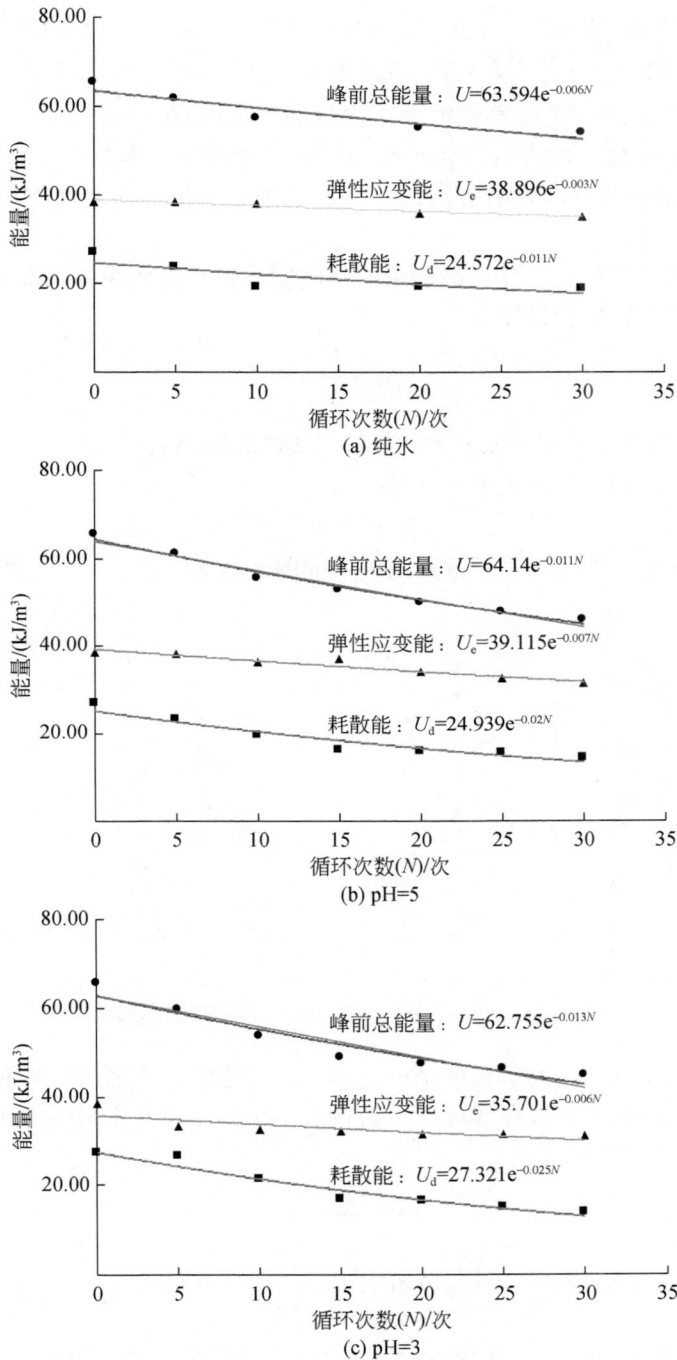

图 8.17 峰值能量随酸蚀循环次数的变化

基于上述模型对酸蚀后的峰前总能量、弹性应变能和耗散能进行了拟合，结果如下。

总能量：$U^{水} = 63.594\mathrm{e}^{-0.006N}$，$U^{\mathrm{pH=5}} = 64.14\mathrm{e}^{-0.011N}$，$U^{\mathrm{pH=3}} = 62.755\mathrm{e}^{-0.013N}$ （8.5）

应变能：$U_e^{水} = 38.896e^{-0.003N}$，$U_e^{pH=5} = 39.115e^{-0.007N}$，$U_e^{pH=3} = 35.701e^{-0.006N}$　　　（8.6）

散能：　　$U_d^{水} = 24.572e^{-0.011N}$，$U_d^{pH=5} = 24.939e^{-0.020N}$，$U_d^{pH=3} = 27.321e^{-0.025N}$　　（8.7）

结果表明，峰前总能量随着酸蚀循环次数的增加而逐渐减小。这一发现表明，酸蚀循环加剧了岩石的劣化，使岩石破坏所需的外部能量减少。弹性应变能的比例逐渐增加，而耗散能的比例逐渐减少，表明酸蚀循环增加了用于变形的能量比例，并降低了失稳的破坏性。

为了便于分析岩石酸蚀劣化后的能量损伤机制，将不同酸蚀循环次数后的峰值耗散能与总能量之比定义为耗散能量比（λ_N），

$$\lambda_N = \frac{U_d^N}{U_N} \qquad (8.8)$$

式中，U_d^N 为 N 次酸蚀后的耗散能；U_N 为 N 次酸蚀后的总能量。

将式（8.5）、式（8.7）代入上式（8.8）得

$$\lambda_N = 0.386e^{-0.005N} \qquad (8.9)$$

耗散能量比（λ_N）与酸蚀循环次数的关系如图 8.18 所示。

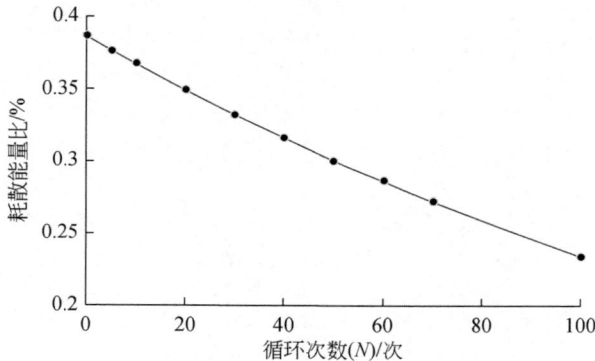

图 8.18　能量耗散比与酸蚀循环次数的关系曲线

从热力学的角度来看，能量耗散是单向的、不可逆的，主要用于岩石的塑性变形和裂纹扩展。因此，可以根据酸蚀循环前后岩石耗散能比的相对变化来确定酸蚀损伤系数。基于上述分析，建立损伤方程如下：

$$D = \frac{|\lambda_N - \lambda_0|}{\lambda_0} \qquad (8.10)$$

将式（8.9）代入式（8.10）得到砂岩酸蚀劣化损伤方程为

$$D = |1 - e^{-0.005N}| \qquad (8.11)$$

同理可得，pH=5 时，$\lambda_N^5 = 0.388e^{-0.009N}$，$D^5 = 1 - e^{-0.009N}$；pH=3 时，$\lambda_N^3 = 0.435e^{-0.012N}$，$D^3 = 1 - e^{-0.012N}$。

基于上述计算结果，定义酸蚀劣化系数 k，得出酸蚀劣化损伤模型为 $D = 1 - e^{-kN}$，N 为酸蚀循环次数。k 与 pH 关系见表 8.7 和图 8.19。

表 8.7　酸蚀劣化系数 k 与酸蚀 pH 的关系

酸蚀劣化系数	pH=7	pH=5	pH=3
k	−0.005	−0.009	−0.012

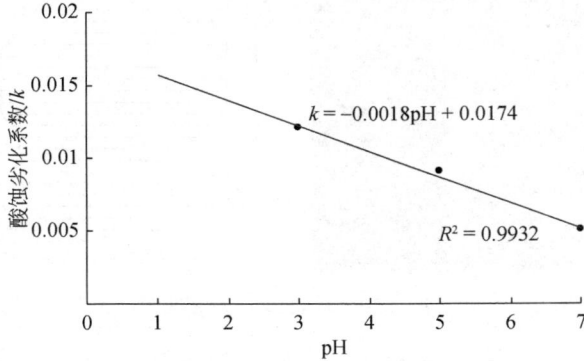

图 8.19　酸蚀劣化系数（k）与 pH 关系曲线

拟合得出：

$$k=-0.0018\text{pH}+0.0174 \tag{8.12}$$

最终得到酸蚀作用下石窟寺砂岩时效损伤模型为

$$D=|1-e^{(-0.0018\text{pH}+0.0174)N}| \tag{8.13}$$

8.4.2　酸蚀作用下石窟寺砂岩时效损伤模型现场应用

现场调查发现，安岳石窟区圆觉洞附近有多处被裂隙切割的危岩体，危岩体在自身重力及外界营力作用下，使裂隙端部产生拉应力集中，裂隙逐渐向深部发展。同时，这些裂隙的发育为雨水的渗流提供了良好的渗流通道，加之当地频繁的酸雨（雨水 pH 约为 5.8），使得下部未贯通岩体不断受到酸蚀作用，加快了岩体的宏观劣化损伤速度，大大降低了危岩体的稳定性。现基于建立的酸蚀循环作用下石窟寺砂岩时效损伤模型对圆觉洞石窟区的两处危岩体进行反演计算，推断其失稳时间。

1）危岩体 1 失稳计算

危岩体 1 位于 15 号窟"龟鹤"题字处（图 8.20），危岩体受两条近于直立的卸荷裂隙切割，"龟鹤"题刻上方的卸荷裂隙产状为 80°∠80°，裂隙夹缝处有砂泥岩填充；另一条卸荷裂隙近直立，隙宽为 20～50cm。两裂隙之间形成一高 5m、厚 4m 的孤立巨石。根据室内试验的成果，砂岩的重度取 $y=21.86\text{kN/m}^3$，当地水溶液 pH 取 5.8。危岩体重力为

$$G=y\times A\times B=1560\text{kN} \tag{8.14}$$

式中，y 为危岩体重度，kN/m^3；A 为危岩体在剖面上的面积，m^2；B 为危岩体在垂直于剖面上的宽度，m。

危岩体垂直于临空面产生的拉应力为

$$\sigma=\frac{G\cos\theta}{S}=10.95\text{kPa} \tag{8.15}$$

式中，θ 为裂隙倾角。

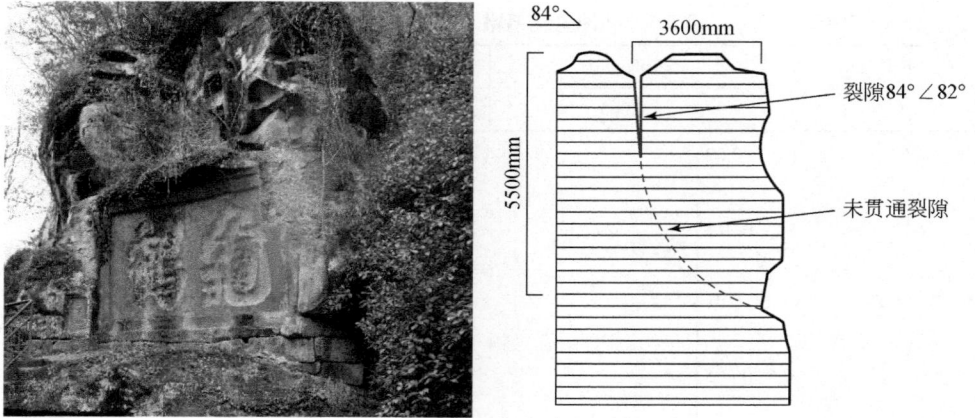

图 8.20　危岩体 1 示意图

设定拉应力（σ）为危岩体失稳时的峰值强度，应变设置为砂岩最大应变 1.8%。

由表 8.1 知完整砂岩试样的输入总能量为 U^0=65.57kJ/m³，耗散能为 U_d^0=27.08kJ/m³。

设定危岩体达到失稳破坏时输入能量不变，则 U^N=U^0=65.57kJ/m³，耗散能为 U_d^N=U^N−U_e^N=55.715kJ/m³。

根据式（8.13）可得

$$\frac{\left|\dfrac{U_d^N}{U^N}-\dfrac{U_d^0}{U^0}\right|}{\dfrac{U_d^0}{U^0}}=\left|1-e^{(-0.0018\mathrm{pH}+0.0174)N}\right| \tag{8.16}$$

溶液 pH=5.6，得 N=98.7，取 N=99，基本判断再经历 99 次水–岩溶蚀作用危岩体会发生失稳破坏，安岳地区年降水日数为 123 天，每年经历完整的干湿循环约 10 次，故初步判断该危岩体 10 年后可能发生整体失稳。

2）危岩体 2 失稳计算

危岩体 2 位于圆觉洞石窟区 63 号窟的左壁（图 8.21）。危岩体附近发育两条裂隙 J1 和 J2。裂隙 J1 为一条卸荷裂隙，产状为 152°∠81°，张开度近 20cm，被砂泥岩填充。该裂隙构成危岩体的后缘切割面。在下部发育一条产状为 0°∠20°的近水平状裂隙 J2，此裂隙起伏较大，隙宽为 0～10cm。由于 J1 与 J2 的切割形成一高 3.64m，厚 1.5m 的孤立巨石。沿裂隙 J2 形成风化软弱带，其上部的岩体后缘可能发生拉裂破坏，向临空方向发生倾覆，导致岩体失稳。根据室内试验的成果，砂岩的重度取 y=21.86kN/m³，当地水溶液 pH 取 5.8。危岩体重力为

$$G=y×A×B=238\mathrm{kN} \tag{8.17}$$

式中，y 为危岩体重度，kN/m³；A 为危岩体在剖面上的面积，m²；B 为危岩体在垂直于剖面上的宽度，m。

危岩体垂直于临空面产生的拉应力为

$$\sigma=\frac{G\cos\theta}{S}=5.1\mathrm{kPa} \tag{8.18}$$

设定拉应力（σ）为危岩体失稳时的峰值强度，应变设置为砂岩最大应变 1.8%。由表 8.1 的完整砂岩试样的输入总能量为 U^0=65.57kJ/m³，耗散能为 U_d^0=27.08kJ/m³。

图 8.21　危岩体 2 示意图

设定危岩体达到失稳破坏时输入能量不变，即

$$U^N=U^0=65.57\text{kJ/m}^3，\text{耗散能：}U_d^N=U^N-U_e^N=61.75\text{kJ/m}^3 \tag{8.19}$$

由式（8.13）得

$$\frac{\left|\dfrac{U_d^N}{U^N}-\dfrac{U_d^0}{U^0}\right|}{\dfrac{U_d^0}{U^0}}=\left|1-e^{(-0.0018\text{pH}+0.0174)N}\right| \tag{8.20}$$

溶液 pH=5.6，得 N=112.9，取 N=113，基本判断再经历 113 次水-岩溶蚀作用危岩体会发生失稳破坏，安岳地区年降水日数为 123 天，每年经历完整的干湿循环约 10 次，故初步判断该危岩体 11 年后发生整体失稳。

8.5　小　　结

本章通过分析酸雨环境下川渝地区砂岩石窟岩石质量、强度等宏观物理力学性质的变化规律与特征。发现酸雨环境加速了砂岩质文物的劣化损伤进程，砂岩的物理力学性质明显降低，且不可恢复。酸雨溶蚀作用对砂岩的影响存在劣化阈值，在溶蚀前期劣化损伤现象明显，在溶蚀后期逐渐趋于平稳。

从砂岩孔隙特征和矿物成分的劣化角度揭示了砂岩的劣化机制。砂岩微观孔隙特征在溶蚀前期变化剧烈，微孔隙与微裂隙快速扩展连通，在试样内部形成稳定的渗流通道，砂岩损伤劣化程度显著提高。在溶蚀中后期，由于渗流通道的存在，水溶液的溶蚀作用减弱，砂岩微观孔隙特征变化趋于平稳，劣化损伤程度基本稳定。砂岩内部矿物颗粒在溶蚀前期主要发生物理破碎，在溶蚀中后期矿物含量逐渐发生变化。由于砂岩的劣化损伤主要发生在溶蚀前期，因此矿物颗粒破碎较含量变化对试样的劣化影响更为明显。

　　本章建立了基于能量耗散原理的砂岩时效损伤模型，量化了砂岩的酸蚀损伤过程，并应用于安岳圆觉洞的危岩体分析。同时，基于酸雨溶蚀作用下的砂岩劣化损伤规律发现，砂岩的劣化损伤主要发生在溶蚀前期，因此川渝地区砂岩质文物保护应以前期的止水与治水等防护措施为主。

第9章 盐析作用下石窟砂岩损伤劣化特征与机制

盐风化在世界范围内随处可见，其重要性不言而喻。早在公元前 5 世纪，就已经有关于埃及金字塔盐风化的文字记录，这也是盐风化最早被观测到的记录（Doehne，2002）。在 20 世纪 60 年代，Wellman 和 Wilson（1965）第一次正式提出盐风化（salt weathering）的概念，从此以后逐渐有学者通过多种方法研究盐风化作用。90 年代，科学界对建筑材料的衰变现象越来越感兴趣，而盐风化对于建筑材料同样具有破坏性（Haynes et al.，1996）。岩石中盐和水分的反应产生了一系列风化形式，如蜂窝洞（tafoni）、蜂窝岩（honeycomb）以及大量的岩石碎屑（Goudie and Day，1980；Mustoe，1982）。盐风化被广泛认为是历史建筑及考古遗址结构退化的主要因素之一（Schaffer，2016）。了解并找到减少盐风化的方法对保护物质文化遗产具有重要意义（Bland and Rolls，2016）。

就作用机制而言，盐分，尤其是易溶盐，极易因水的作用而发生溶解、结晶和水化作用。因此，盐风化可归属于化学风化。但以其作用结果而言，盐分体积膨胀使得岩土材料受到挤压而发生破碎，或是盐分的参与导致造岩矿物本身发生膨胀变形，从而推进岩石劣化崩解，因此，盐风化也可以归属于物理风化的范畴。

石窟盐类病害特征与岩体的多孔介质特性等因素有着密切的关系（严绍军等，2015；Sousa et al.，2018；张景科等，2021）。岩体中一般不只存在一种可溶盐，不同的可溶盐产生的盐析结晶及其破坏模式差异很大（Marzal et al.，2007；谭松娥，2013；靳治良等，2015；王逢睿等，2020）。此外，水分也是盐风化病害发育的关键（杨善龙等，2018；张虎元等，2021），岩体中可溶盐溶于水后形成的溶液在岩石这类多孔介质材料中的迁移促进了岩石的盐风化病害的发育。

石窟保护的需求也促进了盐风化研究的发展。盐，作为石窟保护的影响因素，其组成成分会相互影响制约，且随着赋存环境的变化而变化，所以产生了破坏性极强且机理复杂的盐风化，相关研究也是难点和热点。盐风化应该考虑岩石所处的风化环境，以及盐、岩石的类型和性质，因此，盐风化的研究需要有针对性地分析具体研究对象，并根据不同的情况寻找相适应的研究方法（Flatt，2002）。

受北石窟寺当地降雨及地下水干湿交替变化的影响，盐分在石窟岩体表面大量结晶，最终形成了盐析控制的渔网状剥蚀破坏。然而，此前的研究多集中在干湿循环对石窟岩体的损伤、室内水盐运移规律及其所致的形貌变化上，缺乏细微观视角下盐析劣化对石窟岩体的强度损伤方面的分析。因此，本章以北石窟砂岩为例，开展了室内盐析劣化模拟试验，旨在从细微观的角度，深入分析北石窟寺砂岩盐风化作用下的损伤劣化特征。

9.1 石窟砂岩裂隙水含盐量与成分鉴定

我国西北地区分布有大量石窟寺和摩崖造像。西北地区干旱少雨，地下水中有大量易溶盐存在，盐分借由水的渗入在岩体内部广泛运移，经干燥后在石窟岩体表面析出结晶。受石窟砂岩透水性能的影响，结晶现象在石窟区大面积发育，该现象加速了砂岩窟龛的盐风化发育，影响了摩崖造像的艺术欣赏价值。

易溶盐在析出结晶过程中，晶体体积膨胀，使得石窟砂岩胶结性变差，最终形成了受盐析控制的渔网状剥蚀破坏。因此，以甘肃省庆阳市北石窟寺为例，开展盐析劣化模拟试验，探究北石窟寺砂岩的盐析损伤劣化特征。根据北石窟寺几处泉水露头采样的检测结果，可以发现北石窟寺地下水水化学特征表现为低矿化度、弱碱性、重碳酸钠型水（由于采样时处于丰水期，蒲河中泥沙含量偏多，导致溶解性总固体含量偏高），具体检测结果如图 9.1 和表 9.1 所示。

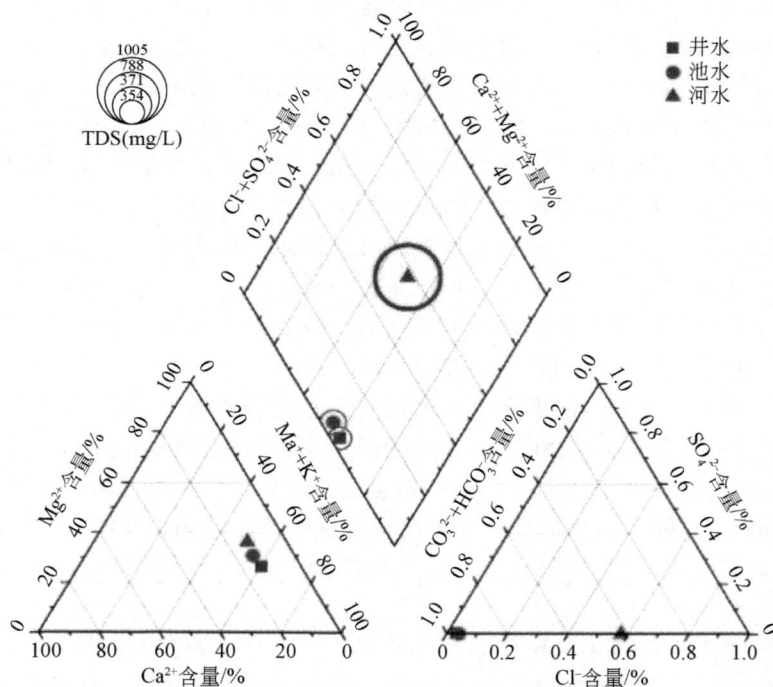

图 9.1　北石窟寺几处地下水采样点的水化学 Piper 三线图

TDS 为溶解性总固体

表 9.1　北石窟寺几处地下水离子含量

样品名称	Ca^{2+}/%	Mg^{2+}/%	$Na^+ + K^+$/%	Cl^-/%	SO_4^{2-} /%	$CO_3^{2-} + HCO_3^-$ /%	TDS/(mg/L)
井水	6.71	13.37	30.84	1.52	0.01	47.55	355
池水	7.21	16.13	28.84	1.96	0.00	45.86	393
河水	7.70	21.49	30.10	23.43	0.01	17.28	1005

有研究指出，砂岩岩层中碳酸盐溶解是最常见的水-盐相互作用，且主要观测到的碳酸盐沉积类型为 $NaHCO_3$（Asnin et al., 2022）。此外，典型的结晶相通常出现在富碳酸盐混合物的表面晶体生长和表层下晶体生长中，这类现象在北石窟寺窟内顶板盐害现象中同样

存在（Charola and Lewin，1979；Bionda，2006）。根据石窟岩体表面风化样品的 X 荧光分析结果，北石窟岩体表面盐害以钠盐为主。综上，故选用 $NaHCO_3$ 作为本研究室内盐析劣化模拟试验的劣化盐类。

9.2　盐析作用下石窟砂岩物理力学性质响应规律

采用盐析劣化循环试验，探究盐析作用下石窟砂岩物理力学性质响应规律。结合北石窟寺水样监测结果，按如下方式设置本研究试验过程：取 0.05mol/L 浓度的 $NaHCO_3$ 溶液作为盐析循环劣化的介质溶液，在 $NaHCO_3$ 溶液中浸润 12h，之后在 100℃温度下干燥 10h，室温下冷却 2h 为一个循环。试验后，记录不同循环次数岩石样品的外观变化，并于样品 5 次、10 次、15 次、20 次、25 次、30 次循环后记录样品的质量变化、波速变化。为关注前期样品状态变化，额外补充记录 1 次循环及 3 次循环的样品质量、波速信息。需要说明的是，用于盐析劣化循环的样品取自蒲河对岸砂石矿坑里较新鲜的砂岩，风化程度较低，强度普遍高于北石窟寺南侧风化立面露头处的砂岩。

9.2.1　石窟砂岩表面形貌变化特征

在劣化模拟试验前，试样表面光滑、结构致密，在试验过程中，对经历了循环作用的样品进行观察并记录样品的表面变化，如图 9.2 所示。由于北石窟寺下白垩统砂岩自身孔隙大、胶结程度差，垂直层理取样的样品几乎无法维持稳定的形状，故选用平行层理取样。

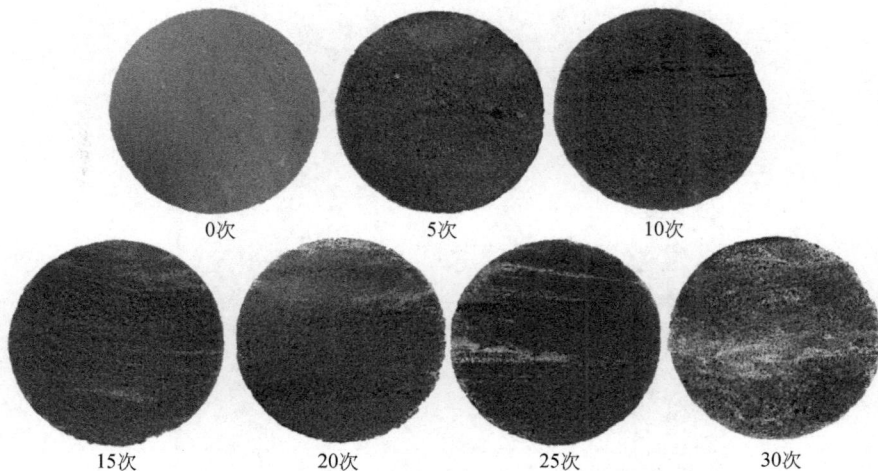

图 9.2　不同循环次数的盐析劣化试样端面照片

随着劣化模拟试验的进行，试样表面的剥蚀剥落愈发严重。在循环后期，岩样表面出现了不同程度的盐析结晶现象，越来越多的盐分沿岩石层理方向在岩石样品端面结晶。样品劣化初期（前 10 次循环），主要表现为表面的颗粒剥蚀，岩样表面不再平整，层理间胶结较弱的区域出现了较为明显的沿层理剥蚀的痕迹，呈现出细条带式剥蚀，但盐析现象还不明显，孔隙中的盐分仍在积累。在 15 次循环后，岩样表面开始出现明显的泛盐现象，沿层理面不断析出结晶，在结晶易发处（层理之间）岩石矿物颗粒间的胶结越来越差，劣化现象表现为平行于层理方向的孔洞状掏蚀。随着试验的进行，掏蚀处演化发展为较明显的掏蚀劣化凹槽，并沿层理面持续加宽、加深。同时，在孔洞周围出现受岩样局部劣化进程差异影响的微裂隙和微孔隙。在 30 次循环后，岩样表面密布盐分结晶，且伴随试验的进行，层理与层理间的孔洞状掏蚀相互连接成网，最终导致成网后的区域性剥离，整个端面出现了不同程度的掏蚀剥离，区域劣化差异明显。

以上现象表明，水-盐溶蚀作用引起了石窟砂岩劣化，损伤开始于石窟砂岩的原生层理间弱胶结处。砂岩表层的主要损伤劣化模式为沿层理方向、在层理间胶结较弱的区域，表现为条带网状剥蚀向区域性剥蚀脱落的差异演化。

对循环次数为 5 次、10 次、15 次、20 次、25 次的岩石样品进行了图像拍摄，结果如图 9.3 所示。可以发现，随着循环次数的增加，岩石侧面的盐析结晶条带富集得越来越多，且在 20 次、25 次循环后的样品，圆柱样侧面出现了较为明显的宏观裂隙。起初裂隙较小，随着循环次数增加，裂隙受盐析结晶劣化的影响加剧，沿岩石层理方向不断扩展最后形成了较为明显的宏观裂隙并直接贯通至另一端面。

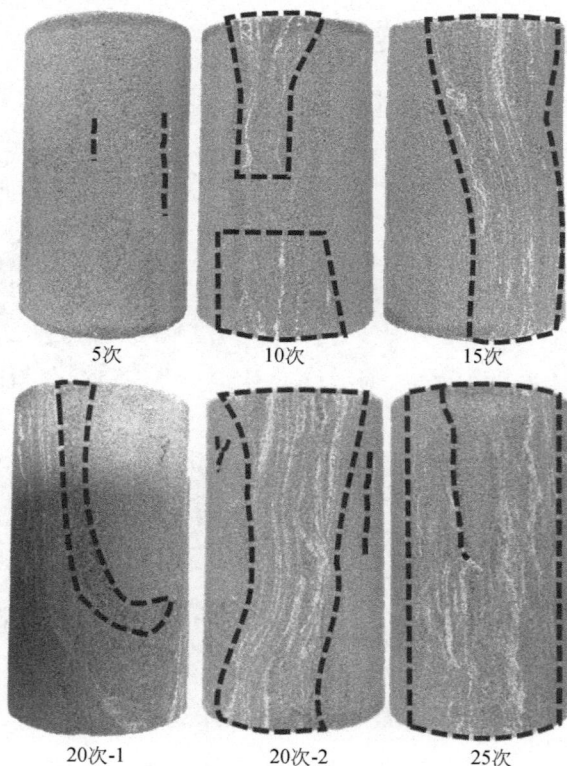

5次　　　　　　　　10次　　　　　　　　15次

20次-1　　　　　　20次-2　　　　　　25次

图 9.3　不同循环次数的盐析劣化试样侧面照片

盐析结晶产生结晶压力，使岩石胶结变差，岩石表面结构变得更为疏松多孔，石窟岩体的盐风化遂而发生。盐风化导致岩体表面逐渐发育出现密集的蜂窝洞，单个洞穴的直径为几毫米到几厘米不等 [图 9.3（d）、图 9.4)]，并且随着循环次数增加，样品表面孔洞也更加密集，渔网状破坏愈发严重。

在循环试验后，通过 Leica M 体视显微镜观测样品的细观劣化特征。在 20 次循环后，样品侧壁观测到了典型的渔网状破坏模式，如图 9.4 所示。北石窟寺的砂岩具有较好的透水性能，含盐量较高，在水分运移作用下，盐分广泛分布于北石窟岩体内部，盐分析出结晶而产生的体积膨胀弱化了石窟砂岩的胶结性能。在温度、水分动态变化的影响下，盐分重复溶解、析出、结晶，使得岩石样品表面出现了劣化现象，变得更加疏松多孔，最终演化为不规则的渔网状破坏。

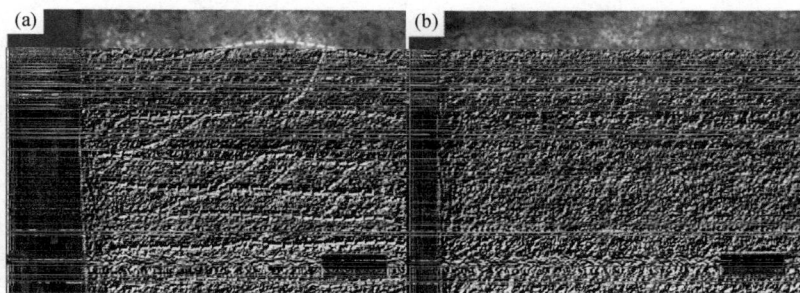

图 9.4　光学显微镜下盐析劣化试样侧面渔网状剥蚀风化照片

Leica M 体视显微镜下拍摄了盐析劣化 15 次、20 次、25 次循环样品的端面或侧壁照片，如图 9.5（a）～（f）所示。取 0 次循环和 20 次循环后的样品补充拍摄了偏光显微照片，如图 9.5（g）、（h）所示，盐析劣化循环后的样品在细观视角下，出现了明显的矿物颗粒运移，还可以观察到盐结晶围绕岩石矿物颗粒析出结晶，部分岩石矿物颗粒还出现了矿物晶体断裂的现象。此外，选用安岳圆觉洞石窟砂岩作为对照，进行相同条件的室内劣化试验，复现了与庆阳北石窟寺研究区相似的渔网状破坏现象，具体如图 9.6 所示。据图 9.7 可见，循环次数越多，岩石端面掏蚀的渔网状孔洞也更加密集，孔洞侧面还可见层状裂隙发育，端面的盐析晶体富集也越多，有样品也出现了明显的宏观层状剥蚀破坏，验证了盐风化在不同区域环境下的共通性。

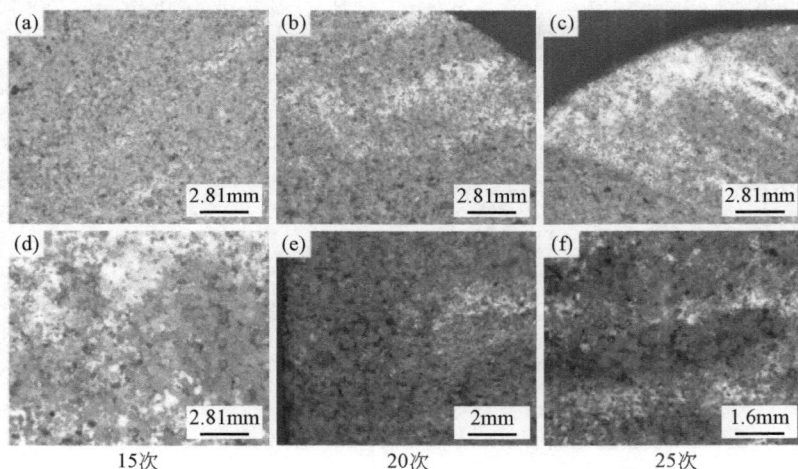

15次　　　　20次　　　　25次

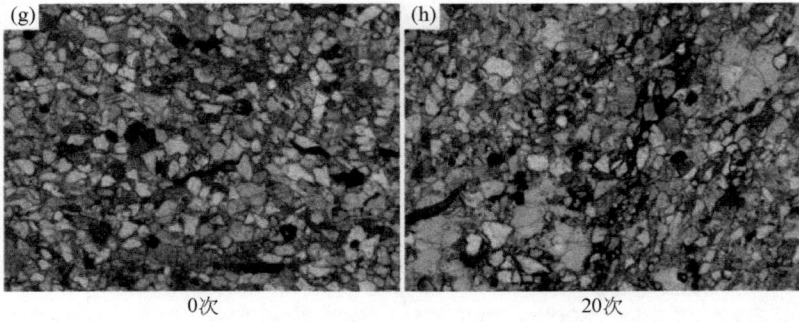

0次   20次

图 9.5　光学显微镜下试样的风化破坏细节

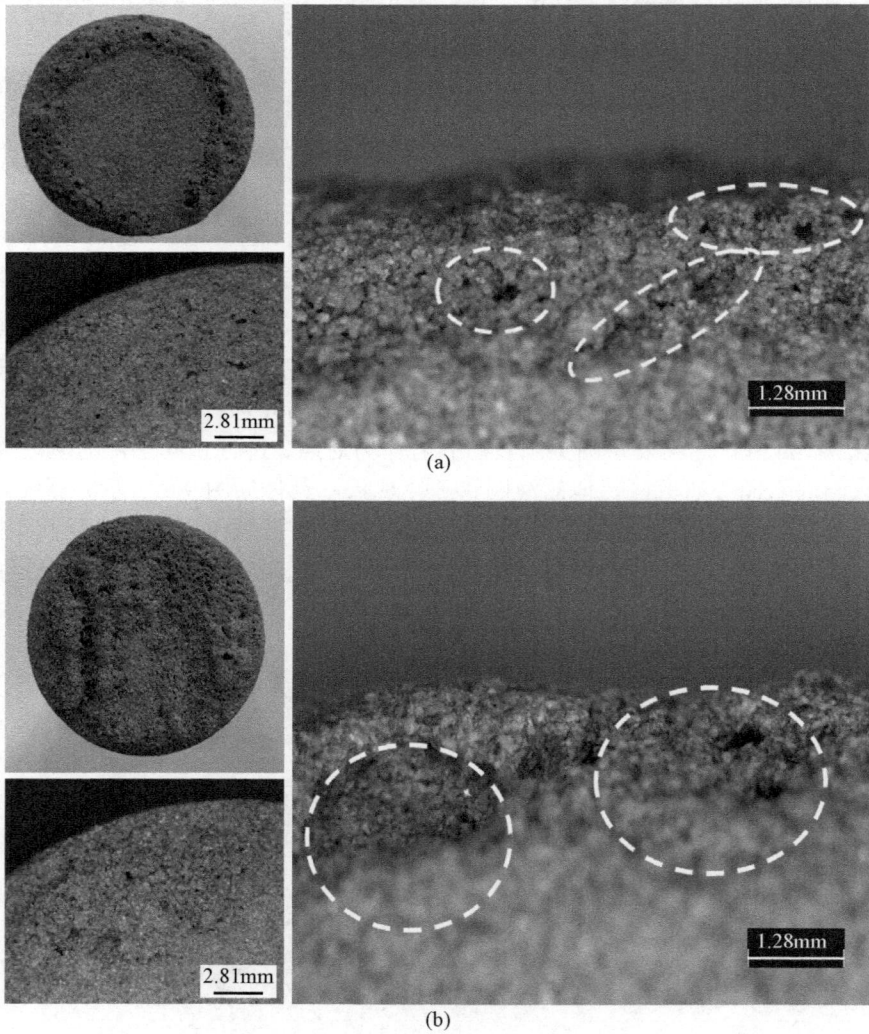

图 9.6　安岳圆觉洞石窟砂岩在盐析作用下的渔网状破坏发育现象

（a）10 次循环的试样；（b）25 次循环的试样

图 9.7　石窟砂岩的端面盐析晶体富集现象

（a）10 次循环的试样；（b）30 次循环的试样

9.2.2　石窟砂岩物理性质变化特征

图 9.8（a）显示了不同盐析劣化循环次数下试样的质量变化，图 9.8（b）显示了不同盐析劣化循环次数下试样的质量差值变化。图 9.8 表明，据不同循环次数下样品的质量变化曲线，可以发现样品质量在 5 次循环内快速损失，在后续循环过程中无明显变化。为进一步明晰岩样的损伤状态，试验中记录不同循环次数后样品的波速，各阶段岩石样品的波速变化率（ROC）结果如图 9.9 所示。

综上，岩样在盐析劣化循环过程中，质量随着试验的进行不断降低，样品的质量变化大致分为三个阶段。第一阶段为 0～5 次循环，岩样的质量变化较大，损失较快，且波速变化的趋势也最快，波速变化率接近全过程波速变化的 60%（样品 1—样品 4 的波速变化率依次为 57.8%、59.4%、59.0%、60.3%）；第二阶段为 5～15 次循环，样品的质量变化率区域平缓，样品质量稳定变化，波速变化率占全过程波速变化率的 90%左右（样品 1—样品 4 的波速变化率依次为 85.7%、86.9%、92.0%、86.6%）；第三阶段为 15～25 次循环，样品的质量几乎不变，但是样品波速仍在持续减小。

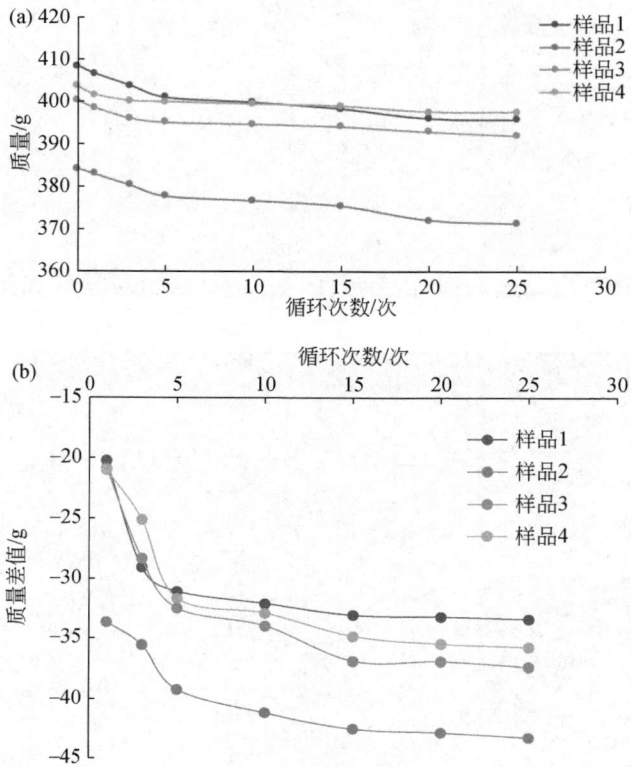

图 9.8　不同盐析劣化循环次数下试样的质量变化曲线

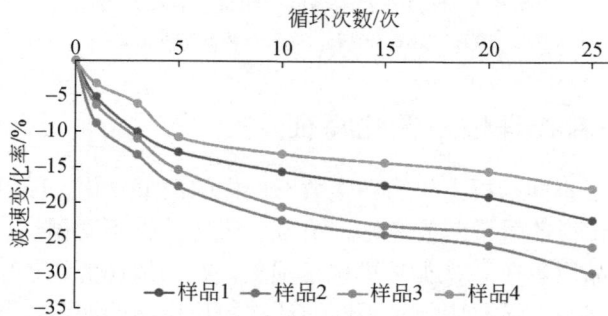

图 9.9　不同盐析劣化循环次数下试样的波速变化曲线

9.2.3　石窟砂岩力学性质变化特征

将砂岩样品在 0.05mol/L 浓度的 $NaHCO_3$ 溶液中进行不同循环次数的室内盐析劣化模

拟试验，并设置纯水对照组，在同样的温度条件下进行劣化循环。采用 RTR-1000 高温-高压岩石测试系统测定两组岩石样品的单轴抗压强度，获得的应力-应变曲线如图 9.10、图9.11 所示。

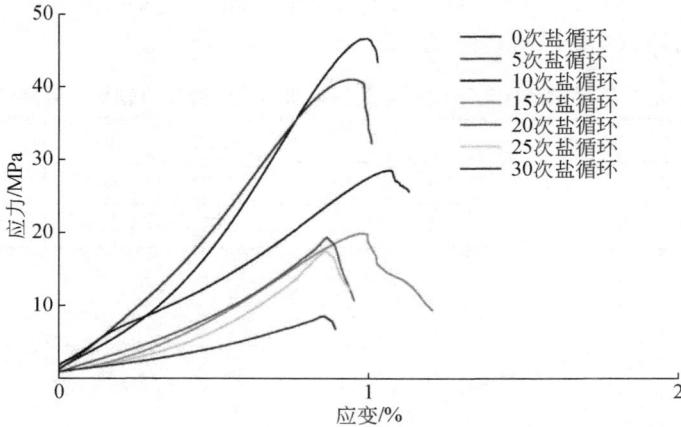

图 9.10　不同循环次数下盐析劣化试样的强度变化

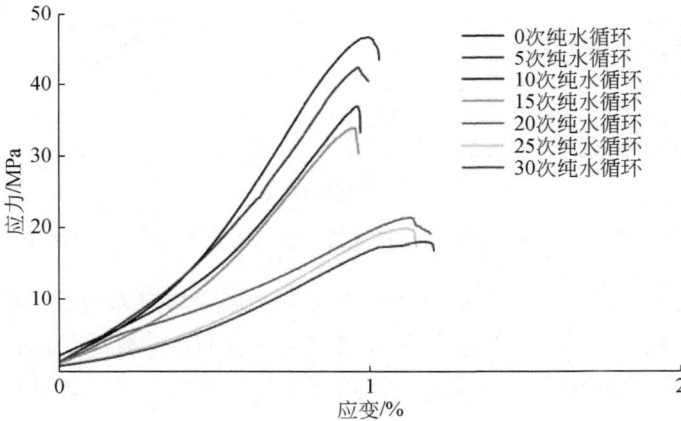

图 9.11　不同循环次数下纯水劣化试样的强度变化

可见，在 0.05mol/L 的 $NaHCO_3$ 溶液条件下，受样品自身及差异劣化的影响，不同循环次数的砂岩样品的应力-应变曲线差异较大。除 10 次、15 次循环的样品外，随着室内盐析劣化模拟试验的进行，北石窟寺砂岩的应力-应变曲线的弹性阶段逐渐缩短，试样的弹性应变减小，塑性应变增加。且随着循环次数的增加，岩石单轴抗压强度大幅降低，30 次盐循环后，强度损失高达 81.5%，仅有 8.6MPa 的强度。

而在纯水溶液条件下，不同循环次数的砂岩样品的应力-应变曲线较为近似，但是 20次及以上循环次数的砂岩样品均未表现出明显的应变软化阶段。这说明北石窟寺砂岩为脆性岩石，达到峰值强度后，岩石承载力迅速丧失，岩石样品结构被破坏。且 0～15 次循环的样品线弹性变形阶段的应变量较为接近，均小于 1%；20～30 次循环的样品线弹性变形阶段的应变量较为接近,均大于 1%。这说明伴随着纯水劣化模拟试验的进行,样品中的孔隙增加,孔隙率增大,使得循环后的岩石样品具有更好的可压密性能,应力-应变曲线中的压实及线弹性阶段延长。

　　为了进一步研究北石窟寺砂岩的强度劣化特征,提取不同循环次数下各岩石样品的单轴抗压强度,结果如表 9.2 和图 9.12 所示。

表 9.2　　不同循环次数下试样盐析、纯水劣化的峰值单轴抗压强度值

循环次数	0 次	5 次	10 次	15 次	20 次	25 次	30 次
盐析劣化后强度/MPa	46.6	42.6	28.4	20.1	19.5	17.7	8.6
纯水劣化后强度/MPa	46.6	41.2	37.3	32	21.4	19.9	18.1

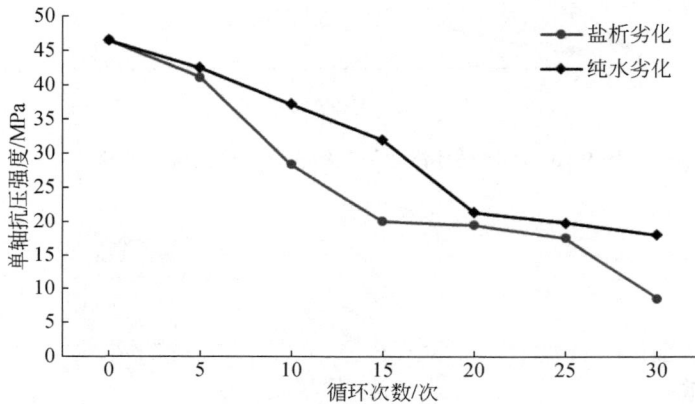

图 9.12　　不同循环次数下试样盐析、纯水劣化的强度劣化对比图

　　由此可见,石窟砂岩在纯水及盐析劣化作用下的强度响应均表现出了明显的阶段性特征;在相同循环次数下,盐析劣化作用对石窟砂岩强度的影响强于纯水;盐析产生的劣化响应均超前于纯水。在相同循环次数下,盐析劣化相较于纯水劣化提前出现了样品强度大幅度丧失的现象。

9.3　盐析作用下石窟砂岩损伤劣化微观机理

　　利用 SEM 获得了盐析作用下砂岩的微观结构照片。图 9.13(a)～(d)依次为 0 次、10 次、20 次及 30 次循环后的样品;图 9.13(e)、(f)依次为 20 次、30 次循环的样品,可见明显的晶体断裂及盐分富集掏蚀现象;图 9.13(g)、(h)依次为 20 次、30 次循环的额外高倍视野取样。SEM 结果表明,在试验前期 SEM 图像上可见的盐分晶体数量较少,随循环次数累加,盐分晶体开始在孔隙、裂隙及矿物颗粒间大量充填富集,从 20 次循环样品可以看出,盐分富集区域有明显的拉张裂缝出现,岩石孔隙增加、裂隙张开度增大。观测 30 次循环的砂岩样品可以发现有大量的盐分晶体存在,岩石结构变得破碎,盐晶体对岩石破坏效果明显。此外,据图 9.13(e)、(f),以及更高倍数视野采样图 9.13(g)、(h)可以

更加清晰地观察到盐分晶体的富集和盐风化对砂岩表面的掏蚀，从而形成微观上的蜂窝洞状的盐风化形态。受结晶作用的影响，盐分优先在细小孔隙、裂隙处富集生长，随着循环的进行，大颗粒矿物间胶结强度降低，原生裂隙处裂缝受拉张而不断扩张，随后砂岩表面开始出现层状剥离。

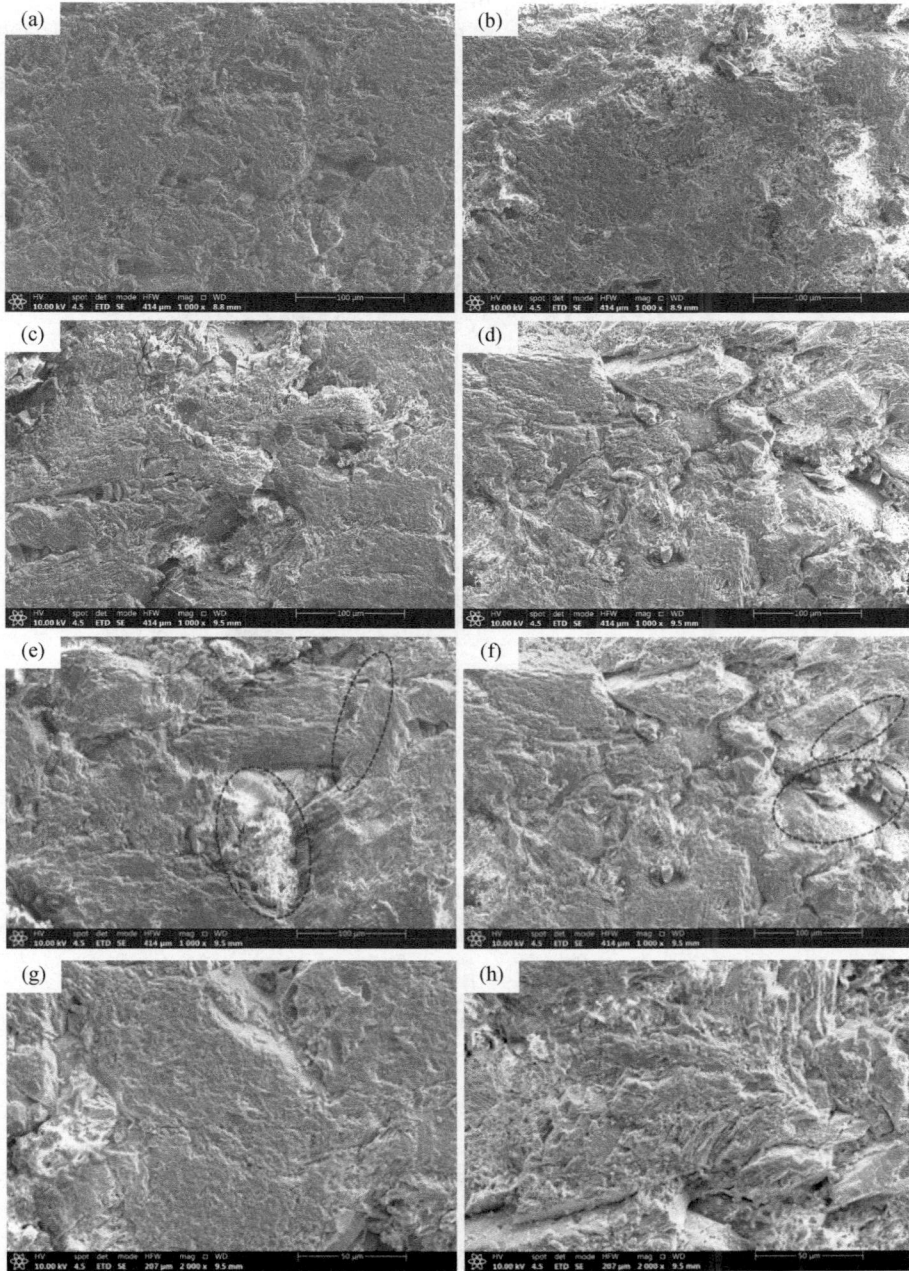

图 9.13　不同循环次数下盐析劣化试样的盐析晶体富集现象

图 9.14 为砂岩中石英受应力腐蚀的亚临界劣化示意图。可见，外界化学反应在裂纹尖端作用明显，那里的晶格键被拉伸，从而减弱，随后裂缝会变长而不是变宽。

由断裂力学理论可知，应力强度越靠近裂纹尖端越大，裂隙集中应力的大小与裂纹的长度成正比。砂岩中的盐析作用过程可以分为以下三个阶段。

阶段①：连接裂纹尖端的分子键由于外部载荷而被拉伸，因此被削弱。

阶段②：受外界劣化因素的影响，这些"拉伸"的分子与裂隙中的水发生化学反应，$Si—O—Si$ 被 $Si—OH—OH—Si$ 取代。对于亚临界开裂，这些反应可以发生在蒸汽或液体形式的水中且只发生在裂纹尖端。

阶段③：新形成的 $Si—OH—OH—Si$ 键比以前的 $Si—O—Si$ 键弱。因为水通过电子和质子转移被并入石英的化学结构中（图 9.14，ST2）；然后，这些新的较弱的键很容易被现有的应力破坏，进而导致裂纹扩展（图 9.14，ST3）。

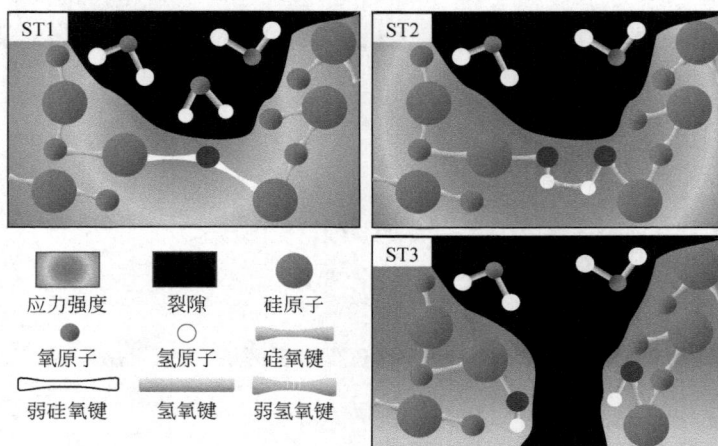

应力强度	裂隙	硅原子
氧原子	氢原子	硅氧键
弱硅氧键	氢氧键	弱氢氧键

图 9.14　砂岩中石英受应力腐蚀的亚临界劣化示意图（见彩图）

有许多理论都假设化学和物理过程作用于裂纹尖端，一旦超过应力强度阈值，就会发生亚临界扩展裂纹，这些假设都涉及应力微裂纹（Tarchi et al.，2000；Brantut et al.，2013）。且当外界所受应力强度高于岩石阈值应力强度，但低于岩石的断裂韧度时，亚临界开裂过程将重复进行。更关键的是，任何可能影响化学反应的外部因素（水分、温度、湿度、孔隙水化学成分和岩石成分）都会与施加的外部载荷一起影响裂纹的扩展速度，北石窟寺区域 $NaHCO_3$ 盐导致的碱性环境更易影响这些反应速率，从而影响裂纹扩展速率。

9.4　小　　结

据室内盐析劣化模拟试验结果可知，干湿交替及盐分的反复溶解与结晶控制着石窟砂岩盐风化损伤进程的发展。损伤劣化前期表现为区域性矿物运移变迁，损伤劣化中期盐分在岩石裂隙孔隙处富集，损伤劣化后期由于盐分的反复溶解与结晶及盐分的化学溶蚀导致岩石裂隙孔隙处发生拉破坏和造岩矿物的晶体断裂。在盐析劣化处理后，砂岩表面形貌出现了典型的盐风化形态，表现为明显的递进式盐分富集及不规则孔状掏蚀的蜂窝洞。

　　随着盐析劣化循环的进行，砂岩的质量、波速及物理力学性质都表现出阶段性劣化的特征。砂岩样品的单轴抗压强度随着盐析劣化的进行而逐渐弱化，在试验后期，砂岩样品的强度损失高达 81.5%。此外，相同劣化循环次数下，相较于纯水劣化作用，盐析劣化作用的损伤更大，盐析劣化作用的阶段性强度劣化响应具有更加超前的时效性。

　　通过细微观分析可以发现，伴随盐析劣化循环的进行，盐分晶体围绕着岩石矿物颗粒，不断地在小孔隙、裂隙处富集生长，岩石内部出现了明显的区域性矿物颗粒的运移，部分岩石矿物颗粒发生了晶体断裂。通过微观力学作用分析，可以发现在北石窟寺环境条件下，$NaHCO_3$ 盐导致的碱性环境会促进砂岩分子间化学键的替换和断裂，增加裂隙的亚临界扩展速率，从而加速石窟岩体的盐风化进程。

第 10 章　温度循环下石窟砂岩损伤劣化特征与机制

　　温度的循环变化会导致岩石体积的膨胀或收缩，引发矿物颗粒差异热膨胀，即热处理后的永久尺寸变化（与热裂纹形成有关）。研究表明，温度变化是导致岩体浅层表面裂纹发展、岩石开裂剥落和风化的主要因素之一（Gunzburger et al.，2005；Vlcko et al.，2009；Collins and Stock，2016；Guerin et al.，2020；Loope et al.，2020）。在干旱地区，岩石表面的裂纹与表面温度变化产生的热应力有关，一旦裂纹形成，便会继续加宽、延伸，最终通过后续的破裂或其他风化机制的发展导致岩石崩解（Mcfadden et al.，2005）。

　　在文物保护领域，随着文物保护工作从抢救性向预防性过渡，对文物赋存环境因素（尤其是温度）的关注日益增加（李黎和谷本亲伯，2005；段育龙等，2019）。李最雄（1985）指出岩石自身的膨胀系数、吸热程度以及外界的温度变化是造成石窟风化的重要因素。长时序条件下，周期性温度变化导致的热诱导裂纹扩展是石质文物变形及失稳破坏的关键触发条件。有研究指出，温度在 40～50℃时，加热引起的应力便会导致岩石裂隙、孔隙增加，并影响岩石的最终破裂（Malaga-Starzec et al.，2002）。在气候环境因素中，温度变化相对于湿度而言更容易引发风化病害的发育（马赞峰和汪万福，2014）。

　　目前，在岩体热损伤方面已经有了很多长期环境温度监测的研究（宗静婷等，2011），对温度引起的损伤问题也有了定性的认识（Chau and Shao，2006；Mckay et al.，2009；刘世杰等，2022），即日晒引起岩体表面由外向内的径向热梯度，会在岩体中产生拉引力，加之造岩矿物的差异膨胀，最终导致岩体中产生圆弧状鼓胀破坏。虽然热循环对岩石的风化作用已经有了广泛的研究（Widhalm et al.，1996；Winkler，1996；Weiss et al.，1999，2002；Zeisig et al.，2002），但引发这种变质的关键因素尚未量化。由于热应力主要集中在岩石表面（Gunzburger et al.，2005），而针对石窟岩体表面温度的监测匮乏，因此很难建立石窟岩体热诱导损伤的定量评价方法。

　　在中国北方的石窟，温度（冻融、温差变化）是加速石窟岩体风化的主要因素之一。为了揭示温度变化对岩体表面的影响，本章在北石窟寺开展了一系列研究，进而厘清温度循环对北石窟寺砂岩的损伤劣化作用。

10.1　石窟砂岩温度劣化原位监测及热诱导损伤分析

　　红外热成像技术作为非侵入式遥感技术（Grechi et al.，2021），因其能满足无损监测的大部分要求（Meola and Carlomagno，2004），且对热力学现象有更直观的呈现（Balaras and Argiriou，2002），在诸多领域得到越来越广泛的应用。在石窟保护领域，若同时满足不损伤窟龛造像外观和探明石窟岩体表面温度特征，红外热成像技术已是最佳的选择。

10.1.1　温度监测布置及监测结果

红外热成像技术通过红外热成像相机拍摄、记录红外光源发出的光线，并反映画面中不同区域的温度情况，图像中不同的颜色对应不同的温度水平。

红外热图像数据获取的间隔为一个月左右，从 2020 年 12 月初开始，至次年的 11 月结束，共计持续一年。使用 InfaTec 红外热像仪（热灵敏度为 0.03℃），架设于北石窟寺前方开阔处，红外热成像画面能够覆盖整个石窟区。观测时间为当天 9 时至 18 时，共计 9h，相邻采样间隔约为 0.5h。之后通过 IRBIS 3 商业软件，处理红外热图像，提取图中各点位的温度数据。

如图 10.1 所示,红外热图像识别出石窟岩体表面的三个高温度变化区域，依次为图 10.1（c）、（d）、（e）的 1#、2#、3#点，分别位于北石窟寺 45 窟上方的崖体表层、222 窟上方的拱形支挡构筑物附近和 93 窟的附近窟龛群区域。

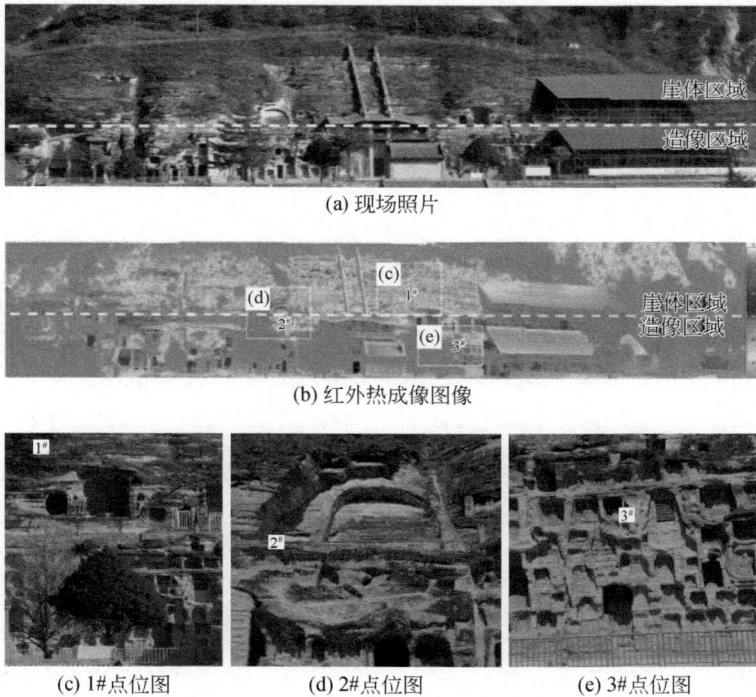

(a) 现场照片

(b) 红外热成像图像

(c) 1#点位图　　　(d) 2#点位图　　　(e) 3#点位图

图 10.1　红外图像高值温度点位置

图 10.2 为以温度热图的形式呈现的 1#、2#、3#点位的温度变化特征，反映了不同月份相同时间序列。温度热图是依据温度值，按照一定比例映射为颜色展示，利用颜色变化来呈现并比较点位温度的变化情况。

进一步分析露头点处的温度变化特征，建立一个随时间变化的温度梯度（ΔT）的函数，如式（10.1）所示：

$$\Delta T = T_{i+1} - T_i \tag{10.1}$$

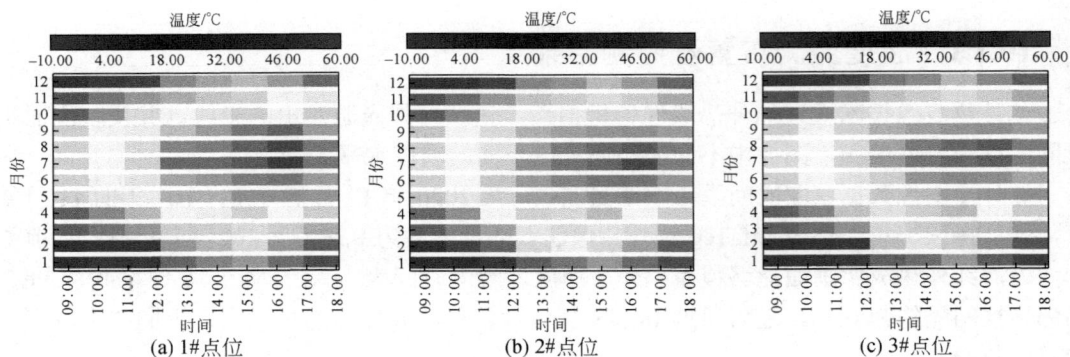

(a) 1#点位　　　　　　　　　(b) 2#点位　　　　　　　　　(c) 3#点位

图 10.2　1#～3#点区域不同月份的温度变化

式中，ΔT 为温度梯度，用于表征露头点处岩体表面的温度变化幅度；T_i 及 T_{i+1} 为相邻时间节点对应的露头点处的岩体表面温度。

1#、2#、3#点位不同月份下的温度梯度图像如图 10.3 所示。可见北石窟寺砂岩温度变化具有明显的季节性差异，冬季波动范围最大，春季次之，夏季、秋季的波动范围较小，这与研究区气候变化规律一致。

此外，提取 45 窟龛的窟内及窟外温度数据，其具体差异变化特征如图 10.4 所示。窟龛内外由于受到不同空气热交换和热对流的影响，内外温差浮动在 10℃左右。相对于窟龛内部而言，窟龛外部完全暴露在自然环境中，受到太阳热辐射的直接作用，导致窟龛外部升温迅速，温度变化剧烈，升温路径更易受外界环境因素干扰。

综上，北石窟岩体表面温度变化迅速，与外界气温变化相关性很高，且在白昼期间的大部分时段高于环境温度。北石窟寺的三个温度变化强烈区域，受热交换和热对流的影响大，窟龛外部温度变化更显著，更加具备热诱导裂纹产生、发育的潜力。

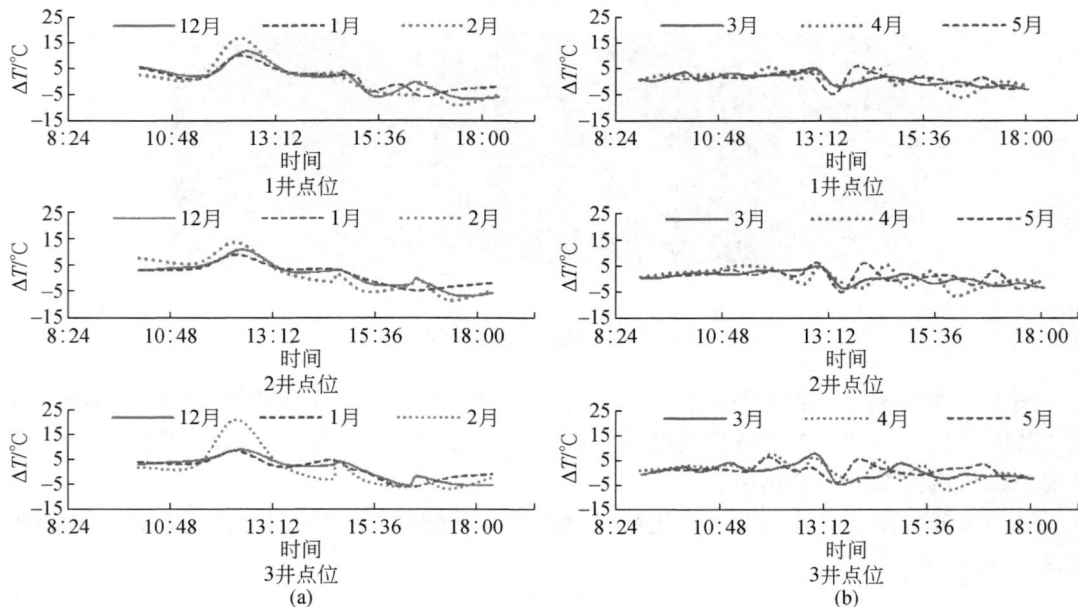

(a)　　　　　　　　　　　　　　　　　　　(b)

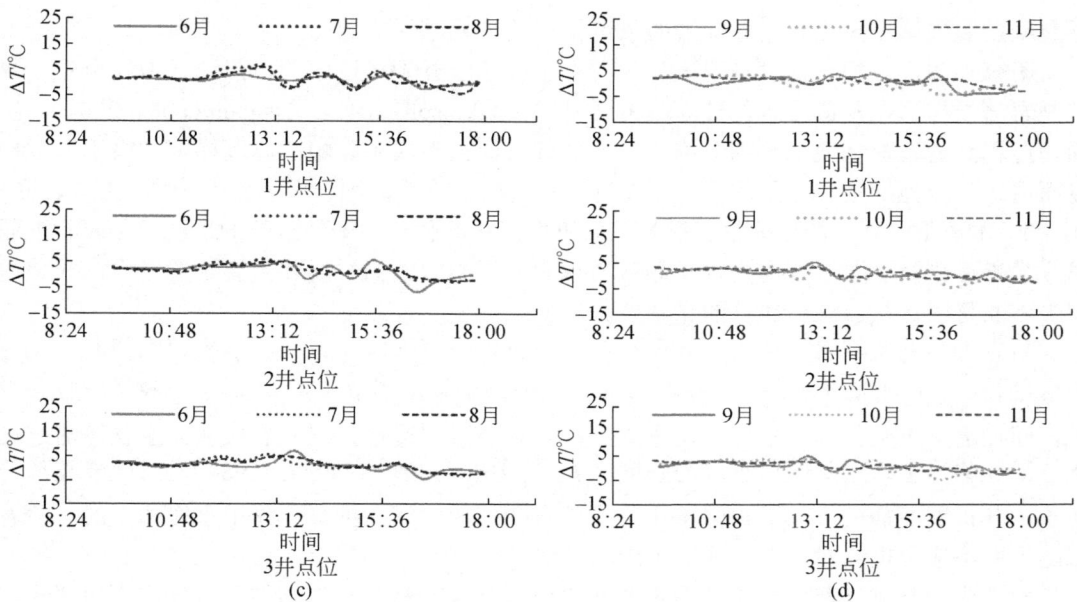

图 10.3　不同区域不同季节的温度梯度变化图

（a）冬季；（b）春季；（c）夏季；（d）秋季

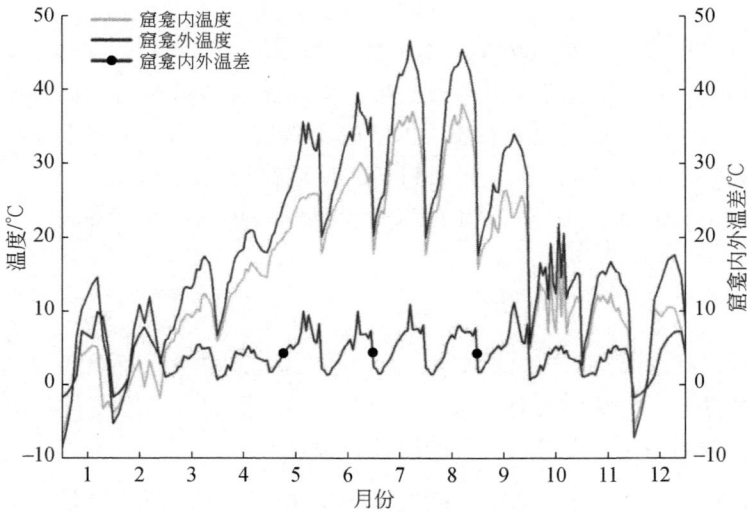

图 10.4　窟龛内外不同月份的温度变化图

10.1.2　热诱导裂纹定量评价

据石窟岩体表面温度监测的结果，可以发现石窟岩体表面温度变化剧烈，白昼期间的最大温差最高可达 30.02℃，岩体表面的季节平均温度变化高达 24.99℃，为石窟热损伤发展提供了"绝佳"的外界环境条件。因此，热损伤是该地区的重要风化过程之一。

本节以白昼期间的温度数据为基础，基于两相线热弹性公式，改进了传统亚临界热诱导裂纹扩展理论，对北石窟寺砂岩的热诱导裂纹扩展进行定量评价。

研究表明，热损伤是由与温度相关的亚临界裂纹开裂所造成的，热诱导裂纹诞生及发展是岩体损伤劣化并最终风化破坏的重要机制（Atkinson，1984；Usmani et al.，2001）。热损伤过程是岩石对地表加热的响应，在岩体外表面处形成了陡峭的温度梯度和由于温度梯度而造成的应力梯度。当热诱导应力超过岩石的抗拉强度，则会发生脆性破坏（Lan et al.，2019）。本质上，岩石的任何物理破坏（如机械风化）必然源于其裂隙的扩展。当岩石表面温度显著变化时，热诱导应力便会导致岩体表层原生裂纹的扩展和新裂纹的产生，并使得裂隙不断贯通，从而破坏岩体的完整性。

断裂力学的文献普遍认为，岩石存在一个应力强度阈值（K_{th}），低于该阈值时，裂隙不会生长；当应力低于材料断裂韧度（K_C），但高于强度阈值（K_{th}）时，裂隙呈亚临界增长，即在远低于临界应力的应力水平下裂纹会稳定且缓慢地扩展。裂纹从非生长停滞过渡到持续亚临界生长所需的最小应力强度为 K_C 的 10%～20%（Parks，1984），且随着裂纹的增长，其扩展所需的外部载荷量减小。这就意味着随时间的推移，作用于岩体上的一些看似随机的小应力也会对岩石造成不可逆的破坏。

拉伸应力是驱动断裂扩展的最重要和主要因素，也是岩体热损伤的主要应力模式。基于抗压强度脆性指数评价模型，确定了岩石 I 型断裂韧度（K_{IC}）和岩石压拉强度脆性指数的相关关系为（包含等，2018）

$$K_{IC} = 0.0546\sqrt{\sigma_c \sigma_\tau / 2} \qquad (10.2)$$

式中，σ_c 为岩石单轴抗压强度；σ_τ 为岩石单轴抗拉强度。

观测结果表明，未风化岩石中微裂纹长度通常与组成该材料的颗粒大小在数量级上一致（Ravaji et al.，2019）。故假设岩石表面的亚临界裂纹，在尺度上属于粒级裂纹，且形成的具有初始长度的裂纹在数量级上与岩石材料的特征粒径相同。

依据 Eppes 和 Keanini（2017）提出的依赖于气候的热诱导亚临界裂纹扩展理论，表面日温度变化产生的诱导应力（$K_{diurnal}$）为

$$K_{diurnal} = \frac{\Delta\alpha E \Delta T_0}{1-v}\sqrt{d_g} \qquad (10.3)$$

式中，$K_{diurnal}$ 为日温度循环而产生的诱导应力；$\Delta\alpha$ 为材料热膨胀系数特征差；E 为材料的杨氏模量；岩体的热驱动变形相对缓慢，ΔT_0 以材料表面的日温度变化范围作为计算代入值；v 为材料的泊松比；d_g 为岩石材料的特征粒径。

热损伤主要由局部热膨胀系数的非线性空间变化而产生。在热膨胀系数差异最大的地方，受到温度变化的影响产生张力，从而导致热损伤。而对于岩石材料而言，热膨胀系数差异最大的地方就是不同造岩矿物间的接触面处，在该位置也最易发生差异性膨胀。

结合式（10.2）和式（10.3），如 $0.1 \leq K_{diurnal} / K_{IC} \leq 0.2$，说明日温度循环产生的诱导应力 $K_{diurnal}$ 强度达到了亚临界裂纹扩展强度阈值，裂纹将呈现亚临界扩展。

关于式（10.3）的运用，最初是以花岗岩作为研究对象，其材料组成主要为石英和长石两种矿物。而依据北石窟寺砂岩的主要成分，以及不同矿物的相关性质（表 10.1、表 10.2），可以看出北石窟寺砂岩的造岩矿物种类繁多，故针对北石窟寺砂岩的热膨胀系数特征差，

需要进行合理改进。

表 10.1　矿物 X 射线衍射定量分析结果　　　　　（单位：%）

矿物名称	含量
石英	43.4
钾长石	4.6
斜长石	22.8
方解石	11.2
白云石	7.6
黏土矿物	10.4

表 10.2　选用的天然砂岩的物理力学参数

样品编号	岩石抗压强度(σ_c)/MPa	岩石抗拉强度(σ_τ)/MPa	泊松比(v)	杨氏模量(E)/10^3MPa
K-1	46.61	4.34	0.19	5.79
K-2	46.55	4.28	0.21	5.63
N-1	22.60	3.67	0.39	6.20
N-2	20.12	3.55	0.43	6.42

由多种固相成分组成的多孔隙材料，可以通过其矿物组成以及每种矿物的含量来估算其固相压缩性。根据 Hill（1952）提出的均值公式来计算多孔隙材料的固相压缩性：

$$K_s^{\text{hom}} = \frac{1}{2}\left[\sum f_i K_s + \left(\sum \frac{f_i}{K_s}\right)^{-1}\right] \tag{10.4}$$

式中，K_s^{hom} 为多孔隙材料的平均固相体积模量；f_i、K_s 分别为多孔隙材料某种矿物的含量和该种矿物的固相体积模量。

当多孔隙材料由一种固体颗粒组成时，材料固相体积热膨胀系数等于固相组分的热膨胀系数。而由多种矿物组成的多孔隙材料，其固相体积热膨胀系数由 Berryman（1995）提出的两相线热弹性公式计算：

$$\alpha_s^{\text{hom}} = \left|\left(f_1\alpha_s^{(1)} + f_2\alpha_s^{(2)}\right) + \frac{\dfrac{1}{K_s^{\text{hom}}} - \left(\dfrac{f_1}{K_s^{(1)}} + \dfrac{f_2}{K_s^{(2)}}\right)}{\dfrac{1}{K_s^{(2)}} - \dfrac{1}{K_s^{(1)}}}\left(\alpha_s^{(2)} - \alpha_s^{(1)}\right)\right| \tag{10.5}$$

式中，α_s^{hom} 为多孔隙材料平均固相体积热膨胀系数；$\alpha_s^{(i)}$ 为某种矿物的固相体积热膨胀系数（i=1, 2）；其他参数与式（10.4）一致。

将不同矿物的百分比含量作为其出现的概率密度，所计算的概率密度均值则作为多种矿物组成材料的特征热膨胀系数（$\Delta\alpha_s$），

$$\Delta\alpha_s = \sum \varepsilon_i \varepsilon_j \left(\alpha_s^{(i)}, \alpha_s^{(j)}\right) \tag{10.6}$$

式中，$\Delta\alpha_s$ 为多矿物组成材料的特征热膨胀系数；ε_i，ε_j 为两种不同矿物的百分比含量；$\alpha_s^{(i)}$，$\alpha_s^{(j)}$ 为两种不同矿物固相体积热膨胀系数。

将式（10.6）代入式（10.3），则北石窟寺砂岩表面日温度循环而产生的诱导应力（$K_{\text{diurnal}}^{\text{hom}}$）表达如下：

$$K_{\text{diurnal}}^{\text{hom}} = \frac{\Delta\alpha_s E \Delta T_0}{(1-\nu)}\sqrt{d_g} \qquad (10.7)$$

式中，$K_{\text{diurnal}}^{\text{hom}}$ 为多矿物组成材料表面日温度循环而产生的诱导应力；$\Delta\alpha_s$ 为多矿物组成材料的特征热膨胀系数。

10.1.3　砂岩热诱导裂纹损伤分析

北石窟寺砂岩具体物理力学参数如表 10.2 所示，X 射线衍射矿物含量分析结果见表 10.1，所含矿物固相体积模量和体积热膨胀系数如表 10.3 所示（Palciauskas and Domenico, 1982；Mctigue，1986；Bass，1995）。

表 10.3　不同矿物的体积模量和体积热膨胀系数

矿物	体积模量(K_s)/GPa	体积热膨胀系数(α_s)/10^{-6}℃$^{-1}$
石英	38	33.4
方解石	73	3.8
白云石	95	22.8
长石	69	12.3
黏土矿物	50	34.0

由于研究区砂岩风化程度高、孔隙度大、岩石强度低。区内岩体软弱夹层发育，胶结物含量少，主要为泥质，胶结强度低，且砂岩的强度主要由矿物骨架提供，所以假设北石窟寺砂岩是由不同固相组分两两组合形成的集合体。

将测得的岩石物理力学参数代入式（10.4）和式（10.5），则可得两种矿物接触面处的局部热膨胀系数，计算结果如表 10.4 所示。

表 10.4　不同矿物间热膨胀系数

矿物	热膨胀系数/℃$^{-1}$	矿物	热膨胀系数/℃$^{-1}$
石英-长石	2.40×10^{-5}	石英-方解石	2.90×10^{-5}
石英-白云石	2.07×10^{-5}	石英-黏土矿物	1.79×10^{-5}
长石-方解石	14.81×10^{-5}	长石-白云石	3.22×10^{-5}
长石-黏土矿物	5.69×10^{-5}	方解石-白云石	9.76×10^{-5}
方解石-黏土矿物	7.70×10^{-5}	白云石-黏土矿物	2.43×10^{-5}

将表 10.4 计算结果代入式（10.6），可得 $\Delta\alpha_s = 1.42 \times 10^{-5}\ ℃^{-1}$。

据获取的红外热图像数据，提取北石窟寺三个高温区域的温度数据。通过差值计算可得三个区域的月份温差值（表 10.5）。

表 10.5　不同区域月份温差值 （单位：℃）

月份	1#点位区域温差	2#点位区域温差	3#点位区域温差
12	28.69	27.25	26.77
1	25.39	23.99	23.75
2	29.75	29.33	28.95
3	16.93	18.91	19.40
4	25.36	26.99	28.77
5	22.65	25.45	23.90
6	28.22	30.41	23.10
7	36.45	31.64	29.81
8	31.34	30.63	30.02
9	30.55	21.61	21.03
10	25.73	24.66	24.44
11	22.57	20.06	19.92

将所测得的岩石物理力学参数代入式（10.2）和式（10.3），根据北石窟寺砂岩的粒径特征，取 $d_{50} = 0.4 \times 10^{-3}\ \mathrm{m}$ 作为特征粒径，将表 10.5 结果代入式（10.7），得到的计算结果如表 10.6 所示。据不同区域各月的温度差值及其热诱导裂纹计算结果，可得北石窟岩体达到亚临界裂纹持续扩展的温差阈值为 26.05℃。可见，已识别的北石窟寺三个高温区岩体表面温度变化差值，均能达到热诱导裂纹持续扩展的温差阈值，均会发生热诱导裂纹的持续扩展。

表 10.6　不同区域的热损伤计算结果

区域	最高温差/℃	最低温差/℃	温差代入值/℃	$K^{\mathrm{hom}}_{\mathrm{diurnal}}, K_{\mathrm{IC}}$
1#点位	36.45	16.93	[17, 36]	0.065, 0.138
2#点位	31.64	18.91	[19, 31]	0.073, 0.119
3#点位	30.02	19.40	[20, 30]	0.077, 0.115

此外，由于石窟岩体在实际自然赋存环境中，温度是周期性变化的，温度的循环次数是重要的影响因素。根据气象站所获得的气象监测数据，按前文计算所得的温度阈值 26.05℃进行数据筛选，当日温差超过温度阈值则记为一次循环，筛选结果见表 10.7。

可见，夏季和冬季岩体表面温度波动幅度更大。保守估计北石窟寺全年有超过一半时间都在发生热诱导裂纹不断扩展、岩体持续损伤的过程。

表 10.7 研究区的温度循环情况表

不同季节	循环极值温差/℃	循环次数/次	循环时间占比/%
春	36.52	32	35
夏	38.46	77	84
秋	37.46	36	39
冬	39.88	46	51
年度循环时间占比/%		52	

10.2 石窟砂岩热诱导形变的原位监测与反演验证

Tarchi 等（2000）提出将地基合成孔经雷达（synthetic aperture radar，SAR）技术应用于历史建筑文物的变形监测。之后，在世界著名文化遗迹比萨斜塔、乔托钟楼的研究中，均应用了地基 SAR 技术（Pieraccini et al.，2009；Atzeni et al.，2010），为文物保护提供了一种无损、远程、高精度的监测方式。本节为了验证热诱导裂纹定量评价的实用性，采用了地基 SAR 系统对北石窟寺进行了形变监测。

10.2.1 地基 SAR 监测布置及监测结果

地基 SAR 是一种主动式微波成像雷达，通过雷达干涉技术，从具有相干性的雷达图像中获取监测目标回波信号的相位和振幅信息，振幅主要用于解释图像场景并研究被监视区域的反向散射特性，相位可以用于变形测量或数字高程模型生成（刘小阳等，2018）。通过处理目标物体不同时刻的反射信号相位差便可得到目标形变值。

本研究中，将地基 SAR 系统架设于北石窟寺主窟前的稳定场地上，前方视野遮挡少，扫描区域能够覆盖主窟及其附近区域绝大部分窟群，而且北石窟寺的崖体植被覆盖稀少，符合监测的基本条件，具体布置如图 10.5 所示。

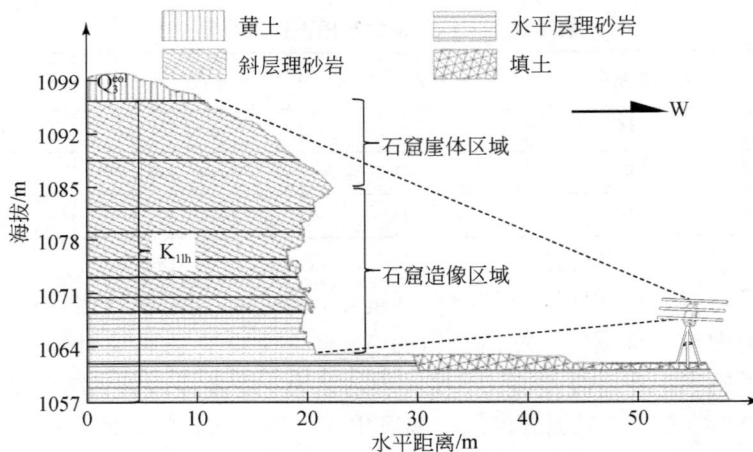

图 10.5 地基 SAR 布置示意图

利用地基 SAR 系统对石窟进行了持续监测，监测时间为 2020 年 12 月初至 2023 年 10 月，采样间隔为 10min 一次，采样精度为 0.01mm，天线倾角为 30°，扫描角度为 308°，距离像素间距约 0.75m。监测系统采用 Ku 波段雷达，形变探测精度为亚毫米级，形变监测敏感度为 0.03mm。研究区的形变监测结果如图 10.6 所示，虽然北石窟寺窟龛区域内岩体基本处于稳定状态，但是依旧有三处显著形变区，其中造像区域分布有两处、崖体区域有一处，即图 10.1（c）～（e）的所示位置。

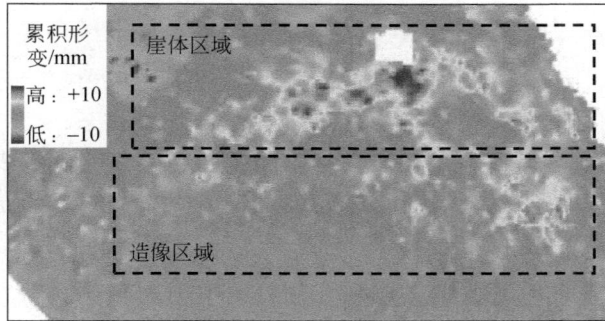

图 10.6　地基 SAR 监测到的北石窟寺的累积变形图

10.2.2　地基 SAR 监测对高热诱导裂纹扩展区的反演验证

基于地基 SAR 监测结果，发现窟龛区域内，监测到的显著形变区域与上文所述的高热诱导裂纹扩展区域高度重合。将获取的红外热图像按对应区域截选，发现不同区域热红外图像和形变图像在高形变区和高温度变化区有很好的对应关系（图 10.7）。

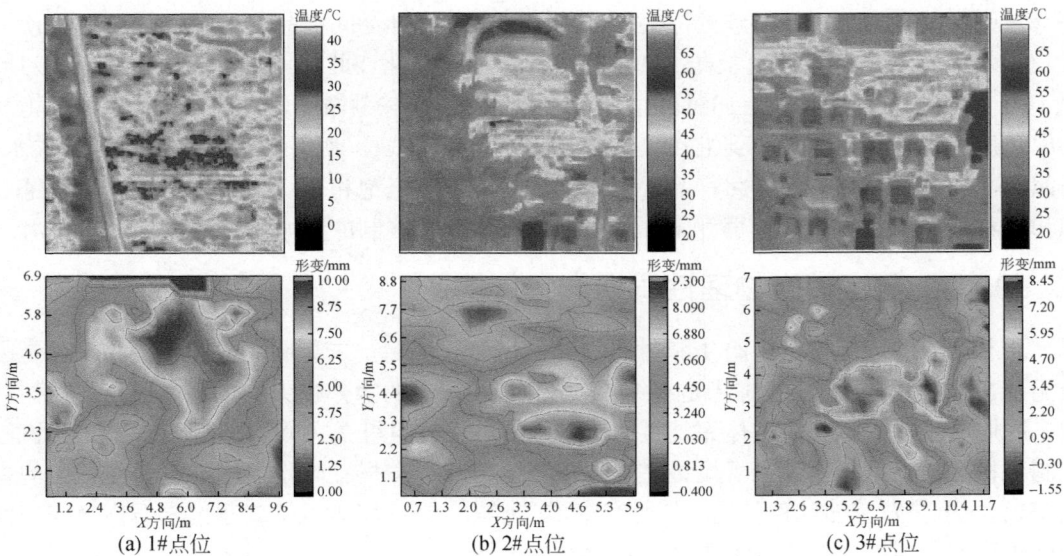

(a) 1#点位　　　(b) 2#点位　　　(c) 3#点位

图 10.7　高热诱导裂纹扩展区域与显著形变区域的图像对应关系图

分区域提取地基 SAR 监测结果的栅格数据，可得三个形变显著的区域，其最大年形变依次为 9.95mm、9.26mm 和 8.43mm。温度变化越大的区域，因温度循环而产生的热诱导应力也越大，热诱导的亚临界裂纹越发育，该区域的形变量也越大，最终产生的风化也越严重。

10.3　石窟砂岩冻融条件下损伤劣化特征与机制

冻融劣化是北石窟寺一个相对重要的劣化病害。北石窟表层岩体受大气降水、降雪及地下水动态变化影响。大气降水和地下水会在石窟砂岩孔隙或裂隙中运移，并在毛细作用下向岩体内部扩散，使岩体的含水量存在有饱和非饱和两种状态。当气温降至 0℃以下，温度与水复合作用诱发岩体内部水–冰的液–固两相转变，而水结冰形成冰晶体所带来的体积膨胀会使得岩体原生、次生的孔隙和裂隙扩张发展。此外，水分的差异分布加剧了冻融对岩体完整性的损伤，弱化了岩体的强度性能。

10.3.1　石窟砂岩冻融循环试验

采用冻融循环实验，探究石窟砂岩冻融条件下的损伤劣化特征。岩石样品选用北石窟寺附近砂岩。根据石窟现场红外热成像温度监测结果，可知岩体表面温度的最大波动范围在-10~15℃，且零上温度时间大致在 11 时至 19 时，持续时间为 8h。按照现场条件设置，冻融循环试验的温度范围为-15~20℃。试验组 1 的初始含水率据样品天然含水率设置为 2%。对岩体表面均匀喷水后放入保湿箱内约 4h，保证试样表层水分均匀，其间对样品的质量持续监测，以此控制样品的初始含水率达到 2%。之后将岩样放入恒温箱中进行试验，温度控制在 20±1℃范围内，持续 4h；-15±1℃范围内，持续 8h，共计 12h，并以此为一个循环。按此方案对样品进行持续的冻融循环劣化处理，循环期间样品自然失水，并于 5 次、10 次、15 次、20 次循环记录样品的质量变化、波速变化。此外，设置两个对照组。对照组 1、2 的试验温度条件和上述试验组一致，对照组 1 在冻融循环前，将样品置于真空饱和缸中负压饱和 3h，使样品达到饱和状态后开始冻融循环试验，循环试验期间样品自然失水；对照组 2 在冻融循环前同样将样品置于真空饱和缸中负压饱和 3h，使样品达到饱和状态，饱和后将样品用热缩膜密封再开始冻融循环试验，以此限制冻融循环过程中样品的失水。

10.3.2　石窟砂岩物理性质损伤劣化特征

北石窟寺砂岩，在试验组 1 和对照组 1 的试验处理后，未见明显的外观变化。这是因为无论在初始 2%含水率状态还是在饱水状态冻融，剧烈的水分丧失弱化了水分在冻融循环中、后期冻胀体积膨胀对岩体完整性的影响。而对于对照组 2，试样在饱水后的密封处理，控制了样品的失水效率，当温度处在冰点以下的时候，岩样孔隙水结冰，其晶体积大约膨胀 9%。由于孔隙壁的约束作用，从而产生了冻胀力，当冻胀力抵达或超出岩石内部孔隙壁的极限强度阈值时，岩样内部便会发生微结构破坏。

1）质量损失

冻融劣化模拟试验的循环过程中，试验组 1 及对照组 1 的岩石样品出现了表面掉渣、颗粒剥落的现象；在循环后期，对照组 2 的试样表面出现了区域性的表面剥落或不同程度的开裂。为了更加深入地分析岩样的质量损失变化特征，持续记录试验组 1、对照组 1 及对照组 2 的砂岩样品在不同循环次数后的质量数据，具体结果如表 10.8～表 10.10 和图 10.8～图 10.10 所示。

表 10.8 天然状态下（试验组 1）砂岩冻融循环质量变化表

编号	初始质量/g	5 次循环后质量/g	10 次循环后质量/g	15 次循环后质量/g	20 次循环后质量/g
Z1	354.68	354.36	354.27	354.26	354.25
Z2	362.77	360.14	360.13	360.12	360.12
Z3	360.76	355.99	355.96	355.96	355.95
Z4	358.33	357.55	357.38	357.36	357.35
Z5	358.99	357.67	357.37	357.34	357.32

编号	5 次循环后变化率/%	10 次循环后变化率/%	15 次循环后变化率/%	20 次循环后变化率/%
Z1	0.090	0.025	0.003	0.003
Z2	0.725	0.003	0.003	0
Z3	1.322	0.008	0	0.003
Z4	0.218	0.048	0.006	0.003
Z5	0.368	0.084	0.008	0.006
平均质量变化率/%	0.545	0.036	0.005	0.004

表 10.9 初始饱水状态下（对照组 1）砂岩冻融循环质量变化表

编号	初始质量/g	饱水质量/g	5 次循环后质量/g	10 次循环后质量/g	15 次循环后质量/g	20 次循环后质量/g
B1	356.48	401.44	355.3	355.14	355.05	355.04
B2	359.28	403.66	358.73	358.43	358.33	358.33
B3	356.58	402.08	355.92	355.8	355.5	355.48
B4	354.93	399.98	353.93	353.77	353.48	353.46
B5	356.74	402.6	356.03	355.84	355.56	355.52

编号	5 次循环后变化率/%	10 次循环后变化率/%	15 次循环后变化率/%	20 次循环后变化率/%
B1	11.494	0.045	0.025	0.003
B2	11.131	0.084	0.028	0.000
B3	11.480	0.034	0.084	0.006
B4	11.513	0.045	0.082	0.006
B5	11.567	0.053	0.079	0.011
平均质量变化率/%	11.437	0.054	0.082	0.008

表 10.10 初始饱水后密封状态下（对照组 2）砂岩冻融循环质量变化表

样品编号	初始质量/g	饱水质量/g	质量变化率/%				
			饱水处理	5 次循环后	10 次循环后	15 次循环后	20 次循环后
M1	355.83	406.34	12.43	5.61	4.86	4.44	4.11
M2	362.58	410.3	11.63	5.19	4.86	4.77	4.36
M3	366.63	412.04	11.02	4.90	4.23	3.48	3.40
M4	368.17	412.79	10.81	4.80	4.13	3.96	3.55
M5	355.71	406.34	12.46	5.62	5.21	4.04	3.96
M8	352.50	403.69	12.68	5.76	4.01	3.59	2.92
M7	403.13	430.05	6.26	2.66	2.24	1.91	1.82
M6	408.96	432.08	5.35	2.26	2.09	1.34	0.93
M9	359.59	409.88	12.27	5.49	5.33	3.58	3.18
M10	361.09	407.97	11.49	5.29	5.03	3.38	3.16
平均质量变化率/%			10.64	4.76	4.20	3.45	3.14

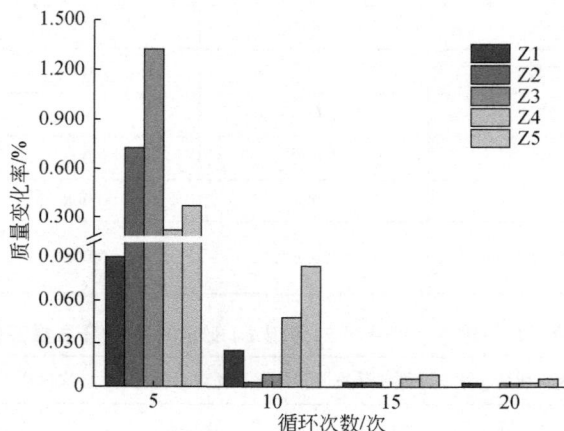

图 10.8 天然状态下砂岩冻融循环质量变化图

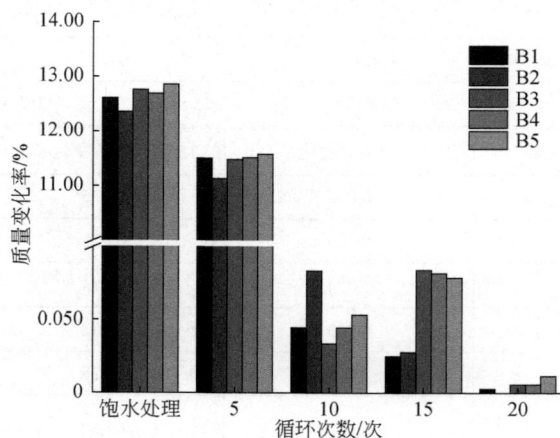

图 10.9 初始饱水状态下砂岩冻融循环质量变化图

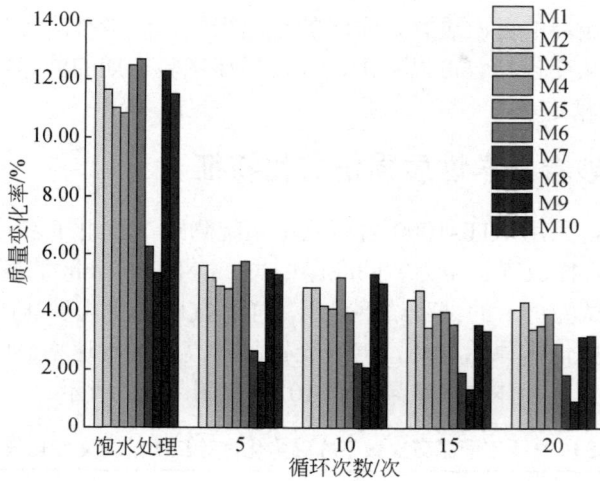

图 10.10　初始饱水后密封状态下砂岩冻融循环质量变化图

综上可得，影响岩石冻融损伤劣化的关键因素是岩石的孔隙度和含水量。北石窟寺砂岩在冻融循环过程中，岩体内水分表现为一个持续丧失的状态。北石窟寺岩石风化程度较高，孔隙较大，岩体持水能力弱，使得岩样在冻融循环初期（循环次数≤5 次），无论在初始 2%含水率状态还是饱水后冻融，水分丧失剧烈，弱化了水分因冻胀作用而产生的体积膨胀，使得试验组 1 和对照组 1 并未出现明显的外观损坏。

而对照组 2 为饱水后密封的样品，质量变化相对平缓。随着试验的进行，表部的水分优先丧失，内部的水分丧失变得越发困难，质量变化率下降。密封后水分的丧失被限制，水分体积膨胀的影响增强，出现了明显区别于不密封样品的破坏现象。

2）波速变化

冻融循环后测定试验组 1 和对照组 1 的波速，值得注意的是，由于对照组 2 普遍在冻融 5 次循环后岩石样品就发生了明显的宏观破坏，故并未对对照组 2 的样品进行波速测定。为了进一步分析波速的变化，减少岩石样品差异导致的初始波速不同的影响，分析计算不同循环次数下砂岩样品的波速变化率（ROC），结果如图 10.11 所示。ROC 计算公式见式（7.7）

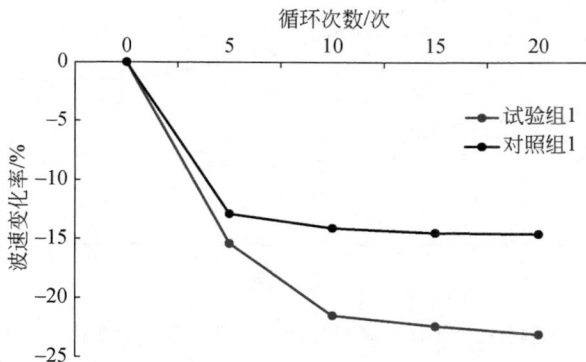

图 10.11　试验组 1 及对照组 1 的波速变化图

可见，随着冻融循环的逐次进行，岩样的波速表现出随着冻融逐次降低的趋势，表明岩石样品逐渐劣化。从变化趋势可以看出，冻融循环试验初期的波速降低幅度较大，而在 10 次冻融循环后趋于稳定。

10.3.3　石窟砂岩力学性质损伤劣化特征

冻融循环试验后，采用 RTR-1000 岩石测试系统测定试验组 1 和对照组 1 的岩样的单轴抗压强度。将圆柱岩样放置于压力室的底座中央，按 0.05%/min 的应变速率对试样加荷，直到试样破坏为止。试验组 1 的试验结果显示，样品抗压强度几乎都在 20MPa 左右，经历冻融循环后的样品强度低于原始样品，但是受样品较高的失水速率影响，冻融劣化循环后的样品强度差异并不大，具体试验结果如表 10.11 和图 10.12 所示。

表 10.11　不同循环次数下冻融劣化试验组 1 的强度变化表

循环次数/次	0	5	10	15	20
劣化循环后峰值抗压强度/MPa	22.6	21.3	21.8	21.1	20.9

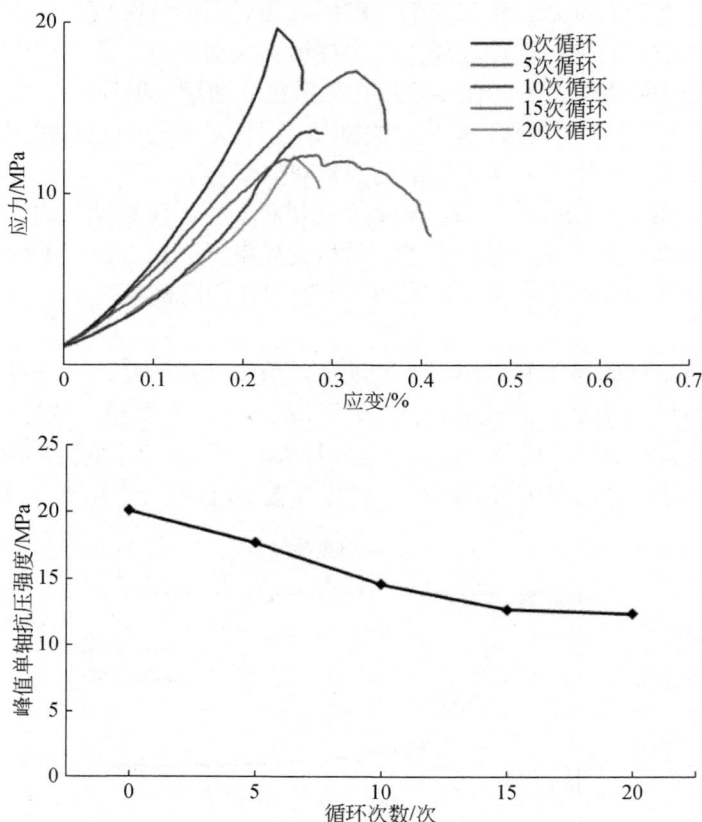

图 10.12　不同冻融循环次数下试样的强度变化图

由对照组 1 的试验结果可得，在冻融循环试验过程中，不论初始状态如何，岩样单轴抗压强度均呈下降趋势，但初始 2%含水率状态的试样单轴抗压强度变化不明显，饱水后冻融试样的单轴抗压强度在 15 次循环前下降速率明显，而后逐渐趋于稳定。

10.3.4　石窟砂岩冻融破坏机理分析

由于对照组 2 的饱和试样在密封状态下经历了冻融循环，致使冻胀作用明显，所有岩样侧壁都出现了明显的剥蚀和宏观裂隙，甚至部分样品已经破坏。顶部剥蚀后绝大部分样品长径比远小于 2，不满足抗压试验要求，因此不将其作为参照样进行强度分析。

对于对照组 2 的样品，根据取样方向将岩样划分为平行层理样品和垂直层理样品。测定对照组 2 试样的冻胀变化并分析其破坏模式，冻胀变化具体测定结果及破坏模式如表10.12 及图 10.13 所示。

表 10.12　不同类型试样的破坏模式及冻胀变化结果表

编号	M3	M2	M8	M6	M1	M5	M9	M10	M4	M7
类型	垂直	垂直	垂直	平行	平行	平行	平行	平行	平行	平行
破坏前平均直径/mm	49.51	49.59	50.07	49.61	49.64	49.24	49.59	49.34	49.43	49.78
破坏后最大直径/mm	49.78	49.82	50.16	50.98	50.92	50.13	50.59	50.16	50.41	50.57
冻胀变化率/%	0.545	0.464	0.18	2.762	2.579	1.807	2.017	1.662	1.983	1.587
波速/(km/s)	1.72	1.74	2.42	1.68	1.7	1.7	1.71	1.73	1.75	2.46

对垂直于层理取样的岩心样来说，其破坏模式表现为横向开裂（图 10.13）。波速最小的 M3 样品出现了岩石内部微孔隙的持续扩张→岩石表面微小裂纹起裂延展→岩石表层出现软化现象→岩石表面片状剥蚀脱落的破坏发展模式。密度近似的 M2 样品可见明显的横向裂隙，且破坏模式表现为岩石内部微孔隙的持续扩张→岩石表面微小裂纹起裂延展→裂纹持续延伸发展直至宏观裂纹的出现。而 M8 样品最为致密，循环试验结束后未见明显破坏。结果表明随着样品波速的增加，冻胀变化率随之减小。

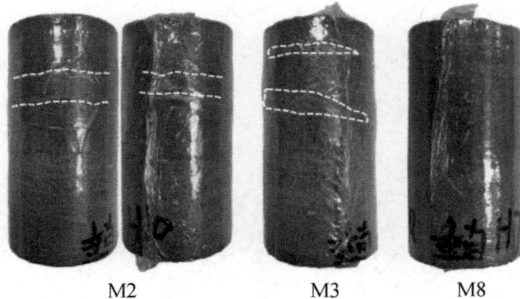

图 10.13　垂直层理砂岩试样的冻融破坏特征图

平行层理的岩心样，当样品波速较低时，表现为"纵向贯通"开裂。随着波速的增加，破裂模式也随之改变。后续演化具体表现为由"主干旁支发展"开裂到"纵横相互交错"开裂，再向"纵横相对独立"开裂的破坏模式变化，如图 10.14 所示。

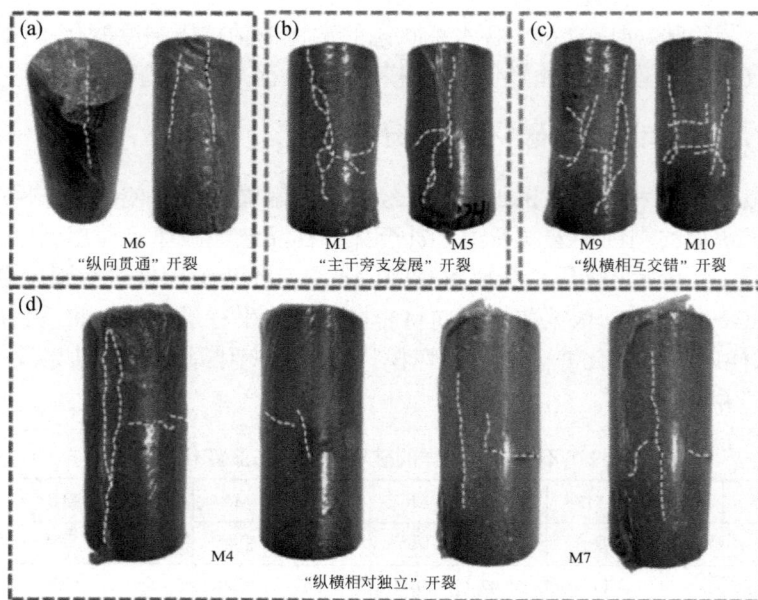

图 10.14　平行层理砂岩试样的冻融破坏特征图

将图 10.15 所显示的孔隙结构，作为一个"特征冻融损伤单元"，简称"特征单元"。假定众多相似的特征单元组成了砂岩的孔隙，孔隙水的冻融过程和损伤机制在每个特征单元中是相似的。其中，同一特征单元中，冰和未冻水之间没有温差，但不同单元之间有温差（贾海梁，2016）。

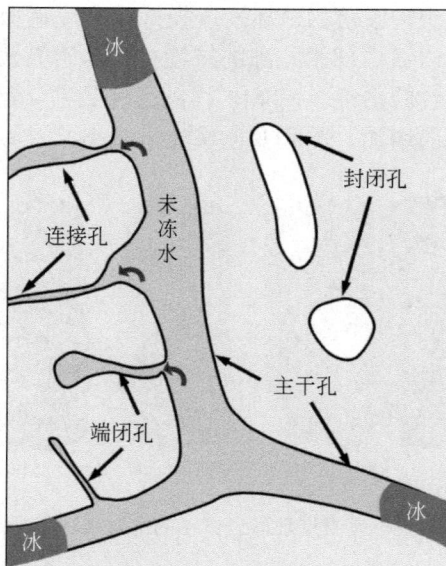

图 10.15　"特征冻融损伤单元"示意图
（据 Ruedrich and Siegesmund，2006 修改）

　　对于饱和砂岩样品，冻融损伤主要受岩石密度、孔隙率、层理和裂隙发育情况及分布特征等因素的影响，节理裂隙发育情况和节理分布特征很大程度上决定了冻融损伤的破坏模式。

　　当岩石孔隙率偏大，密度和强度偏低时，岩石的破坏模式主要受主干孔影响，如图 10.16（a）所示，实际表现为类似 M6 样品的破坏模式，即水在冻结的过程中，冰晶体经孔喉向孔隙深部生长，通过冰楔（冰劈）作用导致岩石破坏。

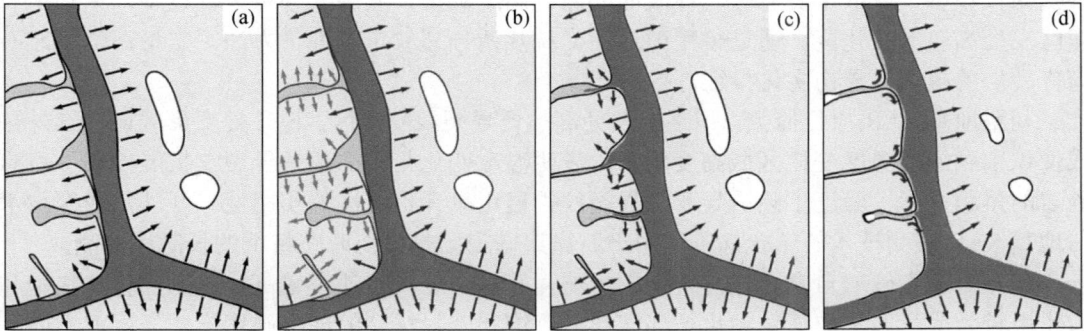

图 10.16　几种不同的冻融发展过程及损伤机制

（a）"纵向贯通"开裂机制；（b）"主干旁支发展"开裂机制；（c）"纵横相互交错"开裂机制；

（d）"纵横相对独立"开裂机制

　　随着岩石强度和密度的增加，冰楔（冰劈）作用减弱，进而转化为水压致裂破坏，即受岩石渗透系数影响，未冻水受冻胀作用在端闭孔隙内被挤压［图 10.16（b）］，而导致岩体冻融损伤劣化。具体表现为类似于 M1 和 M5 样品的"主干旁支发展"开裂的破坏模式。

　　当岩石密度偏大时，相对较高的岩石强度出现冻融损伤的时间和强度阈值也偏高。而随着冻结时间的增加，除了主干孔内结冰外，在次级孔孔口或孔喉处剩余的未冻水发生冻结，并向次级孔中生长，当冻胀作用产生的冻胀力超过岩石的抗拉强度时，孔隙扩展，岩石破裂，如图 10.16（c）所示。具体表现为类似于 M9 和 M10 样品的"纵横相互交错"开裂的破坏模式。该类开裂模式，其裂纹相较于"主干旁支发展"开裂会更宽，且次级孔发展的裂纹凌乱程度减弱，主干孔和次级孔的裂纹纵横相交。

　　随着岩石密度的进一步增大，出现冻融损伤的时间和强度阈值也更高。研究表明，未冻水可以从内部孔隙的侧壁，以及冰晶与成岩矿物颗粒之间的未冻结水膜向主干孔隙迁移并在主干孔中冻结，进一步增加主干孔的冻融损伤劣化，如图 10.16（d）所示。在冰晶体进入次级孔隙前，部分水已经迁至主干孔，端闭孔中的饱和度降低，冻胀作用引起的冻融损伤被削减弱化。所以在"纵横相对独立"开裂的破坏模式下，如 M4、M7 样品所示，样品预先存在的缺陷裂隙对于最终破坏模式的影响更大，即由于未冻水的迁移，会导致不同主干孔的结冰难以通过连接孔贯通，从而导致样品表面宏观裂隙相对独立地出现。

10.4　小　　结

在常规气象温度区间下，温度变化产生的热应力所导致的亚临界裂纹扩展控制着石窟砂岩的累积变形及损伤劣化特征。基于两相线热弹性公式和多矿物组成的固相体积热膨胀系数，改进了传统热诱导裂纹定量评价方法的判据条件。在零上温度范围内，本章利用红外热像仪设备，获取了石窟区岩体表面的原位温度数据，利用红外热像仪设备，识别了石窟区三处高温度变化区。通过使用改进的传统热诱导裂纹定量评价方法，定量评价了北石窟寺砂岩的热诱导损伤劣化特征。

利用地基 SAR 原位监测，识别出三处高热诱导裂纹变形区，该三处变形区域与红外热成像识别到的高温度变化区域高度重合，表明温度变化带来的热诱导裂纹扩展控制了石窟砂岩的累积变形，验证了热诱导亚临界裂纹扩展定量评价方法的实用性。红外热成像技术与地基 SAR 监测技术的结合，可应用于石窟崖壁表面热损伤时空特征的长时序监测。

受北石窟寺砂岩自身孔隙等特征的影响，石窟砂岩失水速率较高，冻融劣化仅在饱和后作用较为明显。室内冻融劣化循环试验后，饱和密封样品的冻融破坏模式与层理方向高度相关，垂直层理方向及平行层理方向取样的样品表现出截然不同的破坏模式。

第11章　石窟砂岩典型破坏模式与分类体系

众多学者对砂岩型石窟的病害开展过研究，但大多集中在病害产生的条件、诱因和处理措施等方面（Temraz and Khallaf，2015；Qin et al.，2016），对于破坏现象的综合分类却鲜有专门论述。因此一些学者基于现场调查与分析，初步建立了石窟破坏现象的分类方法。Eric 和 Clifford（2010）将威尼斯、吴哥窟、复活节岛等地的石质文物病害分为空气污染、盐风化、生物劣化、应力扰动、文物固有病害五类。Heinrichs（2008）对德国、马耳他、约旦、埃及和巴西的石质文物进行了病害调查分析，提出了基于严重程度的分类方法。部分学者采用工程地质条件分析法，根据诱发因素对龙游石窟群的围岩破坏类型进行了分类（杨志法等，2000；王思敬，2001；孙钧等，2001；李黎等，2008）。一些学者针对病害严重的云冈石窟，采用崩塌灾害分类方法开展了一系列的研究（陈洪凯和唐红梅，2005；方云等，2011；Guo and Jiang，2014），并提出了根据破坏表观现象进行分类的各类方法（Liu et al.，2011；黄继忠等，2018）。此外还有一些学者通过对中小型石窟的调查，提出了多种破坏模式的分类方法，如灵泉寺石窟（何燕和李智毅，2000）、西藏古格王国遗址洞窟（齐干等，2011）、通天岩石窟（Wang et al.，2017）和北石窟寺（孙满利等，2021；张景科等，2021）等。王金华和陈嘉琦（2018）概括了我国石窟寺保护现状，将我国石窟寺病害分为裂隙切割、水的侵蚀、风化破坏和人为活动四大病害。

综上，石窟寺破坏的分类体系繁多，但是没有可以直接反映破坏现象与成因机制的分类体系。本研究基于现场调查，依托于川渝石窟区和陇东石窟区，遵照工程地质力学的理论与分析方法，对砂岩石窟的破坏模式进行了详细的总结归纳，建立了综合分类体系。采用工程地质类比法，对比分析了我国南北砂岩石窟的破坏及诱发机制的差异。

11.1　石窟砂岩破坏模式及分类体系

川渝石窟区和陇东石窟区分别是我国南、北的代表性石窟富集区（图 11.1）。北石窟位于甘肃省庆阳市，是陇东地区规模较大的石窟之一，开凿于北魏永平二年（公元 509 年），以开窟时代早、延续时代长、增修时代多、内容丰富、雕刻风格独特著称；彬县大佛寺位于陕西省咸阳市彬州市，世界文化遗产，为唐贞观二年（公元 628 年）所建，是中原文化鼎盛时期唐代都城长安附近的重要佛教石窟寺；安岳石窟位于四川省资阳市安岳县，县境内有摩崖造像 140 余处，被誉为"我国古代雕刻的伟大宝库"；大足石窟位于重庆市大足区境内，为唐、五代、宋时所凿造，现为世界文化遗产。这些石窟具有极高的艺术价值，但因长期的侵蚀风化作用，产生了多种病害现象。

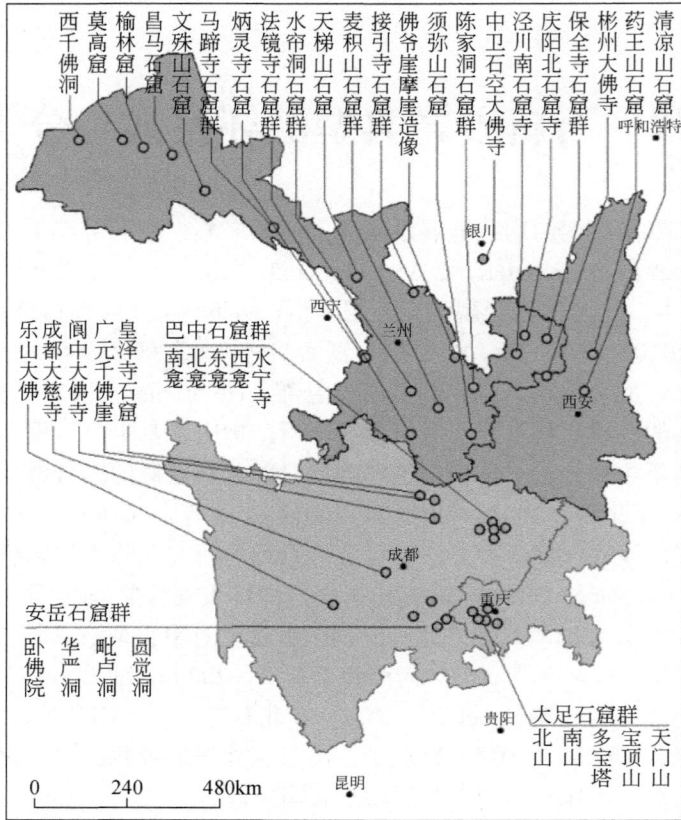

图 11.1　南北石窟区的石窟寺分布示意图

　　具针对性的石窟寺现场调查对象为川渝地区安岳圆觉洞、毗卢洞、卧佛院，大足宝顶、大足北山，陇东地区庆阳北石窟，陕西彬州大佛寺。在此基础上，遵照工程地质力学的理论与方法，对石窟砂岩的破坏模式进行了总结归纳，建立了综合分类体系（表 11.1）。首先，基于破坏模式的主导因素，根据工程地质理论将石窟砂岩的破坏类型分为地质环境控灾型、地质结构致灾型和地质力学诱灾型，地质环境控灾型主要包括成岩环境控制型和微环境控制型；地质结构致灾型主要包括层理控制型和节理控制型；地质力学诱灾型主要包括构造活动控制型、卸荷松弛控制型和人工扰动控制型。其次，根据研究区石窟的具体归属，设12 个次亚类。最后通过详细的现象分类，将调查区石窟的破坏现象归纳为 24 种（图 11.2），囊括了石窟区的主要破坏模式。

表 11.1　砂岩石窟寺典型工程地质破坏模式分类体系

大类	亚类	次亚类	破坏现象
地质环境 控灾型	成岩环境 控制型	河流沉积成岩型	韵律层差异破坏
			粉化落砂破坏
			卵砾石夹层破坏
		湖泊沉积成岩型	泥化夹层破坏

续表

大类	亚类	次亚类		破坏现象
地质环境控灾型	微环境控制型	水循环控制型		洞顶剥蚀破坏
				鳞片状剥落破坏
				表层起壳破坏
		盐析控制型		渔网状剥蚀破坏
		温度控制型		圆弧鼓胀破坏
		酸雨控制型		表层脱落破坏
地质结构致灾型	层理控制型	—		洞顶冒落破坏
				洞顶冒漏破坏
	节理控制型	—		节理面张开破坏
				节理面滑移破坏
地质力学诱灾型	构造活动控制型	褶皱断裂控制型		褶皱两翼拉张破坏
		构造裂隙控制型		长大剪切破坏
	卸荷松弛控制型	卸荷裂隙控制型		卸荷裂隙拉张破坏
				卸荷体的塌落破坏
		开挖扰动控制型	洞窟形式控制型	平顶板洞窟破坏
				覆斗状洞窟破坏
			窟群结构控制型	单窟破坏
				多窟破坏
	人工扰动控制型	火烧烟熏控制型		膨胀剥落破坏
		工程扰动控制型		加固失效破坏

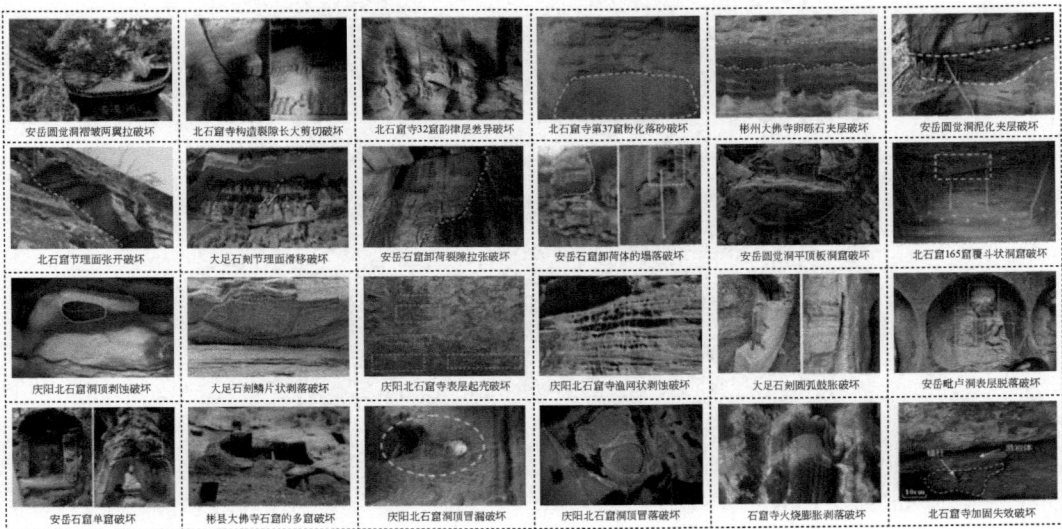

图 11.2 24 种石窟寺的工程地质破坏现象

11.2　地质环境控灾型

地质环境控灾型是指与工程地质相关的环境因素导致的石窟寺砂岩的破坏，主要包括的因素有成岩环境和微环境扰动。

11.2.1　成岩环境控制型

与成岩作用关系密切的环境称为成岩环境。石窟寺所处的成岩环境主要为大气淡水环境，并具有动水条件和静水条件的区别。这种区别与成岩介质的物理、化学、生物条件等因素导致了石窟寺砂岩差异风化、粉化、落砂等破坏现象。

河流沉积是一种动水沉积，其水动力条件、平面形态和沉积特征极为复杂。而湖泊沉积是一种静水沉积，与河流沉积相比其水动力条件，沉积特征较为简单，颗粒一般很细，且不能判别水流的方向。陇东石窟区与川渝石窟区的成岩环境分别属于河流沉积成岩型和湖泊沉积成岩型，病害类型主要表现为河流沉积成岩型的韵律层差异破坏、粉化落砂破坏、卵砾石夹层破坏和湖泊沉积成岩型的泥化夹层破坏（图 11.3）。

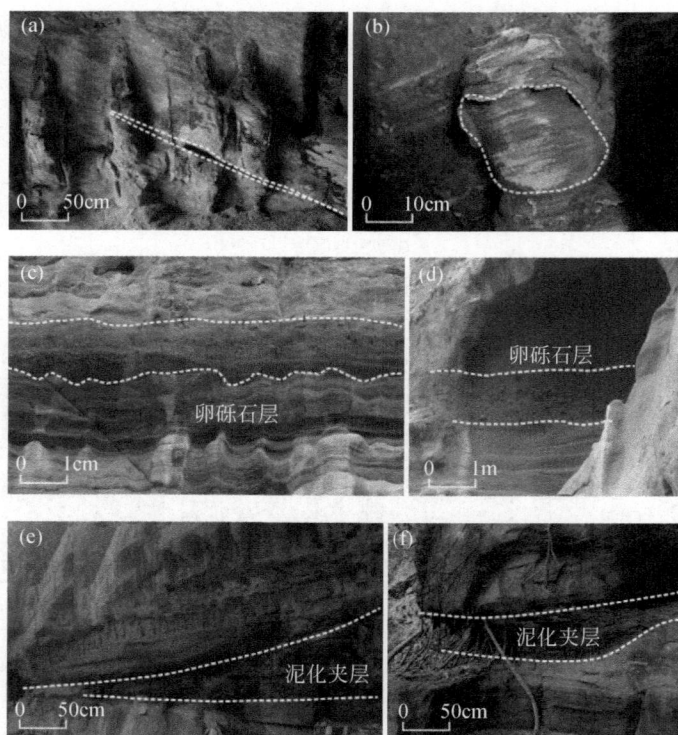

图 11.3　石窟寺成岩环境控制破坏现象

（a）北石窟寺 32 窟韵律层差异破坏；（b）北石窟寺 263 窟塑像粉化落砂破坏；（c）、（d）大佛寺卵砾石夹层破坏；
（e）安岳卧佛院石窟区泥化夹层破坏；（f）安岳圆觉洞石窟区泥化夹层破坏

陇东石窟区的成岩环境属于河流沉积成岩型，由于其水动力条件、平面形态和沉积特征十分复杂，造成的破坏类型也较为复杂，主要有以下三种破坏方式。

（1）韵律层差异破坏：庆阳北石窟寺位于蒲河和茹河交汇处东岸崖壁上，其成岩环境属于河流沉积成岩型，由于物质搬运和供给方式有规律地发生交替形成韵律层。沉积稍好的韵律层胶结程度高，抗风化能力强，沉积较差的韵律层抗风化能力弱，极易脱落，产生韵律层差异破坏。

（2）粉化落砂破坏：由于河流成岩的砂岩颗粒簇的影响较大，因此胶结程度差，加之干湿循环、冷热交替、冻融循环和日光照射等环境剧烈变化的影响，减弱了矿物颗粒间本就薄弱的胶结，表面砂粒在外力作用下逐渐脱落，产生粉化落砂破坏。这在北石窟寺非常常见，几乎遍布每个洞窟内及外部崖壁表面。

（3）卵砾石夹层破坏：同属河流沉积成岩环境的大佛寺位于泾河旁，在崖壁以及洞窟内形成了几处较为明显的卵砾石夹层破坏，卵砾石夹层的存在对洞窟岩体的强度和稳定性造成了很大的影响，景区设置了主动网进行防护。

川渝石窟区的成岩环境属于湖泊沉积成岩型，由于古湖泊淤泥层的存在，在沉积成岩过程中经一系列地质作用容易形成泥化夹层，易形成泥化夹层破坏，对石窟岩体强度和稳定性造成威胁。安岳卧佛院内卧佛像的下部存在明显的泥化夹层破坏现象［图 11.3（e）］，走向近东西，长度近 20m，厚度为 20~100cm。安岳圆觉洞新卧佛左侧泥化夹层破坏也非常典型［图 11.3（f）］，长度约 5m，厚度为 10~60cm。

11.2.2 微环境控制型

微环境控制型是指在石窟区内，水循环、温度变化、盐析作用、酸雨侵蚀等一系列微环境扰动导致的剥落、剥蚀破坏、表层起壳脱落破坏及圆弧鼓胀破坏等现象。微环境控制型主要分为以水、盐、温度及酸雨等控制类型。岩体风化主要与水、温度和化学作用有关，失稳表现形式多为局部剥落和粉化。其控制结构面一般是风化沟槽以及不规律的次生风化面。风化导致的危岩体一般在靠近洞口的地方较为常见，尤其是摩崖石刻造像位置风化更为严重，甚至导致部分造像残缺，如图 11.4 所示。

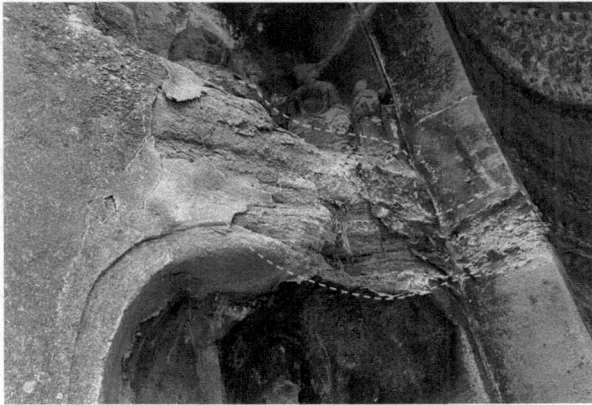

图 11.4 危岩体劣化剥落

1）水循环控制型

川渝石窟区降雨丰富，对洞窟、造像和壁画等文物造成了一定的影响。同时随着降雨中心北移，北方石窟也出现了因强降雨及水体渗流引起洞顶剥蚀破坏、鳞片状剥落破坏及表层起壳破坏等现象（兰恒星等，2023）。

洞顶剥蚀破坏是指在顶板较薄的洞窟或者洞窟不均匀顶板的较薄处，在水及其他条件作用下所发生的剥蚀作用。顶板剥蚀高度可以一直延伸到顶部，形成所谓的贯通"漏斗"，似开了一个或多个"天窗"，形状多为弧形和不规则形等[图11.5（a）、（b）]。该种类型的破坏虽然所占比例不高，但对洞窟稳定性的影响较大。这种破坏受顶板岩性、厚度及顶板汇水情况影响，特别是在顶板易汇水、渗水且厚度较小的洞窟中最易发生，若不采取措施，剥蚀破坏范围将逐步扩大，导致洞窟顶板完全坍塌。

鳞片状剥落破坏是指在层理较发育或正倾节理发育的洞窟顶板，由于水渗入岩体并不断侵蚀，岩体中的胶结物不断被运出，胶结程度不断减弱，洞顶下部岩体与上方岩体逐渐发生离层或脱离，使洞窟顶板不完整的现象[图11.5（c）、（d）]。该类破坏较为常见，其形状多为鳞片层状，剥落面呈多圈或多层相互叠加。

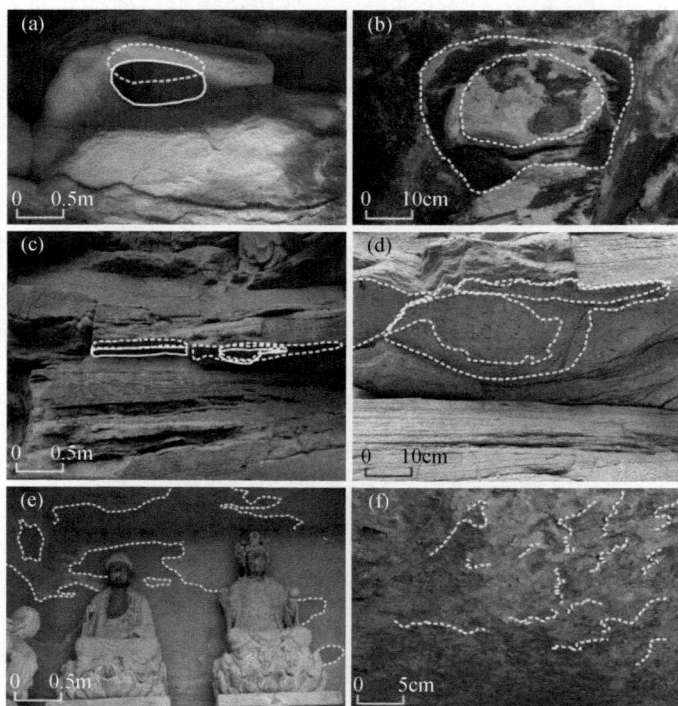

图11.5　砂岩型石窟寺水循环控制破坏现象

（a）（b）庆阳北石窟洞顶剥蚀破坏；（c）大足宝顶山鳞片状剥落破坏；（d）安岳圆觉洞鳞片状剥落破坏；

（e）安岳毗卢洞表层起壳破坏；（f）庆阳北石窟寺表层起壳破坏

表层起壳破坏是指在洞窟渗水和温度变化的双重作用下，洞窟的顶部和部分塑像表面长期处于干湿循环交替的环境中，形成片状起壳剥离的现象[图11.5（e）、（f）]。在干湿循环过程中，水中携带的可溶盐在岩体表面析出，并与空气发生反应，在砂岩表面中形成一层强胶结的硬壳，而硬壳下方岩体被掏蚀，导致已结壳的区域成片脱落。

2）盐析控制型

指在水盐的共同参与下，盐分不断地结晶析出，由于体积膨胀，洞窟岩体发生严重的盐风化。如图 11.6（a）（b）所示，具体表现为由盐析控制的渔网状剥蚀破坏（Pye and Mottershead，1995）。北石窟的砂岩透水性较好，含盐量非常高，盐的运移在石窟寺区域内广泛分布［图 11.6（b）］。盐结晶过程中的体积膨胀致使砂岩胶结性变差，经长期结晶和潮解，岩体表面疏松，形成渔网状的脱落现象。

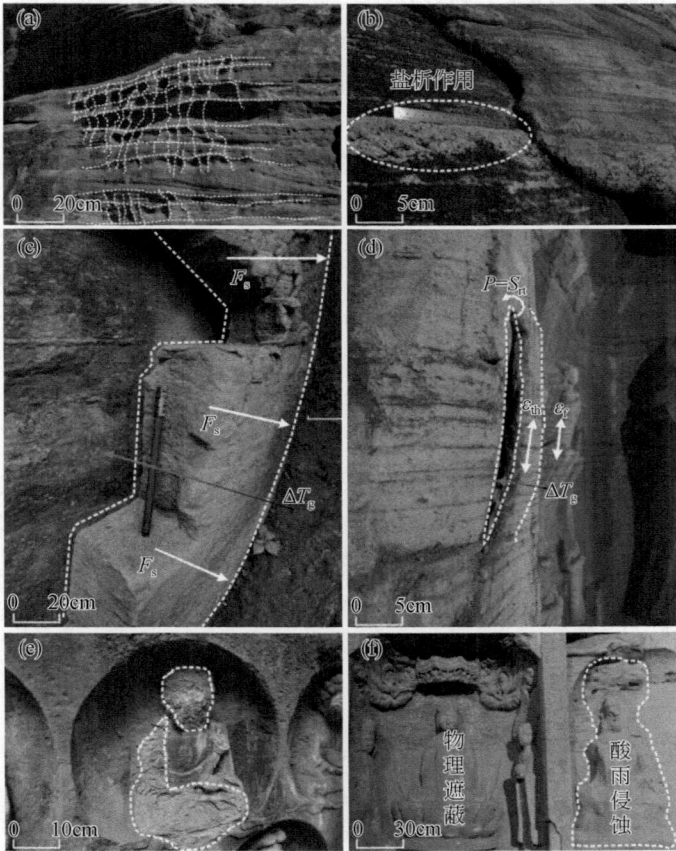

图 11.6　砂岩型石窟寺其他微环境控制破坏现象

（a）北石窟寺渔网状剥蚀破坏；（b）北石窟寺典型的盐析作用；（c）大足宝顶山石窟圆弧鼓胀破坏，ΔT_g 为内、外温度差异，F_s 为温差导致的热应力；（d）大足北山圆弧鼓胀破坏，ε_{th}、ε_f 分别为温差导致的内、外变形，P 为裂纹扩展的拉应力，S_n 为温差导致的内外变形产生；（e）安岳毗卢洞表层脱落破坏；（f）大足宝顶表层脱落破坏

3）温度控制型

热效应在岩石表面膨胀、收缩，周期性温度变化最终导致岩石产生不可恢复的损伤劣化。对深度小于 1m 的岩石表面，热效应的影响更为显著，是石窟寺最关注的区域。循环

的温度变化导致岩石亚临界裂纹呈现圆弧状的扩展贯通，产生圆弧鼓胀破坏（Collins and Stock，2016）。这是一种造岩矿物的差异膨胀导致的热驱动。一些研究表明，在干旱环境中的巨砾，日晒引起的径向热梯度会在岩体中产生拉应力（Eppes et al.，2010）。由于较高的昼夜温差，看似静止的石窟寺实际上正在经历一个动态的温度变化过程，在窟龛上由外向内温度差异造成的热应力循环导致了圆弧鼓胀破坏 [图 11.6（c）、（d）]。

4）酸雨控制型

随着工业的发展，大气污染问题日益严重，有害气体对石窟砂岩的不利影响日趋突出。这些有害气体导致酸雨增多，使得石窟区内岩体长期处于酸性环境中，加剧岩石表面风化。工业发达的川渝盆地是我国酸雨"重灾区"，温江站数据显示，该地区酸雨多年平均 pH 为 4.74，酸雨频率为 51.6%（郑丽英等，2020）。随着酸雨的不断腐蚀，文物寿命缩短，石窟褪色剥蚀，形成了由酸雨控制的表层脱落破坏 [图 11.6（e）、（f）]。

11.3　地质结构致灾型

地质结构致灾型是指岩体结构所导致的石窟砂岩的破坏。岩体经受各种地质作用，形成具有不同特性的地质界面，称为结构面。结构面对石窟顶板、侧壁以及造像本身的稳定性和完整性均有明显的控制作用，主要为层理面控制的洞顶冒落破坏、洞顶冒漏破坏，以及受节理面控制的节理面张开破坏、节理面滑移破坏。

11.3.1　岩体层理控制型

砂岩在沉积过程中由于物质成分、结构、颗粒等变化而形成了层状构造，所产生的层理面在窟顶的位置造成了大量的塌落现象。在不同的岩层之间，含有较多黏土矿物，且不同岩层厚度很小，性质差异较大。石窟开凿之前，层理紧密压实，裂隙处于封闭状态。由于石窟的开凿，顶板层理底部悬空，如果层理间的胶结力不能支撑，就会很容易出现片状脱落，如图 11.7 所示。这些片状掉块同时还会引起洞穴上部应力场变化，导致局部拉伸应力集中而引起张应力断裂破坏。

图 11.7　洞窟顶板片状掉块

石窟砂岩层理的强度较低，容易沿层理发生层状剥落，主要表现为洞窟顶的冒落破坏（图 11.8）。在南、北石窟区洞窟的顶板均能观察到明显的冒落破坏现象。但又由于所赋存的环境不同，陇东石窟的冒落破坏主要为沿洞窟顶板边缘附近形成洋葱状的圈型冒落，川渝石窟则表现为在洞顶边缘位置产生的台阶状片型冒落破坏。

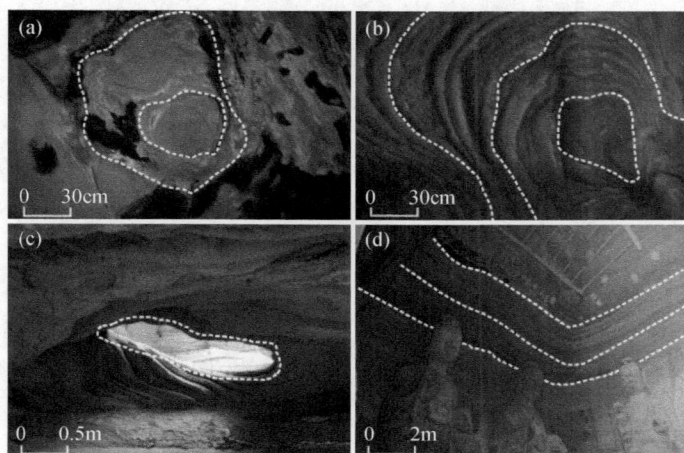

图 11.8　砂岩型石窟寺层理控制型破坏现象

（a）庆阳北石窟 37 窟洞顶冒落破坏；（b）彬州大佛寺洞顶冒落破坏；（c）庆阳北石窟洞顶冒漏破坏；

（d）庆阳北石窟 165 主窟洞顶冒漏破坏（已修缮）

洞顶冒漏破坏是洞顶冒落破坏发展到无法补救状态后产生的洞顶整体塌落，主要发生在多层石窟的最顶层。发生冒漏破坏后对石窟产生的最主要影响是石窟失去顶部遮挡，受外界自然环境影响巨大，长时间的雨水入渗、周期性的阳光照射，以及风的影响、温度的影响被放大。

11.3.2　岩体节理控制型

石窟砂岩发育有受挤压或拉张作用形成的节理面，其在石窟整体的稳定性评估中起到关键性作用。节理控制型破坏表现为节理面张开以及滑移。

节理面张开破坏是由张应力产生的破裂。砂岩在压应力作用下，除在最大主应力方向产生纵向压缩外，在垂直于最大主应力方向还产生横向扩张，即产生张应变。横向扩张达到一定极限时，便在平行于最大主应力方向产生节理面张开破坏。在研究区石窟均发育有明显的节理面张开破坏［图 11.9（a）、（b）］。石窟砂岩的胶结类型以钙质与绢云母胶结为主，在这种软弱胶结的岩体中，节理面常常形成贯通整个岩层的巨大裂隙，现场表现为石窟顶板与侧壁间产生张开度大、断面粗糙的裂隙，使得石窟整体的稳定性降低。

当顶板构造裂隙、卸荷裂隙和节理较多，且产状各异时，不同的裂隙组合会将顶板岩体切割成为独立的块体，当这些块体与上层岩体之间的胶结力减弱时，将最终导致垮塌、坠落破坏。

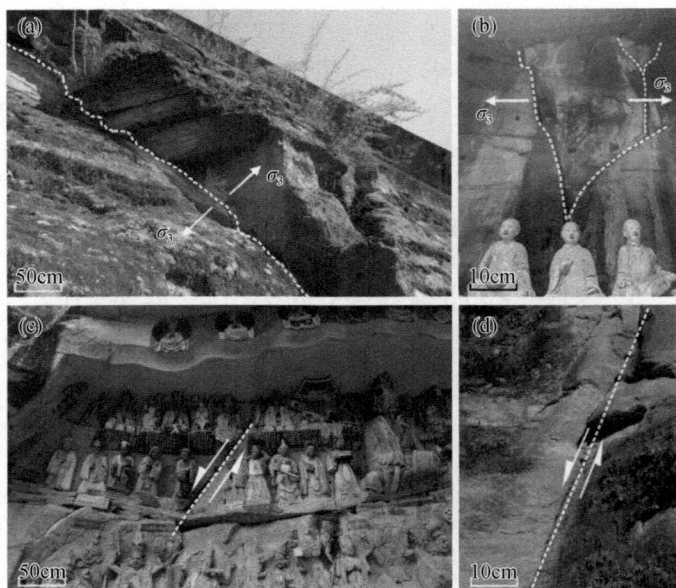

图 11.9 砂岩型石窟寺节理控制破坏现象

(a) 庆阳北石窟节理面张开破坏；(b) 安岳毗卢洞节理面张开破坏；(c) 大足宝顶节理面滑移破坏；

(d) 庆阳北石窟节理面滑移破坏

不同裂隙组合会在洞窟顶板产生不同的破坏模式，常见类型包括下阔破坏、上阔破坏和单斜破坏，如图 11.10 所示。相对来说，单斜破坏和上阔破坏的块体稳定性稍好，危岩体有一定的自锁能力，呈现出一种渐进式的破坏过程。其中，单斜块体破坏时会不断向一侧滑动，逐渐坠落；上阔块体通常不会单独坠落，当其两侧的裂隙贯通之后，会由两侧的岩体共同承担重力，两侧岩体也会承受向下的拉力，当达到强度极限时，共同坠落；下阔破坏稳定性最差，往往有很强的突发性，也是石窟顶板最常见的失稳形式。

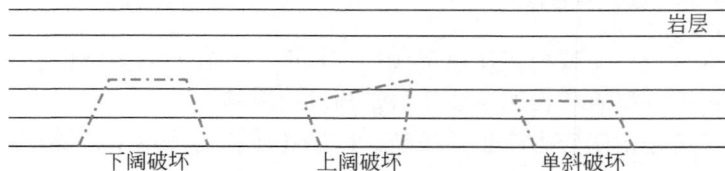

图 11.10 顶板掉块模式

节理面滑移破坏主要是在不等向应力作用下，在岩石内部不同方向的切面内形成不同大小的剪应力。其中某一切面内的剪应力达到岩石剪破坏条件时，便产生剪破坏（周洪福等，2021）。节理面滑移破坏在石窟区发育较多，破坏性也较大，剪切裂隙往往较长，一般贯穿石窟顶板与侧壁，造成石窟发生自顶板至底板的整体性滑移，且后期不易治理。节理面滑移的主要特征：①滑移面产状稳定，沿走向和倾向延伸较远；②滑移面平直光滑，具有因剪切滑动而留下的擦痕；③发育于砂岩中的滑移面，一般穿切砂岩间的胶结物；④主滑移面由羽状微裂面组成。

11.4　地质力学诱灾型

地质力学诱灾型是指在工程地质力学作用的过程中岩体应力状态、地质力学特征改变所导致的石窟砂岩的破坏，主要包括的因素有构造活动、卸荷松弛和人工扰动。

11.4.1　构造活动控制型

构造活动控制型是指区域构造地质作用，包括板块运动、地震、区域断裂等区域构造活动控制的岩体开裂，塌落等破坏现象，可分为褶皱断裂控制型和构造裂隙控制型，主要表现为褶皱两翼拉破坏和长大剪切破坏。

安岳圆觉洞位于川中平缓褶皱带中部。在该构造背景下，尤其是背斜顶部会产生拉应力集中（Hudleston and Holst，1984；Lan et al.，2019），易形成褶皱两翼拉破坏，主要发育于圆觉洞顶部 [图 11.11（a）]。根据裂隙统计调查结果可知，圆觉洞顶部褶皱拉破坏近似垂直于崖壁，裂隙近直立，由于植物根系的劈裂及雨水的冲蚀，形成宽大裂隙。在近地表处最大张开度达 1m，向岩体深处渐变闭合。

图 11.11　砂岩型石窟寺构造控制破坏现象

（a）安岳圆觉洞褶皱两翼拉破坏；（b）褶皱表面拉伸应力状态示意图，修改自 Hudleston and Holst，1984；（c）北石窟寺 263 窟构造裂隙剪切破坏；（d）北石窟寺长大构造裂隙形成的平直"岩墙"；（e）北石窟寺 37 窟构造裂隙剪切破坏

北石窟距离我国著名地震带——西海固地震带较近，构造裂隙发育，孕育典型的长大剪切裂隙 [图 11.11（c）、（e）]，在 32 窟、37 窟、263 窟以及河谷对面采石洞均有发育。北石窟的长大剪切裂隙垂直于崖面 [图 11.11（d）]，走向为 74°，倾角为 80°～90°，张开

度小（＜10mm），延伸度极高。

11.4.2 卸荷松弛控制型

卸荷松弛控制型是指岩体内部应力释放，应力场调整，岩体一定深度范围内产生破裂的现象。在石窟区主要表现为卸荷裂隙控制型和开挖扰动控制型。

1）卸荷裂隙控制型

中早期多组结构面、隐微裂隙发育的原岩块体，后期由于卸荷裂隙的影响，岩体内部应力释放，导致局部块体变形失稳，甚至产生滑坡崩塌等灾害（李郎平和兰恒星，2022）。石窟区主要发育卸荷裂隙控制的拉张破坏、塌落破坏。

临空面处的岩体受拉应力作用，在原卸荷裂隙上极易产生拉张破坏。卸荷裂隙表现为扭曲粗糙的张拉面，一些与崖壁延展方向垂直或斜交的卸荷裂隙［图 11.12（a）］一般对洞窟内岩体的稳定性影响不大，但易形成水的贮存、运移通道，诱发渗水病害。而在造像处产生的卸荷张拉破坏，会对石窟文物的艺术价值带来较大影响。

卸荷体张拉破坏的不断进行，最终发育为卸荷体的塌落破坏。如图 11.12（c）所示，平行崖壁的卸荷裂隙往往构成分离岩块的后缘切割面，易引发石窟岩体垮塌，从而破坏石窟文物的完整性。

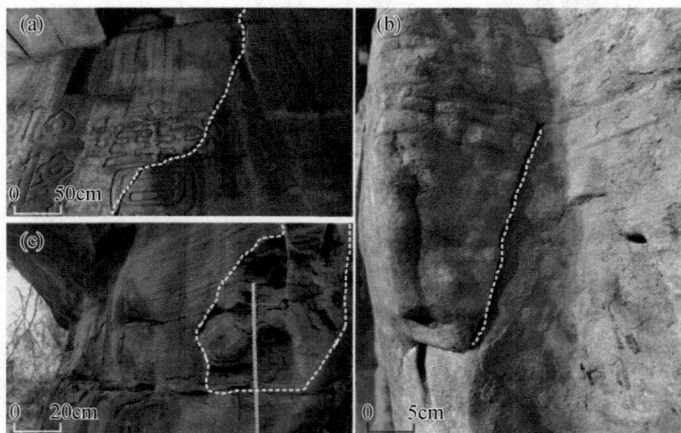

图 11.12　砂岩型石窟寺卸荷裂隙控制破坏现象

（a）大足宝顶山卸荷裂隙拉张破坏；（b）大足北山石窟卸荷体的拉张破坏；（c）安岳圆觉洞的卸荷体塌落破坏

2）开挖扰动控制型

开挖扰动控制型按照扰动形式可以分为洞窟形式控制型和窟群结构控制型。

洞窟形式控制型是由于洞窟形状的不同导致破坏类型不同。在研究区主要分布有两种洞窟形式，分别为平顶板洞窟破坏和覆斗状洞窟破坏，由此可以区分由洞窟形式造成的洞窟破坏。安岳圆觉洞是典型的平顶板洞窟，窟顶由卸荷裂隙、风化裂隙、构造裂隙及层理共同作用。在距窟口 2～3m 处，造成窟顶大面积层状破坏掉块，破坏宽达 5m，厚约 0.6m［图 11.13（a）］。庆阳北石窟的 165 窟洞顶形式为典型的覆斗状，相对净空大，洞顶的开裂和坍塌集中在覆斗中心位置，由外向内坍塌变深［图 11.13（b）］。

图 11.13　砂岩型石窟寺开挖扰动控制破坏现象

（a）安岳圆觉洞平顶板洞窟破坏；（b）庆阳北石窟 165 窟覆斗状洞窟破坏；（c）安岳毗卢洞单窟破坏；

（d）彬州大佛寺的多窟破坏；（e）庆阳北石窟的多窟破坏

　　窟群结构控制型是由崖壁上洞窟分布情况的不同造成的，可以划分为单窟破坏和多窟破坏。其中，单窟破坏是指崖壁上只分布了单一洞窟，由开挖卸荷以及局部结构面共同作用造成了洞窟的破坏［图 11.13（c）］。多窟破坏是指大量石窟在同一面岩壁上开挖，且开挖时间不一、洞窟形制不一；使得岩壁原有天然应力平衡状态被打破，应力快速调整，崖壁应力分布复杂化；尤其是相邻两窟之间和上、下两窟对角处，主应力的大小与方位均发生了较大的变化，极易产生应力集中，并发育成危岩体［图 11.13（d）、（e）］。

11.4.3　人工扰动控制型

　　人工扰动控制型是指在石窟区内，非正常的人工活动导致的岩体破坏现象。石窟区因开挖造成的扰动已在卸荷控制型中进行了详细论述，此处指石窟开挖后的人工活动，主要表现为火烧烟熏膨胀剥落破坏和工程加固失效破坏。

　　庆阳北石窟开凿于北魏，距今已有 1500 多年。在被保护前的长历史时期里，由于交通便利，该石窟成了过往行人的休息之所和逃亡难民的避难之处，加之每年庙会期间烧香拜佛，炊烟、取暖烟火及香火对洞窟造像造成极大的破坏［图 11.14（a）］。在受热条件下，岩体表面与内部的不均匀膨胀，导致岩石表面快速崩解，火剥落可以去除 10% 到 100% 的烧焦岩石表面。火烧烟熏后形成黑色硬壳，会产生大面积的表层剥落，北石窟寺 222 窟、32 窟受火烧烟熏危害严重，膨胀剥落破坏是其表层的主要破坏模式。

　　庆阳北石窟自 1967 年首次进行人工加固以来，开展了六次大规模加固，采用了水泥沙浆封护、聚苯乙烯（polystyrene，PS）材料防风化加固，以及对危岩进行了钢索锚固、毛石护墙支顶等措施。但在长期自然因素的影响下，特别是近年来尤为突出的强降雨，许多加固构件已老旧、松散，导致了工程加固失效破坏，如32窟窟顶锚杆加固已出现锚头防风化层裸露，锚钉生锈等病害［图11.14（b）］。

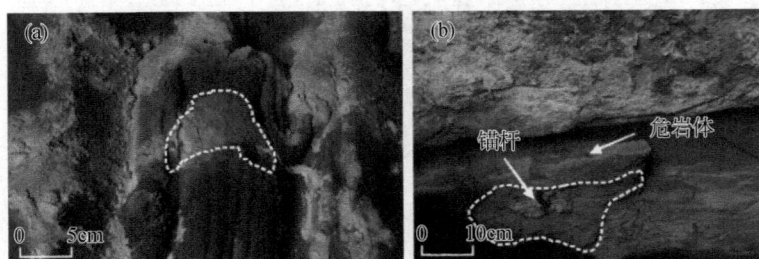

图 11.14　庆阳北石窟寺 32 窟人工扰动控制型破坏
（a）烟熏膨胀剥落破坏；（b）加固失效破坏

11.5　石窟砂岩破坏类型差异分析

根据详细的野外调查，共统计研究区石窟的破坏病害共 848 处（表 11.2），按照前文所述的分类方法对其进行了对应分类。结果表明，陇东石窟区与川渝石窟区的破坏模式差异较大，但同时在一些方面具有相似性。总体上，卸荷裂隙带来的破坏和微环境变化产生的破坏在两地石窟寺中都有体现，且统计到的破坏数量较多。针对干旱环境下的陇东石窟区，卸荷裂隙拉张破坏、节理面张开破坏、渔网状剥蚀破坏以及粉化落砂破坏是陇东石窟砂岩劣化破坏的主要类型；而针对湿热环境下的川渝石窟区，卸荷裂隙拉张破坏、鳞片状剥落破坏、表层脱落破坏、洞顶剥蚀破坏以及泥化夹层破坏是川渝石窟砂岩劣化破坏的主要类型。造成破坏类型差异化的主要原因是差别巨大的赋存条件。

表 11.2　石窟寺砂岩的破坏类型统计表

破坏类型	庆阳北石窟寺 破坏数量/处	彬州大佛寺 破坏数量/处	安岳石窟 破坏数量/处	大足石窟 破坏数量/处
韵律层差异破坏	7	—	—	—
粉化落砂破坏	19	5	—	—
卵砾石夹层破坏	—	4	—	—
泥化夹层破坏	—	—	24	11
褶皱两翼拉破坏	—	—	3	—
长大剪切破坏	6	—	—	—
洞顶冒落破坏	7	2	3	1
洞顶冒漏破坏	2	—	—	—
节理面张开破坏	37	15	19	10
节理面滑移破坏	7	2	10	4

破坏类型	庆阳北石窟寺 破坏数量/处	彬州大佛寺 破坏数量/处	安岳石窟 破坏数量/处	大足石窟 破坏数量/处
卸荷裂隙拉张破坏	41	22	53	36
卸荷体的塌落破坏	15	—	10	3
平顶板洞窟破坏	1	1	2	14
覆斗状洞窟破坏	13	4	—	2
单窟破坏	—	6	23	18
多窟破坏	25	8	—	—
洞顶剥蚀破坏	8	6	20	23
鳞片状剥落破坏	—	2	43	19
表层起壳破坏	15	5	27	10
渔网状剥蚀破坏	29	7	—	—
圆弧鼓胀破坏	8	7	11	10
表层脱落破坏	—	4	28	24
膨胀剥落破坏	11	2	3	14
加固失效破坏	13	3	—	1

11.6　小　　结

　　本章以石窟寺砂岩的破坏现象为研究对象，调查了川渝和陇东石窟区，结合工程地质力学理论，对石窟区砂岩的破坏模式进行总结归纳，并对比了不同环境条件下石窟砂岩的差异性破坏。

　　根据工程地质理论将石窟砂岩的破坏类型分为地质环境控灾型、地质结构致灾型和地质力学诱灾型。其中，地质环境控灾型主要包括成岩环境控制型和微环境控制型；地质结构致灾型主要包括层理控制型和节理控制型；地质力学诱灾型主要包括构造活动控制型、卸荷松弛控制型和人工扰动控制型。依据工程地质力学的理论与方法，根据研究区石窟砂岩破坏现象的具体归属，建立了三大类、七个亚类、24 种具体破坏现象的综合分类体系。该体系基本囊括了研究区石窟的主要破坏模式，是目前针对研究区石窟破坏最齐全的分类体系。

　　采用工程地质类比法，对比分析了南、北砂岩型石窟的破坏及诱发机制，卸荷裂隙带来的破坏和微环境变化产生的破坏在两地石窟寺的破坏现象中都有体现，是导致石窟砂岩破坏的两大主要因素。陇东石窟区砂岩因卸荷松弛产生的破坏更多、规模更大。而川渝石窟区，微环境带来的病害问题尤其突出。因此，针对性地控制石窟寺微环境变化，减少微环境带来的损伤扰动，是石窟寺保护的重要着手点。

第 12 章　石窟岩体失稳破坏机理及防护对策

石窟岩体稳定性、水害、表层劣化是我国石窟保护目前面临的突出问题。受石窟岩体结构、洞窟形制以及保存环境的影响，石窟保护面临岩体失稳范围不清晰、失稳模式复杂、突发性强、岩体稳定性预测难定量等问题。

石窟岩体稳定性是关系到石窟本体的保存，可以分为渐进性破坏和瞬时性破坏两种类型，它们有着不同的特征和机制。渐进性破坏是指岩体在长期或周期性的外力作用下，经过多次加载和卸载过程，逐渐积累应变能和损伤，最终导致岩体发生不可恢复的破坏的现象，是一种缓慢而持久的破坏过程。渐进性破坏的机制可以用损伤力学原理来描述，即当岩体内部的损伤变量达到或超过临界值时，岩体就会发生渐进性破坏。瞬时性破坏是指岩体在突然或极端的外力作用下，迅速达到或超过其承载能力，导致岩体发生急剧变形和断裂的现象，是一种快速而短时的破坏过程。

岩体失稳破坏的机理是复杂的，涉及岩体的物理性质、结构特征、应力状态、微环境条件、时间效应等多方面因素。根据石窟寺病害主控因素分析，对比两处石窟区变形破坏的主控因素，可知微环境控制型和卸荷松弛控制型在两地石窟寺破坏因素中均占据主导（图12.1）。其中陇东石窟区的石窟砂岩由于地处黄土高原，沟壑纵横，薄弱的植被覆盖和强烈的侵蚀环境导致其卸荷破坏更多，如北石窟发育的卸荷裂隙较川渝石窟规模更大。而川渝石窟区由于其湿润的气候条件和丰富的降雨，微环境改变的程度与速度都显著高于陇东石窟区，因此微环境带来的病害问题尤其突出，占比达到了 45.65%。

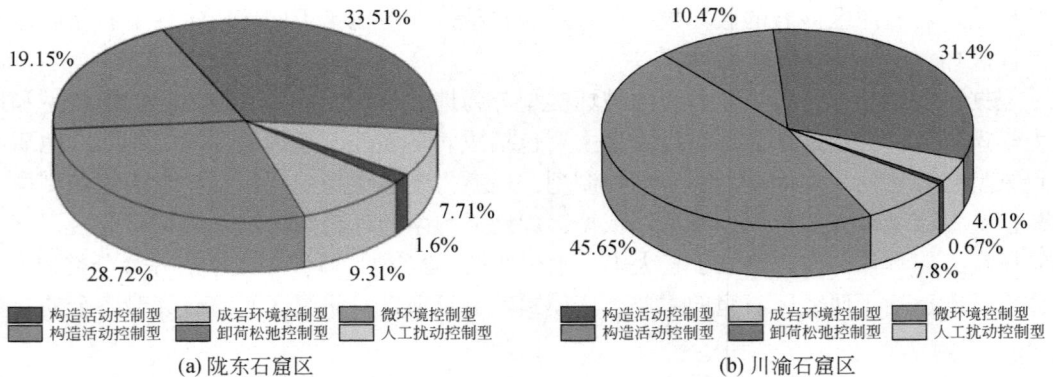

图 12.1　石窟砂岩变形破坏的主控因素占比图

微环境变化这一控制因素在两处石窟都尤为重要，但作用机理却不尽相同。陇东石窟区由于干旱少雨，岩体中含水率随季节变化大，且调查的两处石窟均位于河流两岸，地下水向河流补排带来的盐风化作用是微环境变化中最为显著的影响因素，其代表性破坏现象是渔网状剥蚀破坏。而川渝石窟区雨水丰富，石窟多以开放和半开放洞窟为主，受雨水入渗的影响较大，产生的代表性破坏现象为鳞片状剥落破坏。

　　本章以川渝石窟区和陇东石窟区为对象，在调查的基础上首先对石窟岩体渐进性和瞬时性破坏机制及控制因素进行分析，进一步说明了石窟岩体的失稳机理，并以此给出相应的防护对策。

12.1　石窟岩体渐进性失稳破坏机制

12.1.1　渐进性失稳破坏模式

　　石窟岩体渐进性破坏机制是指岩体在内、外营力长期综合作用下，逐步劣化而造成的石窟岩体失稳过程。主要表现形式有两种，一种是内部微裂纹不断扩展、汇合和贯通，导致岩体的强度逐渐降低引发的失稳（图 12.2）；另一种是生物、化学、物理风化导致的表层岩体剥离和脱落，劣化范围逐步扩大造成的失稳（如冒顶）（图 12.3）。

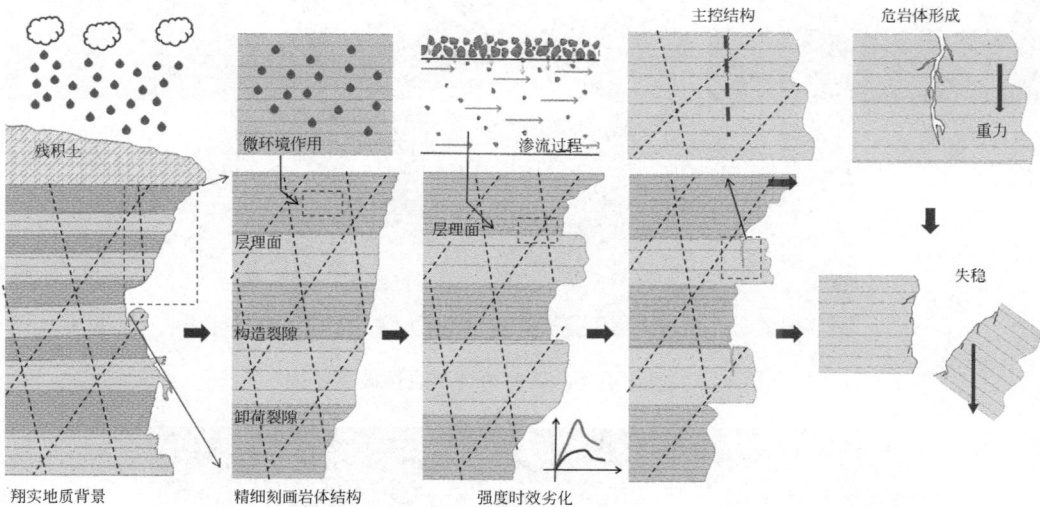

图 12.2　微裂隙发育引起的石窟岩体渐进性破坏过程

　　岩体风化主要与水、温度和化学作用有关，失稳表现形式多为局部剥落和粉化。其控制结构面一般是风化沟槽以及不规律的次生风化面。风化导致的危岩体一般在靠近洞口的地方较为常见，尤其是摩崖石刻造像位置风化更为严重，甚至导致部分造像残缺，如图 12.4 所示。

　　剥落作为渐进性破坏的主要形式，可以分为颗粒状剥落、层状剥落、片状剥落、鳞片状剥落、鼓包胀裂。颗粒状剥落是岩石表面单个颗粒或者颗粒团聚体的剥离、脱落现象，在不同的岩石表面颗粒状剥落的深度有所不同。颗粒状剥落是北石窟寺砂岩表层的主要风化病害之一，几乎所有的窟龛均存在颗粒状剥落的破坏形式。层状剥落是一种沿着薄层结构岩石的物理分离，这些分离的岩层就像书页一样一层一层地发生剥落，有些甚至会发生一定的弯曲与扭曲。北石窟寺的层状剥落往往发育在洞窟的顶部，与岩层的水平层理相关。

岩石整个或者部分表面破裂成形状不规则、厚度与体积大小不一的部分，由此产生不连续的层面，此为片状剥落。鳞片状剥落像鱼鳞一样或者平行于岩石表面剥落，鳞片状剥落又可以划分为两个子类型，即薄片状剥落与轮廓线状剥落。而在北石窟寺轮廓线状剥落较为发育，往往发育于造像的面部与肢体。

图 12.3　风化引起的石窟岩体渐进性破坏过程

图 12.4　风化危岩体劣化剥落

12.1.2　渐进性失稳破坏机理及原因分析

石窟岩体渐进性破坏主要受微环境影响，伴随着岩石的时效损伤和劣化，表现出局部破碎—整体失稳的破坏过程，其破坏过程如图 12.5 所示。

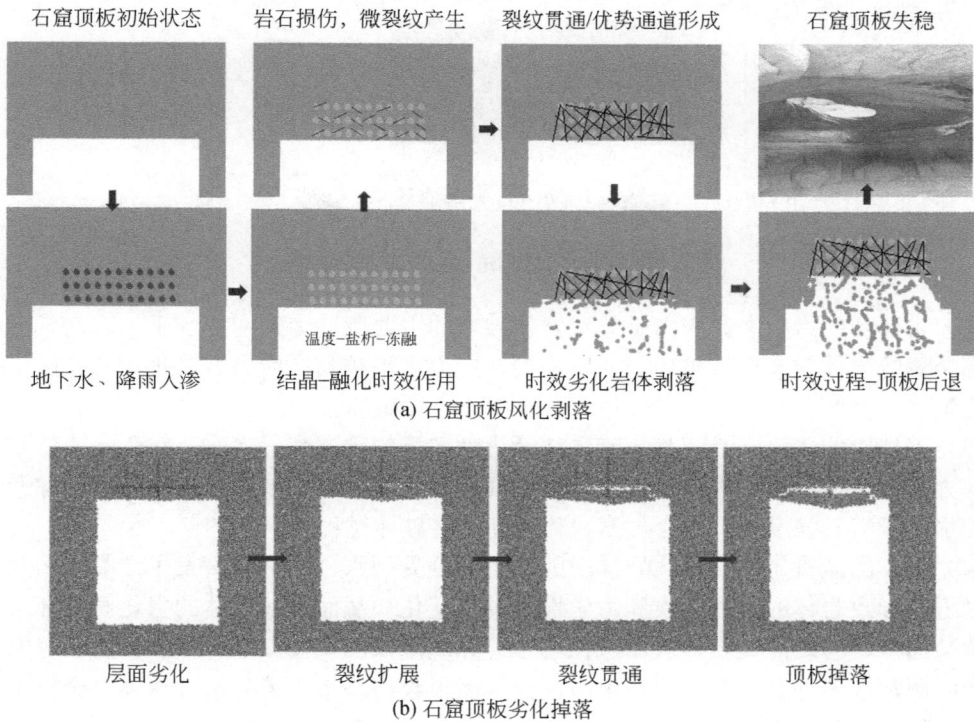

(a) 石窟顶板风化剥落

(b) 石窟顶板劣化掉落

图 12.5　石窟岩体渐进性破坏过程

如图 12.5（a）所示，石窟顶板受降雨和地下水影响，遭受干湿循环、冻融循环、结晶融合等作用，内部产生微裂纹并逐步劣化，引起表层颗粒剥落，伴随着脱落范围向纵深发展而产生石窟冒顶破坏。另外，由于层理面及裂隙的存在，在渗流作用下，水侵入部分石窟顶板层理中引起层面劣化。在此基础上，顶板两侧产生较大拉应力，当拉应力超出其抗拉强度时，出现拉裂纹并逐步扩展直至贯通，最终引起顶板垮落，如图 12.5（b）所示。

根据以上分析，石窟岩体渐进性破坏受岩体结构及微环境的共同作用，在实际的石窟破坏过程中，石窟岩体微裂隙发育及风化过程往往同时发生，甚至有互相促进的作用，加剧了石窟岩体的失稳破坏过程（图 12.6）。根据石窟岩体渐进性破坏特征，其控制因素主要有以下几方面。

（1）岩体的类型和性质。不同类型的岩体，如完整结构岩体、碎裂结构岩体和软弱结构岩体，具有不同的力学特征和破坏模式。完整结构岩体的破坏主要受岩石本身的强度和韧性制约，碎裂结构岩体的破坏受结构面的发育程度和排列方式控制，软弱结构岩体的破坏受夹层或充填物的性质影响。

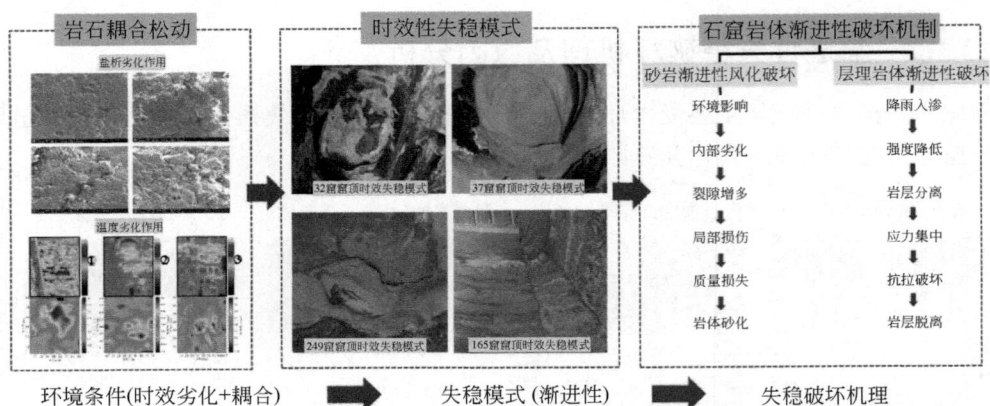

图 12.6   石窟岩体渐进性破坏机制示意图

（2）岩体的应力状态。应力是导致岩体破坏的主要驱动力，应力水平、方向、分布和变化都会影响岩体的渐进性破坏。一般来说，应力水平越高、应力方向越不利、应力分布越不均匀、应力变化越剧烈，岩体越容易发生渐进性破坏。

（3）岩体中的渗流。渗流是影响岩体渐进性破坏的重要因素之一，水压会降低岩体的有效应力和强度，增加岩体的变形量和裂隙开度，促进裂隙扩展和连接。同时裂隙及岩石内部的水对于岩石强度的降低会加剧岩体的渐进性破坏过程。

（4）岩体的盐析劣化作用。岩体中的可溶盐分受到水分的影响，发生结晶、溶解、迁移等过程，导致岩体的物理性质和力学性能发生变化，从而引起岩体的劣化和破坏。其中可溶性盐的溶解与结晶是岩体表面风化剥蚀、强度降低的重要原因。砂岩具有良好的透水性，当降雨溶解多种盐类渗入岩体中时，会不断吸收结晶水，等到水分蒸发，会析出盐类晶体，体积增大，由内向外挤胀岩体，最终引起砂岩的表层剥落和空鼓。

（5）温度变化。白天温度较高，石窟岩体受太阳直射，岩体吸热，表面温度升高；晚上温度较低，岩体表面温度会迅速较低，热胀冷缩形成温度应力。这样日复一日的冷热循环，会造成岩体内部颗粒胶结减弱，损伤岩体表层构造，最终促使岩石表层剥落。

（6）时间效应。时间效应是指随着时间的推移，岩体在持续或循环加载下发生强度衰减或变形增大的现象。时间效应是岩体渐进性破坏的内在原因之一，它反映了岩体内部微观损伤在宏观上的累积效应。

12.2   石窟岩体瞬时性失稳破坏机制

12.2.1   瞬时性失稳破坏模式

石窟岩体瞬时性破坏是指岩体在外力（主要是重力）或内部应力作用下发生瞬时的变形和破坏过程，它是石窟顶板岩体中常见的一种破坏模式，因其破坏性强以及难以预测，对石窟的保护以及游客的安全造成极大的威胁。瞬时性破坏的主要表现形式为顶板掉落，危岩体滑移，石窟侧壁危岩体崩塌，结构断裂等（图 12.7）。

图 12.7　石窟岩体瞬时性失稳模式示意图

　　石窟岩体滑移失稳是指石窟所在的岩体在受到外力作用或内力作用时，发生相对位移或整体运动的现象（图 12.8）。石窟岩体滑移失稳的原因有多种，如地震、降雨、风化、人为干扰等。石窟岩体滑移失稳的预防和治理是石窟寺保护的重要内容。

图 12.8　石窟岩体滑移失稳

　　石窟岩体滑移的失稳分析主要包括以下几个方面。

　　（1）岩体结构面的调查与识别：通过现场勘察、钻探、地质雷达等方法，获取岩体结构面的空间分布、倾向、倾角、开度、充填物等信息，判断岩体结构面的类型、数量、规模和活动性，分析岩体结构面对岩体稳定性的影响。

　　（2）岩体强度特性的测试与评价：通过实验室或现场试验，获取岩体的单轴抗压强度、抗拉强度、剪切强度等参数，评价岩体的整体强度和局部强度，分析岩体强度特性对岩体稳定性的影响。

　　（3）岩体环境因素的监测与分析：通过水文地质调查、气象观测、地震监测等方法，获取岩体所受的水压力、温度变化、地震动等环境因素，分析环境因素对岩体变形和破坏的诱发作用和影响程度。

　　（4）岩体滑移失稳模式的确定与判别：根据岩体结构面、强度特性和环境因素等综合条件，确定可能发生的岩体滑移失稳模式，如平面滑动、楔形滑动、圆弧滑动等，采用相应的理论或数值方法，计算岩体滑移失稳的临界条件，判别岩体滑移失稳的可能性和危险性。

　　岩体崩塌是指陡峭边坡上的岩体突然脱落或倾倒的现象，是石窟岩体失稳破坏的一种常见形式（图 12.9），它受到内部因素和外部因素的共同作用。内部因素主要包括岩石性质、岩体结构、地质构造等；外部因素主要包括覆盖条件、水文条件、气候条件、工程活动等。其中，岩体结构是指岩石中存在的各种裂隙、夹层、节理、断层等弱面或弱带，它们在一定空间位置上形成了特定的组合模式。岩体结构是影响岩体强度、变形和稳定性的关键因素之一，它决定了岩体内部应力分布和传递方式，以及外部荷载作用下岩体可能产生的破坏形式和范围。

图 12.9　石窟岩体崩塌失稳

岩体崩塌的形成机理一般与岩体结构有密切关系，主要包括以下几种情况。

（1）岩体内部存在不连续结构面，如节理、裂隙、断层等，这些结构面可以作为岩体崩塌的潜在滑动面或脱落面，当结构面与边坡方向相交或平行时，更容易导致岩体崩塌。

（2）岩体受到强烈的风化作用，导致岩体强度降低和裂隙增多，从而降低了岩体的整体性和稳定性，使岩体更易于崩塌。

（3）岩体受到开挖作用，导致边坡卸荷和应力重分布，使岩体产生张裂和松动，从而破坏了岩体的平衡状态，促进了岩体崩塌。

（4）岩体受到水力作用，导致边坡渗流和水压增加，使岩体发生软化和膨胀，从而降低了岩体的抗剪强度和摩擦角，增加了岩体崩塌的可能性。

（5）岩体受到地震作用，导致边坡振动和动应力增加，使岩体产生位移和变形，从而超过了岩体的极限承载能力，引发了岩体崩塌。

顶板是石窟洞室的重要组成结构，容易受裂隙、节理、岩石的抗拉、抗剪强度等影响、控制，其受力往往与墙、柱等受压构件明显不同，因此石窟顶板的失稳病害是众多石窟寺普遍存在的问题。圆觉洞为安岳石窟的主要景点，但是其顶板岩体存在较多裂隙、节理等，将洞窟顶部切割，在水、重力、风化等因素影响下持续开裂，最终形成掉块病害，严重影响洞窟的整体性与游客安全。

12.2.2　瞬时性失稳破坏机理及原因分析

瞬时性失稳的破坏过程受岩体结构控制，伴随着岩石劣化和应力条件的变化，引起块体结构的失稳。瞬时性破坏的主要作用机制如图 12.10 所示，受微环境影响，石窟岩体结构不断劣化，强度降低，在内力-外力耦合作用下产生失稳破坏。

图 12.10　石窟岩体瞬时性破坏机制示意图

岩体瞬时性破坏机制及控制因素主要包括以下几种。

（1）卸荷裂隙破坏机制：卸荷裂隙是自然或人为作用导致岩体内部应力调整产生平行于石窟山体临空面的裂缝，通常进深和张开尺度都很大。例如，在崖壁开凿石窟时，随着岩体应力释放，卸荷拉裂，就会引起石窟顶部、侧壁、墙角等的断裂变化。甚至某些时候洞窟也会成为危岩体的一部分，进而危及洞窟的整体稳定性。卸荷裂隙往往会和节理构成切割岩块的网络，在降雨、地震等作用下，加速卸荷裂隙的延展，最终导致靠近临空面的危岩体产生崩塌、倾倒等失稳破坏。

（2）层理破坏机制：层理是岩体在沉积过程中，因沉积物本身性质不同或沉积环境改变产生的层状构造。构成安岳石窟的岩体以砂岩和泥岩的沉积旋回为主，砂岩由粉砂及矿物质构成，泥岩则由黏土矿物构成，二者组成不同，孔隙率有较大差异。砂岩、泥岩构成了水平层理或交错层理。同时因为沉积韵律，在不同的岩层之间，含有较多薄层黏粒与黏土矿物，构成了不同岩层之间的软弱夹层。这些层理与裂隙相互联通，极易诱发岩体垮塌破坏。

（3）重力破坏机制：重力主要包括洞窟上方的人工荷载以及岩体自重。这里所说的重力机制是一种必要条件，是石窟岩体失稳、崩塌的重要原因，无论哪种破坏机制，都离不开重力的作用。在重力破坏机制条件下，石窟上部岩体要比底部岩体破坏剧烈，且石窟山体越陡峭，越容易破坏。

（4）开挖偏应力破坏机制：在古代，洞窟通常采用人工开凿，不采用任何支护措施，在开凿过程中，围岩应力不断改变，会产生应力重分布与应力集中等效应。同时，石窟一般以洞窟群的形式存在，单个洞窟的开挖也会对相邻洞窟产生影响。因此，开挖产生的应力重分布现象也是影响石窟稳定性的重要因素，它与石窟的大小、断面形状、顶板制式等有关。

12.3　石窟寺顶板失稳过程分析

12.3.1　石窟寺顶板失稳影响因素

对于平顶板石窟，顶板的稳定性是一个复杂的问题，它与很多要素有关，如裂隙参数和产状、岩体强度、围岩应力、洞窟的开挖方式、洞窟形制等，其主要影响因素包括以下几点。

1）岩体强度

岩体的破坏形式常表现为拉裂、剪切、挤压等，岩体强度是影响岩石破坏形式的重要因素。若岩体强度不高，洞窟开凿后易形成小规模冒顶；反之，若岩体强度较高，则不易破坏，但是如果出现了失稳，其规模通常很大。

2）结构面特征

岩体中存在的裂隙、节理和夹层等结构面是石窟顶板失稳破坏的主要原因。结构面将石窟岩体切割成一个个的不连续体，在这种工程地质条件下开挖洞窟，形成的洞室稳定性必然较差。结构面越发育，岩体越破碎，越容易发生失稳。

3）水的影响

水对岩体会产生楔劈作用、润滑作用、溶解作用、潜蚀作用、水-岩应力耦合作用。降雨后，雨水通过裂隙流动，降低了岩体的力学参数。如果洞窟顶部存在相对隔水层，渗入裂隙中的水无法排除，赋存于顶板上层，会加大顶板的自重。一旦受力状态发生改变，岩体孔隙中将形成一定的水压力，使岩体微裂隙端部处在被拉状态，甚至造成个别岩块滑动并冒落。

4）地应力分布

石窟往往开凿于山体之上，因此地应力对洞窟稳定性影响有限。不过水平应力依然是洞窟两壁内挤、底板隆起、顶板垮落的不可忽视原因。它通过使顶板层理错位、剪切移动而发生离层破坏。

5）时间的影响

无论洞窟开凿之后顶板多么稳定，岩体参数多么高，都不可避免地会受到时间效应的影响。事实证明，大多数石窟开挖后都是比较稳定的，其失稳破坏都是发生在几十年甚至上百年之后。时间会使岩体不断累积损伤，裂隙不断扩展，最终产生破坏。

石窟顶板结构面强度特性是控制其变形和破坏的最主要的原因，主要表现为结构面弱化岩体的力学性质，导致岩体的强度、刚度、韧性等下降，增大岩体的变形量和破坏范围。岩体结构面的形态、数量、分布、倾角等几何参数影响岩体的受力状态和变形特征，不同类型的结构面对岩体的稳定性有不同的作用。岩体结构面的开度、粗糙度、充填物等物理参数影响岩体的渗流条件和水压分布，水压会改变岩体的有效应力和强度，引起岩体的软化、膨胀、冻胀等。岩体结构面在外部荷载或工程扰动作用下会发生开启、闭合、滑移等运动，导致岩体内部应力场和变形场的重新分布，诱发或加剧岩体的损伤和破坏。因此，岩体失稳破坏的岩体结构力学效应是一种复杂的非线性作用，需要综合考虑多种因素和机制。

12.3.2　石窟顶板失稳过程数值模拟分析

通过无人机拍摄照片获取圆觉洞外点云数据，利用三维激光扫描技术获取圆觉洞内部点云数据。应用逆向工程建模软件将所得到的数据进行曲面封装、网格化，得到可以导入 3DEC 的数值模型，同时利用模型的等比例特性，与现场的测量采样结合，构建出精细化的裂隙网络（图 12.11）。通过这种方法，能够最大程度地发挥各软件的优势，建立完整、精细的三维模型，客观、直接地描述石窟的外表特征、失稳现状以及地形信息，为石窟整体稳定性分析提供支撑，增加数值模拟的可靠度。

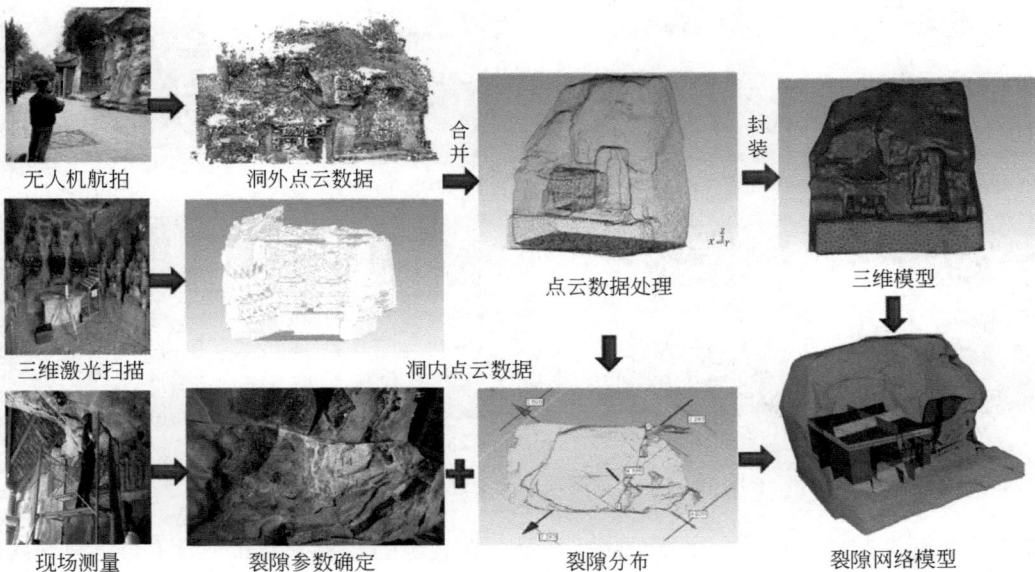

图 12.11　圆觉洞裂隙网络模型建立流程图

根据现场调查，裂隙切割顶板带来的稳定性问题较为显著，裂隙处位移出现突变，引起顶板的错位及脱落病害。同时，裂隙根部拉应力较大，石窟顶板极易失稳。由于石窟临空开凿且上方裂隙层理发育，应力集中于裂隙与临空面切割的岩体上，石窟顶将承受更大的拉应力，在没有其他支护的情况容易发生失稳。结合安岳圆觉洞现场考察资料，构建数值计算模型（图 12.12），采用块体离散元数值模拟方法，还原圆觉洞顶板岩体失稳掉落滑移过程，分析破坏原因及失稳机理。

采用 3DEC 离散元数值分析，可以直观地再现圆觉洞顶板的分区垮塌、掉块现象全过程，如图 12.13 所示，石窟开凿完成后，在洞窟的顶板、四角处会先产生新裂隙。同时岩体中的原生裂隙会随着洞窟的开凿逐渐扩展，并与新生裂隙交会，一同向深处发展，形成切割洞顶的裂隙、层理组合。顶板悬空后，底部会出现拉应力集中，导致与相邻软弱夹层

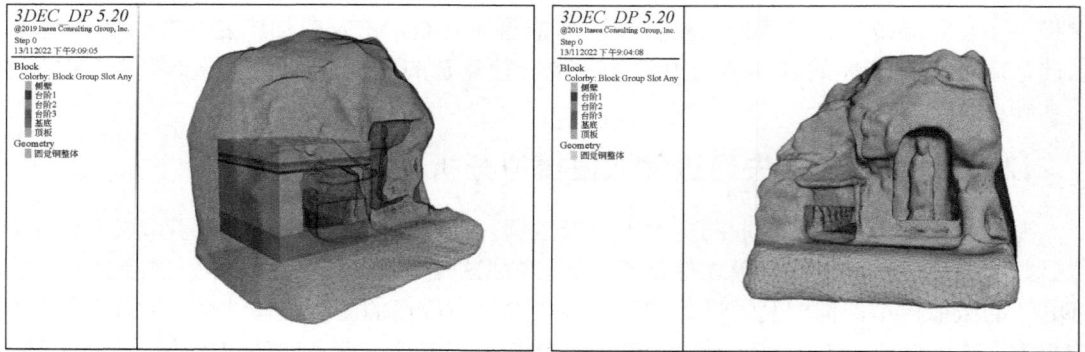

图 12.12　3DEC 数值计算模型

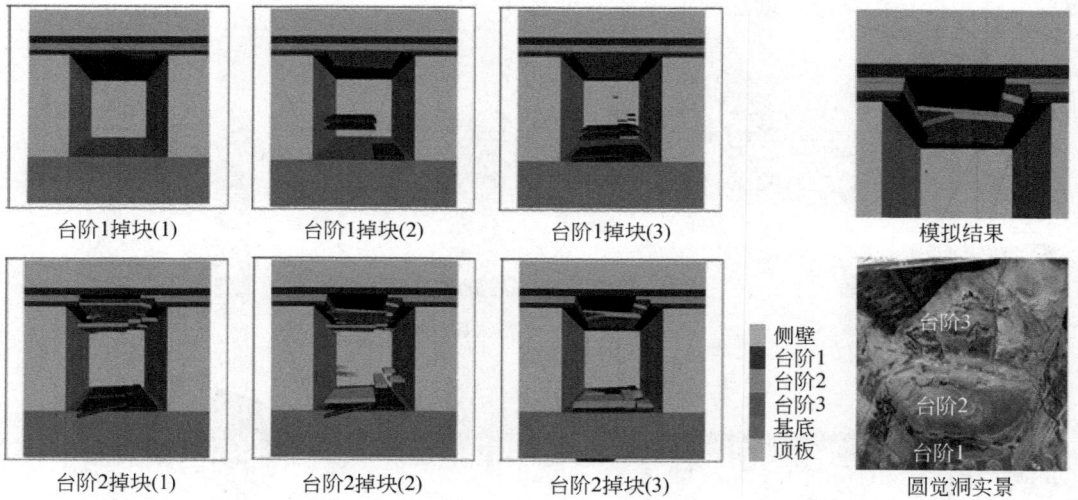

图 12.13　圆觉洞顶板失稳过程分析示意图

的胶结作用逐渐减弱,进而与上层分离。但是,在裂隙的影响下,其一般不会出现一次性整体离层与垮塌,是一个渐进的过程。随着岩体、结构面抗剪强度的不断劣化,首先会发生小块掉落,此时顶板应力状态发生改变,极限平衡也会受到影响,内部应力重新分配。当掉块部位的集中应力超过周围顶板围岩的承受极限时,邻近顶板将进一步出现塑性损伤,最终整体发生离层破坏。最下层顶板全部脱落之后,导致整体稳定性降低,顶板围岩发生失稳冒落的概率将进一步提升,然后进行下层顶板的破坏,直到形成冒落拱才稳定下来,数值模拟结果与现场实际失稳模式符合程度较高。

12.4　石窟稳定性评价与应用

12.4.1　石窟稳定性评价指标

圆觉洞顶板破坏以危岩体脱落为主。结合现场调查与工程经验,可知石窟顶板的稳定性既与岩体内裂隙的扩展、裂隙大小（裂隙长度与深度之比）、裂隙数量、裂隙方向等因素有关，又与岩块强度、结构面抗剪强度、层理强度等相关（图 12.14）。

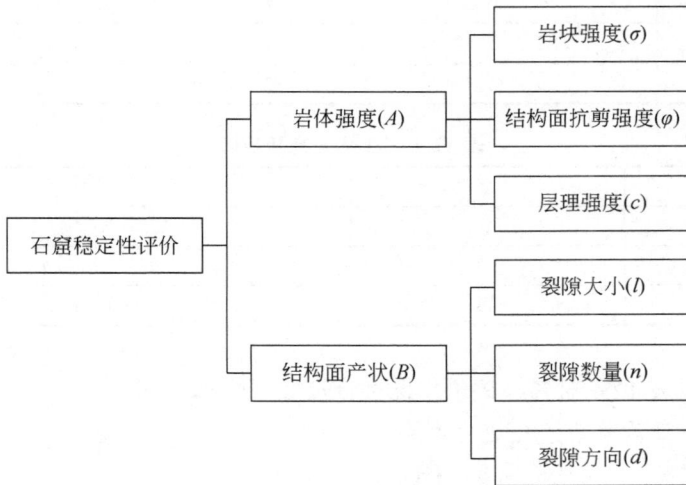

图 12.14　圆觉洞稳定性评价影响因素

　　为了反映每个影响元素的重要性，给每个因素赋予相应的权重。由这些权重组成的集合称为因子权重集合（表示为 A），它反映了每个因子对评估对象的影响，可以用式（12.1）表示（郭志谦，2018）：

$$A = (a_1, a_2, \cdots, a_n), \quad \sum_{i=1}^{n} a_i = 1 \tag{12.1}$$

表 12.1　元素间重要程度标度表

标度	定义
1	两个元素相比较，同等重要
3	两个元素相比较，一个元素比另一个元素稍微重要
5	两个元素相比较，一个元素比另一个元素明显重要
7	两个元素相比较，一个元素比另一个元素强烈重要
9	两个元素相比较，一个元素比另一个元素极端重要
2、4、6、8	两个元素相比较，介于上述相邻判断之间

　　结合模拟结果以及标度法对各级指标的重要性进行两两比较来计算判断矩阵（Z），其中，元素 i 与元素 j 比较的标度为 a_{ij}，元素 j 与元素 i 比较的标度为 $1/a_{ij}$。

表 12.2　一级判断矩阵（据郭志谦，2018）

Z	A	B
A	1	2
B	1/2	1

表 12.3　因素 *B* 判断矩阵

B	σ	ϕ	*c*
σ	1	1/2	1/3
ϕ	2	1	1/2
c	3	2	1

表 12.4　因素 *A* 判断矩阵

A	*l*	*n*	*d*
l	1	3	3
n	1/3	1	2
d	1/3	1/2	1

根据表 12.1～表 12.4 对各级评价指标进行计算，步骤如下。

（1）将上面判断矩阵每一行进行累乘：

$$M_i = \prod_{j=1}^{n} a_{ij} (i = 1, 2, 3, \cdots, n) \tag{12.2}$$

（2）计算 M_i 的 *n* 次方根：

$$\overline{W}_l = \sqrt[n]{\overline{M}_l} \tag{12.3}$$

（3）权重指标归一化：

$$W_i = \frac{\overline{W}_l}{\sum_{j=1}^{n} \overline{W}_l} \tag{12.4}$$

计算可得到各级评价指标权重，如表 12.5 所示。

表 12.5　各级指标权重

类指标	类指标权重	基础指标	基础指标权重
岩体强度	0.667	σ	0.106
		φ	0.259
		c	0.635
结构面产状	0.333	*l*	0.710
		n	0.193
		d	0.097

12.4.2　石窟稳定性评价方法

石窟顶板稳定性的计算过程如下：①构建隶属度矩阵；②构建模糊矩阵；③构建安全等级矩阵；④判定洞顶板岩体结构安全等级。

根据现场调查，石窟顶板纵向破坏面数量大于横向破坏面，亦大于环向破坏面，据此采用主观经验法确定裂隙方向定性指标的隶属度函数，见表 12.6。

表 12.6　指标隶属度

基础指标	发展方向	I	II	III
裂隙方向	纵向	0	0	1
	横向	0	1	0
	环向	1	0	0

采用梯形分布函数来确定剩余定量指标隶属度函数（图 12.15），遵从最模糊原则和最清晰原则。当隶属度为 1 时表示为最清晰状态，即区间的端点。当隶属度为 0.5 时表示为最模糊状态，即区间的中点。通过代入实测值与综合各因子数据的分布特征，得出各评价指标的隶属度函数［式（12.5）～式（12.9）］，其中下标表示安全等级，上标表示判定指标。

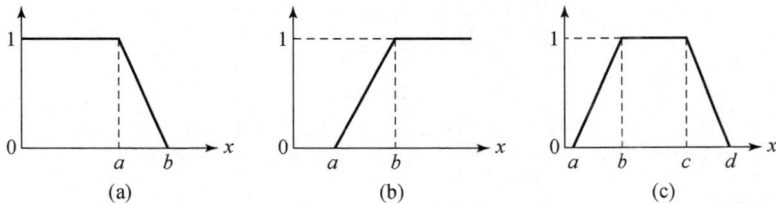

图 12.15　梯形分布函数示意图

（1）岩块强度隶属函数：

$$r_{\mathrm{I}}^{\sigma}(x)=\begin{cases}1, & x<0.5\\(34-50x)/9, & 0.5\leqslant x<0.68\\0, & x\geqslant0.68\end{cases}$$

$$r_{\mathrm{II}}^{\sigma}(x)=\begin{cases}0, & x<0.5\\(50x-25)/9, & 0.5\leqslant x<0.53\\1, & 0.53\leqslant x<0.68\\(75-100x)/7, & 0.68\leqslant x<0.75\\0, & x\geqslant0.75\end{cases} \qquad (12.5)$$

$$r_{\mathrm{III}}^{\sigma}(x)=\begin{cases}0, & x<0.68\\(100x-68)/7, & 0.68\leqslant x<0.75\\1, & x\geqslant0.75\end{cases}$$

（2）结构面抗剪强度隶属函数：

$$r_{\mathrm{I}}^{\varphi}(x) = \begin{cases} 1, & x < 30 \\ 3 - x/15, & 30 \leqslant x < 45 \\ 0, & x \geqslant 45 \end{cases}$$

$$r_{\mathrm{II}}^{\varphi}(x) = \begin{cases} 0, & x < 30 \\ x/15 - 2, & 30 \leqslant x < 45 \\ 1, & 45 \leqslant x < 50 \\ 6 - x/10, & 50 \leqslant x < 60 \\ 0, & x \geqslant 60 \end{cases} \qquad (12.6)$$

$$r_{\mathrm{III}}^{\varphi}(x) = \begin{cases} 0, & x < 45 \\ x/15 - 3, & 45 \leqslant x < 60 \\ 1, & x \geqslant 60 \end{cases}$$

（3）层理强度隶属函数：

$$r_{\mathrm{I}}^{c}(x) = \begin{cases} 1, & x < 1 \\ (4 - x)/3, & 1 \leqslant x < 4 \\ 0, & x \geqslant 4 \end{cases}$$

$$r_{\mathrm{II}}^{c}(x) = \begin{cases} 0, & x < 0.5 \\ (x - 1)/2, & 1 \leqslant x < 3 \\ 1, & 3 \leqslant x < 4 \\ 2 - x/4, & 4 \leqslant x < 8 \\ 0, & x \geqslant 8 \end{cases} \qquad (12.7)$$

$$r_{\mathrm{III}}^{c}(x) = \begin{cases} 0, & x < 4 \\ x/4 - 1, & 4 \leqslant x < 8 \\ 1, & x \geqslant 8 \end{cases}$$

（4）裂隙大小隶属函数：

$$r_{\mathrm{I}}^{l}(x) = \begin{cases} 1, & x < 10 \\ 5/4 - x/40, & 10 \leqslant x < 50 \\ 0, & x \geqslant 50 \end{cases}$$

$$r_{\mathrm{II}}^{l}(x) = \begin{cases} 0, & x < 10 \\ x/20 - 1/2, & 10 \leqslant x < 30 \\ 1, & 30 \leqslant x < 50 \\ 2 - x/50, & 50 \leqslant x < 100 \\ 0, & x \geqslant 100 \end{cases} \qquad (12.8)$$

$$r_{\mathrm{III}}^{l}(x) = \begin{cases} 0, & x < 50 \\ x/50 - 1, & 50 \leqslant x < 100 \\ 1, & x \geqslant 100 \end{cases}$$

（5）裂隙数量隶属函数：

$$r_{\mathrm{I}}^{n}(x)=\begin{cases}1, & x<10 \\ (19-x)/9, & 10\leqslant x<19 \\ 0, & x\geqslant19\end{cases}$$

$$r_{\mathrm{II}}^{n}(x)=\begin{cases}0, & x<10 \\ x/20-1/2, & 10\leqslant x<14 \\ 1, & 14\leqslant x<1 \\ (26-x)/10, & 16\leqslant x<26 \\ 0, & x\geqslant26\end{cases}\qquad(12.9)$$

$$r_{\mathrm{III}}^{n}(x)=\begin{cases}0, & x<19 \\ (x-19)/5, & 19\leqslant x<26 \\ 1, & x\geqslant26\end{cases}$$

引入安全等级来确定石窟顶板的安全性，基于模糊数学理论和选择的等级指数，现将安全等级（F）定义为

$$F=\boldsymbol{K}\cdot\boldsymbol{B}=(k_1,k_2)\begin{pmatrix}b_{11} & b_{12} & b_{13} \\ b_{21} & b_{22} & b_{23}\end{pmatrix}\qquad(12.10)$$

式中，$\boldsymbol{K}$ 为类指标权重向量，符号"·"表示模糊矩阵的合成运算；$\boldsymbol{B}$ 为一级模糊矩阵，且 $\boldsymbol{B}_i$ 可由下式确定：

$$\boldsymbol{B}_i=\boldsymbol{k}_i\cdot\boldsymbol{R}_i=(k_{1i},k_{2i},k_{3i},k_{4i})\cdot\begin{pmatrix}r_{i11} & r_{i12} & r_{i13} \\ r_{i21} & r_{i22} & r_{i23} \\ r_{i31} & r_{i32} & r_{i33}\end{pmatrix}\qquad(12.11)$$

式中，k_i 为基础指标集权重向量；$\boldsymbol{R}_i$ 为隶属度矩阵，$i=1$ 时表示块体状态，$i=2$ 时表示裂隙状态，$\boldsymbol{R}$ 阶数由类指标来确定。

以安全性为目标将洞室岩体的安全性分为Ⅰ、Ⅱ、Ⅲ三个等级，Ⅰ级表示安全性较好，无掉块风险；Ⅱ级次之，有一定的掉块风险；Ⅲ级表示安全性最差，有较大的掉块风险（表12.7）。根据计算得出安全等级（F）最大值所在矩阵的位置，判断出顶板岩体的安全等级。

表 12.7　顶板岩体安全等级描述表

安全等级	评定类别描述
Ⅰ	岩体具有一定的裂缝，未见发展，无掉块风险
Ⅱ	岩体具有较多裂缝，发展缓慢，有较大风险构成关键块体，具有一定的掉块风险
Ⅲ	岩体存在大量裂缝，发展迅速，已经构成关键块体，具有很大的掉块风险

12.4.3　案例分析

以圆觉洞西侧靠近洞口处为例（图 12.16），通过实地测量、现场调查得到以下结构面产状（表 12.8），重点观察多组裂缝集中的区域作为掉块风险评估点。

图 12.16　圆觉洞口顶板西侧裂隙分布图

1～19. 裂隙编号

表 12.8　结构面产状统计表

指标类别	裂隙长度(L)/m			裂隙深度(D)/m			裂隙方向		
目标值	$L<0.2$	$0.9≤L<0.2$	$L>0.9$	$D<0.02$	$0.02≤D<0.05$	$D>0.05$	纵向	横向	环向
	6	9	4	7	4	8	10	6	3

　　具有掉块风险的块体需要多组裂缝共同组成，因此排除单条裂缝的孤立区域，裂缝深度、裂缝长度均取平均值，裂缝方向以主裂缝方向为主，基础指标取值见表 12.9。

表 12.9　基础指标取值

指标类型	岩块强度(σ)/MPa	结构面抗剪强度(φ)/MPa	层理强度(c)/MPa	裂隙大小(l)	裂隙数量(n)
取值	16	0.710	2.80	106	19

　　将各值代入式（12.5）～式（12.9）构建出以下隶属度矩阵：

$$\boldsymbol{B}_1 = (0.106, 0.259, 0.635) \cdot \begin{pmatrix} 0 & 0.571 & 0.428 \\ 1 & 0 & 0 \\ 0 & 0.9 & 0 \end{pmatrix} = (0.513, 0.632, 0.015) \quad （12.12）$$

$$\boldsymbol{B}_2 = (0.710, 0.193, 0.097) \cdot \begin{pmatrix} 0 & 0 & 1 \\ 0 & 0.7 & 0 \\ 0 & 0 & 1 \end{pmatrix} = (0, 0.135, 0.807) \quad （12.13）$$

　　将模糊隶属度矩阵代入式（12.10）得到安全等级矩阵如下：

$$\boldsymbol{F} = (0.667, 0.333) \cdot \begin{pmatrix} 0.513 & 0.632 & 0.015 \\ 0 & 0.135 & 0.807 \end{pmatrix} = (0.342, 0.466, 0.278) \quad （12.14）$$

　　计算得出最终检查区域安全度的最大值为 0.466，在矩阵第二列，因此安全等级为 II 级，具有一定的掉块风险。

12.5　石窟岩体失稳破坏的防治对策

石窟寺长期暴露于自然环境中，易受到日照、降雨、生物、地质灾害等影响，使得石窟的保护面临结构失稳、水害侵蚀、风化侵蚀、人为破坏、地震等问题，易使岩体发生渐进性和瞬时性破坏，为保护工作带来巨大的挑战。石窟寺加固是一项涉及多学科、多领域、多技术的综合性工程，需要运用现代科学技术和传统工艺相结合的方法，遵循文物保护的原则和规范，制定科学合理的加固方案，实施有效可控的加固措施，确保石窟寺的安全与稳定。本节从石窟寺常见病害、保护现状、加固处置措施、加固发展趋势四个方面进行分析与探讨，为石窟寺保护提供借鉴和参考。

12.5.1　石窟寺常见病害

1）岩体结构性破坏

石窟寺一般依托于山体建造，与山体共生，其材质多以砂岩、灰岩为主。开凿后由于岩体的应力发生变化，且洞室长期暴露于自然环境之中，常常沿临空面产生各类裂隙，易引发崩塌、倾倒、错落等失稳破坏，严重威胁岩土文物的安全，其中以顶板岩体结构失稳最为常见。洞窟顶部岩体在应力集中的影响下，其抗拉强度不足以承受拉应力而产生裂缝，裂隙的切割使得岩体形成大小不同的不稳定块体，极易掉块，使窟顶不断变薄。当薄层岩体截面上的剪应力超过了岩体的抗剪强度，或截面弯矩超过了岩体的抗弯刚度，则会发生顶板坍塌。岩体结构的不稳定性问题一直是我国石窟寺抢救性保护工作的重要组成部分。

2）水害侵蚀

砂岩质石窟岩体渗水病害是我国石窟寺的主要病害之一，其类型多种多样，有雨水、雾水、凝结水、地下水、裂隙水、毛细水、孔隙水等，其中裂隙水侵蚀和雨水侵蚀是最主要的水害类型。水的作用方式包括机械淋蚀作用，化学溶蚀作用，浸润软化作用，迁移与沉积作用，与空气有害分子结合的污染作用，诱发可溶盐生成、积聚产生的盐蚀作用，诱发微生物作用等。水的侵蚀作用虽然是潜移默化的，但其危害是十分严重的。全国 70%石窟位于我国西南地区，属于亚热带季风气候，湿热多雨。在雨季，大量雨水渗入岩体裂隙之中，裂隙水及其流动产生不利于岩体稳定的静、动水压力，溶蚀岩石、冲刷结构面裂隙中的充填物，降低结构面上的抗剪强度，加剧了危岩体的失稳破坏，对文物产生了很大影响。

3）风化侵蚀

风化病害是石窟寺雕像、题刻、壁画等文物普遍存在的病害类型之一，岩石材料表层的风化会加速岩石材料的劣化，破坏石窟文物表面结构完整性或影响文物价值体现。风化破坏的类型包括各类微裂隙切割破坏；结构疏松，强度降低；表层矿物颗粒脱落、片状剥落以及起鼓、起翘破坏；风沙侵蚀；钙质、泥质沉积覆盖；生长微生物等。文物的风化破坏有其自身矿物组分衰变的因素，但主要是环境因素诱发的破坏，如温差变化和干湿变化引发的文物表层应力变化，风沙的磨损、掏蚀破坏等，都会加剧石窟的风化破坏。石窟岩体风化严重的区域会形成粒状脱落、片状卷曲状剥离和空腔状起鼓等破坏，部分地段形成层状、板状脱落，影响石窟稳定性并危害游客安全。

4）人为破坏

人为活动的破坏有以下几种：开凿与卸荷、烟熏、工程活动、过度旅游开发、盗窃破坏等。由于石窟寺多为野外露天保存，更易遭受人为活动的破坏，长久以来人为活动给石窟寺带来了各种不可逆的损害。

5）地震

我国近 70%的石窟寺分布于地震多发区，易受到强震活动的直接影响。地震对石窟寺的毁损破坏既包括对崖壁岩体和文物本体造成的可见、可量化的显性破坏，又包括在岩体内部产生的隐微裂面等隐性破坏。

12.5.2　石窟寺保护现状

我国对石窟寺的保护工作经历了三个阶段（黄克忠，1994；王金华和陈嘉琦，2018；黄继忠等，2018）。

（1）第一阶段：20 世纪 50～70 年代，以环境清理及除险工作为特点。新中国成立以前，大多数石窟寺基本处于自然荒芜状态，1949 年中华人民共和国成立后，重要的石窟寺基本成立了相应的保护机构，开始进行石窟寺环境的清理和除险加固工作，包括石窟寺保存状况调查、环境整治、残破石窟寺的除险等。

（2）第二阶段：20 世纪 80～90 年代，以多学科合作为特点的综合性保护工作。80 年代以麦积山石窟"锚喷支护"工程为代表，我国第一次系统将锚固技术用于石窟岩体的综合抢险加固工程。此后，锚固技术先后用于甘肃瓜州榆林窟、新疆拜城克孜尔石窟以及龙门石窟、大足石刻等石窟，锚固技术在中国石窟寺加固保护工作中得到广泛应用。

（3）第三阶段：21 世纪以来，以预防性保护与大规模本体修复为特点。

随着文物保护工作的深入，石窟寺残损破坏、风化破坏等问题逐渐得到重视，石窟寺的修复保护及预防性保护工作逐渐开展起来。由于石雕、塑像自身十分脆弱，且直接关联文物的价值，所以文物本体修复保护工作是一项谨慎的科学研究工作，其中保护材料作为关键技术显示了其重要性。2004～2012 年，天然水硬性石灰胶结材料在广西花山岩画本体修复保护工程中应用和推广；2008～2014 年开展的大足千手观音修复保护工程，是我国在石质文物修复理念、技术方面探索与实践的重要标志；2016 年启动的川渝石窟修复保护工作，标志着预防性保护与抢救性保护相结合，本体保护工作逐步纳入议事日程，其核心工作和目标是通过实施石窟彩绘（含贴金）的修复保护、生物病害的防治、窟檐建设、石窟砂岩文物风化病害治理等科技示范工程，在石窟保护关键技术领域有所突破，提高了我国石窟保护科技水平。

目前，我国石窟保护技术从材料、工艺、理论等多个方面都发展得相对成熟，处于世界领先水平。但对石窟寺结构失稳、风化、渗水、微生物等病害，尚缺乏有效的保护措施与科学的保护规划方案。尤其是对一些中、小石窟，受到自然因素和人为因素的多重影响，岩体结构失稳，风化病害严重，渗水问题突出，微生物侵蚀明显，部分石窟寺面临崩塌、倒塌等重大险情。

《"十四五"石窟寺保护利用专项规划》统筹考虑短期突出问题与长期发展方向，从短期、近期和中长期三个阶段制定主要目标。短期目标（到 2022 年），聚焦石窟寺本体安全，以全面消除重大险情、实现重点石窟寺安防设施全覆盖为主要目标。近期目标（到 2025 年），实现石窟寺保存状况明显改善，安全防范能力持续提升，考古研究持续深化，保护技术集成供给能力全面提升，体制机制基本健全，走出一条具有示范意义的石窟寺保护利用之路。中长期目标（到 2035 年），放眼世界，展望远景，建设完善的石窟寺保护体系，全面提升中国石窟寺文化的国际影响力。

12.5.3　常用加固处置措施

针对石窟寺面临的岩体结构性破坏、水害侵蚀、风化侵蚀等病害，防治措施的基本原则是改造地质环境，提高石窟岩体本身抵抗自然地质营力破坏的能力，消减或消除自然地质营力的破坏作用。具体各种病害的防治对策如下，

1）危岩体加固处置措施

对于危岩体崩塌、倾倒等病害，常采用锚固、加固、支撑等处置措施。根据危岩体的破坏类型来选取适当的加固措施，当危岩体破坏沿单一面滑动且危岩体厚度不大时，建议采用短锚杆进行加固处理。若危岩体破坏模式复杂且重量较大，可采用锚杆技术，穿过卸荷裂隙，将危岩体和山体连接在一起。另外，利用钢筋、钢丝、钢网等材料，将岩体或石刻的薄弱部位进行加固，增强其抗压、抗冲、抗震等力学性能，提高其抗破坏能力；利用钢架、木架、砖墙等结构，将岩体或石刻的不稳定部位进行支撑，抵抗其下沉、倾倒、滑动等失稳现象，保持其平衡状态。

2）渗水病害处治措施

针对渗水病害，常用的处置措施有排水、防水、除湿、水雾喷淋等。其中，排水法利用排水管等设施，将石窟寺周围或内部的多余水分排出，降低岩体或石刻的含水量，减少水分对岩体的侵蚀。防水法利用防水材料或防水结构，将石窟寺的屋顶、墙体、地面等部位进行防水处理，阻止水分从外部渗入，提高石窟的防水性能。除湿法是利用除湿机、风扇、通风口等设备，将石窟寺内部的湿气排出，调节石窟寺的湿度，减少水汽对岩体的冲击。水雾喷淋法是利用水雾喷淋系统，定时对石窟寺内部的岩体或雕像进行适量喷淋，保持一定的湿度，防止岩体或石刻过于干燥，引起开裂或剥落。

3）风化病害处置措施

对于风化侵蚀病害，可根据风化的性质选择不同的处置措施。

对于物理风化，多采用涂抹法或防护屏障法。涂抹法指将水泥、石膏、树脂等材料，通过涂抹或喷涂的方式，覆盖到岩体的风化部位，形成一层保护层，阻隔风化作用的进一步侵蚀。防护屏障法指利用金属网、玻璃纤维布、塑料薄膜等材料，通过固定或悬挂的方式，将防护屏障设置在石窟的风化部位，遮挡风雨、阳光、灰尘等风化因素，减轻风化作用的强度。

对于化学风化，可采用灌浆法及贴片法。其中，灌浆法是利用水泥、石膏、树脂等材料，通过钻孔或注射的方式，将灌浆材料充填到岩体或石刻的裂缝或空隙中，增强其结构强度和稳定性，防止风化作用的进一步侵蚀。贴片法是利用与岩体或石刻材质相近或相同的石料，通过胶黏剂或锚固件等方式，将石料贴合到岩体或石刻的风化部位，恢复其原有

形态，减少风化面积。

12.5.4　石窟寺加固发展趋势

石窟寺加固是一项长期的、系统性、动态的工作，需要不断地探索、创新、完善，以适应石窟寺保护的新需求、新挑战。下面从新技术、新工艺、新材料三个方面，分析石窟寺加固的发展趋势，展望石窟寺加固的未来前景。

1）石窟寺探测新技术

随着现代测量设备的发展，三维激光扫描技术、无人机测绘与拍摄逐渐被引入石窟崖体与洞窟的精细化测绘中，无损或微损的地球物理勘探方法成为石窟寺保护勘察中的重要手段。新技术的应用为石窟寺崖体及洞窟信息留存和精细化保护奠定了坚实的基础。因此，针对石窟寺保护需求背景下的探测技术研发及操作标准编制成为未来研究的热点。

2）石窟寺加固新工艺

不同于传统石质洞室加固工艺，石窟寺加固施工更注重减少对石窟的扰动，尽可能保持石窟原貌。近年来，石窟加固在注浆与锚杆等新工艺上取得了显著发展。例如，针对崖顶、崖口强风化层的高模数硅酸钾（potassium silicate，PS）溶液花管注浆加固技术，可以形成固化柱，将表面防风化加固层连成一体，提高了石窟寺风化地层的加固效果。玄武岩纤维增强复合材料（basalt fiber reinforced polymer，BFRP）锚杆与传统支护材料对比，具有质量轻、抗拉强度高，耐酸碱腐蚀性能好等优点，在麦积山石窟岩体上危岩体加固上取得了良好成效。

3）石窟寺加固新材料

根据不同地区和不同病害特点，我国石窟保护工作经过多年的探索和实践，研发了一系列新兴的保护材料，取得了显著效果，主要包括以下几类：

环氧树脂类灌浆加固保护材料。这种材料具有高强度、高黏结性、低收缩性、高耐老化性等优点，适用于石窟岩体裂隙的灌浆加固和表面封护，能有效防止岩体的进一步开裂和风化。这种材料在云冈石窟、龙门石窟、敦煌石窟、麦积山石窟等地得到了广泛的应用。

天然水硬性石灰复合材料。这种材料是以天然水硬性石灰为主要成分，添加有机或无机改性剂和填料，形成的一种高性能的修复加固材料。这种材料具有与石窟寺岩石相似的物理性质和化学性质，能与岩石良好地黏结，同时具有良好的透气性、耐久性和可逆性，适用于石窟寺岩石的修复和加固。这种材料在广西花山岩画、大足石刻等地得到了应用。

聚丙烯酸酯类和有机硅类材料。这两类材料都是一种有机高分子材料，具有无色、透明、抗老化、渗透性好等特点，能有效地固结和封护石窟寺岩石的风化表面，防止水分和空气的侵入，提高岩石的强度和耐久性。这两类材料在敦煌石窟、麦积山石窟、罗布林卡等地得到了应用。

12.6　小　　结

本章系统分析了石窟岩体破坏的原因，提出了渐进性破坏与瞬时性破坏两种模式的划分依据，并分别阐述了其失稳破坏机制及其影响因素。同时，采用无人机倾斜摄影和三维激光扫描技术，借助逆向建模手段构建圆觉洞精细化三维模型。结合石窟岩体结构空间分布特征，采用块体离散元数值模拟方法，还原圆觉洞顶板岩体失稳掉落滑移过程，重现了石窟顶板失稳演化过程，揭示石窟岩体失稳机理，为石窟加固提供理论依据。另外，基于层次分析法，提出了考虑石窟岩体强度及结构面产状等因素的石窟稳定性综合评价方法，并进行了现场的案例分析。最后，从石窟寺常见病害、保护现状、加固处置措施、加固发展趋势四个方面分析与探讨了石窟岩体失稳病害防治对策，为石窟寺保护与加固工作提供参考，并为石窟寺保护政策的制定提供依据。

第 13 章　展　　望

我国石窟寺开凿历史漫长，分布广泛，类型繁多。这些石窟寺在数百年至上千年自然营力和人类活动的长期作用下，大多受到不同程度的损伤破坏，威胁到石窟寺的永续保存。新中国成立以来，我国石窟寺保护加固大致经历了从最初的安全性控制需求，逐步发展到充分考虑遗产价值、最小干预及加固材料与工艺兼容性的技术需求，再到深入岩体风化、渗水、变形破坏机制的科学解读，以及基于风险管理理论的预防性保护研究等四个主要阶段。尽管石窟寺保护研究与实践取得了显著成效和许多成功经验（黄克忠，2018；王金华和陈嘉琦，2018；李宏松，2018；张荣，2018；安程等，2020；吴美萍，2020；王旭东等，2022；郭青林等，2022），但距离基于价值的真实、完整、长久的石窟寺保存需求还有较大差距。例如，石窟寺保护理念还不够完善，病害机理研究还不够深入，保护技术精细化水平还不够高，部分加固技术的科学性还需时间的检验，风化、渗水等难题还没有得到有效地解决，成熟的保护加固材料比较紧缺，预防性保护监测体系建设还处于初级阶段等（王旭东等，2022）。因此，面对石窟寺岩体失稳、水害、风化三大病害，围绕这些病害产生机理和控制因素开展全面系统的现场精细观测、探测及监测，需要进行长时效、多尺度、多因素、多场耦合及多学科融合的理论分析等研究探索，以实现石窟寺保护的最小干预、可识别-可持续干预以及长远时效性目标。石窟寺保护是一项涉及气候学、地貌学、地质学、工程地质与水文地质学、岩石力学、土木工程学、材料科学、现代观测与探测技术等学科的综合性、系统性工作，而我国石窟寺具有数量巨大、地质类型多样、赋存自然环境空间差异显著等特征，因此石窟寺保护的任务依然艰巨、挑战严峻。

13.1　我国石窟寺岩体赋存区域环境差异性研究

我国特殊的现今地球动力学背景和复杂的大陆岩石圈形成演化历史，形成了特定的大陆构造格架和活动构造格局，气候环境、地貌环境、地质环境、地震和活动构造环境、水文地质环境等空间变化大，分区分块特征明显，南北和东西差异显著。而我国石窟寺空间分布广泛，纵贯东西，横跨南北都有分布。分布在不同区域的石窟寺赋存环境差异显著，石窟寺岩体稳定、风化损伤、水的病害等影响或控制因素是不同的。因此，我国石窟寺保护的思路、方法、技术、加固材料研发等不能机械照搬，而应该根据不同区域石窟寺赋存环境的具体特征，开展针对性探索研究，逐渐形成体系性的保护思路、方法、技术和材料等。根据开展赋存区域环境差异对石窟寺进行综合分区就是基于这一思路，其目的就是为我国开展大规模石窟寺保护规划提供基础性资料。我国石窟寺分布广、数量多、规模大、类型多、赋存区域环境差异性大，对石窟寺保护而言是挑战，但更是机遇。通过对不同区域石窟寺开展保护研究和实践探索，可以形成我国独特的石窟寺保护理论体系和实践规范。

13.2　水害治理面临的水文循环、水−岩作用复杂性研究

水在地球的岩石圈−水圈−生物圈−大气圈四大圈层相互作用、物质和能量交换中起着关键作用，可以说地球系统中水无处不在。众所周知，对于石窟寺保护而言，水害的治理是第一要务。石窟寺的很多病害都源于水，包括水的渗透、流动、迁移，水−岩石的物理、化学作用及力学效应。石窟寺水害的表现形式多样，水害产生的过程与机理非常复杂。不同区域自然环境的不同，必然导致石窟寺水害形式、过程与机理存在差异。从石窟寺赋存环境来看，水环境是最活跃、最复杂的环境因素，而水环境又是气候环境、地貌环境、岩土体环境、构造环境等强烈相互耦合的复杂动力学系统，气候−岩石−构造−生态的相互耦合作用控制了从地表到地下的水补给−排泄循环过程。石窟寺水害的产生是非常复杂的非线性过程，水渗流侵蚀、水−岩之间物理化学作用导致的岩体内部和表面损伤破坏是主要病害之一。石窟寺岩体的损伤劣化与失稳破坏的产生与水的存在状态、数量等密切相关。例如，水对石窟寺岩体和结构面强度的改变可能引发岩体失稳破坏；不同性质和数量的水会加速或减缓石窟寺岩体的风化类型、速率和强度等。可以说治水成为石窟寺保护工作的第一要务，而水害的区域多样性、过程复杂性和控制因素多变性等使得水害研究与治理成为石窟寺保护面临的重大挑战。

13.3　石窟寺保护的特殊空间尺度和时效性研究

石窟寺岩体稳定首先是区域地壳稳定、山体稳定和岩体稳定，其次是石窟寺本体岩石状态稳定。从空间尺度分析，石窟寺所处的山体稳定和岩体稳定是前提，而石窟寺岩石稳定是落脚点。因此，石窟寺保护涉及区域尺度、宏观尺度、微观尺度、超微观尺度等不同尺度的问题。石窟寺岩体不同尺度稳定性的控制或影响因素是有差异的，问题的性质和问题产生的机制也是不同的，这是石窟寺保护工作必须面临的挑战，对石窟寺不同尺度的系统性、整体性研究也是石窟寺保护工作的必然要求。另外，石窟寺保护时效性与一般地质工程不同，其时效不是几十年或几百年，而是长久永续保护。石窟寺保护的长效性，要求既要处理现在石窟寺的损伤劣化，尽快采取有效措施实现抢救性保护，防治损伤劣化的进一步恶化，又要对未来环境变化可能产生的石窟寺岩体稳定和损伤劣化威胁有所预见，采取有效的预防性保护措施，未雨绸缪，实现永续保护目标。

13.4　环境要素变化速率和变化强度不确定性对石窟寺保护影响研究

石窟寺岩体损伤劣化的根本原因是其环境与石窟寺岩体之间的平衡状态被打破，人为干预建立石窟寺岩体与环境的平衡态，使得石窟寺岩体保持原状而不被破坏是保护的基本原则。石窟寺赋存环境诸要素的变化是永恒的，如温度变化、湿度变化、水含量变化和水

状态变化等，这些环境要素受区域气候环境-地貌环境-地质环境-活动构造与地震环境-水文地质环境等的强烈耦合共同作用所控制。这些环境要素变化速率和变化强度是石窟寺损伤劣化内在原因，但却是最难以确定的，特别是引起石窟寺岩体损伤劣化的环境要素临界变化速率的确定，这就是未来石窟寺保护中面临的重要挑战之一，也是石窟寺保护研究工作中需要攻关的科学问题。

13.5　极端环境事件对石窟寺保护的不确定性研究

极端环境事件包括极端气候事件、重大地质灾害事件、强震地震事件等。极端环境事件属于小概率事件，难以准确预测，如 $M_S7.0 \sim 8.0$ 级强震事件、极端高温、极端低温、极端降雨、区域性重大滑坡-泥石流灾害等。现代研究表明，全球变暖的大背景下，极端事件发生频率是增加的；按照我国地震学界研究，我国地震活动还处于活跃期。这更增加了极端环境事件发生的可能性。极端环境事件的本质是环境要素在特定时间和空间内发生剧烈突变，这种剧烈突变可能会加速石窟寺岩体与环境要素失去平衡，更重要的极端环境事件还可能引发其他环境要素系统性变化，从而导致石窟寺损伤劣化加速和岩体突然破坏。极端环境事件的预测对石窟寺保护而言是最重要的挑战性问题之一。然而现阶段，人们对极端环境事件与环境要素的关系，以及对石窟寺岩体劣化、失稳的物理-化学-力学机理、过程及强度等科学技术问题的认识还很肤浅，甚至尚未开展针对性研究，更加凸显极端环境事件对石窟寺保护的挑战。因此，未雨绸缪，开展极端气候事件对石窟寺结构损伤与稳定的过程、机理研究，并开展针对性预防、超前加固等措施对石窟寺科学保护具有重要意义。

参 考 文 献

安程, 王麒. 2018. 基于监测大数据分析的广元千佛崖保护性建筑实际效果研究. 中国文化遗产, (5): 25-33.

安程, 吕宁, 张荣, 等. 2020. 预防性保护理念对我国石窟寺保护的影响与实践. 东南文化, (5): 13-19.

包含, 常金源, 伍法权, 等. 2015. 基于统计岩体力学的岩体强度特征分析. 岩土力学, 36(8): 2361-2369.

包含, 伍法权, 郗鹏程. 2016. 基于统计本构关系的岩体弹性模量特征及影响因素分析. 岩土力学, 37(9): 2505-2512, 2520.

包含, 郭文明, 张国彪, 等. 2018. 基于强度参数脆性指数的岩石 I 型断裂韧度评价. 建筑科学与工程学报, 35(4): 97-104.

包含, 裴润生, 兰恒星. 2021. 基于循环加卸载的矿物定向排列致各向异性岩石损伤演化规律——以黑云母石英片岩为例. 岩石力学与工程学报, 40(10): 2015-2026.

卜海军, 张宁, 郭宏. 2018. 广元佛崖石窟石刻造像物理风化及其影响因素. 中国文化遗产, (5): 34-39.

陈洪凯, 唐红梅. 2005. 长江三峡水库区危岩分类及宏观判据研究. 中国地质灾害与防治学报, 4: 57-61, 82.

陈洪凯, 王蓉, 唐红梅. 2003. 危岩研究现状及趋势综述. 重庆交通学院学报, 22(3): 18-22.

陈卫昌, 李黎, 邵明申, 等. 2017. 酸雨作用下碳酸盐岩类文物的溶蚀过程与机理. 岩土工程学报, 39(11): 2058-2067.

程维明, 周成虎, 李炳元. 2019. 中国地貌区划理论与分区体系研究. 地理学报, 74(5): 839-856.

程裕淇. 1994. 中国区域地质概论. 北京: 地质出版社.

程云霞. 2010. 石窟寺: 丝绸之路佛教东传的路标. 文博, (3): 65-67.

崔凯, 顾鑫, 吴国鹏, 等. 2021. 不同条件下贺兰口岩画载体变质砂岩干湿损伤特征与机制研究. 岩石力学与工程学报, 40(6): 1236-1247.

邓华锋, 李建林, 朱敏, 等. 2012. 饱水-风干循环作用下砂岩强度劣化规律试验研究. 岩土力学, 33(11): 3306-3312.

邓起东. 2002. 中国活动构造研究的进展与展望. 地质论评, 48 (2): 168-177.

邓起东. 2007. 中国活动构造图(1∶400 万). 北京: 地震出版社.

邓起东, 张培震, 冉勇康. 2003. 中国活动构造概论. 北京: 地震出版社.

丁国瑜. 1991. 中国岩石圈动力学概论. 北京: 地震出版社.

丁梧秀, 冯夏庭. 2008. 化学腐蚀下裂隙岩石的损伤效应及断裂准则研究. 岩土工程学报, 31(6): 899-904.

丁梧秀, 陈建平, 冯夏庭, 等. 2004. 洛阳龙门石窟围岩风化特征研究. 岩土力学, 25(1): 145-148.

丁一汇. 2010. 气候变化. 北京: 气象出版社.

丁一汇. 2013. 中国气候. 北京: 科学出版社.

段育龙, 武发思, 汪万福, 等. 2019. 麦积山石窟赋存环境中空气细菌的时空分布特征. 微生物学报, 59(1): 145-156.

方云, 陈星, 刘俊红, 等. 2011. 云冈石窟危岩发育的成因分析. 现代地质, 25(1): 137-141.

方云, 乔梁, 燕学峰. 2013. 地球物理探测技术在大足石窟保护中的应用. 物探与化探, 37(1): 138-142.

方云, 乔梁, 陈星, 等. 2014. 云冈石窟砂岩循环冻融试验研究. 岩土力学, 35(9): 2433-2442.

冯夏庭, 赖户政宏. 2000. 化学环境侵蚀下的岩石破裂特性——第一部分:试验研究. 岩石力学与工程学报, (4): 403-407.

傅晏, 王子娟, 刘新荣, 等. 2017. 干湿循环作用下砂岩细观损伤演化及宏观劣化研究. 岩土工程学报, 39(9): 1653-1661.

富中华, 孙瑜. 2019. 山西大同雕落寺石窟病害调查研究及保护对策. 工业建筑, 49(3): 191-197, 173.

高丙丽, 张海祥, 杨志法. 2020. 龙游石窟 3 号洞窟顶板裂缝发育机理及加固支护研究. 工程地质学报, 28(3): 565-573.

葛云峰, 夏丁, 唐辉明, 等. 2017. 基于三维激光扫描技术的岩体结构面智能识别与信息提取. 岩石力学与工程学报, 36(12): 3050-3061.

郭进京, 赵建弖, 张利辉, 等. 2023. 中国石窟寺岩体赋存区域工程地质环境研究. 北京: 地质出版社.

郭青林, 黄井镜, 裴强强, 等. 2022. 甘肃省石窟寺保存现状与对策研究. 石窟与土遗址保护研究, 1(2): 4-17.

郭志谦. 2018. 敦煌莫高窟南区密集洞窟群稳定性及危岩体风险评估. 兰州: 兰州大学.

韩文峰, 王旭东, 谌文武. 2007. 初议文物古迹工程地质学框架. 工程地质学报, 15 (增Ⅱ): 155-161.

何德伟, 马东涛, 吴杨. 2008. 敦煌莫高窟北区岩体变异变形及修复对策. 工程地质学报, 16(2): 283-288.

何杰, 王华, Garzanti E. 2020. 砂岩(砂)的岩相分析和分类标准. 地球科学, 45(6): 2186-2198.

何燕, 李智毅. 2000. 关于河南灵泉寺石窟地质病害及整治方法的研究. 岩土力学, 1: 56-59.

侯志鑫, 者瑞, 张中俭. 2020. 砂岩质文物风化机理研究——以云冈石窟为例. 工程勘察, 48(9): 1-5.

胡军舰, 贺东鹏, 武发思, 等. 2021. 麦积山石窟第 32 窟内外温湿度比较研究. 干旱区资源与环境, 35(6): 66-72.

胡聿贤. 2006. 地震工程学. 北京: 地震出版社.

黄继忠. 2003. 云冈石窟主要病害及治理. 雁北师范学院学报, 19(5): 57-59.

黄继忠, 王金华, 高峰, 等. 2018. 砂岩类石窟寺保护新进展——以云冈石窟保护研究新成果为例. 东南文化, 1: 15-19.

黄克忠. 1994. 中国石窟的保护现状. 敦煌研究, (1): 18-23.

黄克忠. 1998. 岩土文物建筑的保护. 北京: 中国建筑工业出版社.

黄克忠. 2018. 石质文物保护若干问题的思考. 中国文化遗产, (6): 4-12.

霍润科, 韩飞, 李曙光, 等. 2019. 受酸腐蚀砂岩物理化学及力学性质的试验研究. 西安建筑科技大学学报 (自然科学版), 51(1): 21-26.

贾海梁, 项伟, 申艳军, 等. 2017. 冻融循环作用下岩石疲劳损伤计算中关键问题的讨论. 岩石力学与工程学报, 36(2): 335-346.

贾曙光, 金爱兵, 赵怡晴. 2018. 无人机摄影测量在高陡边坡地质调查中的应用. 岩土力学, 39(3): 1130-1136.

靳治良, 陈港泉, 夏寅, 等. 2015. 硫酸盐与氯化物对壁画的破坏性对比研究——硫酸钠超强的穿透、迁移及结晶破坏力证据. 文物保护与考古科学, 27(1): 29-38.

兰恒星, 包含, 孙巍锋. 2022a. 岩体多尺度异质性及其力学行为. 工程地质学报, 30(1): 37-52.

兰恒星, 彭建兵, 祝艳波, 等. 2022b. 黄河流域地质地表过程与重大灾害效应研究与展望. 中国科学: 地球科学, 52(2): 199-221.

兰恒星, 吕洪涛, 包含, 等. 2023. 石窟寺岩体劣化机制与失稳机理研究进展. 地球科学, 48(4): 1603-1633.

李炳元, 潘保田, 程维明. 2013. 中国地貌区划新论. 地理学报, 68(3): 291-306.

李宏松. 2011. 文物岩石材料劣化特征及评价方法. 北京: 中国地质大学.

李宏松. 2018. 石质文物保护工程勘察技术发展现状及趋势. 中国文化遗产, (4): 13-18.

李郎平, 兰恒星. 2022. 滑坡运动路径复杂度研究: 综述与展望. 地球科学, 47(12): 4663-4680.

李黎, 谷本亲伯. 2005. 龙游石窟的环境特征. 敦煌研究, (4): 97-103.

李黎, 王思敬, 谷本亲伯. 2008. 龙游石窟砂岩风化特征研究. 岩石力学与工程学报, 27(6): 1217-1222.

李明超, 钟登华, 秦朝霞. 2007. 基于三维地质模型的工程岩体结构精细数值建模. 岩石力学与工程学报, 26(9): 1893-1898.

李文军, 王逢睿. 2006. 中国石窟寺岩体病害治理技术. 兰州: 兰州大学出版社.

李艳, 程禹翰, 翟越, 等. 2022. 高温后花岗岩微观结构演化特性与动态力学性能研究. 岩土力学, 43(12): 3316-3326.

李震, 张景科, 刘盾, 等. 2019. 大足石刻小佛湾造像砂岩室内模拟劣化试验研究. 岩土工程学报, 41(8): 1513-1521.

李智毅, 张咸恭, 李宏松. 1995. 忠县地面石质文物的风化病害研究. 地球科学, 20(4): 378-382.

李最雄. 1985. 应用 PS-C 加固风化砂岩石雕的研究. 敦煌研究, (2): 156-168.

梁宁慧, 刘新荣, 艾万民, 等. 2011. 裂隙岩体卸荷渗透规律试验研究. 土木工程学报, 44(1): 88-92.

廖浩浩, 陈有亮, 李诗铭, 等. 2020. 化学溶蚀及冻融循环作用下砂岩的力学特性研究. 防灾减灾工程学报, 40(6): 1009-1017.

廖小辉, 王雅南, 刘浩. 2020. 关于龙游石窟 23 号古地下洞室 23-1 号斜坡柱稳定问题的讨论. 工程地质学报, 28(6): 1406-1414.

刘长青, 包含, 兰恒星, 等. 2024. 石窟寺多尺度岩体结构发育特征与三维精细化建模方法研究——以安岳圆觉洞为例. 工程地质学报, 32(6): 1904-1915.

刘世杰, 兰恒星, 包含, 等. 2022. 石窟寺典型工程地质变形破坏模式及分类体系. 地球科学, 47(12): 4710-4723.

刘小阳, 孙广通, 李峰, 等. 2018. 地基 SAR 基坑微形变监测方法研究. 红外与激光工程, 47(3): 215-221.

刘新荣, 李栋梁, 王震, 等. 2016. 酸性干湿循环对泥质砂岩强度特性劣化影响研究. 岩石力学与工程学报, 35(8): 1543-1554.

刘佑荣, 陈中行, 周丽珍. 2009. 中国南方大型古遗址主要环境地质病害及其防治对策研究. 岩石力学与工程学报, 28(增刊 2): 3795-3800.

刘子侠, 陈剑平, 王凤艳, 等. 2019. 基于活动控制的岩体结构面几何信息快速获取. 吉林大学学报(地球科学版), 49(4): 1192-1199.

吕洪涛, 包含, 兰恒星, 等. 2022. 基于热红外响应的岩体单裂隙埋藏深度探测方法. 地球科学与环境学报, 44(6): 1048-1065.

吕宁. 2015. 《中国文物古迹保护准则》推动下的石窟遗产保护. 北京: 清华大学.

马杏垣. 1989. 中国岩石圈动力学图集. 北京: 中国地图出版社.

马在平, 黄继忠, 张洪. 2005. 云冈石窟砂岩中碳酸盐胶结物化学风化及相关文物病害研究. 中国岩溶,

24(1): 71-76, 82.

马赞峰, 汪万福. 2014. 敦煌莫高窟第 44 窟壁画材质及起甲病害研究. 敦煌研究, (5): 108-118.

满君, 谌文武, 孙光吉. 2009. 濒危薄型窟顶石窟加固新技术的应用研究. 敦煌研究, (6): 21-25, 121, 127.

孟召平, 陆鹏庆, 贺小黑. 2009. 沉积结构面及其对岩体力学性质的影响. 煤田地质与勘探, 37(1): 33-37.

牟会宠, 杨志法, 伍法权. 2000. 石质文物保护的工程地质力学研究. 北京: 地震出版社.

潘别桐, 黄克忠. 1992. 文物保护与环境地质. 武汉: 中国地质大学出版社.

潘桂棠, 肖庆辉. 2015. 中国大地构造图(1∶2500000). 北京: 地质出版社.

潘桂棠, 肖庆辉, 等. 2017. 中国大地构造. 北京: 地质出版社.

齐干, 杨国兴, 李兵. 2011. 西藏古格王国遗址洞窟变形破坏模式、机制及加固对策. 吉林大学学报(地球科学版), 41(5): 1494-1503.

乔榛, 王逢睿, 王捷, 等. 2019. 循环作用对马蹄寺石窟群岩体性能的影响. 科学技术与工程, 19(28): 64-70.

申林方, 董武书, 王志良, 等. 2021. 干湿循环与化学溶蚀作用下玄武岩传质-劣化过程的试验研究. 岩石力学与工程学报, 40(S1): 2662-2672.

盛谦, 黄正加, 邬爱清. 2001. 三峡节理岩体力学性质的数值模拟试验. 长江科学院院报, (1): 35-37.

石玉成. 1997. 石窟文物病害成因分析及其对策研究. 自然灾害学报, 6(1): 104-110.

石玉成. 1998. 石窟防震减灾与文物保护. 灾害学, 13(4): 90-94.

石玉成, 蔡红卫, 徐晖平. 2003. 石窟文物抗震安全评价方法研究. 岩石力学与工程学报, 22(S2): 2804-2808.

苏立君, 张宜健, 王铁行. 2014. 不同粒径级砂土渗透特性试验研究. 岩土力学, 35(5): 1289-1294.

宿白. 1996. 中国石窟寺研究. 北京: 文物出版社.

孙华. 2017. 石刻文物保护初论: 以石窟寺及石刻的保护为中心. 中国文化遗产, (6): 4-17.

孙钧, 凌建明, 贾岗. 2001. 从工程科学角度看浙西大地的龙游石窟. 岩石力学与工程学报, 20(1): 1131-1133.

孙满利, 刘璇清, 曹张喆. 2021. 甘肃砂岩石窟浅表层风化区域特征研究. 西北大学学报(自然科学版), 51(3): 333-343.

谭松娥. 2013. 可溶盐对大足石刻砂岩劣化作用实验研究. 武汉: 中国地质大学.

汤连生, 王思敬. 2002. 岩石水化学损伤的机理及量化方法探讨. 岩石力学与工程学报, 21(3): 314-319.

汤连生, 张鹏程, 王思敬. 2002. 水-岩化学作用的岩石宏观力学效应的试验研究. 岩石力学与工程学报, 21(4): 526-531.

汪东云, 付林森, 姚金石, 等. 1993. 北山石窟寺岩体风化现状及控制因素. 重庆建筑工程学院学报, 15(1): 81-86.

汪东云, 张赞勋, 付林森, 等. 1994. 宝顶山石窟寺岩体风化破坏的作用因素分析. 工程地质学报, 2(2): 54-65.

汪进超, 王川婴, 胡胜. 2020. 基于定向声波扫描的钻孔围岩结构探测方法. 工程科学与技术, 52(1): 118-125.

汪军, 徐金明, 龚明权, 等. 2021. 基于扫描电镜图像和微观渗流模型的云冈石窟砂岩风化特征分析. 水文地质工程地质, 48(6): 122-130.

王大为, 吕浩天, 汤伏蛟, 等. 2023. 三维探地雷达道路隐性病害检测分析与数字化技术综述. 中国公路学报, 36(3): 1-19.

王逢睿, 肖碧. 2011. 甘肃北石窟寺第 165 窟岩体稳定性分析研究. 敦煌研究, (6): 65-69, 127.

王逢睿, 崔惠萍, 孙博, 等. 2017. 北石窟寺降雨与洞窟相对湿度变化规律研究. 科学技术与工程, 17(15): 176-180.

王逢睿, 焦大丁, 刘平, 等. 2020. 硫酸盐对麦积山砂砾岩风化影响的试验研究. 岩土力学, 41(7): 2199-2206.

王亨通. 1990. 温差变化对炳灵寺石窟的影响. 敦煌学辑刊, (2): 106-111.

王金华, 陈嘉琦. 2018. 我国石窟寺保护现状及发展探析. 东南文化, (1): 6-14.

王金华, 霍晓彤. 2021. 石窟寺保护关键科学问题及关键技术探讨. 东南文化, (1): 6-13.

王金华, 严绍军, 任中伟. 2013. 石窟岩体结构稳定性分析评价系统研究. 武汉: 中国地质大学出版社.

王金华, 陈嘉琦, 王乐乐. 2022. 我国石窟寺病害及其类型研究. 东南文化, (4): 25-32.

王来贵, 丁盛鹏, 何慧娟, 等. 2018. 冻融循环作用下含结核砂岩风化特征实验研究. 工程地质学报, 26(3): 611-619.

王敏, 沈正康. 2020. 中国大陆现今构造变形: 三十年的 GPS 观测与研究. 中国地震, 36(4): 660-683.

王明, 李丽慧, 廖小辉, 等. 2019. 基于无人机航摄的高陡/直立边坡快速地形测量及三维数值建模方法. 工程地质学报, 27(5): 1000-1009.

王明常, 徐则双, 王凤艳, 等. 2018. 基于摄影测量获取岩体结构面参数的概率分布拟合检验. 吉林大学学报(地球科学版), 48(6): 1898-1906.

王茜. 2020. 石窟寺窟体破坏机理及稳定性分析. 西安: 西安建筑科技大学.

王思敬. 2001. 巧夺天工的龙游石窟. 岩石力学与工程动态, (53): 8-9.

王旭东. 2004. 文物保护工程//王思敬, 黄鼎成. 中国工程地质学世界成就. 北京: 地质出版社.

王旭东. 2007. 西北地区石窟与土建筑遗址保护研究的现状与任务. 敦煌研究, (5): 6-11.

王旭东, 郭青林, 谌文武, 等. 2022. 石窟寺岩体保护加固研究进展. 石窟与土遗址保护研究, 1(1): 6-27.

吴美萍. 2020. 关于开展不可移动文物预防性保护研究工作的几点想法. 中国文化遗产, (3): 4-13.

吴顺川, 周喻, 高永涛, 等. 2012. 等效岩体随机节理三维网络模型构建方法研究. 岩石力学与工程学报, 31(S1): 3082-3090.

伍法权. 1993. 统计岩体力学原理. 武汉: 中国地质大学出版社.

伍法权, 兰恒星. 2016. 国际工程地质与环境研究现状及前沿第十二届国际工程地质大会 (IAEG XII) 综述. 工程地质学报, 24(1): 116-129.

仵彦卿. 1999. 地下水与地质灾害. 地下空间, (4): 303-310, 316-339.

武娜, 梁正召, 宋文成. 2020. 等效岩体三维随机节理网络模型构建及其在两河口水电站中的应用. 工程科学学报, 44(7): 1282-1290.

肖碧, 王逢睿, 李传珠. 2010. 石窟水害成因的工程地质分析与防治对策. 岩石力学与工程的创新和实践, 武汉: 第十一次全国岩石力学与工程学术大会.

徐叔鹰. 1992. 论盐风化过程及其地貌意义. 苏州科技学院学报: 社会科学版, (S3): 24-30.

严绍军, 方云, 孙兵, 等. 2005. 渗水对龙门石窟的影响及治理分析. 现代地质, 19(3): 475-478.

严绍军, 陈嘉琦, 窦彦, 等. 2015. 云冈石窟砂岩特性与岩石风化试验. 现代地质, 29(2): 442-447.

杨隽永, 范陶峰, 杨毅. 2014. 新昌大佛寺石塔病害的检测与防护研究. 石材, (1): 23-27.

杨善龙, 王彦武, 苏伯民, 等. 2018. 瓜州榆林窟崖体砾岩中水盐分布特征研究. 敦煌研究, (1): 136-140.

杨志法, 王思敏, 许兵. 2000. 龙游石窟群工程地质条件分析及保护对策初步研究. 工程地质学报, (3): 291-295.

俞缙, 张欣, 蔡燕燕, 等. 2019. 水化学与冻融循环共同作用下砂岩细观损伤与力学性能劣化试验研究. 岩土力学, 40(2): 455-464.

袁广祥, 王朋姣, 张路青, 等. 2019. 微裂隙对花岗岩力学性质影响的阈值研究. 岩石力学与工程学报, 38(S1): 2646-2653.

袁璞, 马芹永. 2013. 干湿循环条件下煤矿砂岩分离式霍普金森压杆试验研究. 岩土力学, 34(9): 2557-2562.

张博, 崔惠萍, 裴强强, 等. 2021. 不同开放环境下北石窟洞窟温湿度变化特征. 岩石力学与工程学报, 40(S1): 2834-2840.

张国民, 马宏生, 王辉. 2005. 中国大陆活动地块边界带与强震活动. 地球物理学报, 48(3): 602-610.

张虎元, 杨盛清, 孙博, 等. 2021. 石质文物盐害类型与蒸发速率的关系研究. 岩石力学与工程学报, 40(S2): 3284-3294.

张金风. 2008. 石质文物病害机理研究. 文物保护与考古科学, 20(2): 60-67.

张景科, 张理想, 郭青林, 等. 2021. 庆阳北石窟寺砂岩表层风化特征与地层岩性的关系研究. 西北大学学报(自然科学版), 51(3): 344-352.

张梦婷, 王恩德, 李斌, 等. 2021. 云冈石窟石质类文物地质损伤机制研究. 辽宁工程技术大学学报(自然科学版), 40(3): 220-224.

张明泉, 温玲丽, 王旭东, 等. 2009. 敦煌莫高窟保护工程施工振动对洞窟文物的影响. 岩石力学与工程学报, 28(增刊2): 3762-3768.

张鹏, 柴肇云. 2013. 干湿循环条件下砂岩强度劣化试验研究. 金属矿山, 42(10): 5-7, 11.

张荣. 2018. 中国石窟寺保护规划分析研究. 中国文化遗产, (4): 49-60.

张文, 韩博, 孙昊林. 2020. 高陡岩质斜坡的结构面非接触式采集技术与三维裂隙网络模拟研究. 工程地质学报, 28(2): 221-231.

张咸恭, 王思敏, 张倬元. 2000. 中国工程地质学. 北京: 科学出版社.

张镱锂, 李炳元, 郑度. 2002. 论青藏高原范围与面积. 地理研究, 21(1): 1-8.

张永, 武发思, 苏敏, 等. 2019. 石质文物的生物风化及其防治研究进展. 应用生态学报, 30(11): 3980-3990.

张祖勋, 杨生春, 张剑清, 等. 2007. 多基线-数字近景摄影测量. 地理空间信息, (1): 1-4.

赵莽, 方云, 程邦, 等. 2016. 花山岩画岩体开裂机理统计分析. 文物保护与考古科学, 28(2): 24-31.

赵以辛, 王安建, 张军, 等. 2002. 南响堂石窟表面粉尘特征及对石雕影响的研究. 环境科学研究, 15(6): 12-16.

赵勇, 曾昭发, 李静, 等. 2022. 地球物理探测技术在石窟寺裂隙渗流中的应用现状及展望. 地球物理学进展, 37(2): 928-937.

中国地质调查局. 2004. 中华人民共和国地质图(1∶2500000). 北京: 中国地图出版社.

周成虎, 程维明, 钱金凯. 2009. 中国陆地1∶100万数字地貌分类体系研究. 地球信息科学学报, 11(6): 707-724.

周定, 谢绍东, 岳奇贤. 1996. 模拟酸雨对砂浆影响的研究. 中国环境科学, 16(1): 20-24.

周洪福, 符文熹, 叶飞, 等. 2021. 陡倾坡外弱面控制的斜坡滑移-剪损变形破坏模式. 地球科学,

46(4):1437-1446.

周骏一, 李晓, 彭斌, 等. 2005. 模拟酸雨对乐山大佛基岩影响及其防治对策. 地质灾害与环境保护, (1):79-84.

朱容辰. 2010. 边坡岩体卸荷分带性研究. 铁道勘察, 36(5): 46-50.

宗静婷, 王淑丽, 张忠永. 2011. 四川广元千佛崖石窟造像表面风化的环境地质问题分析. 地球科学与环境学报, 33(2): 6.

Asnin S N, Nnko M, Josephat S, et al. 2022. Identification of water–rock interaction of surface thermal water in Songwe medium temperature geothermal area, Tanzania. Environmental Earth Sciences, 81(21): 513.

Atkinson B K. 1984. Subcritical crack growth in geological materials. Journal of Geophysical Research, 89(S6): 4077-4114.

Atkinson B K. 1979. A fracture mechanics study of subcritical tensile cracking of quartz in wet environments. Pure and Applied Geophysics, 117: 1011-1024.

Atzeni C, Bicci A, Dei D, et al. 2010. Remote survey of the leaning tower of Pisa by interferometric sensing. IEEE Geoscience and Remote Sensing Letters, 7(1): 185-189.

Balaras C A, Argiriou A A. 2002. Infrared thermography for building diagnostics. Energy and Buildings, 34(2): 171-183.

Bao H, Liu C Q, Lan H X, et al. 2022a. Time-dependency deterioration of polypropylene fiber reinforced soil and guar gum mixed soil in loess cut-slope protecting. Engineering Geology, 311: 106895.

Bao H, Liu C Q, Liang N, et al. 2022b. Analysis of large deformation of deep-buried brittle rock tunnel in strong tectonic active area based on macro and microcrack evolution.Engineering Failure Analysis, 138: 106351.

Barone G, Mazzoleni P, Pappalardo G, et al. 2015. Microtextural and microstructural influence on the changes of physical and mechanical proprieties related to salts crystallization weathering in natural building stones. The Example of Sabucina Stone (Sicily). Construction and Building Materials, 95: 355-365.

Bass J D. 1995. Elasticity of minerals, glasses, and melts, in mineral physics and crystallography: a handbook of physical constants. Washington : American Geophysical Union.

Berryman J. 1995. Mixture theories for rock properties, in rock physics & phase relations: a handbook of physical constants. Washington : American Geophysical Union.

Bionda D. 2006. Modelling indoor climate and salt behavior in historical buildings: a case study. Swiss: Federal Institute of Technology Zurich.

Bland W J, Rolls D. 2016. Weathering: An Introduction to the Scientific Principles. London: Routledge.

Böhm C B, Kung A, Zehnder K. 2001. Salt crystal intergrowth in efflorescence on historic buildings. Chimia, 55: 996-1001.

Bounoua L, DeFries R, Collatz G J, et al. 2002. Effects of land cover conversion on surface climate. Climatic Change, 52: 29-64.

Bourges F, Genthon P, Mangin A. 2006. Microclimates of l'Aven d'Orgnac and other French limestone caves (Chauvet, Esparros, Marsoulas). International Journal of Climatology: A Journal of the Royal Meteorological Society, 26(12): 1651-1670.

Brantut N, Heap M J, Meredith P G, et al. 2013. Time-dependent cracking and brittle creep in crustal rocks: a review. Journal of Structural Geology, 52: 17-43.

Buckman S, Morris R H, Bourman R P. 2021. Fire-induced rock spalling as a mechanism of weathering responsible for flared slope and inselberg development. Nature Communication, 12: 2150.

Charney J G. 1975. Dynamics of deserts and drought in the Sahel. Quarterly Journal of the Royal Meteorological Society, 101(428): 193-202.

Charola A E. 2000. Salts in the deterioration of porous materials: an overview. Journal of the American institute for conservation, 39(3): 327-343.

Charola A E, Lewin S Z. 1979. Efflorescences on building stones—SEM in the characterization and elucidation of the mechanisms of formation. Scanning Electron Microscopy, 1: 378-386.

Chau K T, Shao J F. 2006. Subcritical crack growth of edge and center cracks in façade rock panels subject to periodic surface temperature variations. International Journal of Solids and Structures, 43(3): 807-827.

Chen H, Zhang C, Chen L, et al. 2019. A two-set order parameters phase-field modeling of crack deflection/penetration in a heterogeneous microstructure. Computer Methods in Applied Mechanics and Engineering, 347: 1085-1104.

Chen W W, Guo Z Q, Zhang J K, et al. 2018. Evaluation of long-term stability of Mogao Grottoes Caves under enhanced loading conditions of tourists. Journal of Performance of Constructed Facilities, 32(4): 04018048.

Chen X, Shan X R, Shi Z J, et al. 2021. Analysis of the spatio-temporal changes in acid rain and their causes in China (1998-2018). Journal of Resources and Ecology, 12(5): 593-599.

Chou S H, Curran R J, Ohring G. 1981. The effects of surface evaporation parameterizations on climate sensitivity to solar constant variations. Journal of Atmospheric Sciences, 38(5): 931-938.

Collins B D, Stock G M. 2016. Rockfall triggering by cyclic thermal stressing of exfoliation fractures. Nature Geoscience, 9(5): 395-400.

de Freitas C R. 2010. The role and importance of cave microclimate in the sustainable use and management of show caves. Acta Carsologica, 39(3): 477-489.

de Freitas C R, Schmekal A. 2003. Condensation as a microclimate process: measurement, numerical simulation and prediction in the Glowworm Cave, New Zealand. International Journal of Climatology: A Journal of the Royal Meteorological Society, 23(5): 557-575.

de Freitas C R, Schmekal A. 2006. Studies of condensation/evaporation processes in the Glowworm Cave, New Zealand. International Journal of Speleology, 35(2): 3.

de Silva K T D S, Cooray B P A, Chinthaka J I. 2018. Comparative analysis of Octomap and RTABMap for multi-robot disaster site mapping. Colombo, Sri Lanka: 18th International Conference on Advances in ICT for Emerging Regions (ICTer).

Dehestani A, Hosseini M, Beydokhti A T. 2020. Effect of wetting-drying cycles on mode Ⅰ and mode Ⅱ fracture toughness of sandstone in natural (pH=7) and acidic (pH=3) environments. Theoretical and Applied Fracture Mechanics, 107: 102512.

Doehne E. 2002. Salt weathering: a selective review. Geological Society, London, Special Publications, 205(1): 51-64.

Dougill J W. 1976. On stable progressively fracturing solids. Zeitschrift für Angewandte Mathematik und Physik

(ZAMP), 27(4): 423-437.

Douglas W G, Joseph T D, John M. 2000. Field assessment of the microclimatology of tropical flank margin caves. Climate Research, 16: 37-50.

Dove P M. 1995. Geochemical controls on the kinetics of quartz fracture at subcritical tensile stresses. Journal of Geophysical Research: Solid Earth, 100(S11): 22349-22359.

Eppes M, Keanini R. 2017. Mechanical weathering and rock erosion by climate-dependent subcritical cracking. Reviews of Geophysics, 55(2): 470-508.

Eppes M C, McFadden L D, Wegmann K W, et al. 2010. Cracks in desert pavement rocks: further insights into mechanical weathering by directional insolation. Geomorphology, 123(1-2): 97-108.

Eric D, Clifford A P. 2010. Stone conservation: an overview of current research. Los Angeles: Getty Conservation Institute.

Flatt R J. 2002. Salt damage in porous materials: how high supersaturations are generated. Journal of crystal growth, 242(3-4): 435-454.

Fontaine L, Hendrickx R, de Clercq H. 2015. Deterioration mechanisms of the compact clay-bearing limestone of Tournai used in the Romanesque portals of the Tournai Cathedral (Belgium). Environmental Earth Sciences, 74(4): 3207-3221.

Fredrich J T, Wong T. 1986. Micromechanics of thermally induced cracking in three crustal rocks. Journal of Geophysical Research: Solid Earth, 91(S12): 12743-12764.

Gharehbagh A K, Judeh R, Ng J. 2021. Real-time 3D semantic mapping based on keyframes and octomap for autonomous cobo. Belval Campus: 9th International Conference on Control, Mechatronics and Automation (ICCMA).

Goudie A S, Day M J. 1980. Disintegration of fan sediments in Death Valley, California, by salt weathering. Physical Geography, 1(2): 126-137.

Grechi G, Fiorucci M, Marmoni G M, et al. 2021. 3D thermal monitoring of jointed rock masses through infrared thermography and photogrammetry. Remote Sensing, 13(5): 957.

Guerin A, Jaboyedoff M, Collins B D, et al. 2021. Remote thermal detection of exfoliation sheet deformation. Landslides, 18: 865-879.

Gunzburger Y, Merrien-Soukatchoff V, Guglielmi Y. 2005. Influence of daily surface temperature fluctuations on rock slope stability: case study of the Rochers de Valabres slope (France). International Journal of Rock Mechanics and Mining Sciences, 42(3): 331-349.

Guo F, Jiang G H. 2014. Investigation into rock moisture and salinity regimes: implications of sandstone weathering in Yungang Grottoes, China. Carbonates and Evaporites, 30: 1-11.

Guo Q L, Wang X D, Zhang H Y, et al. 2009. Damage and conservation of the high cliff on the northern area of Dunhuang Mogao grottoes, China. Landslides, 6(2): 89-100.

Guo Z Q, Chen W W, Zhang J K, et al. 2021. Seismic responses of the densely distributed caves of the Mogao Grottoes in China. Bulletin of Engineering Geology and the Environment, 80(2): 1335-1349.

Gupta V, Ahmed I. 2007. The effect of pH of water and mineralogical properties on the slake durability (degradability) of different rocks from the Lesser Himalaya, India. Engineering Geology, 95(3-4): 79-87.

Haynes H, O'Neill R, Mehta P K. 1996. Concrete deterioration from physical attack by salts. Concrete International, 18(1): 63-68.

Hazen A. 1911. Dams on sand formations: discussion. Trans ASCE, 73: 199-203.

Heinrichs K. 2008. Diagnosis of weathering damage on rock-cut monuments in Petra, Jordan. Environmental Earth Sciences, 56(3): 643-675.

Hill R. 1952. The elastic behavior of crystalline aggregate. Proceedings of the Physical Society, 65: 349-354.

Hoek E, Martin C D. 2014. Fracture initiation and propagation in intact rock—a review. Journal of Rock Mechanics and Geotechnical Engineering, 6(4): 287-300.

Hoyos M, Soler V, Cañaveras J C, et al. 1998. Microclimatic characterization of a karstic cave: human impact on microenvironmental parameters of a prehistoric rock art cave (Candamo Cave, northern Spain). Environmental Geology, 33: 231-242.

Hua W, Dong S, Peng F, et al. 2017. Experimental investigation on the effect of wetting-drying cycles on mixed mode fracture toughness of sandstone. International Journal of Rock Mechanics and Mining Sciences, 93: 242-249.

Huang B G, Lu Z T, Ma C M. 2011. Improved adaptive median filtering algorithm. Journal of Computer Applications, 31(7): 1835-1883.

Huang Z, Zeng W, Wu Y, et al. 2021. Effects of temperature and acid solution on the physical and tensile mechanical properties of red sandstones. Environmental Science and Pollution Research, 28(3):1-16.

Hudleston P J, Holst T B. 1984. Strain analysis and fold shape in a limestone layer and implications for layer rheology. Tectonophysics, 106: 321-347.

Hutchinson A J, Johnson J B, Thompson G E, et al. 1993. Stone degradation due to wet deposition of pollutants. Corrosion Science, 34(11): 1881-1898.

Jeng F S, Lin M L, Huang T H. 2000. Wetting deterioration of soft sandstone-microscopic insights. Melbourne: ISRM International Symposium.

Jia M, Liang J, He L, et al. 2019. Hydrophobic and hydrophilic SiO^{2-} based hybrids in the protection of sandstone for anti-salt damage. Journal of Cultural Heritage, 40: 80-91.

Jiang G H, Guo F, Polk J S. 2015. Salt transport and weathering processes in a sandstone cultural relic, North China. Carbonates and Evaporites, 30(1): 69-76.

Kazhdan M, Hoppe H. 2013. Screened poisson surface reconstruction. ACM Transactions on Graphics, 32(3): 1-13.

Kazimierski K S, Piotrowska-Kurczewski I, Böhmermann F. 2016. A statistical filtering method for denoising of micro-force measurements. International Journal of Advanced Manufacturing Technology, 87(5-8): 1693-1704.

Kuchitsu N, Ishizaki T, Nishiura T. 2000. Salt weathering of the brick monuments in Ayutthaya, Thailand. Engineering Geology, 55(1-2): 91-99.

Lan H X, Chen J H, Macciotta R. 2019. Universal confined tensile strength of intact rock. Scientific Reports, 9(1): 1-9.

Lee Y C, Yang X, Wenig M. 2010. Transport of dusts from East Asian and non-East Asian sources to Hong Kong during dust storm related events 1996–2007. Atmospheric Environment, 44(30): 3728-3738.

Li H S, Wang W F, Zhan H T, et al. 2015. Water in the Mogao Grottoes, China: Where it comes from and how it is driven. Journal of Arid Land, 7(1): 37-45.

Li K , Zhao X , Xiao D. 2021. Acid rain: an unsuspected factor predisposing Panzhihua airport landslide, China. Environmental Science and Pollution Research, 28(27): 36753-36763.

Liu B L, Peng W Y, Li H D, et al. 2020a. Increase of moisture content in Mogao Grottoes from artificial sources based on numerical simulations. Journal of Cultural Heritage, 45: 135-141.

Liu R Z, Zhang B J, Zhang H, et al. 2011. Deterioration of Yungang Grottoes: diagnosis and research. Journal of Cultural Heritage, 12(4): 494-499.

Liu X, Jin M, Li D, et al. 2018. Strength deterioration of a shaly sandstone under dry-wet cycles: a case study from the Three Gorges Reservoir in China. Bulletin of Engineering Geology and the Environment, 77: 1607-1621.

Liu X, Liu Q, Huang S, et al. 2020b. Effects of cyclic wetting-drying on the mechanical behavior and improved damage model for sandstone. Marine Georesources and Geotechnology, 39(10): 1244-1254.

Loope D B, Loope G R, Burberry C M, et al. 2020. Surficial fractures in the Navajo sandstone, south-western USA: the roles of thermal cycles, rainstorms, granular disintegration, and iterative cracking. Earth Surface Processes and Landforms, 45(9): 2063-2077.

Malaga-Starzec K, Lindqvist J E, Schouenborg B. 2002. Experimental study on the variation in porosity of marble as a function of temperature. Geological Society, London, Special Publications, 205(1): 81-88.

Marzal R M E, Franke L, Deckelmann G. 2007. Predicting efflorescence and subflorescences of salts. MRS Online Proceedings Library, 1047: 3-12.

McFadden L D, Eppes M C, Gillespie A R, et al. 2005. Physical weathering in arid landscapes due to diurnal variation in the direction of solar heating. Geological Society of America Bulletin, 117(1-2): 161-173.

Mckay C P, Molaro J L, Marinov A M M. 2009. High-frequency rock temperature data from hyper-arid desert environments in the Atacama and the Antarctic Dry Valleys and implications for rock weathering. Geomorphology, 110(3-4): 182-187.

Mctigue D F. 1986. Thermoelastic response of fluid-saturated porous rock. Journal of Geophysical Research Atmospheres, 91(B9): 9533-9542.

Menéndez B, Petráňová V. 2016. Effect of mixed vs single brine composition on salt weathering in porous carbonate building stones for different environmental conditions. Engineering Geology, 210: 124-139.

Meola C, Carlomagno G M. 2004. Recent advances in the use of infrared thermography. Measurement Science and Technology, 15(9): 27-58.

Messenzehl K, Viles H, Otto J C, et al. 2018. Linking rock weathering, rockwall instability and rockfall supply on talus slopes in glaciated hanging valleys (Swiss Alps). Permafrost and Periglacial Processes, 29(3): 135-151.

Michalske T A, Freiman S W. 1982. A molecular interpretation of stress corrosion in silica. Nature, 295(5849): 511-512.

Mustoe G E. 1982. The origin of honeycomb weathering. Geological Society of America Bulletin, 93(2): 108-115.

Oguchi C T, Yu S. 2021. A review of theoretical salt weathering studies for stone heritage. Progress in Earth and

Planetary Science, 8(1): 1-23.

Özbek A. 2014. Investigation of the effects of wetting-drying and freezing-thawing cycles on some physical and mechanical properties of selected ignimbrites. Bulletin of Engineering Geology and the Environment, 73(2): 595-609.

Palciauskas V V, Domenico P A. 1982. Characterization of drained and undrained response of thermally loaded repository rocks. Water Resources Research, 18(2): 281-290.

Pankova E I. 2008. Environmental conditions and soils of natural oases in the Alashan Gobi Desert, Mongolia. Eurasian Soil Science, 41: 827-836.

Paris S, Kornprobst P, Tumblin J. 2009. Bilateral filtering: theory and applications. Foundations and Trends in Computer Graphics and Vision, 12(1): 27-37.

Parks G A. 1984. Surface and interfacial free energies of quartz. Journal of Geophysical Research Solid Earth, 89(S6): 3997-4008.

Parungo F P. 1996. Aeolian transport of gobi dust and its radiation effects. Nucleation and Atmospheric Aerosols, 889-892.

Peng N B, Yan Z X, Sun B, et al. 2013. Dynamic responses of a grotto under strong earthquake, Yungang Grottoes, Shanxi Province, China. AIP Conference Proceedings, 1558(1): 2305-2308.

Pieraccini M, Fratini M, Dei D, et al. 2009. Structural testing of historical heritage site towers by microwave remote sensing. Journal of Cultural Heritage, 10(2):174-182.

Poulson T L, White W B. 1969. The cave environment: limestone caves provide unique natural laboratories for studying biological and geological processes. Science, 165(3897): 971-981.

Pye K, Mottershead D N. 1995. Honeycomb weathering of carboniferous sandstone in a sea wall at Weston-Super-Mare, UK. Quarterly Journal of Engineering Geology and Hydrogeology, 28: 333-347.

Qin Y, Wang Y, Li L, et al. 2016. Experimental weathering of weak sandstone without direct water participation by using sandstone from the Yungang Grottoes in Datong, China. Rock Mechanics and Rock Engineering, 49: 4473-4478.

Ravaji B, Alí-Lagoa V, Delbo M, et al. 2019. Unraveling the mechanics of thermal stress weathering: rate-effects, size-effects, and scaling laws. Journal of Geophysical Research: Planets, 124(12): 3304-3328.

Roth E S. 1965. Temperature and water content as factors in desert weathering. The Journal of Geology, 73(3): 454-468.

Ruedrich J, Siegesmund S. 2006. Fabric dependence of length change behavior induced by ice crystallization in the pore space of natural building stones. Madrid: International Conference on Heritage, Weathering and Conservation.

Sage J D. 1988. Thermal microfracturing of marble. The Engineering Geology of Ancient Works, Monuments and Historical Sites: Preservation and Protection. Athens: International Symposium Organized by the Greek National Group of IAEG.

Saleh S A, Helmi F M, Kamal M M, et al.1992. Study and consolidation of sandstone: Temple of Karnak, Luxor, Egypt. Studies in Conservation, 37(2): 93-104.

Schaffer R J. 2016. The Weathering of Natural Building Stones. London: Routledge.

Siegesmund S, Weiss T, Vollbrecht A, et al. 1999. Marble as a natural building stone: rock fabrics, physical and mechanical properties. Zeitschrift der Deutschen Geologischen Gesellschaft, 150(2): 237-258.

Siegesmund S, Ullemeyer K, Weiss T, et al. 2000. Physical weathering of marbles caused by anisotropic thermal expansion. International Journal of Earth Sciences, 89: 170-182.

Smith B J, Warke P A, Moses C A. 2000. Limestone weathering in contemporary arid environments: a case study from southern Tunisia. Earth Surface Processes and Landforms: The Journal of the British Geomorphological Research Group, 25(12): 1343-1354.

Smithson P A. 1993. Vertical temperature structure in a cave environment. Geoarchaeology, 8(3): 229-240.

Song Y J, Zhang L T, Ren J X, et al. 2019. Study on damage characteristics of weak cementation sandstone under drying-wetting cycles based on nuclear magnetic resonance technique. Chinese Journal of Rock Mechanics and Engineering, 38(4): 825-831.

Sousa L, Siegesmund S, Wedekind W. 2018. Salt weathering in granitoids: an overview on the controlling factors. Environmental Earth Sciences, 77: 1-29.

Taghipour M, Nikudel M R, Farhadian M B. 2016. Engineering properties and durability of limestones used in Persepolis complex, Iran, against acid solutions. Bulletin of Engineering Geology and the Environment, 75(3): 967-978.

Tarchi D, Rudolf H, Pieraccini M, et al. 2000. Remote monitoring of buildings using a ground-based SAR: application to cultural heritage survey. International Journal of Remote Sensing, 21(18): 3545-3551.

Temraz M, Khallaf M. 2015. Weathering behavior investigations and treatment of Kom Ombo temple sandstone, egypt-based on their sedimentological and petrogaphical information. Journal of African Earth Sciences, 113: 194-204.

Terzaghi K. 1925. Principles of soil mechanics: III-Determination of permeability of clay. Engineering News-Record, 95(21): 832-836.

Terzaghi K. 1943. Theoretical Soil Mechanics. Hoboken: John Wiley and Sons, Inc.

Tschegg R E. 2013. Effects of thermal-heating cycle treatment on thermal expansion behavior of different building stones. International Journal of Rock Mechanics and Mining Sciences, 64: 228-235.

Usmani A S, Rotter J M, Lamont S, et al. 2001. Fundamental principles of structural behaviour under thermal effects. Fire Safety Journal, 36(8): 721-744.

Vallet J M, Gosselin C, Bromblet P, et al. 2006. Origin of salts in stone monument degradation using sulphur and oxygen isotopes: first results of the Bourges cathedral (France). Journal of geochemical exploration, 88(1-3): 358-362.

Vlcko J, Greif V, Grof V, et al. 2009. Rock displacement and thermal expansion study at historic heritage sites in Slovakia. Environmental Geology, 58: 1727-1740.

Wang H, Hu Z Y, Li D L, et al. 2009. Comparative of climatologic characteristics of the surface radiation balance on Dingxin Gobi and Zhangye Oasis and desert underlaying surfaces in Heihe Watershed, Gansu. Journal of Glaciology and Geocryology, 31: 464-473.

Wang J, Bastiaanssen W G, Ma Y, et al. 1998. Aggregation of land surface parameters in the oasis-desert systems of north-west China. Hydrological Processes, 12(13-14): 2133-2147.

Wang K, Xu G, Li S, et al. 2017. Geo-environmental characteristics of weathering deterioration of red sandstone relics: a case study in Tongtianyan Grottoes, Southern China. Bulletin of Engineering Geology and the Environment, 77: 1515-1527.

Wang W F, Dong Z B, Wang T, et al. 2006. The equilibrium gravel coverage of the Deflated Gobi above the Mogao Grottoes of Dunhuang, China. Environmental Geology, 50(7): 1077-1083.

Wang X, Cai M. 2020. A DFN-DEM multi-scale modeling approach for simulating tunnel excavation response in jointed rock masses. Rock Mechanics and Rock Engineering, 53(3): 1053-1077.

Weiss T, Oppermann H, Leiss B, et al. 1999. Microfabric of fresh and weathered marbles: implications and consequences for the reconstruction of the Marmorpalais Potsdam. Zeitschrift der Deutschen Geologischen Gesellschaft, 150(2): 313-332.

Weiss T, Rasolofosaon P N J, Siegesmund S. 2002. Ultrasonic wave velocities as a diagnostic tool for the quality assessment of marble. Geological Society, London, Special Publications, 205(1): 149-164.

Wellman H W, Wilson A T. 1965. Salt weathering, a neglected geological erosive agent in coastal and arid environments. Nature, 205: 1097-1098.

Whittlestone S, James J, Barnes C. 2003. The relationship between local climate and radon concentrations in the Temple of Baal, Jenolan Caves, Australia. Helictite, 38(2): 39-44.

Widhalm C, Tschegg E, Eppensteiner W. 1996. Anisotropic thermal expansion causes deformation of marble claddings. Journal of Performance of Constructed Facilities, 10(1): 5-10.

Winkler E M. 1996. Technical note: properties of marble as building veneer. International Journal of Rock Mechanics and Mining Sciences, 33: 215-218.

Wu J K, Wang J, Ding Y J, et al. 2010. Contrastive study on radiation budget in cropland, grassland and desert in arid area of northwest China Plateau. Meteorology, 29: 645-654.

Xie K N, Jiang D Y, Sun Z G, et al. 2019. Influence of drying-wetting cycles on microstructure degradation of argillaceous sandstone using low field nuclear magnetic resonance. Rock and Soil Mechanics, 40(2): 653-659.

Yao W, Li C, Zhan H, et al. 2020. Multiscale study of physical and mechanical properties of sandstone in three Gorges reservoir region subjected to cyclic wetting-drying of yangtze river water. Rock Mechanics and Rock Engineering, 53(5): 2215-2231.

Zeisig A, Siegesmund S, Weiss T. 2002. Thermal expansion and its control on the durability of marbles. Geological Society, London, Special Publications, 205(1): 65-80.

Zhang F, Zhang X, Li Y, et al. 2018. Quantitative description theory of water migration in rock sites based on infrared radiation temperature. Engineering Geology, 241: 64-75.

Zhang M, McSaveney M J. 2018. Is air pollution causing landslides in China? Earth and Planetary Science Letters, 481: 284-289.

Zhang Z H, Chen X C, Yao H Y, et al. 2021. Experimental investigation on tensile strength of Jurassic red bed sandstone under the conditions of water pressures and wet-dry cycles. KSCE Journal of Civil Engineering, 25(7): 2713-2724.

Zhao Y, Ren S, Jiang D, et al. 2018. Influence of wetting-drying cycles on the pore structure and mechanical properties of mudstone from Simian Mountain. Construction and Building Materials, 191: 923-931.

Zhong D H, Li M C, Song L G. 2006. Enhanced NURBS modeling and visualization for large 3D geoengineering applications: an example from the Jinping first-level hydropower engineering project, China. Computers and Geosciences, 32(9): 1270-1282.

Zhong X J, Xiong H H, Zhang J B. 2010. Research on characteristics of micro-climate in different underlying surface in Yutian County, Xinjiang. Research on Soil and Water Conservation, 17: 134-139.

Zhou J Q, Hu S H, Chen Y F, et al. 2016. The friction factor in the Forchheimer equation for rock fractures. Rock Mechanics and Rock Engineering, 49(8): 3055-3068.

彩　　图

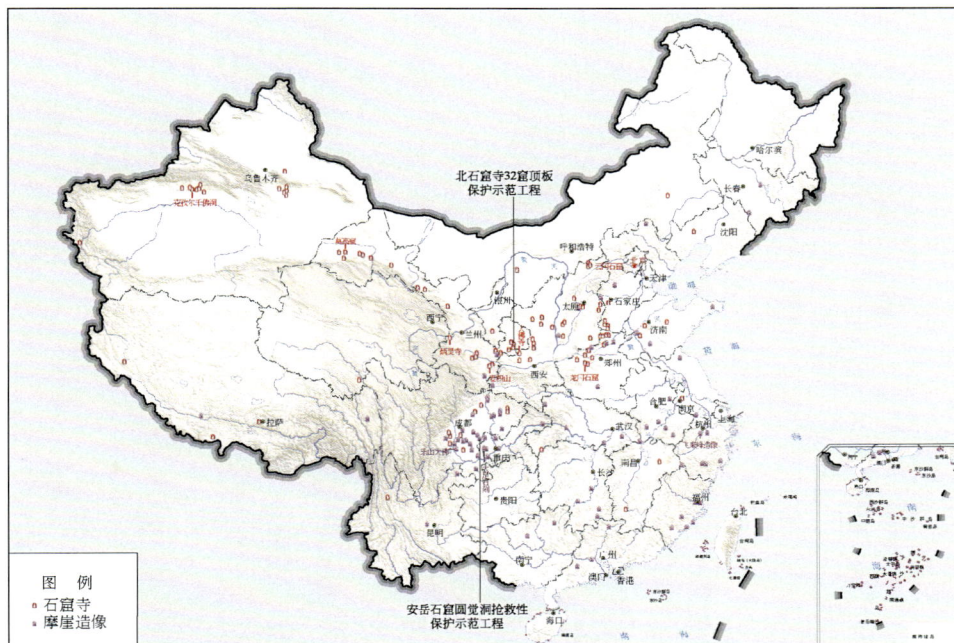

图 2.1　中国石窟寺（全国重点文物保护单位）地理分布图

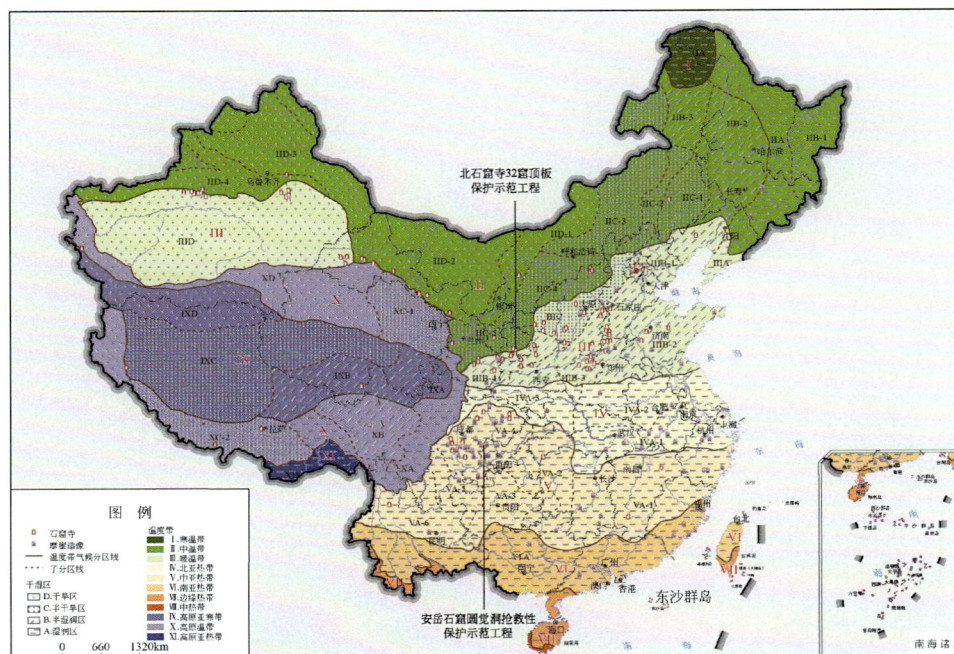

图 2.2　中国石窟寺赋存气候区划（据丁一汇，2013）

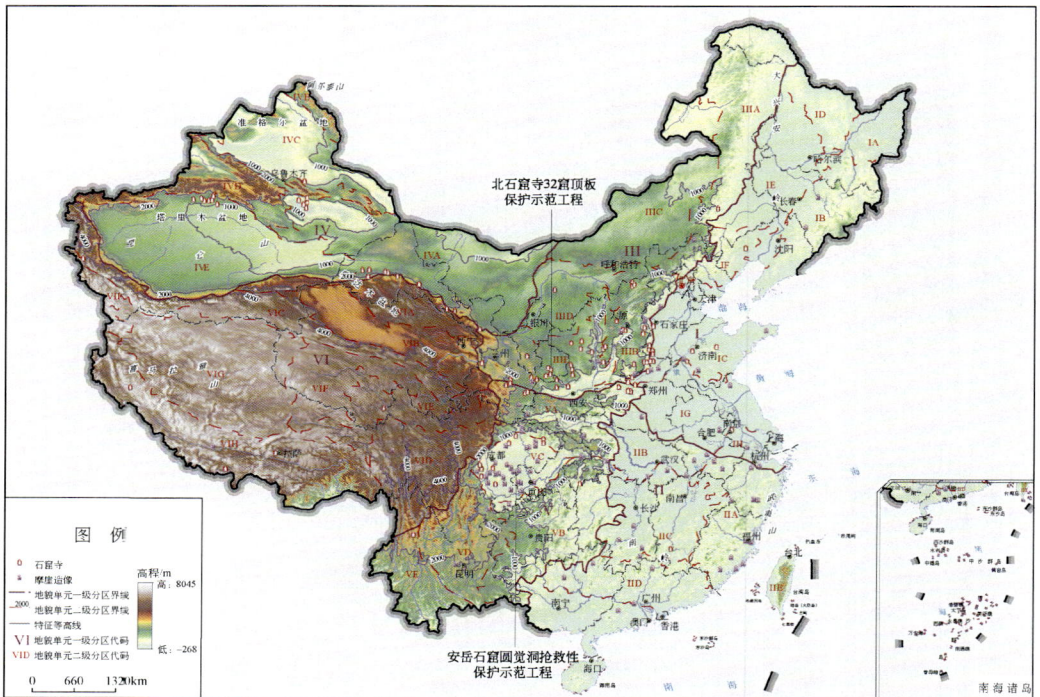

图2.3 中国石窟寺赋存区域地貌环境图（地貌分区据李炳元等，2013）

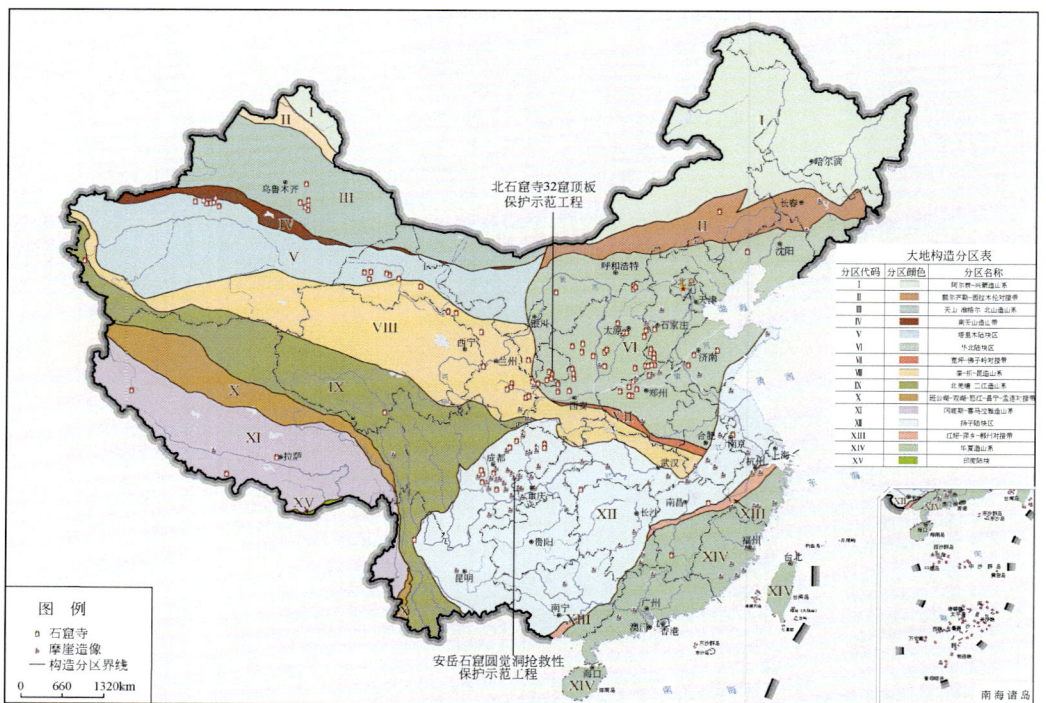

图2.4 中国石窟寺赋存区域大地构造分区图（据潘桂棠和肖庆辉，2015）

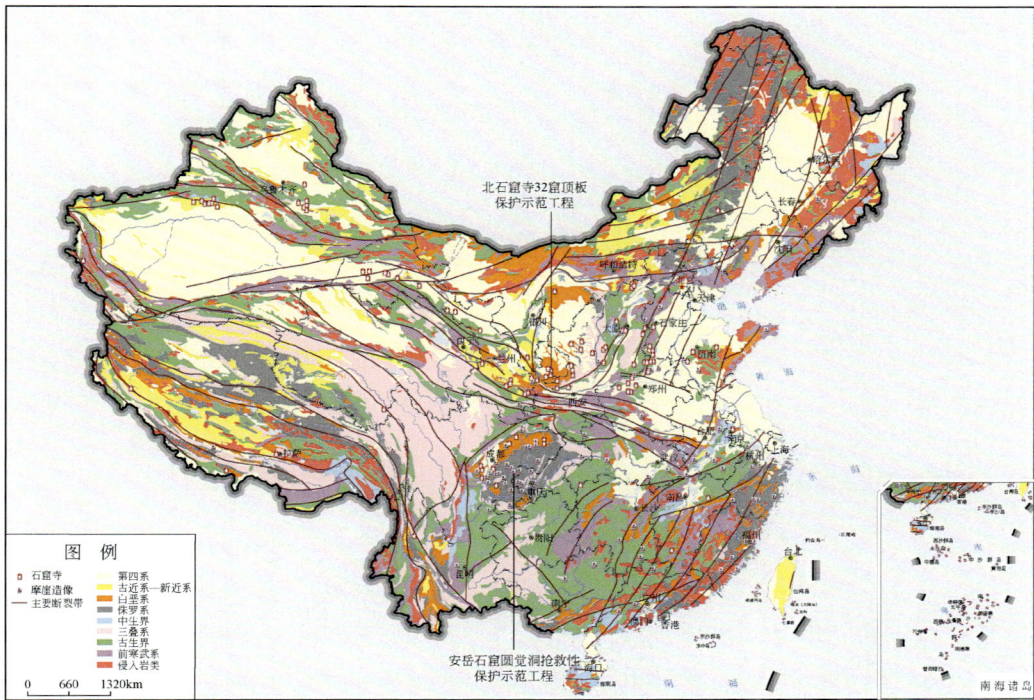

图 2.5　中国石窟寺赋存区域地质图（据中国地质调查局，2004 简化编制）

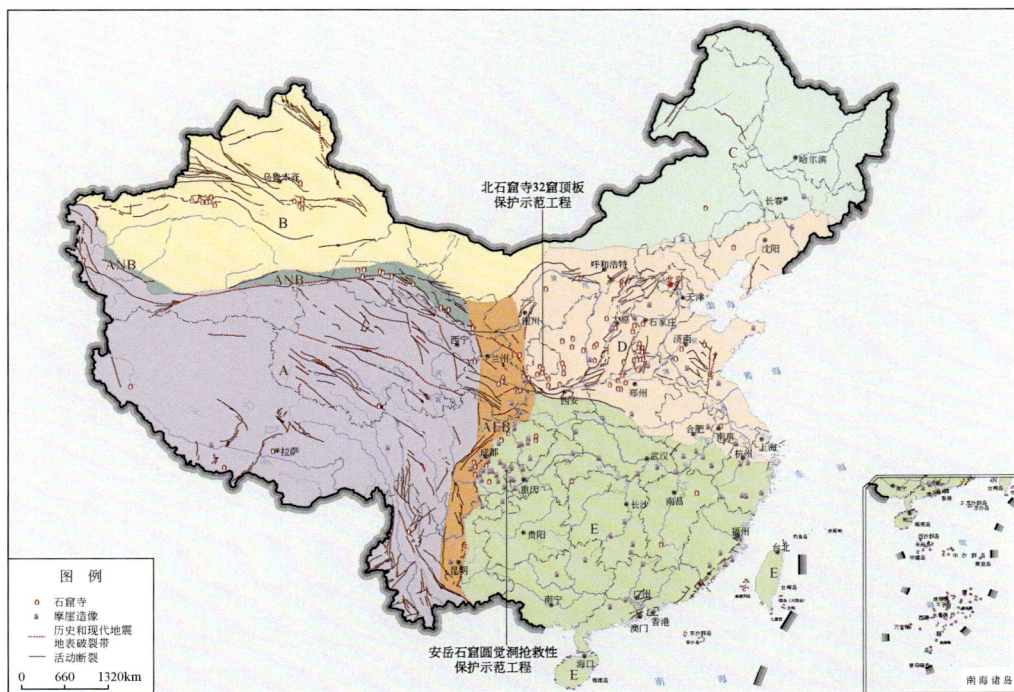

图 2.6　中国大陆活动构造分区图（据邓起东，2007 简化）

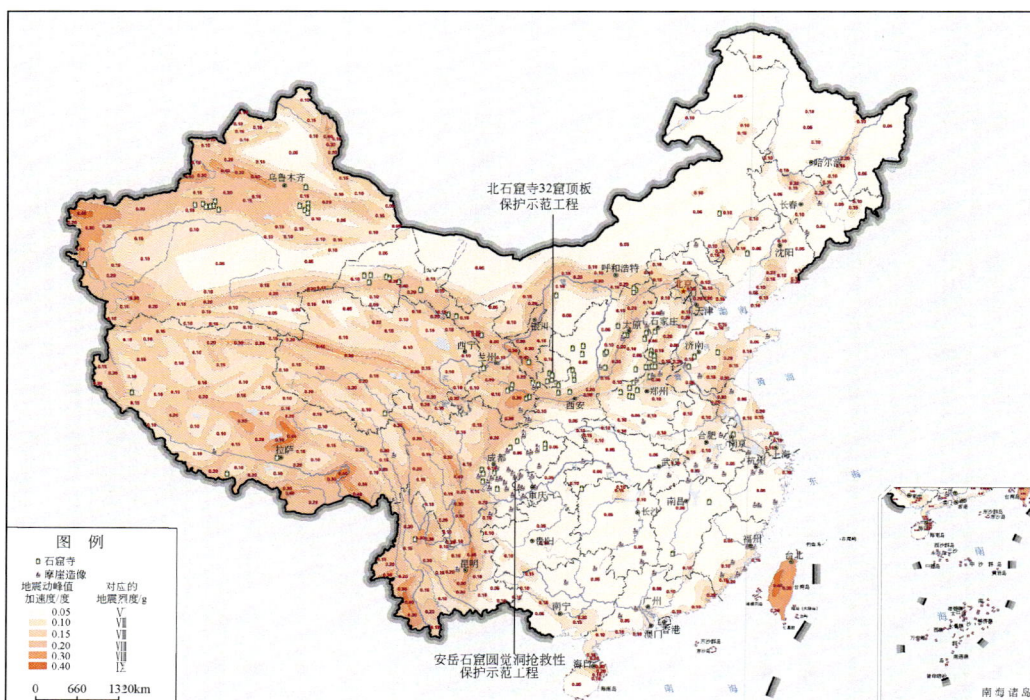

图 2.7　中国石窟寺赋存区域地震动峰值加速度图

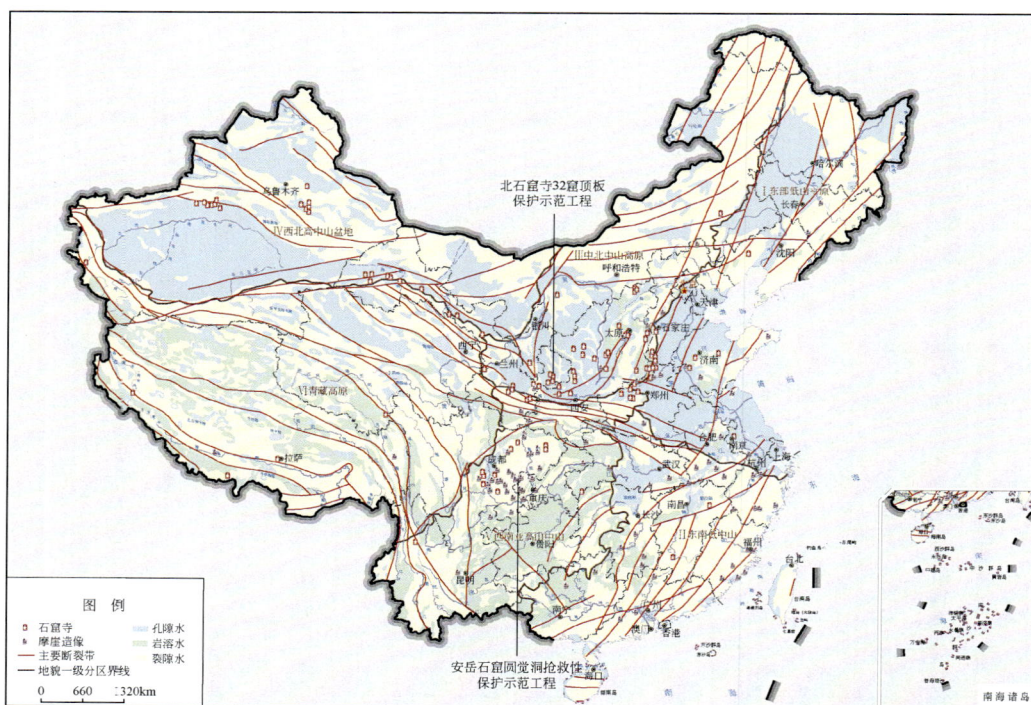

图 2.8　中国石窟寺赋存区域水文地质环境图

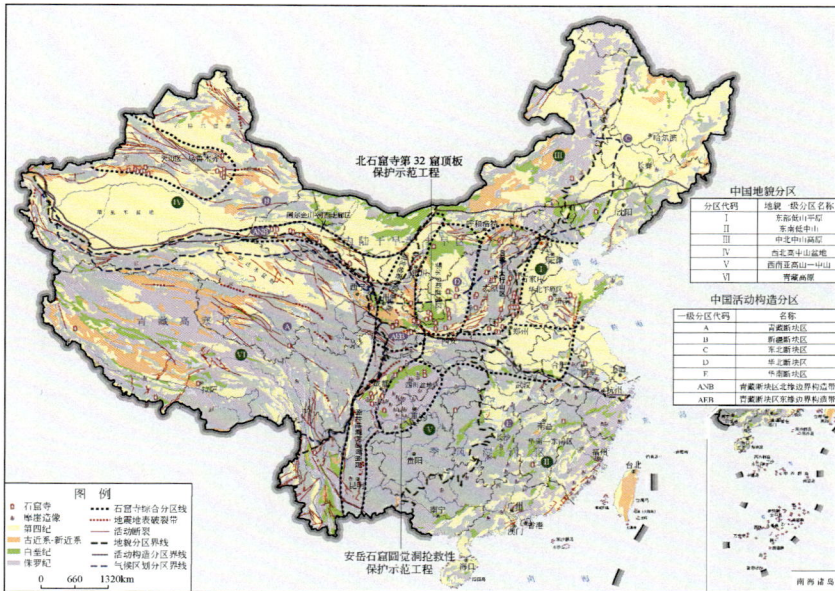

图 2.9　我国石窟寺赋存区域工程地质环境分区图

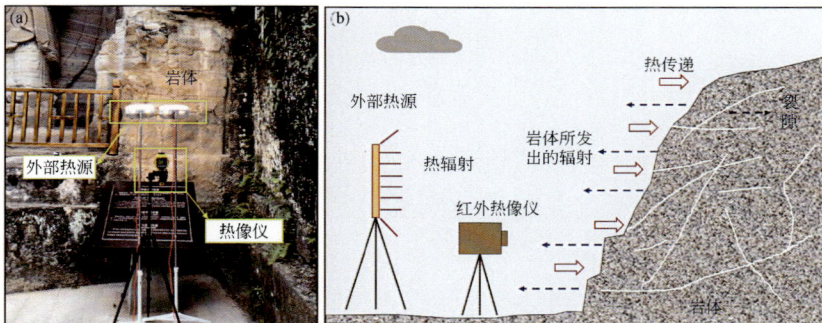

图 3.19　主动式红外无损探测系统

（a）实物图；（b）示意图

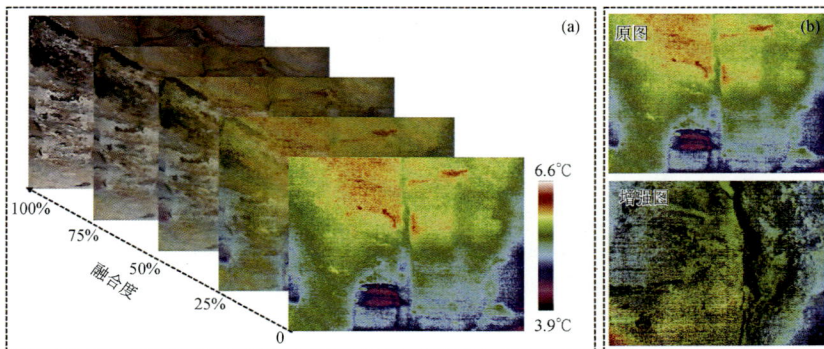

图 3.20　红外图像处理

（a）红外与可见光图像融合；（b）Retinex 图像增强处理

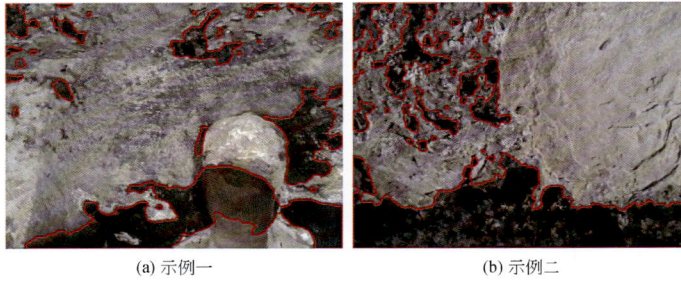

(a) 示例一　　　　　　　　　　　(b) 示例二

图 4.19　病害探测效果图

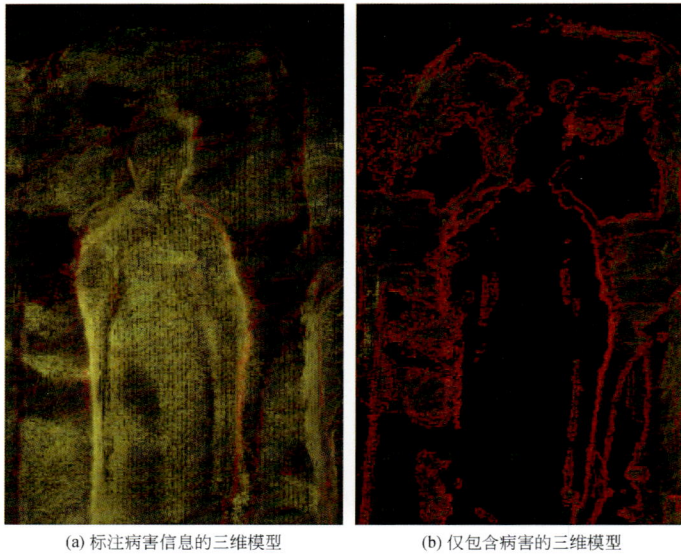

(a) 标注病害信息的三维模型　　　　　(b) 仅包含病害的三维模型

图 4.21　三维点云模型

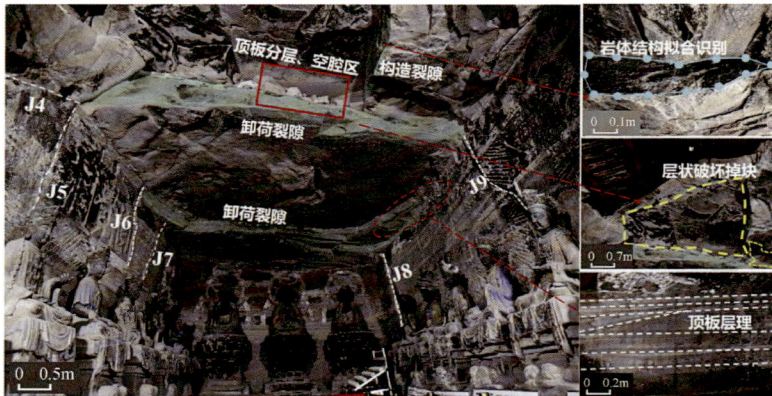

图 5.14　砂岩石窟内岩体结构发育特征以及破坏现象

图 5.27　三维点云模型

（a）稀疏点云；（b）密集点云模型

图 5.28　三维仿真实景模型

（a）北崖地形点云；（b）圆觉洞内点云和贴图

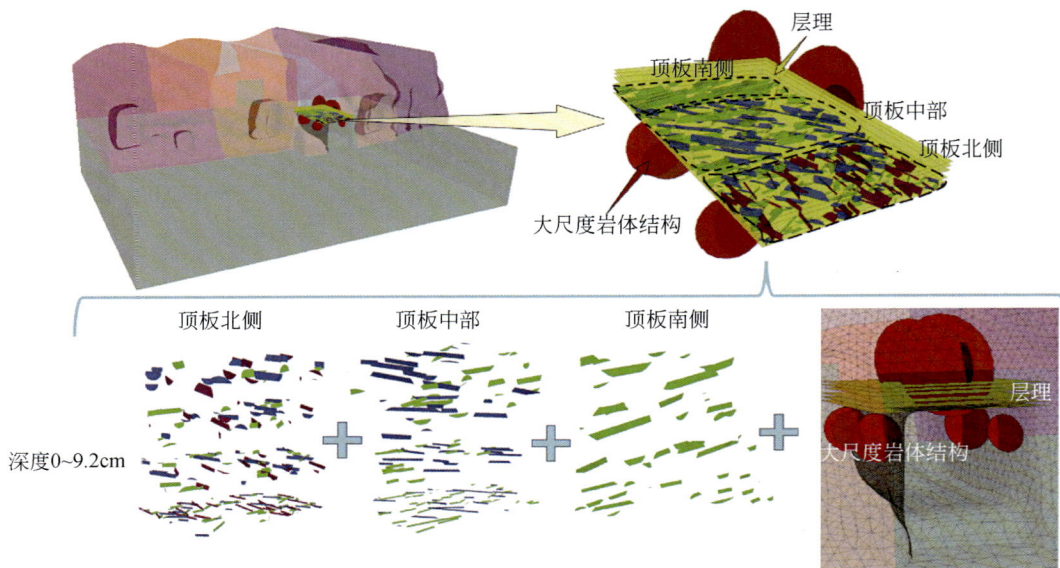

图 5.32　多尺度岩体结构三维模型

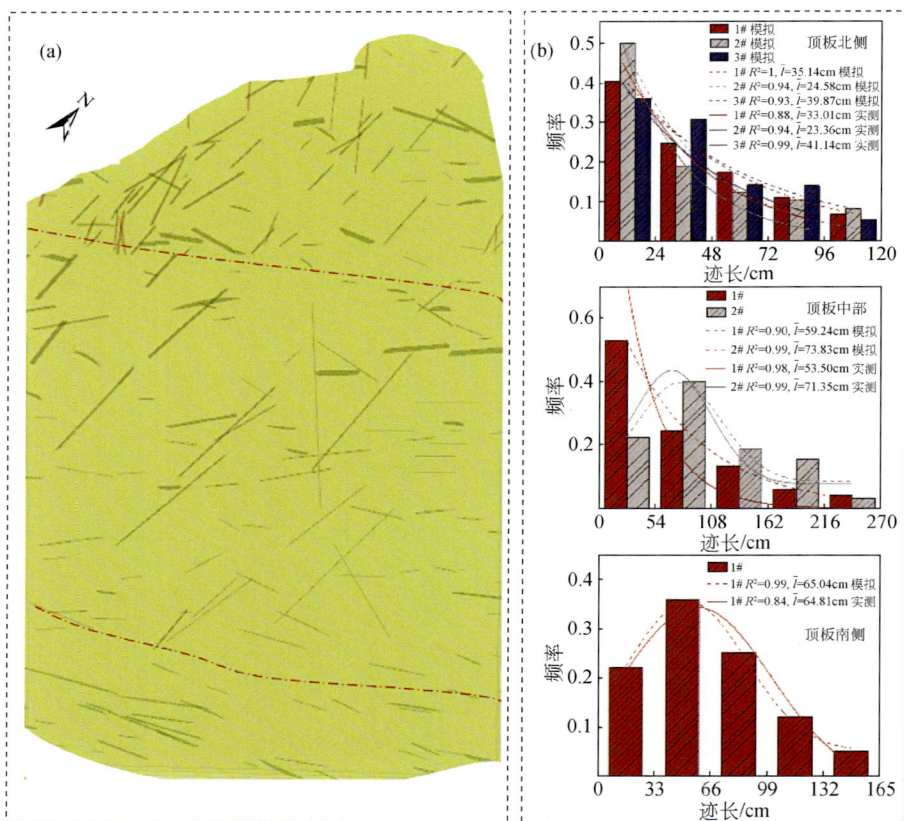

图 5.33　DFN 模型的分布及检验

（a）DFN 模型结构面的平面分布；（b）结构面的分布及检验

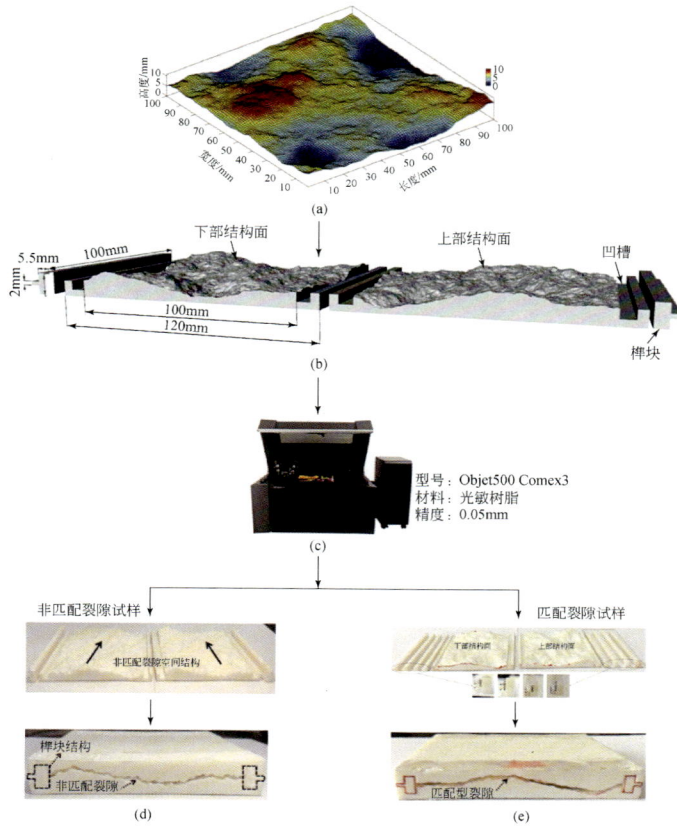

图 6.5 粗糙裂隙试样制备流程示意图

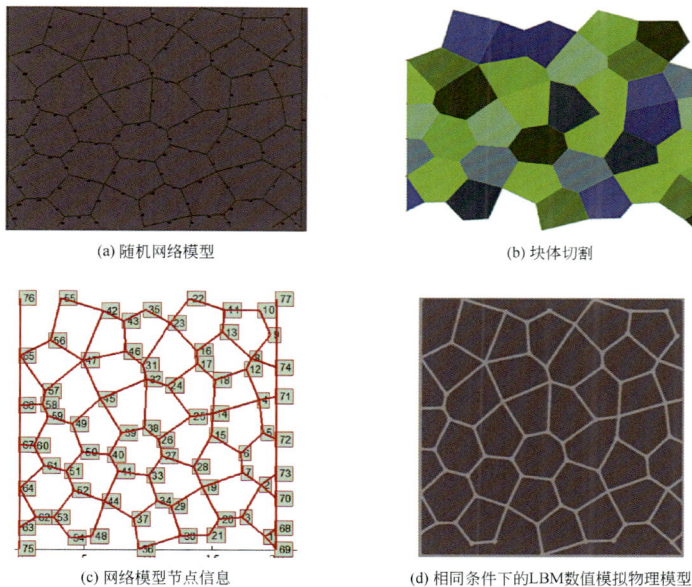

(a) 随机网络模型

(b) 块体切割

(c) 网络模型节点信息

(d) 相同条件下的LBM数值模拟物理模型

图 6.14 网络模型及 LBM 数值模拟物理模型构建过程

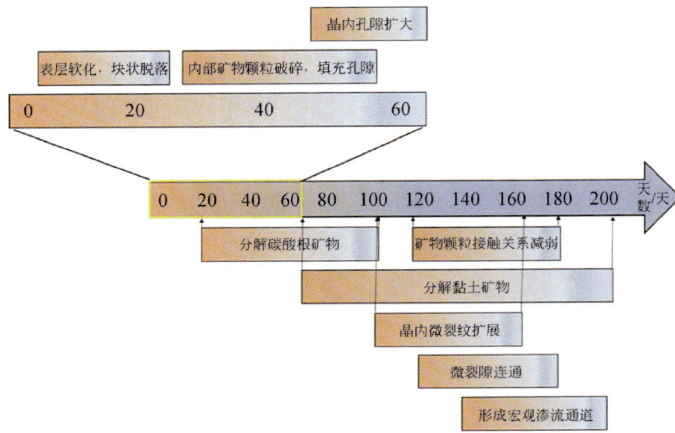

图 7.23 不同干湿循环阶段砂岩性质的主要变化过程图

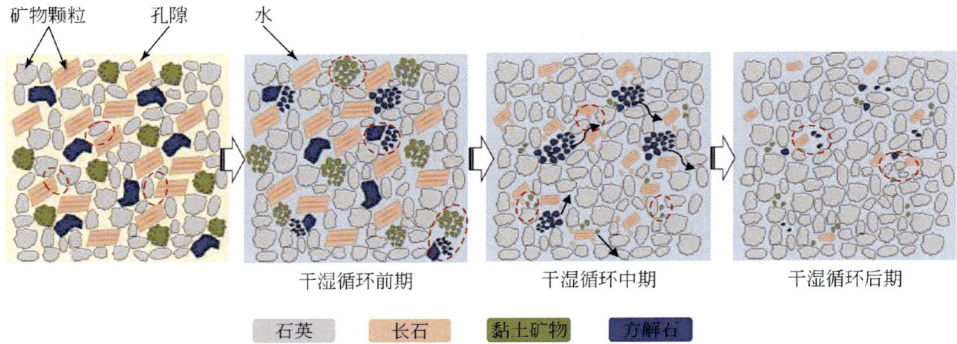

图 7.27 砂岩干湿循环损伤演化模型

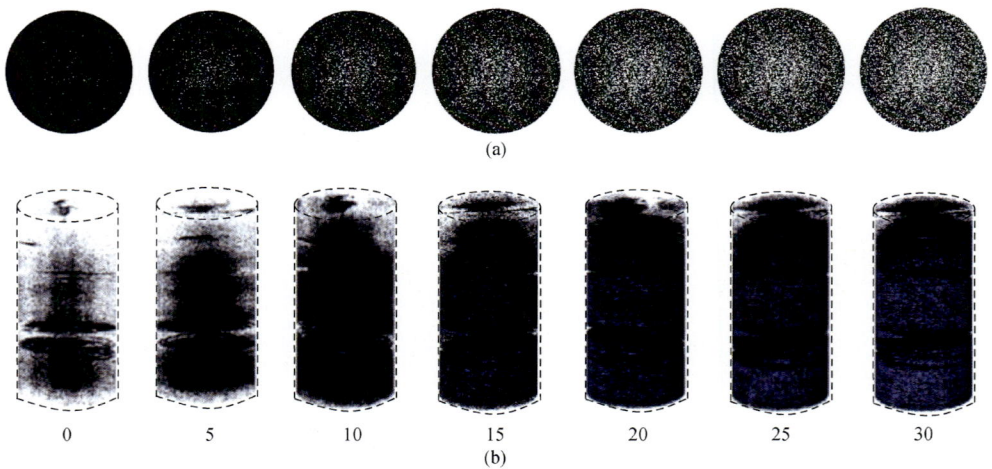

图 8.9 试样端面孔隙分布（a）和试样孔隙三维分布模型（b）

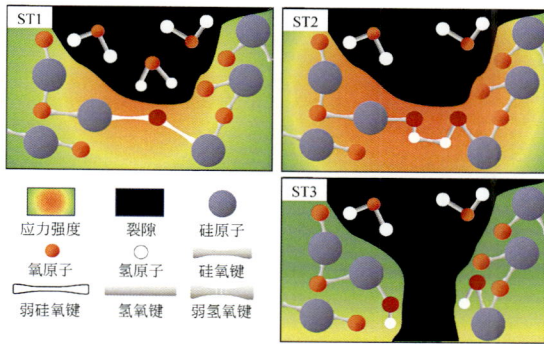

图 9.14 砂岩中石英受应力腐蚀的亚临界劣化示意图

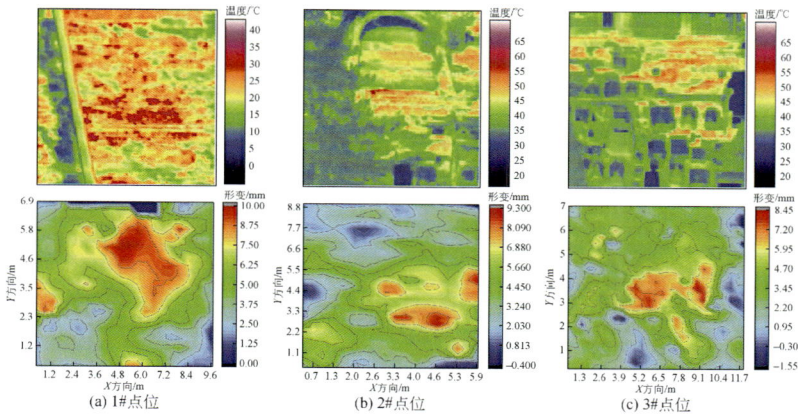

(a) 1#点位　　　　　　(b) 2#点位　　　　　　(c) 3#点位

图 10.7 高热诱导裂纹扩展区域与显著形变区域的图像对应关系图

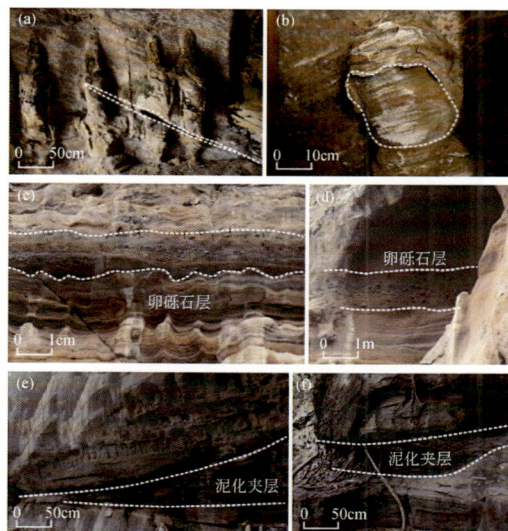

图 11.3 石窟寺成岩环境控制破坏现象

（a）北石窟寺 32 窟韵律层差异破坏；（b）北石窟寺 263 窟塑像粉化落砂破坏；（c）、（d）大佛寺卵砾石夹层破坏；（e）安岳卧佛院石窟区泥化夹层破坏；（f）安岳圆觉洞石窟区泥化夹层破坏

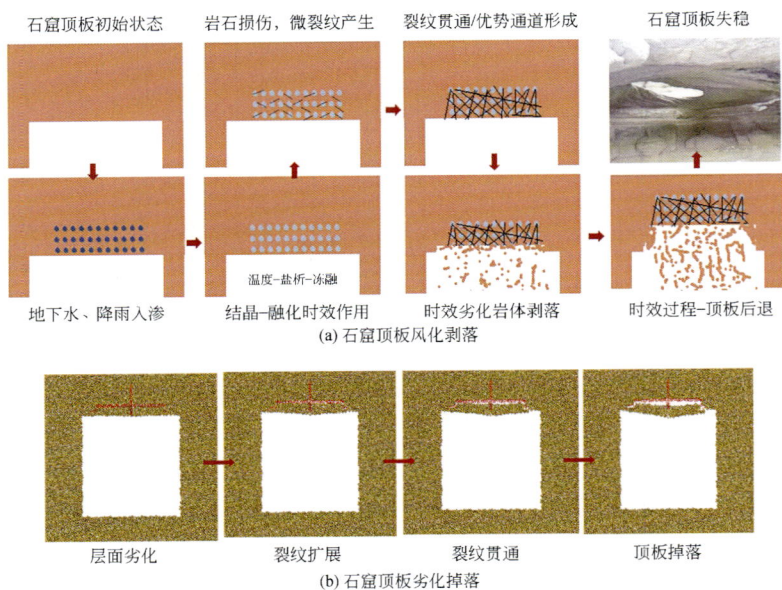

石窟顶板初始状态　岩石损伤，微裂纹产生　裂纹贯通/优势通道形成　石窟顶板失稳

地下水、降雨入渗　结晶-融化时效作用　时效劣化岩体剥落　时效过程-顶板后退
温度-盐析-冻融

(a) 石窟顶板风化剥落

层面劣化　　裂纹扩展　　裂纹贯通　　顶板掉落

(b) 石窟顶板劣化掉落

图 12.5　石窟岩体渐进性破坏过程

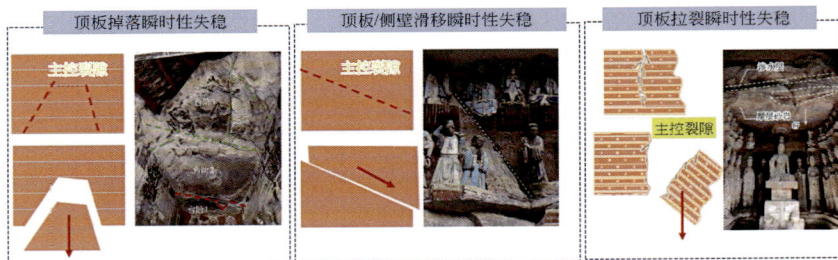

顶板掉落瞬时性失稳　　顶板/侧壁滑移瞬时性失稳　　顶板拉裂瞬时性失稳

图 12.7　石窟岩体瞬时性失稳模式示意图

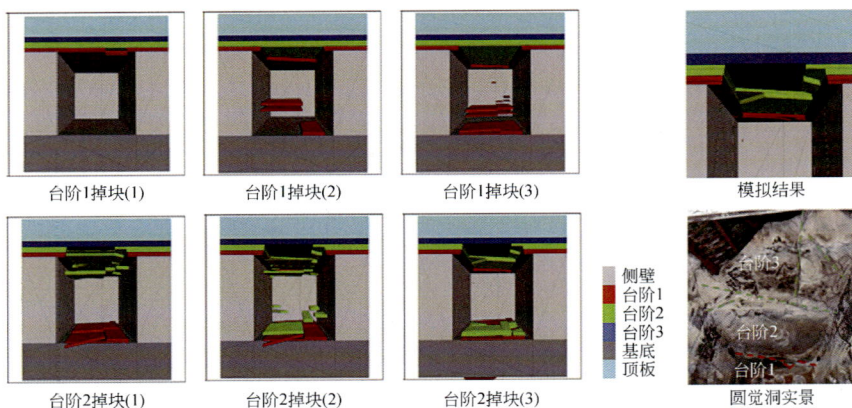

台阶1掉块(1)　　台阶1掉块(2)　　台阶1掉块(3)　　模拟结果

台阶2掉块(1)　　台阶2掉块(2)　　台阶2掉块(3)　　圆觉洞实景

侧壁
台阶1
台阶2
台阶3
基底
顶板

图 12.13　圆觉洞顶板失稳过程分析